高等学校建筑工程专业系列教材

材 料 力 学

哈尔滨建筑大学		张如三		主编
重庆建筑大学		王天明		
哈尔滨建筑大学	张如三	哈 跃	祝恩淳	
重庆建筑大学	王天明	徐建曼	刘 东	编
沈阳建筑工程学院		王福临		
西安建筑科技大学		陈君驹		主审

中国建筑工业出版社

图书在版编目（CIP）数据

材料力学/张如三，王天明主编. —北京：中国建筑工
业出版社，1997（2022.8重印）
（高等学校建筑工程专业系列教材）
ISBN 978-7-112-02988-4

Ⅰ. 材… Ⅱ. ①张…②王… Ⅲ. 材料力学—高等
学校—教材 Ⅳ. TB301

中国版本图书馆 CIP 数据核字（2007）第 078927 号

　　本书根据国家教委审订的高等工业学校"材料力学课程教学基本要
求"（土建类多学时）编写而成。
　　本书内容包括：绪论、轴向拉伸与压缩、扭转、弯曲内力、平面图形
的几何性质、弯曲应力、弯曲变形、能量方法、应力状态与应变状态分
析、强度理论、组合变形、压杆稳定、动荷载、循环应力和考虑材料塑性
时杆件的承载能力等十五章。书中编入例题 146 个，习题 318 个。在附录
中，除习题答案和型钢规格表外，还编入了结构设计方法简介和材料力学
课程教学基本要求等。
　　本书可作为高等工业学校土建类专业的通用教材，也可供大专及成人
高校选用。

高等学校建筑工程专业系列教材
材　料　力　学

哈尔滨建筑大学	张如三			主编
重庆建筑大学	王天明			
哈尔滨建筑大学	张如三	哈　跃	祝恩淳	编
重庆建筑大学	王天明	徐建曼	刘　东	
沈阳建筑工程学院	王福临			主审
西安建筑科技大学	陈君驹			

*

中国建筑工业出版社出版、发行（北京西郊百万庄）
各地新华书店、建筑书店经销
北京建筑工业印刷厂印刷

*

开本：787×1092毫米　1/16　印张：23½　字数：572千字
1997 年 6 月第一版　2022 年 8 月第二十七次印刷
定价：**39.00** 元

ISBN 978-7-112-02988-4
（20773）

高等学校建筑工程专业力学教材
编写委员会成员名单

前　　言

本书根据国家教委审订的高等工业学校"材料力学课程教学基本要求"（土建类多学时）编写而成。

为逐步适应面向 21 世纪改革高等教育的教学内容和课程体系的需要，本书编写内容符合材料力学课程基本要求、且采用材料力学目前通行的教学系统，同时，适当地拓宽课程内容，编入部分选修章节，对部分问题（如压杆稳定）参照国家新的工程结构设计规范做了必要的修改。本书既力求保持"少而精"和简明流畅的编写风格，又为教学提供了比较大的选择余地。

本书内容包括：绪论、轴向拉伸与压缩、扭转、弯曲内力、平面图形的几何性质、弯曲应力、弯曲变形、能量方法、应力状态与应变状态分析、强度理论、组合变形、压杆稳定、动荷载、循环应力和考虑材料塑性时杆件的承载能力等十五章。书中编入例题 146 个，习题 318 个。在附录中，除习题答案和型钢规格表外，还编入了结构设计方法简介和材料力学课程教学基本要求等。

本书可作为高等工业学校土建类专业的通用教材，也可供大专及成人高校选用。

本书由西安建筑科技大学陈君驹教授审阅，提出了许多宝贵的意见，编者对此深表谢意。

本书编写人员及其分工为：哈尔滨建筑大学张如三（第一、九、十二章）、哈跃（第二、十章）、祝恩淳（第三、八章），重庆建筑大学刘东（第四、十四章）、王天明（第五、六章）、徐建曼（第七、十五章），沈阳建筑工程学院王福临（第十一、十三章）。由张如三、王天明主编。

限于编者的水平，书中恐有疏漏和欠妥之处，深望教师和读者批评指正。

1996 年 10 月

目　录

第一章 绪 论

第一节 材料力学的任务

结构物与机械通常由若干部件组成，如房屋的梁、板、柱，机器的轴、连杆、齿轮等，这些部件统称为**构件**。

为了保证构件在荷载作用下能够正常使用，构件必须不破坏，不产生过大的变形，还必须保持构件原有的平衡状态。为此，需要解决三个问题：

（1）**强度问题** 所谓**强度**（Strength），是指构件抵抗破坏的能力。构件必须具有足够的强度。

（2）**刚度问题** 所谓**刚度**（Stiffness），是指构件抵抗变形的能力。如果变形过大，即使尚未破坏，构件也不能正常工作。构件必须具有足够的刚度。

（3）**稳定性问题** 所谓**稳定性**（Stability），是指构件保持原有状态平衡的能力。如直杆在轴向压力作用下保持其直线状态的平衡，若压力增大到一定程度之后，直杆会突然变弯，不再保持其原有的直线状态平衡，这种现象在材料力学中称为**失去稳定**，或稳定性不够。显然，构件必须具有足够的稳定性。

构件的强度、刚度和稳定性是材料力学（Mechanics of Materials 或 Strength of Materials）要研究的三大问题。

要合理地设计构件，不仅应该满足强度、刚度和稳定性的要求以保证构件的安全可靠，还应该符合经济的原则。前者要求构件具有较大的截面尺寸或选用较好的材料；而后者则要求减少材料用量或采用廉价材料，两者之间是存在矛盾的。材料力学的主要任务，是通过研究构件受力、变形的规律和材料的力学性质，建立构件满足强度、刚度和稳定性所需的条件，为既安全又经济地设计构件提供必要的理论基础和科学的计算方法。

第二节 材料力学的研究方法和与其他课程的关系

一、材料力学的研究方法

材料力学作为一门技术基础学科，其研究方法是采用理论分析与实验研究密切结合的科学方法。

理论分析的过程，是将从实验中观察到的现象加以抽象，提出反映问题实质的科学假设，经过推理与数学分析，得出便于应用的简单公式和结论。这些结论与公式的正确性，需经实验和工程实践的验证。

实验研究的主要目的是：（1）研究材料受力的破坏现象，测定材料的力学性质；（2）研究力与变形的物理关系；（3）验证理论分析结果的正确性与精确程度；（4）材料力学中许多理论的进一步发展，也要依赖于实验研究。当然，从更广的意义上讲，实验研究是对学生培养能力和创新意识的一个不可或缺的重要手段。

二、材料力学与其他课程间的关系

材料力学作为一门专业基础课，与土建、机械等专业的许多课程有密切联系。它以先修课高等数学、物理、理论力学等为基础，并为弹性力学、结构力学、机械零件等其他专业基础课和工程结构等专业课程提供必要的理论基础和计算方法。

由于材料力学研究的构件多数处于平衡状态，因此，理论力学静力学中关于物体平衡的原理、平衡方程等，要经常用到。但是，材料力学研究的构件是变形固体，除了在建立平衡方程时可将构件视为刚体之外，不能以刚体作为变形固体的模型，因此，理论力学的某些原理又不能不加限制地用于材料力学。

第三节　变形固体的概念及其理想模型

一、变形固体的概念

构件均由固体材料（如钢、混凝土等）制成。这些固体材料在外力作用下会产生变形，称为**变形固体**。

变形固体在外力卸去后而消失的变形称为**弹性变形**（Elastic Deformation）；不能消失的变形称为**塑性变形**（Plastic Deformation）。弹性变形和塑性变形是变形固体的两大宏观属性，它们在材料力学问题的研究中具有重要意义。

二、变形固体的理想模型

鉴于材料力学是以变形固体的宏观力学性质为基础，并不涉及其微观结构，我们有必要将具有多种复杂属性的变形固体模型化，建立一个作为材料力学研究对象的理想化模型。为此，对变形固体提出如下假设：

（1）**连续性假设**　认为组成固体的物质毫无空隙地充满了固体的体积，即固体在其整个体积内是连续的。据此假设，当把某些力学量视为固体内点的坐标的函数时，对这些量就可以进行坐标增量为无限小的极限分析，并应用高等数学中如微分和积分等分析方法。

（2）**均匀性假设**　认为固体内各点处的材料性质都是一样的，即材料的性质与固体内点的位置无关。

（3）**各向同性假设**　认为在固体的任一点处，沿该点的各个方向都具有相同的材料性质，即材料的性质与方向无关。符合该假设的材料称为**各向同性材料**。

实际上，对任何材料的微观分析都是不连续的、不均匀的和各向异性的。例如，金属材料是由晶粒组成的，各晶粒的性质是有差异和具有方向性的，并且各晶粒内部及晶粒之间是有空隙的。再如混凝土材料是由水泥、砂和碎石混合而成的，直观视觉就能观察到它的不均匀性。但是，一个构件的尺寸要比金属的晶粒或混凝土的骨料尺寸大得多，对于晶体无序排列的金属和搅拌很好的混凝土，宏观视为均匀、连续和各向同性的材料是完全合理的。

至此，材料力学研究的变形固体，被抽象为均匀连续和各向同性的理想模型。**该理想模型任一点处的力学性质，就是由材料的宏观试验所测定的力学性质**。有人说"材料力学无材料"，此话不无道理。因为材料力学确实没有将具体的材料作为研究对象，而是将材料的理想化模型作为研究对象，这与建筑材料这门学科有根本区别；然而，正是因为理想模型集中反映了具体材料的主要力学性质，所以它更具有代表性。

第四节　杆件的基本变形形式

在工程中，构件的类型多种多样，就其几何形状，可分为杆、板、壳和块体等（图1-1）。材料力学的研究对象主要是**杆件**。杆件的横截面和轴线是其两个主要几何特征，横截面是指垂直于杆件长度方向的截面，而轴线是各横截面形心的连线。轴线是直线的，称为**直杆**，轴线是曲线的，称为**曲杆**。横截面的大小或形状沿轴线不变的杆，称为**等截面杆**；而沿轴线变化的杆，称为**变截面杆**。材料力学的主要研究对象是等截面直杆，简称**等直杆**。

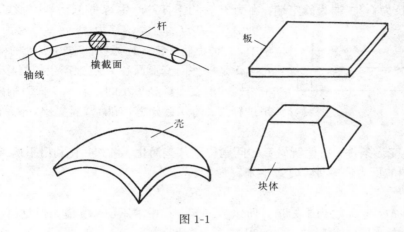

图 1-1

杆件的受力方式不同，其变形形式也是多种多样的，其中基本变形形式有下列四种：

（1）**拉伸或压缩**（Tension or Compression）　外力沿杆件轴线作用，使杆件发生伸长或缩短变形，称为轴向拉伸或轴向压缩，简称拉伸或压缩（图1-2a、b）。

（2）**剪切**（Shear）　在一对相距很近、大小相等、方向相反垂直于杆轴的外力作用下，使两个力之间的各横截面发生相对错动（图1-2c）。

（3）**扭转**（Torsion）　在一对大小相等方向相反，作用平面垂直于杆轴的力偶作用下，杆件的横截面发生绕轴线的相对转动（图1-2d）。

（4）**弯曲**（Bending）　在一对大小相等方向相反，位于杆的纵向平面（即包含杆轴在

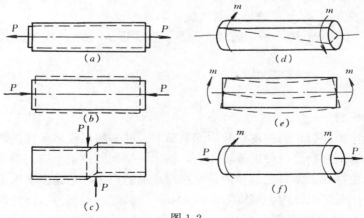

图 1-2

内的平面）内的力偶作用下，杆的轴线由直线弯曲成曲线（图 1-2e）。

由两种或两种以上基本变形组成的复杂变形称为**组合变形**（Combined Deformation）。如图 1-2（f）所示杆件的变形即为拉伸与扭转的组合变形。

第五节　构件的小变形与线弹性

一、构件的小变形

小变形是指构件受力后所产生的变形与构件原始尺寸相比要小得多。如图 1-3 所示杆件 AB，原长为 l，A 端为固定端，在力 P 作用下杆件产生弯曲变形，原轴线 AB 的变形曲

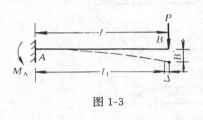

图 1-3

线为 AB'，B 点的垂直位移为 f，水平位移为 Δ。在材料力学中，习惯上将 f 与 Δ 称为杆件在 B 点处的变形，实际上，f 与 Δ 是杆件因变形而在 B 点处产生的位移。在材料力学中，构件的变形都是很小的。若 AB 杆为钢杆，通常 f 不超过杆长 l 的几百分之一，而 Δ 就更小，不超过 l 的几万分之一。

根据小变形条件，可使所研究的问题得到某些简化。例如，在利用平衡条件计算图1-3所示杆 A 端的反力偶矩 M_A 时，本来应为

$$\Sigma m_A = 0, \quad M_A - Pl_1 = 0$$

因为式中的 M_A 与 l_1 均为未知量，所以从平衡方程中求不出 M_A 值。但是由于变形的微小性，无须考虑变形 Δ 的影响，仍可以按原长 l 计算，即

$$M_A - Pl = 0 \quad 得 \quad M_A = Pl$$

这就是利用小变形条件建立的**初始尺寸原理**，即在小变形情况下，研究物体及其各部分的平衡时，可把变形前物体的状态当作平衡状态，利用初始尺寸建立平衡方程。

二、构件的线弹性

在工程中，绝大多数构件受力后所产生的变形可以认为是完全弹性的，并且力与变形呈线性关系，即构件是线性弹性体，简称**线弹性体**。如图 1-4（a）所示杆，变形 f 随力 P 的增大而增加，并

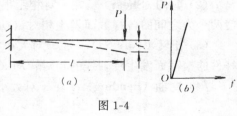

图 1-4

且 P 与 f 之间具有图 1-4（b）所示的线性关系，即变形 f 与力 P 成正比例关系。

第六节　内力与截面法

一、内力的概念

一根两端受拉力而伸长的橡皮筋从中间剪断时，断开的两段将各自向两端弹缩，为了不使其弹缩，就必须在断口处分别施以拉力，使之对接到原拉长状态。作用于橡皮筋两端的拉力为外力，而存在于断口处的拉力是受拉橡皮筋的内力，它是由于橡皮筋在外力作用下产生拉伸变形所引起的。**内力**（Internal Force）的概念可概括为：当杆件受到外力作用而发生变形时，杆件的任一部分与另一部分之间的相互作用力称为内力。例如，图 1-5

(a) 所示受拉伸变形的杆件 AB，其任一 C 截面处有内力 N；图 1-5 (b) 所示受弯曲变形的杆件 AB，其任一 C 截面处有内力 M。

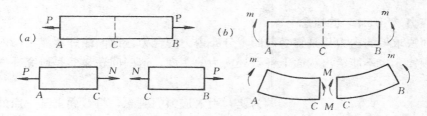

图 1-5

内力将随着外力的增加而增大，与此同时，杆件的变形也随之增大。当内力增大到一定限度时，杆件将发生破坏。这表明，内力与杆件的强度、刚度有着密切的关系。因此，研究杆件内力成为材料力学的主要内容之一。

应该指出，由于材料的连续性，截面上的内力也是连续分布的。于是，上述内力 N 和 M 实际上是截面上各点处分布内力的合力。同时，在不同的受力情况下，内力既可以是一个力，如内力 N，也可以是一个力偶，如内力 M，即内力是个**广义力**的概念。

一般情况下，在杆件的一个截面上，分布内力可以合成为一个合力（即主矢）和一个合力偶（即主矩）。若以杆的轴线为 x 轴，在横截面内取一对坐标轴 y 和 z，则在直角坐标系 $Oxyz$ 内，内力可以分解为沿三个坐标轴方向的力和绕三个坐标轴的力偶。于是，内力可有六个分量（图 1-6），根据它们所对应的不同变形形式，六个内力分量可归纳成四种内力，即

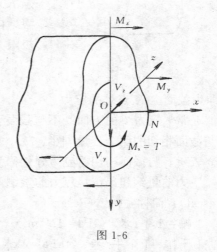

图 1-6

(1) 沿 x 轴的内力分量 N，垂直于横截面作用，称为**轴力**（Normal Force），对应拉伸或压缩变形。

(2) 沿 y 轴与 z 轴的内力分别为 V_y 和 V_z，切于截面作用，称为**剪力**（Shearing Force），对应剪切变形。

(3) 绕 x 轴的内力分量为 M_x，其力偶作用面为 yoz 面，M_x 称为**扭矩**（Torsional Moment），用符号 T 表示，对应扭转变形。

(4) 绕 y 轴与 z 轴的内力分量分别为力偶 M_y 和 M_z，其作用面分别为 xoz 面和 xoy 面，M_y 与 M_z 称为**弯矩**（Bending Moment），对应弯曲变形。

二、内力的求法——截面法

欲求图 1-5 所示 AB 杆 C 截面上的内力，可用一假想平面将杆件沿 C 截面切分为左、右两段（图 1-5a、b），使内力 N 与 M 暴露出来。然后，以切断后的任一部分杆件为研究对象，即分离体（可以取 AC 段，也可以取 CB 段），利用其平衡条件，即可求得该截面上的内力。这种求内力的方法称为**截面法**，该方法的具体应用，将在以后各章中结合具体变形问题讨论。

第七节 应力与应变

一、应力（Stress）的概念

用截面法求得的内力只是整个截面上分布内力的合力。截面法并不能给出内力在截面上的分布规律，也不能给出截面上各点处内力的集度。这些问题显然是研究杆件强度所必须解决的。

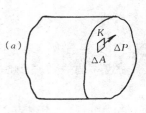

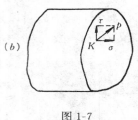

图 1-7

为此，引入**应力**的概念，将**截面上某一点处的分布内力集度称为该点处的应力**。为了定义图 1-7（a）所示杆件某截面上 K 点处的应力，围绕 K 点取一微小面积 ΔA，作用在 ΔA 上的微内力为 ΔP。于是，ΔA 上内力的平均集度为

$$p_{\mathrm{m}} = \frac{\Delta P}{\Delta A}$$

p_{m} 称为面积 ΔA 上的**平均应力**。在一般情况下，由于截面上的内力并非均匀分布，故平均应力 p_{m} 还不能真实地表示 K 点处的内力集度。为此，运用极限的概念，令 ΔA 无限地向 K 点缩小，使 ΔA 趋于零，从而得到比值 $\Delta P/\Delta A$ 的极限为

$$p = \lim_{\Delta A \to 0} \frac{\Delta P}{\Delta A}$$

p 即为截面上 K 点处的应力。

通常，应力 p 的方向既不与截面垂直，也不与截面相切。将应力 p 分解为垂直于截面和与截面相切的两个分量（图 1-7b），垂直于截面的应力分量称为**正应力**（Normal Stress），用 σ 表示；与截面相切的应力分量称为**剪应力**（Shearing Stress），用 τ 表示。

应力的量纲和单位：应力的量纲为 ［力］/［长度］²，其国际单位制单位是"帕斯卡"（Pascal），简称"帕"（Pa）。

1 帕＝1 牛/米²（1Pa＝1N/m²）

1 千帕＝1 千牛/米²（1kPa＝1kN/m²＝1×10³Pa）

1 兆帕＝1×10⁶ 牛/米²（1MPa＝1×10³kPa＝1×10⁶Pa）

1 吉帕＝1×10⁹ 牛/米²（1GPa＝1×10³MPa＝1×10⁹Pa）

因为帕斯卡（Pa）表示的应力值太小，所以工程上常用兆帕（MPa）为应力单位。应力的工程单位制单位是千克力/厘米²（kgf/cm²）。

$$1\mathrm{kgf/cm^2} = \frac{9.81}{1 \times 10^{-4}} \mathrm{N/m^2} = 98.1 \times 10^3 \mathrm{Pa} \approx 1 \times 10^5 \mathrm{Pa}$$

二、应变（Strain）的概念

为了研究整个杆件的变形，设想杆件由许多极微小的正六面体组成（图 1-8a）。杆件在外力作用下发生变形（图 1-8b），这些变形可以看成是各微小正六面体变形的宏观效果。一个微小正六面体的变形可以分解成边长的改变和各边夹角的改变两种形式。

在杆件内 K 点处取出一微小正六面体（图 1-8a），设其沿 x 轴方向的边原长为 Δx，变

6

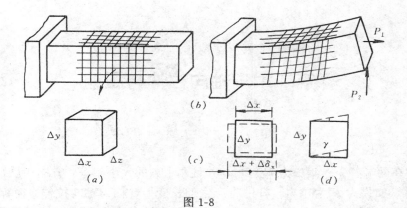

图 1-8

形后其长度改变了 $\Delta\delta_x$（图 1-8c），则 $\Delta\delta_x$ 称为线段 Δx 的线变形。$\Delta\delta_x$ 与原长 Δx 的比值 ε_m 称为**线应变**（Linear Strain）或**相对线变形**，即

$$\varepsilon_m = \frac{\Delta\delta_x}{\Delta x}$$

显然，ε_m 只是线段 Δx 的**平均线应变**。而 K 点处沿 x 方向的线应变，应取比值 $\Delta\delta_x/\Delta x$ 的极限，即

$$\varepsilon = \lim_{\Delta x \to 0} \frac{\Delta\delta_x}{\Delta x} = \frac{\mathrm{d}\delta_x}{\mathrm{d}x}$$

$\Delta\delta_x$ 是伸长量时的线应变为**拉应变**；$\Delta\delta_x$ 是缩短量时的线应变为**压应变**。

微小正六面体各边互成直角，变形后直角的改变量 γ 称为**剪应变**（Shear Strain）（图 1-8d）。

线应变 ε 和剪应变 γ 都是无量纲量。

应力与应变之间存在着对应关系（图1-9）。正应力 σ 引起线应变 ε；剪应力 τ 引起剪应变 γ。实验证明，在弹性变形情况下，应力与应变（σ 与 ε，τ 与 γ）之间成正比关系。

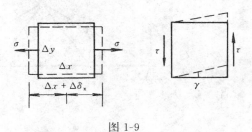

图 1-9

第二章　轴向拉伸与压缩

第一节　拉伸与压缩的概念

当杆件在两端各受一集中力 P 作用，并且两个力的大小相等，方向相反，作用线与杆轴线重合时，如果力 P 为拉力，杆件将产生伸长变形，称为**轴向拉伸**，简称**拉伸**（图 2-1a）；如果力 P 为压力，杆件将产生缩短变形，称为**轴向压缩**（图 2-1b），简称**压缩**。受轴向拉伸和压缩的杆件统称为**拉压杆**。

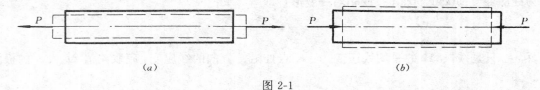

(a) 　　　　　　　　　　　　　　　　(b)

图 2-1

轴向拉伸或轴向压缩是杆件的基本变形之一。拉压杆在工程结构中经常见到，如起吊重物 W 时（图 2-2a），吊索 AB 受拉力 W 的作用；屋架中的竖杆、斜杆和上、下弦杆受拉力或压力作用（图 2-2b）。吊索及屋架中各杆的计算简图均为图 2-1(a) 或图 2-1(b) 的形式。

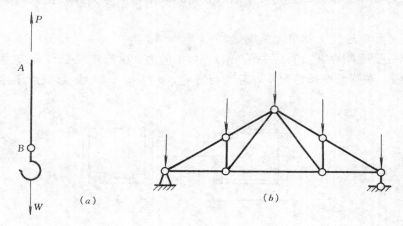

(a) 　　　　　　　　　　　　(b)

图 2-2

拉压杆的受力特征是外力的合力作用线与杆件的轴线重合，其变形特征是沿轴向伸长或缩短。

第二节　拉压杆的内力——轴力与轴力图

一、轴力

以图 2-3 (a) 所示的拉杆为例，运用截面法求横截面 $m\text{-}m$ 上内力的步骤为

(1) 用一假想平面在 m-m 处将杆件截为左、右两段；

(2) 任取其中一段为分离体（如取左段），将舍去的右段对左段的作用用内力 N 表示（图 2-3b）；

(3) 分离体在外力和内力共同作用下处于平衡状态。由平衡条件 $\Sigma X=0$，得 $N-P=0$ 即

$$N = P$$

内力 N 的作用线也与杆件轴线重合，称为**轴力**。

显然，若取右段为分离体（图 2-3c）求轴力 N 时，结果是一样的。

为了区别杆件在拉伸与压缩时的轴力，对轴力的正负号规定为：拉力为正；压力为负。轴力的量纲为〔力〕，其国际单位制单位为牛顿（N）或千牛顿（kN）。

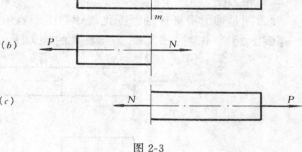

图 2-3

【例 2-1】 图 2-4（a）所示直杆受轴向外力作用，试求 1-1、2-2 和 3-3 截面上的轴力。

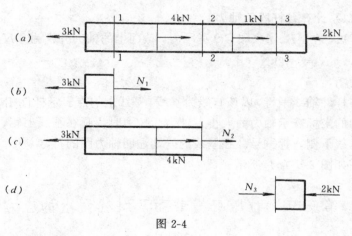

图 2-4

【解】 1-1 截面的轴力 N_1

取 1-1 截面的左段为分离体（图 2-4b），以杆轴为 x 轴，由平衡条件 $\Sigma X=0$，得

$$N_1 - 3 = 0$$
$$N_1 = 3\text{kN}$$

N_1 为正号，说明 N_1 的实际方向与所设方向相同，即 N_1 为拉力。

2-2 截面的轴力 N_2

取 2-2 截面左段为分离体（图 2-4c），由平衡条件 $\Sigma X=0$，得

$$N_2 + 4 - 3 = 0$$
$$N_2 = -1\text{kN（压）}$$

N_2 为负值，说明其实际方向与所设拉力的方向相反，即 N_2 为压力。

3-3 截面的轴力 N_3

取 3-3 截面右段为分离体（图 2-4d），设 N_3 为压力，由平衡条件 $\Sigma X=0$，得

$$N_3 - 2 = 0$$
$$N_3 = 2\text{kN}(压)$$

N_3 为正值，说明 N_3 的实际方向与所设压力的方向相同，即 N_3 为压力。

计算杆件内力时，用假想截面将杆件截开后，一般将内力按正号内力设取。

二、轴力图

轴力图是轴力沿杆件轴线变化规律的图形表示。下面通过例题说明轴力图的作法。

【例 2-2】 作图 2-5（a）所示杆件的轴力图。

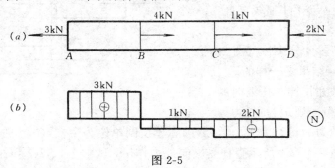

图 2-5

【解】 （1）计算各杆段的轴力

由例 2-1 可知，在 AB、BC 和 CD 三段内，截面上的轴力分别为 $N_1 = 3\text{kN}$（拉），$N_2 = -1\text{kN}$（压）， $N_3 = -2\text{kN}$（压）。

（2）作轴力图

作一直线与杆件轴线平行，以该直线为基线，基线上的点表示杆件相应截面的位置。以垂直于基线方向的坐标表示轴力的大小。轴力为拉力时，画在基线上侧，标⊕号；轴力为压力时，画在基线下侧，标⊖号。在基线的一端注明轴力图的符号 Ⓝ。

所作轴力图如图 2-5（b）所示。

第三节 拉压杆横截面及斜截面上的应力

一、横截面上的应力

应力作为内力在截面上的分布集度不能直接观测到，而变形是可以直接观察到的。由于内力与变形有关，因此，可以通过观察变形推测应力在截面上的分布规律，进而确定应力的计算公式。

取一等直杆，在杆件表面标上垂直于轴线的横向线段 aa、bb 和平行于轴线的纵向线段 cc、dd（图 2-6a），然后，在杆端作用一对轴向拉力 P。杆件变形后，可以看到，横向线 aa、bb 分别平移到 $a'a'$、$b'b'$，仍然垂直于轴线；纵向线 cc、dd 都产生相同的伸长变形，成为 $c'c'$ 和 $d'd'$，并仍平行于轴线（图 2-6b）。

根据上述现象，可作如下假设：

（1）将 aa、bb 看作横截面与杆件表面的交线，认为变形前为平面的横截面，变形后仍为平面，并仍与轴线垂直，称为**平面假设**，也称**平截面假设**（Assumption of Plane Cross-section）。

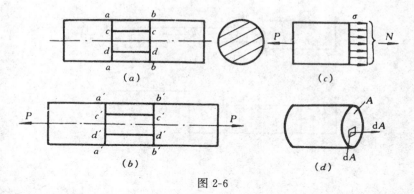

图 2-6

（2）设想杆件由无数根平行于轴线的纵向纤维组成，变形后纵向线与横向线的夹角不变，说明只有线应变而没有剪应变。

于是，可以得出结论：横截面上的各点只有线应变，并且大小相等。

由于线应变与正应力之间存在对应关系（见第一章第七节和本章第六节），材料又具有均匀性，因此，可推知横截面上各点的正应力 σ 是大小相等的（图 2-6c）。

在横截面上取微面积 $\mathrm{d}A$（图 2-6d），作用在 $\mathrm{d}A$ 上的微内力为 $\mathrm{d}N = \sigma\mathrm{d}A$。由静力学条件，整个横截面 A 上的微内力的总和应为轴力 N，即

$$N = \int_A \mathrm{d}N = \int_A \sigma\mathrm{d}A = \sigma\int_A \mathrm{d}A = \sigma A$$

得

$$\sigma = \frac{N}{A} \tag{2-1}$$

对于轴向压缩的杆件，式（2-1）仍然适用。正应力 σ 的正负号规定与轴力 N 的相同，即拉应力为正，压应力为负。式（2-1）为拉压杆横截面上正应力 σ 的计算公式。

上述应力计算公式的推导过程，包含了变形几何条件（线应变 ε 为常数）、物理条件（σ 与 ε 的关系）和静力学条件等三方面，这是材料力学研究杆件各种基本变形时应力计算的共同方法。

【例 2-3】　图 2-7（a）所示变截面杆件，已知 $P = 20\mathrm{kN}$，横截面面积 $A_1 = 2000\mathrm{mm}^2$，$A_2 = 1000\mathrm{mm}^2$，试作轴力图，并计算杆件各段横截面上的正应力。

【解】　由截面法求得 AC 段和 CD 段的轴力分别为

$$N_{AC} = -40\mathrm{kN}（压），N_{CD} = 20\mathrm{kN}（拉）$$

作轴力图如图 2-7（b）所示。

正应力分三段计算，由式（2-1），得

$$\sigma_{AB} = \frac{N_{AC}}{A_1} = \frac{-40 \times 10^3}{2000 \times 10^{-6}} = -2 \times 10^7\mathrm{Pa} = -20\mathrm{MPa}（压）$$

$$\sigma_{BC} = \frac{N_{AC}}{A_2} = \frac{-40 \times 10^3}{1000 \times 10^{-6}} = -4 \times 10^7\mathrm{Pa} = -40\mathrm{MPa}（压）$$

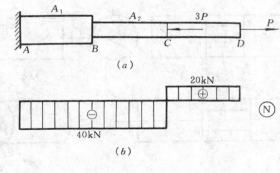

図 2-7

$$\sigma_{CD} = \frac{N_{CD}}{A_2} = \frac{20 \times 10^3}{1000 \times 10^{-6}} = 2 \times 10^7 Pa = 20 MPa (拉)$$

二、斜截面上的应力

对于图 2-8（a）所示拉杆，用一个与横截面成 α 角的斜截面 m-m，假想地将杆件截为两段，以左段为分离体（图 2-8b），由平衡条件，得该截面上的内力为

$$N = P$$

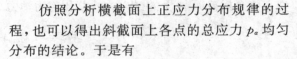

仿照分析横截面上正应力分布规律的过程，也可以得出斜截面上各点的总应力 p_α 均匀分布的结论。于是有

$$p_\alpha = \frac{N}{A_\alpha} = \frac{P}{A_\alpha} \qquad (a)$$

式中 A_α 为斜截面面积。设横截面面积为 A，则有 $A_\alpha = A/\cos\alpha$。将其代入式（a），并由式（2-1），可得

$$p_\alpha = \sigma\cos\alpha \qquad (b)$$

式中 σ 为横截面上的正应力。

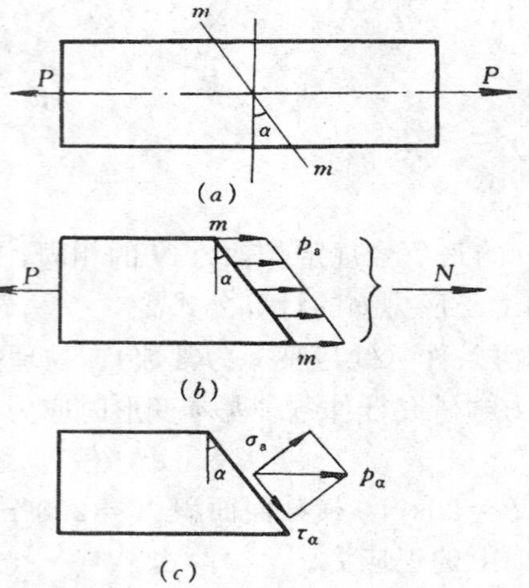

将斜截面上任一点处的总应力 p_α 分解为正应力 σ_α 和剪应力 τ_α（图 2-8c），并由式（b），得

$$\sigma_\alpha = p_\alpha\cos\alpha = \sigma\cos^2\alpha \qquad (2-2)$$

和

图 2-8

$$\tau_\alpha = p_\alpha\sin\alpha = \sigma\cos\alpha \cdot \sin\alpha = \frac{\sigma}{2}\sin2\alpha \qquad (2-3)$$

式（2-2）和式（2-3）表示拉压杆斜截面上的正应力 σ_α 和剪应力 τ_α 随 α 角的变化规律。

当 $\alpha = 0$ 时，截面为横截面，这时 σ_α 达到最大值，$\sigma_{\alpha\,max} = \sigma$；当 $\alpha = 45°$ 时，τ_α 达到最大值，$\tau_{\alpha\,max} = \sigma/2$；当 $\alpha = 90°$ 时，$\sigma_\alpha = \tau_\alpha = 0$，表明在平行于杆轴的纵向截面上无任何应力。

第四节　应力分布的实验验证及应力集中的概念

通过具有直观性的实验，对拉压杆的正应力分布规律，以及加力方式和杆件截面变化对应力分布规律的影响等进行观察，可以加深对理论推导的理解和式(2-1)适用条件的认识。

实验一：

取一根矩形截面橡胶杆件，在杆的表面画上网格。采用三种加力方式，在杆的两端施加轴向拉力 P。第一种，力 P 均匀作用在杆端面上，荷载集度 $q=P/A$ (图 2-9a)；第二种，力 P 沿杆轴线作用 (图 2-9b)；第三种，力 P 作用在杆端的四个角点上，每个角点的力为 $P/4$(图 2-9c)。三种加力方式虽然不同，但是每种所加外力的合力均为轴向拉力 P，即所施加的荷载，为静力等效荷载。

通过观察可以看出，橡胶杆在不同的加力情况下，网格的变形仅在杆端附近有明显差别，而在距杆端稍远处变形则是相同的，都是均匀变形。这表明，不论轴向力 P 以何种方式作用，

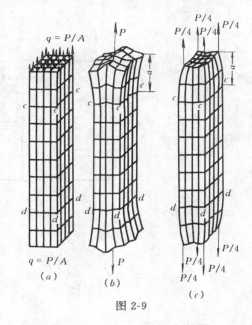

图 2-9

在距力作用点稍远处横截面上的应力都是均匀分布的，都可以按式(2-1)计算正应力。而由于杆端非均匀受力所引起的应力非均匀分布则仅局限在力作用点附近的区域内，即图 2-9 中杆端的 a 段内。一般来说，a 段的大小与杆端截面的短边尺寸属同一数量级。

这种在杆端以不同方式施加的静力等效荷载，对于应力的大小及分布规律的影响是局部的，在距杆端稍远处的应力差异甚微。这在固体力学中称为**圣维南原理** (Saint-Venant Principle)。该原理对绝大部分实际问题都是正确的，但对薄壁杆件有时并不适用。

实验二：

在图 2-10(a) 所示带有小圆孔的橡胶板条的板面上画上网格。其受拉后的变形情况如图 2-10(b) 所示。可以看到，在孔附近的网格比其余的网格有大得多的变形，表明圆孔附近的应力明显地增大，a-a 截面上的正应力呈明显的非均匀性。在离开孔边稍远处，网格的变形趋于均匀，表明离孔边稍远的应力呈均匀分布 (图 2-10b、c)。同样，图 2-11 (a) 所示具有切口的板条，受轴向拉伸

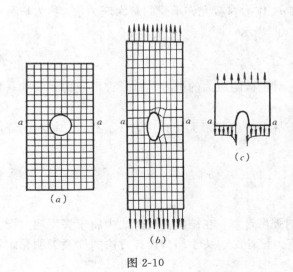

图 2-10

13

时，在切口截面上的应力呈明显的非均匀性，切口附近的应力值剧增（图 2-11*b*）；而在离切口稍远处的截面上，应力呈均匀分布（图 2-11*c*）。

这种由于截面尺寸的突然改变而引起截面突变处的应力局部急剧增大的现象称为**应力集中**（Stress Concentration）。

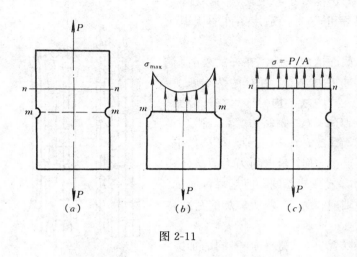

图 2-11

第五节　拉压杆的强度计算

一、强度条件

在工程结构中，对杆件的基本要求之一，是必须具有足够的强度。例如，一根受拉钢杆，其横截面上的正应力将随着拉力的不断增加而增大，为使钢杆不被拉断就必须限制正应力的数值。

材料所能承受的应力值是有限的，它所能承受的最大应力称为该材料的**极限应力**（Ultimate Stress），用 σ_u 表示。材料在拉压时的极限应力由实验确定。为了使材料具有一定的安全储备，将极限应力除以大于 1 的系数 n，作为材料允许承受的最大应力值，称为材料的**许用应力**（Allowable Stress），以符号 $[\sigma]$ 表示，即

$$[\sigma] = \frac{\sigma_u}{n} \tag{2-4}$$

式中　n 称为**安全系数**（Safety Factor）。对于极限应力的测定，以及许用应力和安全系数的概念，将在第七节中作进一步讨论。

为了确保拉压杆不致因强度不足而破坏，应使其最大工作应力 σ_{max} 不超过材料的许用应力，即

$$\sigma_{max} = \left(\frac{N}{A}\right)_{max} \leqslant [\sigma] \tag{2-5}$$

式（2-5）为拉压杆的强度条件。

按强度条件（2-5）对拉压杆件所作的强度计算，在结构设计方法中属于许用应力设计法。材料力学中的强度计算均采用许用应力设计法。关于结构设计方法的简要说明见附录 Ⅱ。

二、拉压杆的强度计算

根据强度条件，可以解决有关强度计算的三类问题。

1. 强度校核

杆件的最大工作应力不应超过许用应力，即

$$\sigma_{\max} = \left(\frac{N}{A} \right)_{\max} \leqslant [\sigma] \qquad\qquad (a)$$

在强度校核时，若 $\sigma_{\max}$ 值稍许超过许用应力 $[\sigma]$ 值，只要超出量在 $[\sigma]$ 值的 5% 以内也是可以的。

2. 选择截面尺寸

由强度条件式（2-5），得

$$A \geqslant \frac{N}{[\sigma]} \qquad\qquad (b)$$

式中 A 为满足强度条件的横截面面积，从而可由截面形状确定其尺寸。

3. 确定许用荷载

由强度条件可知，杆件允许承受的最大轴力 $[N]$ 为

$$[N] \leqslant [\sigma]A \qquad\qquad (c)$$

再根据轴力与外力的关系计算出杆件的许用荷载 $[P]$。

【例 2-4】 图 2-12（a）所示的支架中斜杆 AB 为圆截面的钢杆，直径 $d = 27\text{mm}$，水平杆 CB 为正方形截面的木杆，边长 $a = 90\text{mm}$。已知：钢杆的许用应力 $[\sigma_1] = 160\text{MPa}$，木杆的许用压应力 $[\sigma_2] = 10\text{MPa}$，荷载 $P = 50\text{kN}$。试校核支架强度。

【解】 取分离体如图 2-12（b）所示，由平衡方程

$$N_{AB}\sin\alpha - P = 0$$
$$N_{CB} - N_{AB}\cos\alpha = 0$$

解得

$$N_{AB} = \frac{P}{\sin\alpha} = 50 \times \frac{\sqrt{3^2 + 2^2}}{2} = 90.1\text{kN}$$

$$N_{CB} = \frac{P}{\tan\alpha} = 50 \times \frac{3}{2} = 75\text{kN}$$

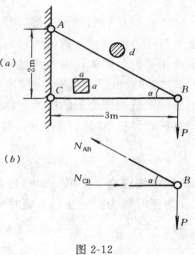

图 2-12

于是，由式（2-5），得

$$\sigma_{AB} = \frac{N_{AB}}{\pi d^2/4} = \frac{4 \times 90.1 \times 10^3}{\pi \times 27^2 \times 10^{-6}} = 157.4\text{MPa} < [\sigma_1]$$

$$\sigma_{CB} = \frac{N_{CB}}{a^2} = \frac{75 \times 10^3}{90^2 \times 10^{-6}} = 9.26\text{MPa} < [\sigma_2]$$

钢杆和木杆均满足强度要求。

第六节　拉压杆的变形　胡克定律

以图 2-13 所示拉杆为例研究拉压杆的变形。在轴向拉力 P 作用下，杆件将产生轴向尺

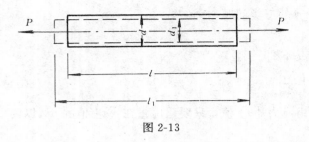

图 2-13

寸的伸长和横向尺寸的缩短。

杆的原长为 l，横向尺寸为 d。杆变形后，杆长变为 l_1，横向尺寸变为 d_1。则杆的伸长量为

$$\Delta l = l_1 - l$$

从常识可知，对于相同材料制成的拉压杆，在杆长 l 和横截面面积 A 一定时，杆的轴力 N（或外力 P）越大，则杆的轴向变形 Δl 就越大；而在轴力 N 不变时，杆长 l 越长，则 Δl 越大；在轴力 N 和杆长 l 为一定时，杆越粗（即横截面面积 A 越大），则 Δl 越小。当然，在 N、A 和 l 一定时，杆的材料不同，Δl 也将不同。

实验表明，材料在弹性范围内，杆的变形 Δl 与轴力 N、杆长 l 成正比，而与横截面面积 A 成反比，即

$$\Delta l \propto \frac{Nl}{A}$$

引入比例常数 E，可得

$$\Delta l = \frac{Nl}{EA} \tag{2-6}$$

式（2-6）是拉压杆的**轴向变形**计算公式。E 称为材料的**弹性模量**（Modulus of Elasticity），其量纲与应力的相同，数值因材料而异，可由实验确定。通常材料在拉伸和压缩时弹性模量值是相等的。例如，钢的弹性模量 E 约为 200GPa。

式（2-6）表明，对于长度相同，受力相等的杆件，EA 值愈大，变形 Δl 愈小。EA 反映了杆件抵抗拉压变形的能力，称为**抗拉刚度**（Tensile Rigidity）。

将杆的伸长 Δl 除以原长 l，得

$$\varepsilon = \frac{\Delta l}{l}$$

ε 称为**轴向线应变**（见第一章第七节）。规定杆件伸长时，Δl 与 ε 为正；缩短时，Δl 与 ε 为负。ε 为正时称为拉应变，为负时称为压应变。

将 $\varepsilon = \dfrac{\Delta l}{l}$ 和 $\sigma = \dfrac{N}{A}$ 代入式（2-6），得

$$\varepsilon = \frac{\sigma}{E} \quad \text{或} \quad \sigma = E\varepsilon \tag{2-7}$$

式（2-7）称为**胡克定律**（Hooke's Law），它表明，在弹性范围内，应力与应变成正比。式（2-6）是胡克定律的另一种表达形式。

图 2-13 所示拉杆的横向缩短量为

$$\Delta d = d_1 - d$$

其横向线应变为

$$\varepsilon' = \frac{\Delta d}{d}$$

实验表明，在弹性范围内，杆的横向线应变与轴向线应变之比的绝对值为一常数，即

$$\nu = \left| \frac{\varepsilon'}{\varepsilon} \right| \quad 或 \quad \varepsilon' = -\nu\varepsilon \tag{2-8}$$

ν 称为**泊松比**（Poisson's Ratio），是材料的另一个弹性常数。ν 是无量纲的量，其值因材料而异，可由实验确定。由于杆件在轴向伸长时横向缩短，而轴向缩短时横向伸长，因此 ε 与 ε' 的正负号恒相反。

弹性模量 E 和泊松比 ν 都是材料的弹性常数。表 2-1 给出了一些常用材料的 E 和 ν 值。

常用材料的 E、ν 值　　　　　　　　　　表 2-1

材 料 名 称	牌 号	E		ν
		(10^5MPa)	(10^8kgf/cm²)	
低 碳 钢	Q235	1.96～2.16	2.0～2.2	0.24～0.28
中 碳 钢	45	2.05	2.09	0.24～0.28
低合金钢	16Mn	1.96～2.16	2.0～2.2	0.25～0.30
合 金 钢	40CrNiMoA	1.86～2.16	1.9～2.2	0.25～0.30
铸 铁		0.59～1.62	0.6～1.65	0.23～0.27
铝 合 金	Ly12	0.71	0.72	0.32～0.36
混 凝 土		0.147～0.35	0.15～0.36	0.16～0.18
木材(顺纹)		0.098～0.117	0.1～0.12	

【例 2-5】　图 2-14（a）所示拉压杆，$A_1 = 1000\text{mm}^2$，$A_2 = 500\text{mm}^2$，$E = 200\text{GPa}$，试求杆的总伸长 Δl。

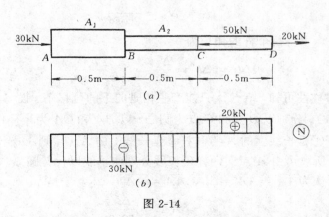

图 2-14

【解】　（1）用截面法计算轴力，并作出轴力图（图 2-14b）。

（2）计算变形　由于杆件的 AC 段和 CD 段的轴力不同，并且 AB 段与 BD 段具有不同的截面面积，因此，应分别由式（2-6）计算 AB、BC 和 CD 三段的变形，其代数和为杆件的总伸长，即

$$\Delta l = \Delta l_{AB} + \Delta l_{BC} + \Delta l_{CD}$$
$$= \frac{N_{AB} l_{AB}}{EA_1} + \frac{N_{BC} l_{BC}}{EA_2} + \frac{N_{CD} l_{CD}}{EA_2}$$

$$= \frac{10^3 \times 0.5}{200 \times 10^9 \times 500 \times 10^{-6}} \left(\frac{-30}{2} - 30 + 20 \right)$$

$$= -1.25 \times 10^{-4} \text{m} = -0.125 \text{mm}$$

负号表示缩短，即杆件的总长度缩短了 0.125mm。

【例 2-6】　图 2-15（a）所示杆系由两根圆截面钢杆铰接而成。已知 $\alpha = 30°$，杆长 $l =$ 2m，直径 $d = 25$mm，$E = 200$GPa，$P = 100$kN。试求结点 A 的位移 δ_A。

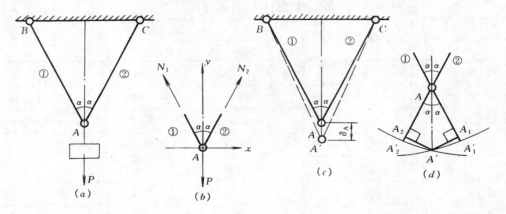

图 2-15

【解】　取分离体如图 2-15（b）所示，由平衡方程

$$N_1 \sin\alpha - N_2 \sin\alpha = 0$$

$$N_1 \cos\alpha + N_2 \cos\alpha - P = 0$$

解得

$$N_1 = N_2 = \frac{P}{2\cos\alpha} \tag{a}$$

由变形公式（2-6），求得每个杆的伸长为

$$\Delta l_1 = \Delta l_2 = \frac{N_1 l}{EA} = \frac{Pl}{2EA\cos\alpha} \tag{b}$$

根据结构的对称性可知，结点 A 只能产生铅垂向下的位移 δ_A。设 A 点位移到 A' 点，则 $\overline{AA'} = \delta_A$（图 2-15c）。分别以 B 点和 C 点为圆心，以 BA' 和 CA' 为半径作圆弧（图 2-15d），两圆弧分别交于杆①延长线上的 A_1' 点和杆②延长线上的 A_2' 点，则 $\overline{AA_1'} = \Delta l_1$，$\overline{AA_2'} = \Delta l_2$。因为变形非常微小，所以可由 A' 点向两杆延长线分别作垂线以代替圆弧。两垂线的交点分别为 A_1 和 A_2。可以认为 $\overline{AA_1} = \overline{AA_1'} = \Delta l_1$，$\overline{AA_2} = \overline{AA_2'} = \Delta l_2$。于是

$$\delta_A = \overline{AA'} = \frac{\Delta l_1}{\cos\alpha} \tag{c}$$

将式（b）代入式（c），并代入已知数据，得

$$\delta_A = \frac{Pl}{2EA\cos^2\alpha}$$

$$= \frac{100 \times 10^3 \times 2}{2 \times 200 \times 10^9 \times \frac{\pi}{4} \times 25^2 \times 10^{-6} \times \cos^2 30°}$$

$$= 1.36 \times 10^{-3} \text{m} = 1.36 \text{mm}$$

第七节　材料在拉伸与压缩时的力学性质

在计算拉压杆的强度与变形时，要涉及材料的极限应力 σ_u 和弹性模量 E 等，这些反映材料在受力过程中所表现出的有关性质，统称为**材料的力学性质**。它们是通过材料实验测定的。本节主要介绍材料在常温、静载条件下的力学性质。

一、材料在拉伸时的力学性质

1. 低碳钢在拉伸时的力学性质

低碳钢是工程中广泛使用的材料，其力学性质具有典型性。

拉伸图与应力-应变曲线

拉伸试验时，按国家标准（GB228—87）规定将试件做成一定的形状和尺寸，称为标准试件（图 2-16）。圆截面标准试件的工作段（或称标距）长度 l 与直径 d 的关系规定为 $l=10d$ 和 $l=5d$。

拉伸试验是在万能试验机上进行的。将试件装入试验机的夹头后启动机器，使试件受到从零开始缓慢增加的拉力 P 作用，试件在标距 l 长度内产生相应的变形 Δl。将一系列 P 值和与之对应的 Δl 值

图 2-16

绘成 $P—\Delta l$ 关系曲线，称为**拉伸图**。一般万能试验机均能自动绘出拉伸图。低碳钢试件的拉伸图如图 2-17（a）所示。显然，拉伸图与试件尺寸有关，不便表示材料的力学性质。为消除试件尺寸的影响，以 $\sigma=P/A$ 为纵坐标，$\varepsilon=\Delta l/l$ 为横坐标（A 与 l 分别为试件变形前的横截面面积和标距长度），这样得到的曲线称为**应力—应变曲线**或 $\sigma—\varepsilon$ **曲线**。低碳钢的 $\sigma—\varepsilon$ 曲线如图 2-17（b）所示，这一曲线反映了材料在拉伸过程中所表现的力学性质。

低碳钢 $\sigma—\varepsilon$ 曲线的四个特征阶段

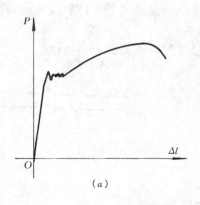
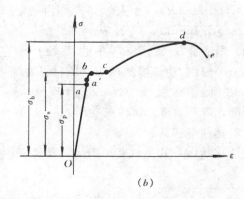

图 2-17

（1）**弹性阶段**（图 2-17b 中的 Oa' 段）　在此阶段内，材料变形是弹性变形。当应力增加到 a' 点时，若将荷载降为零，则变形完全消失，应变也随之消失。应力超过 a' 点后，材料开始产生塑性变形。a' 点对应的应力称为**弹性极限**（Elastic Limit），是使材料不产生塑性

变形的应力最高限，用 σ_e 表示。

稍低于 a' 点的 a 点是直线段的最高点。a 点对应的应力称为**比例极限**（Proportional Limit），是应力 σ 与应变 ε 保持线性关系的应力最高限，用 σ_P 表示。显然，当应力 σ 不超过 σ_P 时，应力 σ 与应变 ε 成正比变化。因此，胡克定律 $\sigma = E\varepsilon$ 的适用条件应限定在 $\sigma \leqslant \sigma_P$ 的范围之内。

由于 a' 点与 a 点非常接近，σ_e 与 σ_P 值也相差无几，因此并不严格区分弹性极限与比例极限（图 2-17b 中并未标出 a' 点所对应的弹性极限 σ_e）。

按最新国际规定，取消弹性极限的概念[1]，并用**规定非比例伸长应力**取代**比例极限**的定义。由于比例极限 σ_P 原定义为 σ-ε 曲线直线段最高点处的应力，这只是一个理论上的定性的定义，实际测定时，按发生规定的非比例伸长时的应力来测定材料的比例极限，则更便于操作。所谓规定非比例伸长应力，是指试验时非比例伸长达到试件标距的规定百分比时的应力。例如将比例极限 σ_P 表示为 $\sigma_{P0.01}$ 和 $\sigma_{P0.02}$ 时分别代表规定非比例伸长率为 0.01% 和 0.02% 时的应力。

（2）**屈服阶段**（图 2-17b 中的 bc 段）　应力超过比例极限 σ_P 后，应变增加很快，而应力基本保持不变。由实验分析可知，在拉力基本保持不变的情况下，试件突然产生的伸长使杆端突发了微小位移，从而使拉伸图（图 2-17a）曲线上出现微小波动。由于这种波动并不反映材料本身的特性，因此，σ-ε 曲线上该段简化为接近于水平的直线。这种应力基本保持不变，应变显著增加的现象称为**屈服**（Yield）。σ-ε 曲线上开始发生屈服的点（图 2-17b 中的 b 点，即图 2-17a 中水平波动段的最低点），称为**屈服点**（Yield Point），这时的应力称为**屈服极限**（Yield Limit），用 σ_s[2] 表示。σ_s 是衡量材料强度的重要指标。Q235 钢[3] σ_s 值约为 235MPa，σ_P 值约为 200MPa。

材料在屈服阶段，其弹性变形基本上不再增长，而塑性变形迅速增加，并且在总变形中塑性变形所占的比例越来越大。

（3）**强化阶段**（图 2-17b 中的 cd 段）　材料经过屈服阶段之后，因塑性变形使其内部的组织结构得到调整，抵抗变形的能力有所增强，σ-ε 曲线又开始上升，这种现象称为材料的**强化**（Hardening），相应的 cd 段称为强化阶段。曲线最高点 d 所对应的应力称为**强度极限**（Strength Limit），用 σ_b 表示。

（4）**颈缩阶段**（图 2-17b 中的 de 段）　应力超过强度极限 σ_b 以后，试件的变形开始集中在某一小段内，使该段的横截面面积显著缩小，出现图 2-18 所示的**"颈缩"**（Necking）现象，σ-ε 曲线开始下降，降至 e 点，试件被拉断。

材料延伸率和截面收缩率

试件拉断后，其弹性变形消失，塑性变形则残

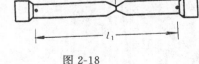

图 2-18

---

[1]　在现有的《材料力学》书中，弹性极限 σ_e 的概念仍常被采用。在本书中也偶被采用。

[2]　屈服极限 σ_s 有时也用 σ_y 表示，脚标 y 取英文 Yield（屈服）的字头。但考虑到 σ_y 易与应力沿 y 坐标方向的分量 σ_y 混淆，故常将屈服极限表示为 σ_s，脚标 s 取德文 Streckgrenze（屈服）的字头。

[3]　Q235 是我国专用于结构的五种普通碳素钢之一。五种普通碳素钢为 Q195、Q215、Q235、Q255 和 Q275（Q 是屈服点的汉语拼音首位字母，数字代表钢材厚度或直径小于等于 16mm 时的 σ_s 的下限值 MPa）。数值较小的钢材，含碳量和强度较低而塑性、韧性、焊接性较好。Q235 是用于钢结构的主要钢材。

留下来。将拉断的试件对接在一起（图 2-18），量出拉断后的标距长度 l_1 和断口处的最小横截面面积 A_1，则延伸率 δ 的计算公式为

$$\delta = \frac{l_1 - l}{l} \times 100\% \qquad (2-9)$$

截面收缩率 ψ 的计算公式为

$$\psi = \frac{A - A_1}{A} \times 100\% \qquad (2-10)$$

δ 与 ψ 是衡量材料塑性的两个重要指标，δ 与 ψ 值越大，说明材料的塑性越好。工程中将 $\delta \geqslant 5\%$ 的材料称为塑性材料，$\delta < 5\%$ 的材料称为脆性材料。低碳钢的延伸率 $\delta = 20\% \sim 30\%$，截面收缩率 $\psi = 60\% \sim 70\%$。

　　卸载规律　冷作硬化

　　若在 σ-ε 曲线的强化阶段内的任意一点 k 处缓慢地卸去拉伸荷载，则此时的 σ-ε 曲线将沿着与 oa 近于平行的直线 kO_1 回落到 O_1 点（图 2-19），表明卸载遵循弹性规律，应力与应变成正比，即

$$\sigma_{卸} = E\varepsilon_{卸}$$

式中的比例常数 E 仍为加载时弹性阶段的弹性模量。OO_1 表示残留下来的塑性应变 ε_P，O_1O_2 表示在卸载后消失的弹性应变 ε_e。若卸荷后立即重新加载，应力与应变又重新按正比关系增加，并且 σ-ε 曲线仍沿着 O_1k 直线上升到 k 点，然后，由 k 点按原来的 σ-ε 曲线变化。由此可见，若使材料在进入强化阶段后卸载，则当再度加载时，其比例极限和屈服极限都将有所提高，同时，其塑性变形能力却有所降低，即减少了 OO_1 段所代表的塑性应变。这种现象称为材料的**冷作硬化**。工程中常用冷作硬化的方法提高钢筋和钢丝的承载能力。

　　2. 铸铁在拉伸时的力学性质

　　铸铁试件拉伸时的 σ-ε 曲线是一条微弯曲线（图 2-20）。试件直至拉断时，变形始终很

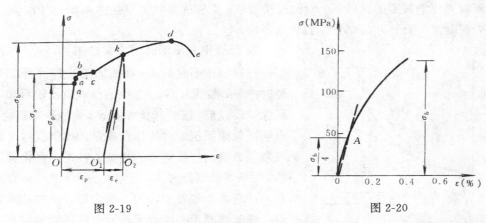

图 2-19　　　　　　　　　　　　　　图 2-20

小，其延伸率 δ 只有 $0.4\% \sim 0.5\%$，可见铸铁是典型的脆性材料。虽然 σ-ε 曲线没有明显的直线阶段，但在实际使用的应力范围内，σ-ε 曲线的曲率很小，因此，工程中常以直线

（图 2-20 中的虚线）代替曲线，认为铸铁近似服从胡克定律。

铸铁的 σ-ε 曲线既无屈服阶段，也无颈缩阶段，只能测得强度极限 σ_b，其值约为 $120\sim$ 150MPa。

3. 其它材料在拉伸时的力学性质

图 2-21 给出三种塑性金属材料的 σ-ε 曲线，其中，1—锰钢、2—铝合金、3—球墨铸铁。它们的共同特点是拉断前都有较大的塑性变形，即延伸率都较大。但是这些材料却没有明显的屈服阶段。

对于没有明显屈服阶段的塑性材料，通常以产生 0.2% 的塑性应变所对应的应力值作为屈服极限，用 $\sigma_{0.2}$ 表示（图 2-22），称为**条件屈服极限**（Yield Limit at Some Offset）（在拉伸试验新标准中，此值称为规定残余伸长应力，用 $\sigma_{r0.2}$ 表示）。

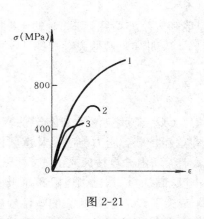
图 2-21

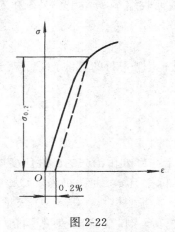
图 2-22

其它脆性材料，如混凝土、砖、石料和玻璃等，拉伸时的力学性能均和铸铁相似，在拉断前没有明显的塑性变形，弹性变形也不大，只能测得其强度极限 σ_b，而且其值也都很低。

二、材料在压缩时的力学性质

金属材料压缩试验的试件，一般做成短圆柱，圆柱的高约为直径的 1.5~3 倍；非金属材料（如混凝土、石料）的试件则做成立方块。

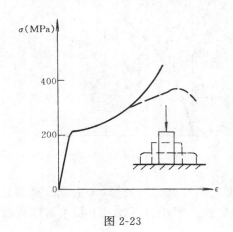
图 2-23

1. 低碳钢在压缩时的力学性质

低碳钢压缩时的 σ-ε 曲线如图 2-23 所示，与拉伸时的 σ-ε 曲线（图 2-23 中的虚线）比较可知，在屈服阶段以前，压缩与拉伸的 σ-ε 曲线基本重合。这表明，低碳钢压缩时的弹性模量、比例极限及屈服极限等数值均与拉伸时的相同。在进入强化阶段之后，两条曲线逐渐分离，压缩时的 σ-ε 曲线一直在上升，这是由于随着压力的不断增加，试件被越压越扁，横截面面积不断增大，因而抗压能力也不断提高，无法测出其压缩强度极限。

其它塑性金属材料压缩时的情况，也都和低碳钢相似。因此，工程中常认为塑性金属材料在拉伸和压缩时的重要力学性质是相同的，一般以拉伸试验所测定的力学性质为依据。

2. 铸铁在压缩时的力学性质

铸铁压缩时的 $\sigma\text{-}\varepsilon$ 曲线如图 2-24 所示。这是一条微弯曲线，没有屈服阶段，压缩时测得的强度极限比它在拉伸时的强度极限约大 3～5 倍。试件在压缩变形很小的情况下，沿与轴线大约成 45°角的斜截面发生破裂，说明主要是由剪应力作用而破坏。

3. 混凝土在压缩时的力学性质

混凝土是以水泥为胶结料，以石子和砂子为粗、细骨料制成的多组分材料，其抗压强度明显大于抗拉强度。混凝土作为一种脆性建筑材料在建筑结构中广为应用。

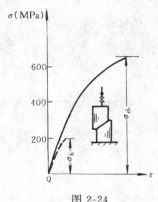

图 2-24

混凝土的压缩试件是立方体，边长为 150mm，在 15～20℃的温度和 90% 的湿度下养护 28 天，然后试验，所得抗压强度等级以立方体抗压强度标准值表示。例如，C20 表示混凝土的立方体抗压强度标准值为 20MPa。

混凝土压缩时的 $\sigma\text{-}\varepsilon$ 曲线如图 2-25（a）所示。

由于 $\sigma\text{-}\varepsilon$ 曲线的直线阶段很短，在确定弹性模量时，是以 $\sigma = 0.4\sigma_b$ 所对应的点处割线的斜率为依据确定的。

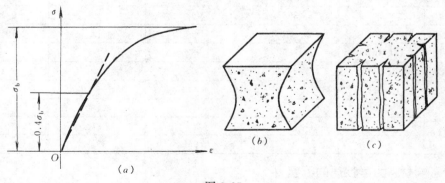

图 2-25

混凝土压缩试验的破坏形式有两种：当加力压板与试块之间不加润滑剂时，试块上下端面与加力压板接触面的摩擦阻力较大，试块破坏时靠近中部的材料剥落，形成两个对接的截顶棱锥体的外观状（图 2-25b）；当加力压板与试块端面之间加润滑剂时，试块的破坏形式为沿纵向开裂，裂缝与压力方向平行（图 2-25c）。确定抗压强度一般以不加润滑剂的试验结果为准。

混凝土的抗拉强度很小，仅为其抗压强度的十分之一左右，计算时一般不考虑混凝土的抗拉强度。

由于有些脆性材料抗压强度比抗拉强度高得多，且价格较钢材低得多，因此工程中长期受压的构件往往采用脆性材料，如机床的机座、桥墩、建筑物的基础等，主要采用铸铁、混凝土或石材。

4. 木材在拉伸和压缩时的力学性质

木材属各向异性材料，受力方向不同时，其力学性质也不同。图 2-26 所示为木材顺纹拉压和横纹压缩时的 σ-ε 曲线。可见，木材顺纹压缩的强度要比横纹压缩的高得多。顺纹拉伸的强度要比顺纹压缩的强度高得多。至于与木纹成斜向压缩的强度性质，则介于顺纹与横纹之间，其变化规律可参阅木结构设计规范（GBJ 5—74）。

表征木材力学性质的指标是比例极限、强度极限和弹性模量。木材拉伸时的弹性模量与压缩时的弹性模量不相同。

需要指出的是，在一般使用条件下，如无特别说明，均认为材料的拉伸弹性模量和压缩弹性模量是相等的。

表 2-2 列出了部分材料的主要力学性质。

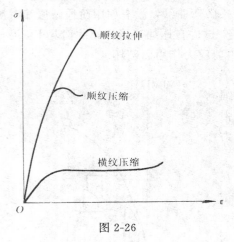

图 2-26

常用材料的主要力学性质   表 2-2

材料名称	牌　号	强度指标（MPa）			塑性指标（%）
		屈服极限 σ_S	抗拉强度极限 σ_{tb}	抗压强度极限 σ_{cb}	延　伸　率 δ
低　碳　钢	Q235	216～235	373～461		25～27
碳素结构钢	45	353	598		16
低　合　金　钢	16Mn	274～343	471～510		19～21
合金结构钢	50MnZ	785	932		9
球　墨　铸　铁		292	392		10
灰　铸　铁			98～390	640～1300	<0.5
混　凝　土	C20		1.6	14.2	
	C30		2.1	21	
红松（顺纹）			96	32.2	

三、影响材料力学性质的因素

上述力学性质都是在常温、静载（加载速度缓慢）下取得的结果。实验表明，若实验条件改变，将会影响材料的力学性质。这些因素主要有：

1. 温度　图 2-27 所示为低碳钢（含碳 0.15%）在不同温度下的各力学性质指标的变化曲线。

由图中可以看出：

（1）强度极限 σ_b 开始随温度升高而增加，当温度在 250～350℃ 之间时 σ_b 最大，当温度再升高时 σ_b 显著下降。屈服极限 σ_S 和比例极限 σ_P 随温度升高而下降。到 300～350℃ 后，屈服阶段消失。

（2）弹性模量 E 随温度上升而一直下降，泊松比 ν 则随温度上升而一直上升。

（3）延伸率 δ 和截面收缩率 ψ 在 250～350℃ 时最低，此时钢材呈现一定程度的脆性，之

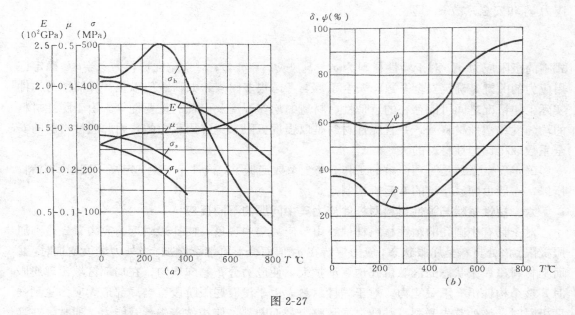

图 2-27

后，δ 和 ψ 又随温度的上升而增大。

另外，钢材在低温下的塑性性质降低。在高寒地区的冬季，钢材易发生脆性断裂。

2. 加载速率　碳钢作静力试验时，如果提高加载速率，试件的变形速率也随之增大，屈服极限、强度极限都随着变形速率的增加而上升，但延伸率要降低，即材料的塑性降低。在冲击荷载作用下，屈服极限增加更大，但由于荷载作用时间太短（加载时间仅为千分之几秒），塑性变形来不及产生，断裂形式表现为脆性。

3. 荷载长时间作用的影响　实验表明，试件在不变荷载作用下，其变形随时间缓慢地增加。这种在不变荷载作用下构件变形随时间而增加的现象称为**蠕变**（Creep）。蠕变变形是不可恢复的塑性变形。金属材料在高温时的蠕变现象最显著，而有些低熔点的有色金属（如铅）则在室温下就能产生蠕变。非金属材料（如混凝土）也能产生蠕变。

综上所述，材料的力学性质不是固定不变的，而是随所处的条件不同而改变。通常所说的代表材料的力学性质的一些数据，若未加说明，均指常温、静载下的值。需要指出的是，材料并非固定不变地被分成塑性材料与脆性材料，因为在不同的条件（温度、加载速度等）下，材料既可以表现为塑性状态，又可以表现为脆性状态。通常关于塑性材料和脆性材料的划分，只适用于常温、静载情况。

四、材料的极限状态及其强度指标

材料发生断裂或明显的塑性变形而不能正常工作时的状态称为**极限状态**。材料在极限状态时的应力称为**极限应力**，用 σ_u 表示（见本章第五节）。塑性材料的极限状态是屈服，此时虽未发生破坏，但过大的变形将影响构件的正常工作。因此，塑性材料的极限应力是屈服极限，即 $\sigma_u = \sigma_S$ 或 $\sigma_u = \sigma_{0.2}$；脆性材料的极限状态是断裂，其极限应力是强度极限，即 $\sigma_u = \sigma_b$。

五、许用应力与安全系数

在本章第五节中已指出，许用应力 $[\sigma]$ 是强度计算的重要指标，它取决于材料的极限

应力 σ_u 和安全系数 n，即

$$[\sigma] = \frac{\sigma_u}{n}$$

式中的极限应力 σ_u，对于塑性材料为 $\sigma_u = \sigma_s$（或 $\sigma_u = \sigma_{0.2}$）；对于脆性材料为 $\sigma_u = \sigma_b$。确定许用应力的关键是确定安全系数。安全系数要考虑很多因素，如荷载值以及计算简图与构件实际工作情况之间可能存在的近似性、材料的均匀程度及工程的重要性等。由于脆性材料的均匀性比塑性材料差，并且脆性材料是以强度极限来定许用应力的，因此脆性材料的安全系数取得比塑性材料的大。

确定安全系数是一项严肃的工作，安全系数定低了，构件不安全，定高了则浪费材料。所以，一般由国家指定的专门机构制定。

六、塑性材料与脆性材料对杆件应力集中问题的不同反应

对于具有小圆孔的塑性材料杆件，由于应力集中现象，使孔边附近的应力首先达到屈服极限，该处材料呈屈服状态，应力保持在 σ_s 值而变形可继续增加。当外力继续增加时，截面上材料呈屈服状态的区域由孔边逐渐扩大，使应力分布趋向均匀。在局部区域出现屈服时，整个构件仍有承载能力。对于脆性材料，由于没有屈服阶段，当局部最大应力达到强度极限时，该处首先开裂，并随之导致整个截面断裂，使构件丧失承载能力。通常，在静荷载作用下，塑性材料构件可以不考虑应力集中的影响。而对于由脆性材料制成的构件，应力集中将大大降低构件的承载能力。但对铸铁这种脆性材料来说，由于材料本身的组织不均匀性已具有很严重的应力集中，因此由截面尺寸改变引起的应力集中对构件承载能力的影响已变得并不突出了。

构件受某些类型的动荷载作用时，例如受交变应力（周期性变化）作用时，不论是塑性材料还是脆性材料，都必须考虑应力集中的影响（见第十四章）。

实验与理论分析表明，截面尺寸改变越急剧，应力集中的程度就越严重。为防止或减小应力集中的不利影响，应采取必要的措施。例如不使杆件的截面尺寸发生突然变化；将必要的孔洞配置在低应力区内；杆件上应尽可能避免带尖角的孔和槽；对截面沿杆轴呈阶梯变化的杆件，在截面变化处应以圆弧过渡等。

第八节　拉压杆的超静定问题

一、超静定问题及其解法

图 2-28 (a) 所示杆系结构，其支反力和各杆内力均可由平衡方程确定，称为**静定问题**。在静定问题中，未知力（支反力或轴力）的数目与独立的平衡方程数目相等。

对于图 2-28 (b) 所示杆系结构，求各杆内力时，有三个未知力，平面汇交力系只有两个独立的平衡方程，仅由两个平衡方程不能解出三个未知力。这类不能单凭静力平衡方程解出全部未知力的问题称为**超静定问题**（Statically Indeterminate Problems）。其特征是，未知力的数目超过独立的平衡方程的数目。

在超静定问题中，未知力数比独立平衡方程式数所多出的数目，称为**超静定次数**。显而易见，图 2-28 (b) 所示结构为一次超静定问题，图 2-28 (c) 所示结构为二次超静定问题。

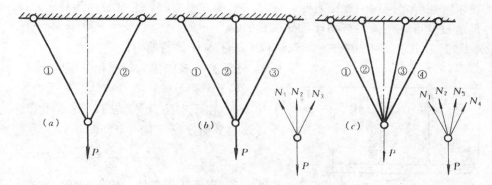

图 2-28

求解超静定问题时，除建立平衡方程外，还必须找到关于各力间关系的补充方程，以补充平衡方程数目之不足。这是求解超静定问题的关键。

现以图 2-29 (a) 所示杆件为例说明超静定问题的解法。

欲求图 2-29 (a) 所示杆件的支反力 R_a 和 R_b，设支反力的方向如图 2-29 (b) 所示，称图 (b) 为杆件受力图。由平衡条件 $\Sigma Y = 0$，得

$$R_a + R_b - P = 0 \qquad (a)$$

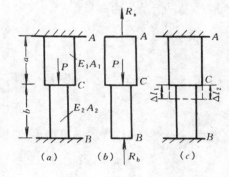

还需建立一个能够表示 R_a 与 R_b 关系的补充方程。为此，从分析杆件受力后的变形情况入手。杆件 AB 在力 P 作用下，AC 段被拉长，伸长量为 Δl_1，CB 段被压短，缩短量为 Δl_2（图 2-29c）。由于杆件在 A、B 两端固定，其总长度不能改变，因此，必有

$$\Delta l_1 = \Delta l_2 \qquad (b)$$

式 (b) 表示杆件必须满足的变形协调条件，称为变形几何条件。图 2-29 (c) 称为杆件变形图。

图 2-29

将变形 Δl_1 与 Δl_2 用轴力表示，需用到变形与轴力之间的物理条件，即胡克定律。由图 2-29 (b) 可知，AC 段轴力为拉力 R_a，CB 段轴力为压力 R_b，于是由式（2-6），有

$$\Delta l_1 = \frac{R_a a}{E_1 A_1}, \quad \Delta l_2 = \frac{R_b b}{E_2 A_2} \qquad (c)$$

拉力 R_a 对应着伸长变形 Δl_1；压力 R_b 对应着缩短变形 Δl_2。满足了力与变形情况相一致的原则，因此式 (c) 的两个变形表达式均取正号。

将式 (c) 代入式 (b)，得

$$R_a = \frac{b E_1 A_1}{a E_2 A_2} R_b \qquad (d)$$

式 (d) 即为表示力 R_a 与 R_b 关系的补充方程。

联立方程 (a) 与 (d)，解之可得

$$R_a = \frac{b E_1 A_1}{b E_1 A_1 + a E_2 A_2} P, \quad R_b = \frac{a E_2 A_2}{b E_1 A_1 + a E_2 A_2} P$$

上述求解超静定问题的过程表明，在建立平衡方程之后，关键是找到补充方程。而补充方程是通过变形几何条件与物理条件得到的。

【例 2-7】 试求图 2-30 (*a*) 所示结构中杆①与杆②的轴力。

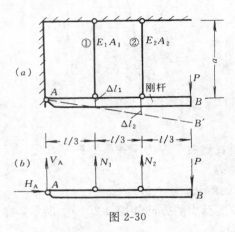

图 2-30

【解】 该结构为一次超静定问题

(1) 平衡条件 取分离体及其受力图如图 2-30 (*b*)。由于支反力 V_A 与 H_A 并非待求量，因此有效的平衡方程只有一个，即

$$\Sigma m_A = 0, \quad \frac{l}{3}N_1 + \frac{2l}{3}N_2 - lP = 0 \quad (a)$$

(2) 变形几何条件 根据结构的约束情况，刚杆 *AB* 的可能位移（变形）是绕固定铰 *A* 转动，结构的变形图如图 2-30 (*a*) 所示。由于是小变形，因此可认为刚杆 *AB* 上各点只有铅直位移。于是，杆①和杆②变形量的几何关系为

$$2\Delta l_1 = \Delta l_2 \quad (b)$$

(3) 物理条件 在受力图中杆①与杆②的轴力设为拉力，分别与变形图中两杆的伸长变形相对应。于是，由式 (2-6)，有

$$\Delta l_1 = \frac{N_1 a}{E_1 A_1}, \quad \Delta l_2 = \frac{N_2 a}{E_2 A_2} \quad (c)$$

将式 (*c*) 代入式 (*b*)，得补充方程

$$N_2 = 2\frac{E_2 A_2}{E_1 A_1}N_1 \quad (d)$$

联立方程 (*a*) 与 (*d*)，求解可得

$$N_1 = \frac{3E_1 A_1}{E_1 A_1 + 4E_2 A_2}P, \quad N_2 = \frac{6E_2 A_2}{E_1 A_1 + 4E_2 A_2}P$$

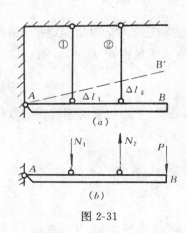

图 2-31

应予指出，未知轴力（或支反力）的设定，并不要求与实际方向必须一致；杆件的变形情况，也不要求与实际的伸长或缩短变形相一致，只要是结构的约束情况允许的任一个可能的变形状态即可，并据此建立其变形几何条件；而在建立轴力与变形的物理条件时，则必须满足力与变形的一致性原则，即拉力对应杆件的伸长变形，压力对应着缩短变形，否则在物理方程中应取负号。仍以例 2-7 题为例，其受力图与变形图如图 2-31 所示。其平衡条件与变形几何条件分别为

$$\frac{1}{3}N_1 - \frac{2}{3}N_2 + P = 0 \quad (a)$$

$$2\Delta l_1 = \Delta l_2 \quad (b)$$

轴力 N_1 设为压力，与杆①的缩短变形一致；而轴力 N_2 设为拉力，与杆②的缩短变形不一致。于是，物理条件为

$$\Delta l_1 = \frac{N_1 a}{E_1 A_1}, \quad \Delta l_2 = -\frac{N_2 a}{E_2 A_2} \tag{c}$$

由式（b）与式（c）得出补充方程后，并与式（a）联立求解，得

$$N_1 = -\frac{3E_1 A_1}{E_1 A_1 + 4E_2 A_2}P, \quad N_2 = -\frac{6E_2 A_2}{E_1 A_1 + 4E_2 A_2}P$$

轴力 N_1 为负，表示所设方向与实际方向相反。所得结果与例 2-7 的相同。

二、装配应力与温度应力

杆件由于加工误差，在结构装配时而产生于杆件内的应力称为**装配应力**。

设 AB 杆的设计长度为 l，由于加工误差，使 AB 杆的加工长度为 $l+\delta$（图 2-32），将 AB 杆装入相距为 l 的两刚性支承时，求杆中的装配应力。

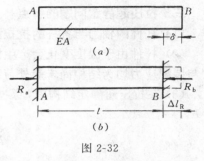

图 2-32

平衡条件　将长为 $l+\delta$ 的杆件装入相距为 l 的固定支座后，产生支反力 R_a 与 R_b，由平衡条件，有

$$R_a = R_b \tag{a}$$

变形几何条件　将杆的 A 端靠向 A 支座，并在 B 端施加压力 R_b 使之缩短 Δl_R 后，恰好装入支座。于是，变形几何条件为

$$\Delta l_R = \delta \tag{b}$$

物理条件　$$\Delta l_R = \frac{R_b (l+\delta)}{EA}$$

因为　$\delta \ll l$，　所以　$$\Delta l_R = \frac{R_b l}{EA} \tag{c}$$

将式（c）代入式（b），并与式（a）联立解得

$$R_a = R_b = \frac{EA}{l}\delta$$

则杆件的装配应力为

$$\sigma = \frac{R_a}{A} = \frac{E}{l}\delta（压）$$

若设 $\delta = \frac{1}{2000}l$，$E = 200\text{GPa}$，则 $\sigma = 100\text{MPa}$。可见，尽管 δ 很小，但产生的装配应力往往很大。

在超静定结构中，杆件由温度变化而引起的变形受到限制，因而要产生应力，这种应力称为**温度应力**。

图 2-33（a）所示两端固定的杆件 AB，试求由于杆件温度上升 $\Delta t°$ 引起的应力。杆件材料的线膨胀系数为 α。

平衡条件　杆件由于温度上升所引起的轴向膨胀受到两端固定支座的限制，必然产生支反力。由平衡方程，得

$$R_a = R_b \tag{a}$$

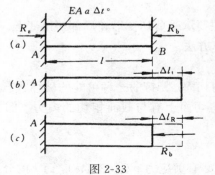

图 2-33

变形几何条件　若杆件 B 端无约束，AB 杆由

29

于温升引起的伸长量为 Δl_t（图 2-33b）。现将 Δl_t 视为"加工误差 δ"，则其解题过程与装配应力相同。其变形几何条件为

$$\Delta l_R = \Delta l_t \qquad\qquad (b)$$

物理条件

$$\Delta l_R = \frac{R_b l}{EA}, \quad \Delta l_t = \alpha l \Delta t° \qquad\qquad (c)$$

将式（c）代入式（b），并与式（a）联立解得

$$R_a = R_b = \alpha EA \Delta t°$$

其温度应力为

$$\sigma = \frac{R_a}{A} = \alpha E \Delta t°$$

三、拉压超静定问题的特点

（1）杆件的轴力与各杆的抗拉刚度有关，刚度较大的杆，其轴力也较大。

（2）杆件由于温度变化会产生温度应力；由于装配误差会引起装配应力。因为温度应力与装配应力均为结构尚未受外荷载作用时的应力，故可称为**初应力**。

（3）在拉压超静定结构中，某些杆件将具有多余的强度储备。例如，在例 2-7 中，设 $E_1 = E_2$，$A_1 = A_2$，则

$$N_1 = \frac{3}{5}P, N_2 = \frac{6}{5}P$$

若 $P = 20$kN，杆件材料的 $[\sigma] = 160$MPa，由强度条件确定各杆所需截面面积为

$$A_1 \geqslant \frac{N_1}{[\sigma]} = \frac{\frac{3}{5} \times 20 \times 10^3}{160} = 75\text{mm}^2$$

$$A_2 \geqslant \frac{N_2}{[\sigma]} = \frac{\frac{6}{5} \times 20 \times 10^3}{160} = 150\text{mm}^2$$

截面积 $A_1 \neq A_2$，与原设 $A_1 = A_2$ 矛盾。为了保持轴力与力 P 的关系，必须调整为 $A_1 = A_2$。取 $A_1 = A_2 = 150$mm²。显然，杆①的截面积比强度所需的面积大，因而具有多余的强度储备。

第九节　连接件的剪切与挤压强度计算

工程中的连接件，如铆钉、销钉和螺栓等，它们主要承受剪切变形和局部挤压变形。下面以铆接头为例（图 2-34a），说明连接件的强度计算方法。

一、剪切的实用计算

铆钉的受力如图 2-34（b）所示，m-m 截面称为剪切面。铆钉的一种可能的破坏状态是沿剪切面被剪断（图 2-34c）。由截面法可知，铆钉剪切面上有与截面相切的内力（图 2-34d），称为剪力，用 V 表示，由平衡方程可得

$$V = P$$

剪力 V 是剪切面上分布内力的合力。因此在剪切面上必有剪应力 τ（图 2-34e），而 τ 的分布

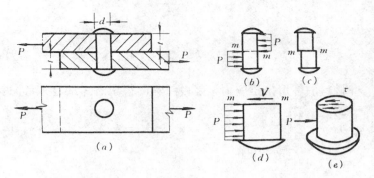

图 2-34

情况复杂，在实用计算中是以剪切面上的平均剪应力为依据的，即

$$\tau = \frac{V}{A} \tag{2-11}$$

式中　A——剪切面面积。按式（2-11）计算的 τ 并非剪切面上的真实应力，称为**计算剪应力**（或**名义剪应力**）。

剪切强度条件为

$$\tau = \frac{V}{A} \leqslant [\tau] \tag{2-12}$$

式中　$[\tau]$——铆钉材料的许用剪应力，它是通过材料的剪切破坏实验，将测得的极限剪力除以剪切面面积，再除以安全系数而得的。

二、挤压的实用计算

铆接件除了剪切破坏，还可能发生挤压破坏。所谓挤压，是指发生在铆钉与连接板的孔壁之间相互接触面上的压紧现象。其相互接触面称为挤压面，由挤压面传递的压力称为挤压力，在挤压面上产生的正应力称为**挤压应力**（Bearing Stress）。若挤压应力过大，将使铆钉或铆钉孔产生显著的局部塑性变形，造成铆接件松动而丧失承载能力，发生挤压破坏。

挤压强度计算，需求出挤压面上的挤压应力。铆钉受挤压时，挤压面为半圆柱面（图 2-35a），其上挤压应力的分布比较复杂（图 2-35b），点 B 处的挤压应力最大，两侧逐渐减小直至为零。在实用计算中，是以实际挤压面的正投影面积（或称直径面积）作为**计算挤压面积**（图 2-35c），即

$$A_{bs} = td$$

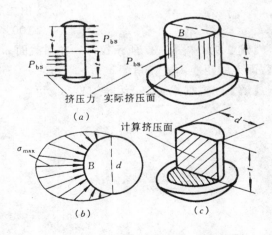

图 2-35

用挤压力 P_{bs} 除以计算挤压面积 A_{bs}，所得的平均应力值作为**计算挤压应力**，用 σ_{bs} 表示，即

$$\sigma_{bs} = \frac{P_{bs}}{A_{bs}} \qquad (2\text{-}13)$$

挤压强度条件为

$$\sigma_{bs} = \frac{P_{bs}}{A_{bs}} \leqslant [\sigma_{bs}] \qquad (2\text{-}14)$$

式中　　$[\sigma_{bs}]$——材料的许用挤压应力，是由材料的挤压破坏试验并考虑安全系数后得到的。

第十节　例　题　分　析

【例 2-8】　图 2-36 (a) 所示结构的 AB 和 AD 杆均由两根等边角钢组成，已知 $[\sigma]=$ 160MPa，试选择两杆等边角钢型号。

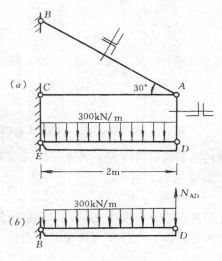

图 2-36

【解】　首先求出两杆轴力，再由强度条件选择截面。

由图 2-36 (b) 所示分离体求出轴力 N_{AD}，继而由节点 A 的平衡条件求出 N_{AB}，得

$$N_{AD} = 300\text{kN}, \quad N_{AB} = 600\text{kN}$$

因为杆件由两根等边角钢组成，所以每根角钢的截面积由强度条件应分别为

$$A_{AB} = \frac{N_{AB}}{2[\sigma]} = 18.8\text{cm}^2$$

$$A_{AD} = \frac{N_{AD}}{2[\sigma]} = 9.4\text{cm}^2$$

由型钢表查得 AB 杆的等边角钢型号为 L100×100×10，而 AD 杆的型号为 L80×80×6。

【例 2-9】　图 2-37 所示拉杆，在斜截面 m-n 上的应力为 $\sigma_\alpha=80\text{MPa}$，$\tau_\alpha=30\text{MPa}$。求横截面上的正应力 σ 和角度 α。

【解】　根据式 (2-2) 和式 (2-3)，可知

$$\sigma_\alpha = \sigma\cos^2\alpha, \quad \tau_\alpha = \sigma\cos\alpha \cdot \sin\alpha$$

有

$$\frac{\tau_\alpha}{\sigma_\alpha} = \frac{\sigma\cos\alpha\sin\alpha}{\sigma\cos^2\alpha} = \tan\alpha$$

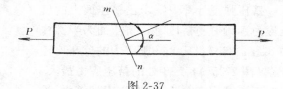

图 2-37

所以　　　　　　　$$\alpha = \arctan\frac{\tau_\alpha}{\sigma_\alpha} = \arctan\frac{30}{80} = 20.56°$$

于是，横截面上的正应力为

$$\sigma = \frac{\sigma_\alpha}{\cos^2\alpha} = \frac{80}{\cos^2 20.56°} = 91.25\text{MPa}$$

【例 2-10】　图 2-38 (a) 所示结构，水平杆 BC 的长度 l 保持不变，斜杆 AB 的长度随

θ 角而变化。两杆材料相同，许用应力为 $[\sigma]$。试问 θ 角等于多少时，该结构的重量最小。

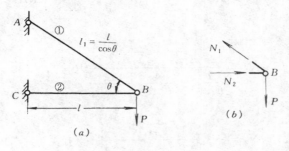

图 2-38

【解】 结构各杆的强度均能充分发挥时，即杆件的应力均达到许用应力时，结构具有最小重量。两杆轴力为

$$N_1 = \frac{P}{\sin\theta}, \quad N_2 = \frac{\cos\theta}{\sin\theta}P$$

由强度条件，两杆的截面积为

$$A_1 = \frac{N_1}{[\sigma]} = \frac{P}{[\sigma]\sin\theta}, \quad A_2 = \frac{N_2}{[\sigma]} = \frac{P\cos\theta}{[\sigma]\sin\theta}$$

由于杆件材料相同，因此，结构体积最小即为重量最小。结构总体积为

$$V = V_1 + V_2 = \frac{A_1 l}{\cos\theta} + A_2 l$$

$$= \frac{Pl}{[\sigma]}\left(\frac{1}{\sin\theta\cos\theta} + \frac{\cos\theta}{\sin\theta}\right)$$

$$= \frac{Pl}{[\sigma]}(\tan\theta + 2\cot\theta)$$

由 $\dfrac{\mathrm{d}V}{\mathrm{d}\theta} = 0$，得

$$\tan\theta = \sqrt{2}, \quad \theta = 54°44'$$

【例 2-11】 试求图 2-39（a）所示结构中三根竖杆的轴力。

【解】 由于平面平行力系只有两个独立的平衡方程，因此为一次超静定问题。其变形图与受力图分别如图 2-39（b）和图 2-39（c）所示。

平衡条件

$$\left. \begin{array}{c} N_1 + N_2 + N_3 = P \\ N_2 + 2N_3 = 0 \end{array} \right\} \qquad (a)$$

变形几何条件

$$\Delta l_1 + \Delta l_3 = 2(\Delta l_2 + \Delta l_3) \qquad (b)$$

物理条件

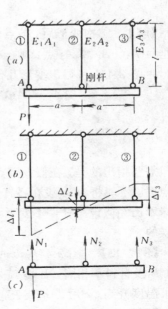

图 2-39

33

$$\Delta l_1 = \frac{N_1 l}{E_1 A_1}, \quad \Delta l_2 = \frac{N_2 l}{E_2 A_2}, \quad \Delta l_3 = -\frac{N_3 l}{E_3 A_3} \tag{c}$$

联立解得

$$N_1 = \frac{\dfrac{4}{E_2 A_2} + \dfrac{1}{E_3 A_3}}{\dfrac{1}{E_1 A_1} + \dfrac{4}{E_2 A_2} + \dfrac{1}{E_3 A_3}} P(拉),$$

$$N_2 = \frac{\dfrac{2}{E_1 A_1}}{\dfrac{1}{E_1 A_1} + \dfrac{4}{E_2 A_2} + \dfrac{1}{E_3 A_3}} P(拉)$$

$$N_3 = -\frac{\dfrac{1}{E_1 A_1}}{\dfrac{1}{E_1 A_1} + \dfrac{4}{E_2 A_2} + \dfrac{1}{E_3 A_3}} P(压)$$

【例 2-12】 列出图 2-40 (a) 所示结构的变形几何条件。

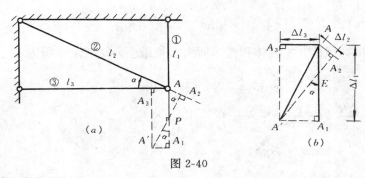

图 2-40

【解】 结构变形后,节点 A 位移到 A' 点。由 A' 点分别向三个杆件或其延长线作垂线。得垂足 A_1、A_2 和 A_3 点,则三个杆的变形量分别为 $\Delta l_1 = \overline{AA_1}$,$\Delta l_2 = \overline{AA_2}$,$\Delta l_3 = \overline{AA_3}$。

由图 2-40b 可得出变形几何条件为

$$\overline{AA_1} = \overline{AE} + \overline{EA_1}$$

即

$$\Delta l_1 = \frac{\Delta l_2}{\sin\alpha} + \frac{\Delta l_3}{\tan\alpha}$$

需要指出的是,在假设节点 A 在结构变形后的位置 A' 点时,不能将 A' 点设在各杆 A 端的垂线上。否则,将意味着已经假设某杆件不变形,这样得到的结果显然是错误的。

【例 2-13】 图 2-41 (a) 所示杆件为等截面杆,AC 和 CB 段材料不相同,B 端与支座相距 δ,受力 P 作用。试求温度升高 $\Delta t°$ 后 B 端支座产生的反力。

【解】 本题是否为超静定问题的判别条件为

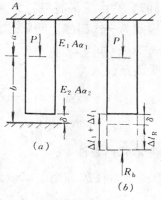

图 2-41

(1) 当 $\dfrac{Pa}{E_1 A} + (\alpha_1 a + \alpha_2 b)\Delta t^\circ \leqslant \delta$ 时，为静定问题，B 端无反力，$R_B = 0$。

(2) 当 $\dfrac{Pa}{E_1 A} + (\alpha_1 a + \alpha_2 b)\Delta t^\circ > \delta$ 时，为超静定问题，这时变形的几何条件为

$$\Delta l_P + \Delta l_t + \Delta l_R = \delta \qquad (a)$$

物理条件为

$$\left.\begin{array}{l} \Delta l_P = \dfrac{Pa}{E_1 A}, \quad \Delta l_t = (\alpha_1 a + \alpha_2 b)\Delta t^\circ \\[3mm] \Delta l_R = -\dfrac{R_B a}{E_1 A} - \dfrac{R_B b}{E_2 A} \end{array}\right\} \qquad (b)$$

将式 (b) 代入式 (a)，解得

$$R_B = \dfrac{\dfrac{Pa}{E_1 A} + [(\alpha_1 a + \alpha_2 b)\Delta t^\circ - \delta]}{\dfrac{a}{E_1 A} + \dfrac{b}{E_2 A}}$$

【例 2-14】 图 2-42 (a) 所示为一预应力钢筋混凝土杆。在未浇注混凝土前，将钢筋用拉力 P 拉长，并保持 P 值不变，浇注混凝土。待混凝土固化并与钢筋结成整体后，撤除力 P。求此时钢筋和混凝土内的应力 σ_1 和 σ_2。已知，钢筋横截面面积为 A_1，弹性模量为 E_1，混凝土的横截面面积为 A_2，弹性模量为 E_2。力 P 和杆长 l 均为已知。

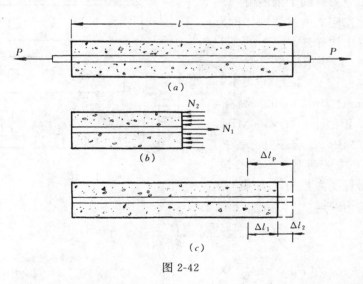

图 2-42

【解】 钢筋在拉力 P 作用下产生伸长变形。撤去力 P 后，钢筋在恢复变形过程中，与混凝土共同变形，从而使混凝土产生了压缩变形；由于混凝土的约束作用，使钢筋不能恢复到原来的长度，钢筋最终的变形仍为伸长变形（图 2-42c）。

杆横截面上的内力如图 2-42 (b) 所示。

平衡条件为

$$N_1 - N_2 = 0 \qquad (a)$$

为一次超静定问题。

几何条件为

$$\Delta l_1 + \Delta l_2 = \Delta l_P \qquad (b)$$

物理条件为

$$\Delta l_1 = \frac{N_1 l}{E_1 A_1}, \quad \Delta l_2 = \frac{N_2 l}{E_2 A_2}, \quad \Delta l_P = \frac{Pl}{E_1 A_1} \qquad (c)$$

上式中，计算变形时，杆长均取为 l。

联立解得

$$N_1 = \frac{E_2 A_2}{E_1 A_1 + E_2 A_2} P(拉), \quad N_2 = \frac{E_2 A_2}{E_1 A_1 + E_2 A_2} P(压)$$

并有

$$\sigma_1 = \frac{N_1}{A_1} = \frac{E_2}{E_1 A_1 + E_2 A_2} P \cdot \frac{A_2}{A_1}(拉)$$

$$\sigma_2 = \frac{N_2}{A_2} = \frac{E_2}{E_1 A_1 + E_2 A_2} P(压)$$

在工程中，将抗拉强度高的钢筋在浇注混凝土之前就给予初应力（例如本例的 P/A_1）。在混凝土固化后，混凝土中产生了预加压应力（如本例中的 $\sigma_2 = N_2/A_2$），预加压应力有助于抵消由外荷载所产生的部分拉应力。这类构件称为预应力钢筋混凝土构件。

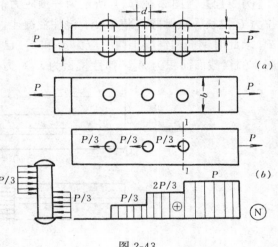

图 2-43

【例 2-15】 两块钢板用三个直径相同的铆钉连接（图 2-43a）。已知 $b = 100\text{mm}$，$t = 10\text{mm}$，$d = 20\text{mm}$，铆钉的 $[\tau] = 100\text{MPa}$，钢的 $[\sigma_{bs}] = 300\text{MPa}$，钢板的 $[\sigma] = 160\text{MPa}$。试求许用荷载 P。

【解】 (1) 按剪切强度条件求 P

假定每个铆钉受力相同，故每个铆钉剪切面上的剪力 $V = P/3$，由式（2-12），有

$$\tau = \frac{V}{A} = \frac{P/3}{\pi d^2 / 4} \leqslant [\tau]$$

即

$$P \leqslant \frac{3}{4}[\tau]\pi d^2 = \frac{3\pi}{4} \times 100 \times 10^3 \times 20^2 \times 10^{-6} = 94.2\text{kN}$$

(2) 按挤压强度条件求 P

由上述假定可知挤压力 $P_{bs} = P/3$，由式（2-14），有

$$\sigma_{bs} = \frac{P_{bs}}{A_{bs}} = \frac{P/3}{t \cdot d} \leqslant [\sigma_{bs}]$$

即

$$P \leqslant 3[\sigma_{bs}]td = 3 \times 300 \times 10^3 \times 10 \times 20 \times 10^{-6} = 180\text{kN}$$

(3) 按钢板抗拉强度条件求 P

钢板的受力图及其轴力图如图 2-43 (b) 所示。由于钢板被钉孔削弱，因此需要计算钢板强度。1-1 截面为危险截面，其强度条件为

$$\sigma = \frac{N_{1\text{-}1}}{A_{1\text{-}1}} = \frac{P}{(b-d)t} \leqslant [\sigma]$$

即

$$P \leqslant [\sigma](b-d)t = 160 \times 10^3 \times (100-20) \times 10 \times 10^{-6}$$
$$= 128\text{kN}$$

应取上述三个 P 值中的最小值为许用荷载，即 $[P] = 94.2\text{kN}$。

【例 2-16】 图 2-44 (a) 所示铆接件，已知主板的 $t_1 = 15\text{mm}$，盖板的 $t_2 = 10\text{mm}$，$b = 150\text{mm}$，$d = 25\text{mm}$，铆钉的 $[\tau] = 100\text{MPa}$，$[\sigma_{\text{bs}}] = 300\text{MPa}$，钢板的 $[\sigma] = 160\text{MPa}$，$P = 300\text{kN}$。试校核强度。

【解】 (1) 剪切强度计算

图 2-44 (a) 所示铆接件为对接，每个铆钉有两个剪切面，称为"双剪"。根据上例的假定，并从图 2-44 (b) 所示的铆钉受力图可知，每个铆钉的每一个剪切面上承受的剪力为

$$V = \frac{P}{6}$$

于是

$$\tau = \frac{V}{A} = \frac{P/6}{\pi d^2/4}$$
$$= \frac{\frac{1}{6} \times 300 \times 10^{-3}}{\frac{\pi}{4} \times 25^2 \times 10^{-6}}$$
$$= 101.9\text{MPa} > [\tau]$$

超过 $[\tau]$ 值 1.9%，不超过 5%，工程上是允许的，故本题可认为满足剪切强度条件。

(2) 挤压强度计算

由于 $t_1 < 2t_2$，铆钉中段的挤压应力必然大于上、下段上的挤压应力，因此应校核铆钉中段的挤压强度。

$$\sigma_{\text{bs}} = \frac{P_{\text{bs}}}{A_{\text{bs}}} = \frac{P/3}{t_1 d} = \frac{300 \times 10^{-3}}{3 \times 15 \times 25 \times 10^{-6}} = 266.7\text{MPa} < [\sigma_{\text{bs}}]$$

满足挤压强度条件。

(3) 钢板抗拉强度校核

主板与盖板的受力图及其轴力图分别如图 2-44 (b)、(c) 所示。应分别对主板的 1-1、2-2 截面和盖板的 3-3 截面作强度校核。

$$\sigma_{1\text{-}1} = \frac{N_{1\text{-}1}}{A_{1\text{-}1}} = \frac{P}{(b-d)t_1}$$

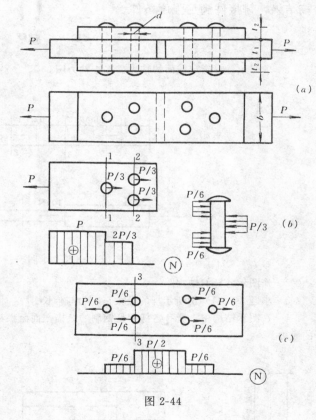

图 2-44

$$=\frac{300\times10^{-3}}{(150-25)\times15\times10^{-6}}=160\text{MPa}=[\sigma]$$

$$\sigma_{2\text{-}2}=\frac{N_{2\text{-}2}}{A_{2\text{-}2}}=\frac{2P/3}{(b-2d)t_1}$$

$$=\frac{2\times300\times10^{-3}}{3\times(150-2\times25)\times15\times10^{-6}}=133.3\text{MPa}<[\sigma]$$

$$\sigma_{3\text{-}3}=\frac{N_{3\text{-}3}}{A_{3\text{-}3}}=\frac{P/2}{(b-2d)t_2}$$

$$=\frac{300\times10^{-3}}{2\times(150-2\times25)\times10\times10^{-6}}=150\text{MPa}<[\sigma]$$

校核结果，铆接件满足强度条件。

<h1 style="text-align:center">习　题[●]</h1>

2-1　求图示各杆指定截面的轴力，并作轴力图。

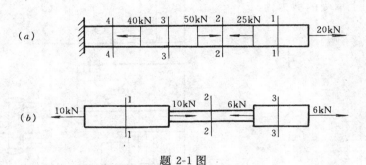

题 2-1 图

2-2　作图示各杆的轴力图

2-3　求题 2-2 (1) 图所示杆的最大正应力与伸长。

2-4　在图示结构中，所有各杆都是钢制的，横截面面积都等于 $3\times10^{-3}\text{m}^2$，力 P 等于 100kN。求各杆的应力。

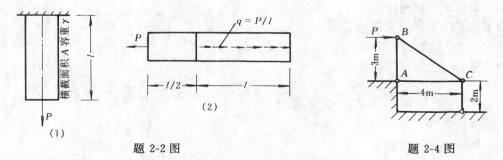

题 2-2 图　　　　　　　　　　　　题 2-4 图

2-5　图示两根截面为 100mm×100mm 的木柱，分别受到由横梁传来的外力作用。试求两柱上、中、下三段内的应力。

2-6　一受轴向拉伸的杆件，横截面面积 $A=200\text{mm}^2$，力 $P=10\text{kN}$，求法线与杆轴成 30°及 45°的斜面

● 作习题之前，请阅读本书附录 I 中关于习题的说明。

上的应力 σ_a 及 τ_a。

2-7 一受轴向拉伸的杆件，横截面上 $\sigma = 50$MPa，某斜截面上 $\tau_a = 16$MPa，求 α 及 σ_a。

2-8 两个受轴向力的杆件分别由低碳钢和混凝土制成，试求

(1) 在横截面上正应力相等的情况下，两杆的轴向线应变之比；

(2) 在轴向线应变相等的情况下，两杆横截面上正应力之比；

(3) 当两杆的轴向线应变 $\varepsilon = 0.0015$ 时，两杆横向线应变的值。

2-9 (1) 证明轴向拉伸（或压缩）的圆截面杆，其横截面上沿圆周方向的线应变 ε_s 等于沿直径方向的线应变 ε_d。

(2) 一圆截面钢杆，直径 $d = 10$mm，在轴向拉力 P 作用下，直径减少 0.0025mm，试求拉力 P。

2-10 图示结构中，杆①、②和③分别为钢、木和铜杆。各杆面积为 $A_1 = 1000$mm^2，$A_2 = 10000$mm^2，$A_3 = 3000$mm^2，荷载 $P = 12$kN。试求 C、F 两点处的位移。

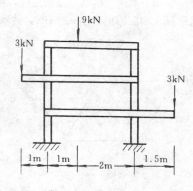

题 2-5 图

2-11 图示结构中，刚性杆 AB 由两根弹性杆 AC 和 BD 悬吊。已知：P、l、a、E_1A_1 和 E_2A_2，试求 x 等于多少时可使杆 AB 保持水平？

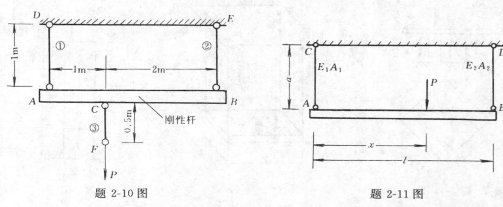

题 2-10 图   题 2-11 图

2-12 图示正方形铰接体系，由五根材料相同截面相同的杆件组成，在节点 A、B 受一对力 P 作用。已知：P、l、E、A，试求 AB 两点的相对位移。

2-13 图示三角支架中，杆 AB 由两根不等边角钢组成，当 $W = 15$kN 时，校核杆 AB 的强度。

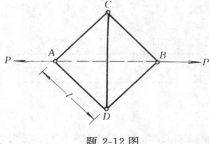

题 2-12 图

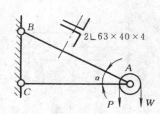

题 2-13 图

2-14 图示桁架中，每杆长均为 1m，并均由两根 Q235 等边角钢组成。设 $P = 400$kN，试选择 AC 杆和 CD 杆所用角钢的型号。

2-15 图示三角架中，已知，$A_1 = 600$mm^2，$[\sigma]_1 = 160$MPa，$A_2 = 900$mm^2，$[\sigma]_2 = 100$MPa，试求结构的许用荷载 $[P]$。

2-16 图示为钢筋混凝土短柱，边长 $a=400\text{mm}$，柱内有四根直径为 $d=30\text{mm}$ 的钢筋。已知，柱受压后混凝土的应力值为 $\sigma_\text{h}=6\text{MPa}$，试求轴向压力 P 及钢筋的应力 σ_g。

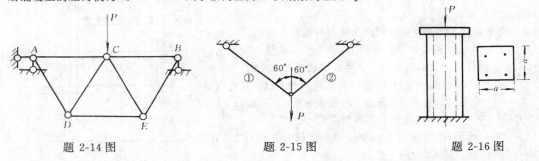

题 2-14 图　　　　　　　题 2-15 图　　　　　　　题 2-16 图

2-17 一块刚性板由四根支柱支撑，四根支柱的长度、截面和材料都相同，求在荷载 P 作用下各支柱的轴力。

2-18 一块正方形刚性板，由四根钢丝绳悬吊，钢丝绳的材料，截面和长度都相同。已知 A、$[\sigma]$ 及 e 和 a，求荷载 P 的容许值 $[P]$。

2-19 作出图示杆件的轴力图。

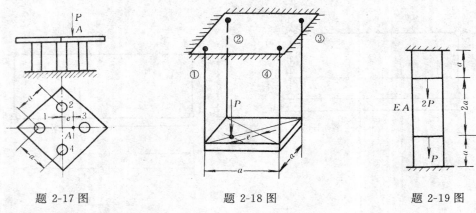

题 2-17 图　　　　　　　题 2-18 图　　　　　　　题 2-19 图

2-20 图示杆的横截面面积为 A，$[\sigma_\text{c}]=3[\sigma_\text{t}]$。试求：

(1) 当 x 为何值时，容许荷载 $[P]$ 为最大？

(2) 容许荷载的最大值 $[P]_\text{max}$。

2-21 将钢杆固定于两刚性支承之间，试求当温度升高 60℃时，斜面 $m\text{-}n$ 上的正应力和剪应力。

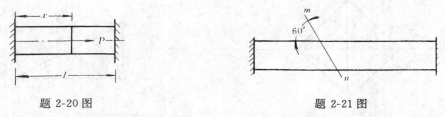

题 2-20 图　　　　　　　　　　　题 2-21 图

2-22 已知：杆①与杆②均为钢杆，横截面面积均为 $A=1000\text{mm}^2$，当杆①的温度升高 30℃时，试求两杆的应力。

2-23 图示杆件下端与刚性约束面之间有空隙 $\Delta=0.08\text{mm}$，上段铜杆截面面积 $A_1=4000\text{mm}^2$，下段钢杆截面面积 $A_2=\frac{1}{2}A_1$。

试求：

(1) 力 P 为何值时，空隙 Δ 刚好消失；

(2) $P=500kN$ 时，各段的应力值；

(3) $P=500kN$，并且温度升高 20℃时，各杆段内的应力值。

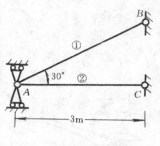

题 2-22 图

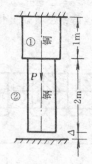

题 2-23 图

2-24　图示为低碳钢的 σ-ε 曲线，若超过屈服极限后继续加载，当试件横截面上应力 $\sigma=300MPa$ 时，测得其轴向线应变 $\varepsilon=3.5\times10^{-3}$，然后立即卸载至 $\sigma=0$，试求试件的轴向塑性应变 ε_p。

2-25　图示轴向拉伸钢杆，测得表面上 K 点处的横向线应变 $\varepsilon'=-2\times10^{-4}$，试求荷载 P 和总伸长 Δl。

2-26　图示拉杆①、②为钢杆，直径 d 均为 10mm。现测得杆②的轴向线应变 $\varepsilon_2=100\times10^{-6}$，试求：

(1) 杆①的线应变 ε_1；

(2) 两杆的轴力 N_1、N_2；

(3) 荷载 P。

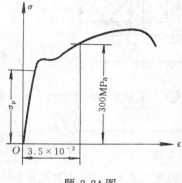

题 2-24 图

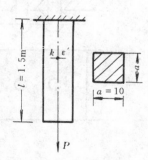

题 2-25 图

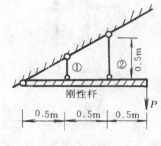

题 2-26 图

2-27　将铜环加热至 135℃，使其恰好套在温度为 20℃的实心钢轴上，若不计钢轴变形，试求当铜环温度降至 20℃时环内的应力。

2-28　在室温 20℃时，钢环内半径为 100mm，壁厚为 2mm，铜环壁厚为 3mm。将钢环单独加温至

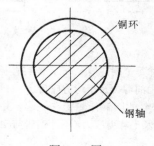

题 2-27 图

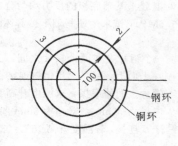

题 2-28 图

120℃时恰好无间隙地套在铜环上。试求当温度降至 20℃时两环内的应力。

2-29 图示铆钉连接件，$t_1 = 8$mm，$t_2 = 10$mm，$P = 200$kN，求钢铆钉的直径。

2-30 图示剪刀，$a = 30$mm，$b = 150$mm，销子 c 的直径 $d = 5$mm。当力 $P = 0.2$kN 剪切与销子直径相同的铜丝时，求铜丝与销子横截面上的平均剪应力。

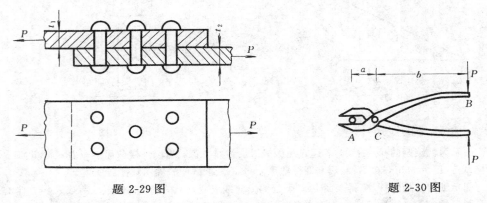

题 2-29 图　　　　　　　　　　题 2-30 图

2-31 图示拉杆，已知 $[\tau] = 0.6 [\sigma]$，试求拉杆直径 d 与端头高度 h 的合理比值。

2-32 试选择图示铆接件每块主板上所需钢铆钉的数目及钢板宽度。

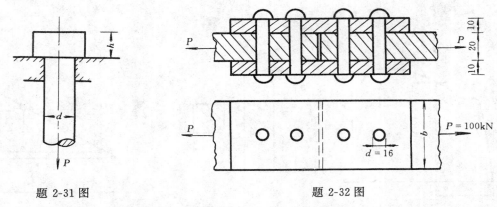

题 2-31 图　　　　　　　　　　题 2-32 图

2-33 两矩形截面木杆，用两块钢板连接如图所示。$b = 150$mm，轴向拉力 $P = 60$kN，木材的 $[\sigma] = 10$MPa，$[\tau] = 1$MPa，$[\sigma_{bs}] = 10$MPa，试求接头尺寸 δ、l 和 h。

2-34 图示一正方形截面的混凝土柱，浇注在混凝土基础上。基础分两层，每层厚为 t。已知 $P = 200$kN，假定地基对混凝土基础底板的反力均匀分布，混凝土的 $[\tau] = 1.5$MPa，试求为使基础不被剪坏所需的厚度 t 值。

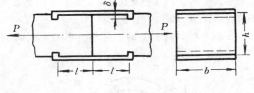

题 2-33 图

2-35 一个钢片夹在两个铜片之间，三个片的一端固定在刚性平面上，另一端用销钉连接在一起。钢片厚 8mm，每个铜片厚 5mm，销钉直径 $d = 10$mm，不计钢片与铜片之间的摩擦，求温度升高 50℃时，销钉剪切面上的剪力及平均剪应力。

2-36 内径为 30mm，壁厚为 5mm 的钢管①与直径为 30mm 的圆铜杆②套在一起，并用直径 $d = 15$mm 的销钉 B 连接。若温度升高 15℃，求销钉剪切面上的剪力及平均剪应力（不计钢管与铜杆之间的摩擦）。

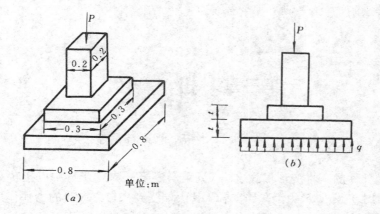

单位：m

(a)　　　(b)

题 2-34 图

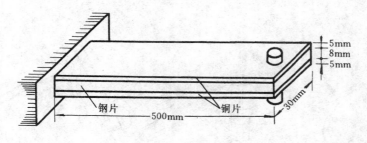

5mm
8mm
5mm

钢片　　　铜片　　30mm

500mm

题 2-35 图

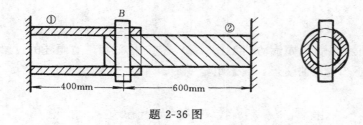

①　　B　　②

400mm　　600mm

题 2-36 图

第三章 扭 转

第一节 扭 转 的 概 念

扭转变形是杆件的基本变形形式之一（见第一章第三节）。工程中以扭转变形为主的杆件比较常见，如图 3-1a 所示的汽车转向轴，其上端受到来自方向盘的力偶作用，下端受到来自转向器的阻抗力偶作用，转向轴产生扭转变形。再如图 3-1b 所示的钻杆，其上端受到来自钻机的转动力偶 m 作用，而在岩土中的钻杆则受到岩土的分布阻抗力偶 $\overline{m}$ 作用，钻杆产生扭转变形。

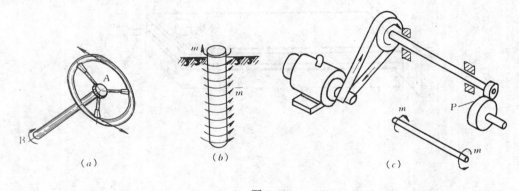

图 3-1

工程中的很多杆件，如传动轴（图 3-1c）、搅拌机轴和带有雨篷的过梁等，它们除产生扭转变形外，还产生弯曲变形，属于组合变形。

第二节 扭转内力——扭矩与扭矩图

图 3-2a 所示圆轴在一对外力偶 m 作用下发生扭转变形，欲求其任意横截面 n-n 上的内力，可运用截面法，将杆件在 n-n 处截为两段，任取其中一段，如取左段作为分离体（图 3-2b）。由于杆件处于平衡状态，其分离体也应是平衡的，因此在分离体上除左端受有外力偶 m 外，其右端 n-n 截面上必存在一个内力偶矩 T，以使分离体保持平衡。由平衡方程 $\Sigma m_x = 0$，得

$$T - m = 0$$
$$T = m$$

内力偶矩 T 是杆件 n-n 截面上的内力，称为扭矩（Torsional Moment）。

若取杆件的右段为分离体（图 3-2c），将得到与 T 大小相等而方向相反的扭矩 T'。T 与 T' 是作用力与反作用力的关系，是左右两段分离体相互作用的结果。

44

为了使 T 与 T' 不仅数值相等，而且符号相同，对扭矩的正负号规定如下：按右手螺旋法则，将 T 表示为矢量，若矢量的方向与截面的外法线方向一致，扭矩为正；反之，扭矩为负。按此规定，图 3-2 中 n-n 截面上的扭矩 T 与 T' 均为正值。

扭矩和外力偶矩的量纲为［力］×［长度］，其单位为 N·m（牛顿米）或 kN·m（千牛顿米）。

当杆件上作用多个外力偶矩时，其各段中的扭矩不尽相同，应分段采用截面法计算。为了直观地表示各截面上的扭矩，可用类似于作轴力图的方法作出扭矩图。

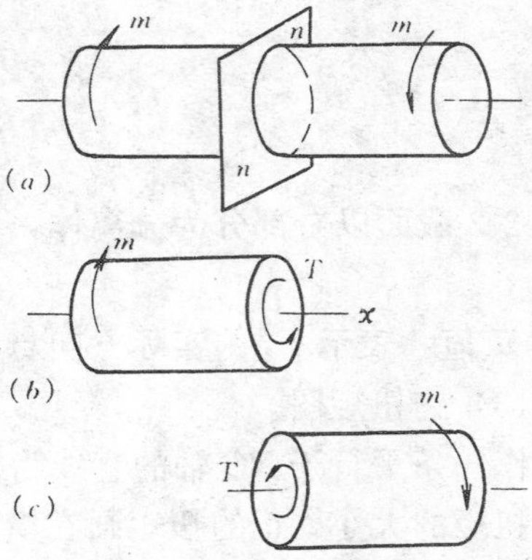

工程中的传动轴，通常是给出轴所传递的功率和轴的转速，这就需要根据功率和转速换算出传动轴上的外力偶矩。

设传动轴传递的功率为 PkW（千瓦），而 1kW$=$ 1000N·m/s，则每分钟传动轴传递的功为

$$W_1 = P \times 1000 \times 60 \quad (\text{N·m})$$

传递的功相当于给传动轴施加外力偶 m，并使之转动作功。由理论力学知，若轴每分钟转动 n 转，即 n r/min，则外力偶 m 每分钟所作的功为

$$W_2 = 2\pi \times n \times m \quad (\text{N·m})$$

显然，所传递的功 W_1 应等于外力偶 m 所作的功 W_2。由此可得计算外力偶矩 m 的公式为

$$m = 9550 \frac{P}{n} \quad (\text{N·m}) \tag{3-1}$$

当功率为 P 马力（Ps）时（1Ps$=735.5$N·m/s），外力偶矩 m 的计算公式为

$$m = 7024 \frac{P}{n} \quad (\text{N·m}) \tag{3-2}$$

【例 3-1】 图 3-3a 所示传动轴，转速 n $=1000$r/min，A 轮为主动轮，其输入功率 P_A $=800$kW，B、C 轮为从动轮，其输出功率分别为 $P_B=500$kW，$P_C=300$kW，试求 1-1 和 2-2 截面上的扭矩，并作扭矩图。

【解】 （1）计算外力偶矩

按式（3-1），作用在 A、B、C 各轮上的外力偶矩分别为

$$m_A = 9550 \frac{P_A}{n} = 9550 \times \frac{800}{1000}$$

$$= 7640 \text{N·m}$$

$$m_B = 9550 \times \frac{500}{1000} = 4775 \text{N·m}$$

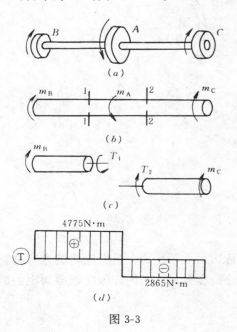

图 3-3

图 3-2

45

$$m_C = 9550 \times \frac{300}{1000} = 2865 \text{N} \cdot \text{m}$$

（2）计算各截面的扭矩

传动轴上的外力偶矩如图 3-3b 所示，该轴的内力在 BA、AC 段上分别为常数。取 1-1 截面以左部分为分离体（图 3-3c），设扭矩 T_1 为正，由平衡方程 $\Sigma m_x = 0$，得

$$T_1 - m_B = 0$$

$$T_1 = m_B = 4775 \text{N} \cdot \text{m}$$

再取 2-2 截面以右部分为分离体，仍设扭矩 T_2 为正，解得

$$T_2 = -2865 \text{N} \cdot \text{m}$$

T_2 为负值，表示 T_2 的实际方向与所设方向相反。

（3）作扭矩图

作一条平行于 BC 轴的直线为横坐标，以表示各截面的位置；以垂直于该直线的纵坐标表示扭矩的大小，正的扭矩画在横坐标线上侧，负的画在下侧，并标明数值和正负号。BC 轴的扭矩图如图 3-3d 所示。

第三节　薄壁圆筒的扭转

一、横截面上的剪应力

图 3-4a 所示受扭薄壁圆筒，运用截面法，取 n-n 截面左段为分离体（图 3-4b），该横截面上的扭矩 $T = m$。

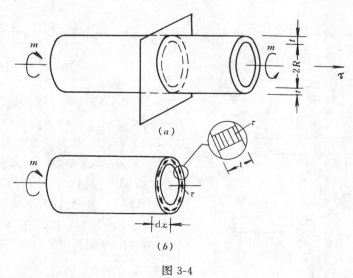

图 3-4

实验表明，受扭薄壁圆筒的横截面上只有剪应力而无正应力，且剪应力的方向垂直于半径。对于薄壁圆筒，可近似地认为剪应力的大小沿壁厚是均匀的，因此横截面上的剪应力为常数。由静力学条件，得

$$2\pi Rt \cdot \tau \cdot R = T$$

$$\tau = \frac{T}{2\pi R^2 t} \qquad\qquad (a)$$

二、剪应力互等定理

用相邻的两个横截面、两个径向截面和两个环向截面，从圆筒中截取出一个边长分别为 dx、dy 和 dz 的微小正六面体（图 3-5a），该六面体称为**单元体**。单元体左、右侧面上的

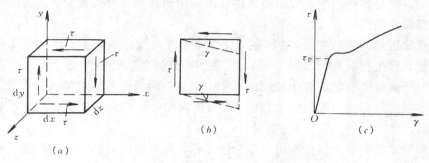

图 3-5

剪应力 τ 由式（a）计算，它们的数值相等但方向相反。于是组成一个大小为 $(\tau dydz)\,dx$ 的力偶。根据单元体的平衡条件，在其上、下两个侧面上也必然存在大小相等、方向相反的剪应力 τ'，且形成力偶矩$(\tau'dxdz)dy$ 与 $(\tau dydz)dx$ 平衡，即

$$(\tau dydz)dx = (\tau'dxdz)dy$$
$$\tau = \tau' \qquad\qquad (3\text{-}3)$$

上式表明，在单元体中相互垂直的两个面上，垂直于该两面交线的剪应力必然成对存在，且这对剪应力数值相等，其方向或同时指向交线，或同时背离交线。这种关系称为**剪应力互等定理** (Theorem of Conjugate Shearing Stresses)。

图 3-5a 所示单元体的四个侧面上只有剪应力而无正应力，这种情况称为**纯剪切**。剪应力互等定理不仅在纯剪切的情况下成立，在各侧面上同时存在正应力和剪应力的情况下也是成立的。

三、剪切胡克定律

图 3-5a 所示的单元体，在剪应力作用下将发生图 3-5b 所示的剪切变形，单元体的两个相对的侧面发生相对错动，原来的直角改变了一个微小角度 γ，称 γ 为**剪应变** (Shearing strain)。薄壁圆筒的扭转实验表明，当剪应力不超过其剪切比例极限 τ_P 时，剪应力与剪应变成正比（图 3-5c），即

$$\tau = G\gamma \qquad\qquad (3\text{-}4)$$

由式（3-4）表示的 τ 与 γ 的关系称为**剪切胡克定律** (Hooke's Law for Shearing Stress and Strain)，式中的比例常数 G 称作**剪变模量** (Shearing Modulus)。因 γ 没有量纲，故 G 的量纲与 τ 的相同。钢材的 G 值约为 80GPa。

线弹性材料共有三个弹性常数，即弹性模量 E、泊松比 ν 和剪变模量 G。对各向同性材料，可以证明（见第九章第八节）E、G、ν 之间的关系为

$$G = \frac{E}{2(1 + \nu)} \qquad\qquad (3\text{-}5)$$

第四节　圆轴扭转时横截面上的应力

受扭的圆截面杆通常称为圆轴,本节将研究受扭圆轴横截面上应力的分布规律及计算方法。在第三节中,曾假定薄壁圆筒扭转时横截面上的剪应力沿壁厚均匀分布,对于实心圆轴,这一假设不再成立。这里需要首先根据圆轴扭转变形的实验现象作出假设,然后综合考虑变形、物理和静力学三方面的条件,推导出圆轴扭转时横截面上应力的计算公式。

一、变形几何条件

为了观察圆轴的扭转变形,在圆轴表面上画出环向线和纵向线(图 3-6a),然后施加外力偶 m,使其产生扭转变形(图 3-6b)。观察到圆轴的变形现象为

(1)各环向线的形状、大小和间距不变,只是绕轴线作了相对转动。

(2)各纵向线都倾斜了相同的角度 γ,原由纵向线和环向线正交而成的矩形格子变成平行四边形。

根据圆轴表面的变形情况,可以推断圆轴扭转后其横截面仍保持为平面,各横截面如同刚性平面绕轴线作相对转动,并且相邻横截面的间距不变,这一假定称为**平面假设**。

用两个相邻横截面从圆轴中截取长为 $\mathrm{d}x$ 的微段(图 3-6c),根据平面假设,该微段左右两侧面作为变形后的横截面,其相对扭转角为 $\mathrm{d}\phi$。再用夹角为无穷小的两个径向截面从该微段中截取一楔形体 O_1ABCDO_2(图 3-6d)。距轴线 O_1O_2 为 ρ 的矩形 $abcd$ 变形后成为平

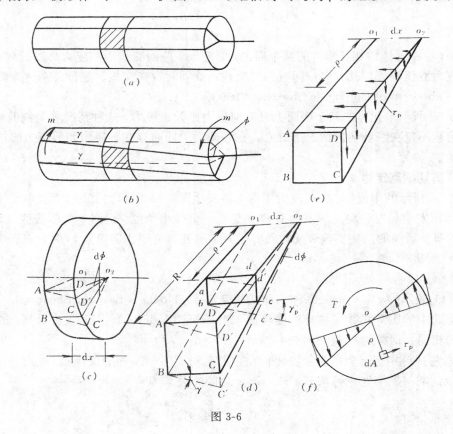

图 3-6

行四边形 $abc'd'$，其剪应变为 γ_ρ，则由图可得

$$\overline{cc'} = \gamma_\rho \mathrm{d}x = \rho \mathrm{d}\phi$$

即

$$\gamma_\rho = \rho \frac{\mathrm{d}\phi}{\mathrm{d}x} \qquad\qquad (a)$$

式（a）为圆轴扭转的变形几何条件，对于同一横截面，$\mathrm{d}\phi/\mathrm{d}x$ 为常量，式（a）表明横截面上任意点的剪应变 γ_ρ 与该点到圆心的距离 ρ 成正比。

二、物理条件

以 τ_ρ 表示横截面上距圆心为 ρ 处的剪应力，由剪切胡克定律可知

$$\tau_\rho = G\gamma_\rho$$

将式（a）代入上式，得

$$\tau_\rho = G \frac{\mathrm{d}\phi}{\mathrm{d}x} \rho \qquad\qquad (b)$$

式（b）表明，横截面上任意点处的剪应力 τ_ρ 与该点到圆心的距离 ρ 成正比。因为 γ_ρ 发生在垂直于半径的平面内，所以 τ_ρ 也与半径垂直。剪应力的分布规律如图 3-6f 所示。

三、静力学条件

距圆心为 ρ 的微面积 $\mathrm{d}A$ 上有剪应力 τ_ρ（图 3-6f），τ_ρ 与横截面上的扭矩 T 有如下的静力学关系

$$T = \int_A \rho\tau_\rho \mathrm{d}A \qquad\qquad (c)$$

式中 A 为横截面的面积。

将式（b）代入式（c），得

$$T = G \frac{\mathrm{d}\phi}{\mathrm{d}x} \int_A \rho^2 \mathrm{d}A$$

令 $I_P = \displaystyle\int_A \rho^2 \mathrm{d}A$，则有

$$\frac{\mathrm{d}\phi}{\mathrm{d}x} = \frac{T}{GI_P} \qquad\qquad (3\text{-}6)$$

式（3-6）为计算圆轴扭转变形的基本公式，将其代入式（b），得到剪应力的计算公式为

$$\tau_\rho = \frac{T}{I_P} \rho \qquad\qquad (3\text{-}7)$$

式中 T 为横截面上的扭矩；

ρ 为所求应力的点到圆心的距离；

I_P 称为截面的**极惯性矩**（Polar Moment of Inertia），是一个与截面的形状和尺寸有关的几何量。

由弹性力学更精确的理论分析和圆轴的实验结果都表明，基于前述假设和分析得到的式（3-7）是精确的。该式适用于最大剪应力不超过剪切比例极限的实心圆轴和截面为环形的空心圆轴。

由式（3-7）可知，在圆截面边缘处，ρ 为最大值 $D/2$，得最大剪应力为

$$\tau_{\max} = \frac{T}{I_P} \cdot D/2 \qquad\qquad (d)$$

令 $W_t = I_P/\dfrac{D}{2}$，W_t 称为**抗扭截面模量** （Modulus of Torsion）。式 （d） 可写成

$$\tau_{max} = \frac{T}{W_t} \tag{3-8}$$

四、极惯性矩和抗扭截面模量

图 3-7a 所示圆截面，距圆心为 ρ 处的环形微面积为 $\mathrm{d}A = 2\pi\rho\mathrm{d}\rho$，则其极惯性矩为

$$I_P = \int_A \rho^2 \mathrm{d}A = \int_0^{D/2} 2\pi\rho^3 \mathrm{d}\rho = \frac{\pi D^4}{32} \tag{3-9}$$

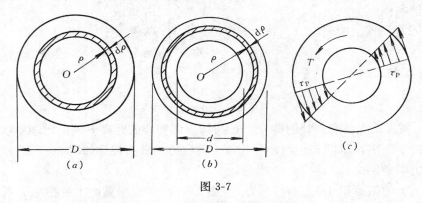

图 3-7

按同样的方法，可得图 3-7b 所示的圆环截面的极惯性矩为

$$I_P = \frac{\pi}{32}(D^4 - d^4) = \frac{\pi D^4}{32}(1 - \alpha^4) \tag{3-10}$$

式中 $\alpha = d/D$，为圆环截面内、外径的比值。

实心圆和圆环截面的抗扭截面模量分别为

$$W_t = \frac{\pi D^3}{16} \tag{3-11}$$

$$W_t = \frac{\pi D^3}{16}(1 - \alpha^4) \tag{3-12}$$

圆环截面上的剪应力沿半径的分布规律，如图 3-7c 所示。

【例 3-2】 图 3-8a 所示圆轴，$D = 100\text{mm}$，$m = 14\text{kN} \cdot \text{m}$。试求：（1） 1-1 截面上 B、C 两点的剪应力 τ_B 与 τ_C。（2）画出图 3-8b 所示的横截面及纵向截面 $oacb$ 上剪应力沿半径 oa 的分布规律。

【解】 （1） 由式 （3-7） 和式 （3-8），并由 $T = m$，得

$$\tau_B = \frac{T}{I_P}\rho = \frac{m}{\pi D^4/32} \cdot \frac{D}{4}$$

$$= \frac{8 \times 14 \times 10^3}{3.14 \times 100^3 \times 10^{-9}} = 35.7\text{MPa}$$

$$\tau_C = \tau_{max} = \frac{T}{W_t} = \frac{m}{\pi D^3/16} = 2\tau_B = 71.4\text{MPa}$$

（2）剪应力沿半径线性分布，且各点的剪应力均垂直于半径；再根据剪应力互等定理，可画出如图 3-8b 所示的横截面及纵向截面 $oacb$ 上剪应力沿 oa 的分布规律。

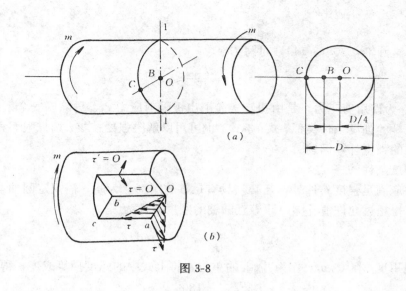

图 3-8

第五节　圆轴的扭转变形

图 3-9 所示圆轴，在外力偶 m 作用下发生扭转变形，ϕ 是截面 B 相对于截面 A 的扭转角。由圆轴扭转变形的基本公式（3-6），可求得相距为 $\mathrm{d}x$ 的两横截面间的扭转角为

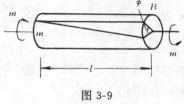

图 3-9

$$\mathrm{d}\phi = \frac{T}{GI_\mathrm{P}}\mathrm{d}x$$

则相距为 l 的两横截面间的扭转角为

$$\phi = \int_l \mathrm{d}\phi = \int_0^l \frac{T}{GI_\mathrm{P}}\mathrm{d}x \qquad (a)$$

对于等直圆轴，若 T 在长度 l 的范围内不变化，而 G、I_P 均为常量，则由式（a）可得

$$\phi = \frac{Tl}{GI_\mathrm{P}} \qquad\qquad (3\text{-}13)$$

式中　GI_P 称为圆轴的**抗扭刚度**（Torsional Rigidity），表示圆轴抵抗扭转变形的能力。

将式 $\phi = \dfrac{Tl}{GI_\mathrm{P}}$ 与拉压杆变形的计算公式 $\Delta l = \dfrac{Nl}{EA}$ 比较，可以看出它们是相似的，即变形量都是与内力和杆长成正比，而与刚度成反比。抗扭刚度 GI_P 和抗拉刚度 EA 都由两个量组成，一个是表示材料性质的弹性常数（E、G），另一个则是与截面形状尺寸有关的几何量（A、I_P）。

第六节　圆轴扭转的强度计算与刚度计算

一、强度计算

为保证圆轴具有足够的强度，其最大剪应力不得超过材料的许用剪应力，即圆轴扭转的强度条件为

$$\tau_{\max} = \left(\frac{T}{W_t}\right)_{\max} \leqslant [\tau] \qquad\qquad (3\text{-}14a)$$

对于等直圆轴，式（3-14a）可写为

$$\tau_{\max} = \frac{T_{\max}}{W_t} \leqslant [\tau] \qquad\qquad (3\text{-}14b)$$

式中　[τ]为许用剪应力，是由扭转实验测出极限剪应力 τ_u，再除以安全系数得到的。

与拉压杆的强度条件类似，式（3-14）也可用以解决强度校核、选择截面和确定许用荷载等三方面的强度计算问题。

二、刚度条件

圆轴除应满足强度条件外，还必须具有足够的刚度，为此，需规定圆轴单位长度上的扭转角 φ 不得超过允许值 [φ]，即等直圆轴的刚度条件为

$$\varphi_{\max} = \frac{T_{\max}}{GI_P} \leqslant [\varphi] \quad \text{rad/m} \qquad\qquad (3\text{-}15a)$$

工程中习惯用度/米（°/m）作为 [φ] 的单位，将上式中的弧度换算成度，得

$$\varphi_{\max} = \frac{T_{\max}}{GI_P} \times \frac{180}{\pi} \leqslant [\varphi] \quad °/m \qquad\qquad (3\text{-}15b)$$

与强度条件类似，刚度条件也可以解决刚度校核、选择截面和确定许用荷载等三类计算问题。

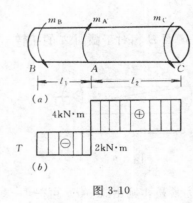

图 3-10

【例 3-3】 图 3-10a 所示圆轴，已知 $m_A = 6\text{kN}\cdot\text{m}$，$m_B = 2\text{kN}\cdot\text{m}$，$m_C = 4\text{kN}\cdot\text{m}$，$l_1 = 0.6\text{m}$，$l_2 = 0.9\text{m}$，$G = 8.0 \times 10^4\text{MPa}$，$[\tau] = 60\text{MPa}$，$[\varphi] = 0.5°/\text{m}$，试确定轴的直径，并计算扭转角 ϕ_{CB}。

【解】 作出该圆轴的扭矩图如图 3-10b 所示，其最大扭矩 $T_{\max} = 4\text{kN}\cdot\text{m}$，由强度条件式（3-14），即

$$\tau_{\max} = \frac{T_{\max}}{W_t} = \frac{T_{\max}}{\pi D^3/16} \leqslant [\tau]$$

得

$$D \geqslant \sqrt[3]{\frac{16T_{\max}}{\pi[\tau]}} = \sqrt[3]{\frac{16 \times 4 \times 10^3}{\pi \times 60 \times 10^6}} = 70\text{mm}$$

由刚度条件式（3-15b），即

$$\varphi_{\max} = \frac{T_{\max}}{GI_P} \cdot \frac{180}{\pi} \leqslant [\varphi]$$

得　　$$D \geqslant \sqrt[4]{\frac{32 \times 180 T_{\max}}{G\pi^2[\varphi]}} = \sqrt[4]{\frac{32 \times 180 \times 4 \times 10^3}{8 \times 10^4 \times 10^6 \times \pi^2 \times 0.5}} = 87\text{mm}$$

为满足强度条件和刚度条件，应选取 $D = 87\text{mm}$。可见，该轴的截面尺寸由刚度条件控制。

扭转角

$$\phi_{CB} = \phi_{AB} + \phi_{CA} = \frac{T_1 l_1}{GI_P} + \frac{T_2 l_2}{GI_P}$$

$$= \frac{32 \times (-2 \times 0.6 + 4 \times 0.9) \times 10^3}{8 \times 10^4 \times 10^6 \times \pi \times 0.087^4} = 0.0053\text{rad} = 0.31°$$

第七节　圆轴扭转的应力分析

扭转试验表明，脆性材料（如铸铁）试件沿与轴线约成 45°的螺旋面断裂（图 3-11a）；塑性材料（如低碳钢）试件沿横截面被扭断（图 3-11b）；而木杆试件则沿纵向截面扭裂（图 3-11c）。为分析其破坏原因，仅研究其横截面上的应力情况是不够的，还需要研究其斜截面上的应力情况。

为此，在图 3-12a 所示受扭圆轴中，用两个相邻横截面和两个夹角为无穷小的径向截面截出一楔形体（图 3-12b），再从该楔形体距轴线为 R 处截取 dR 微段，得到一个纯剪切状态的单元体（图 3-12c）。欲研究该单元体上与横截面成 α 角的斜截面上的应力，可用该斜截面将单元体切分为二，取其左下部分为分离体（图 3-12d），该斜截面的外法线与 x 轴夹角为 α，斜截面上的正应力与剪应力分别为 σ_α 与 τ_α，斜截面的面积为 dA。该分离体的平面图形如图 3-12e 所示。由分离体沿 n、t 方向的平衡条件 $\Sigma n = 0$ 和 $\Sigma t = 0$，有

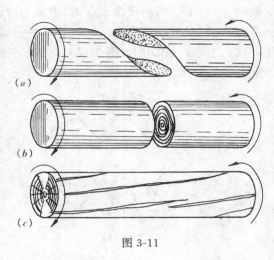

图 3-11

$$\sigma_\alpha \mathrm{d}A + (\tau \mathrm{d}A\cos\alpha)\sin\alpha + (\tau \mathrm{d}A\sin\alpha)\cos\alpha = 0$$

$$\tau_\alpha \mathrm{d}A - (\tau \mathrm{d}A\cos\alpha)\cos\alpha + (\tau \mathrm{d}A\sin\alpha)\sin\alpha = 0$$

利用三角函数公式

$$2\sin\alpha\cos\alpha = \sin 2\alpha, \quad \cos^2\alpha - \sin^2\alpha = \cos 2\alpha$$

整理可得

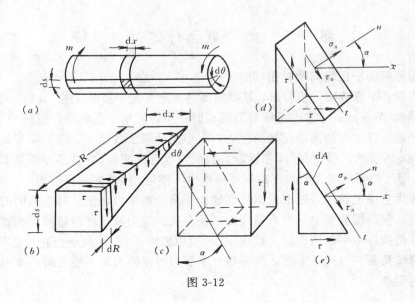

图 3-12

$$\left.\begin{array}{l} \sigma_\alpha = -\ \tau\sin2\alpha \\ \tau_\alpha = \tau\cos2\alpha \end{array}\right\} \qquad\qquad (3\text{-}16)$$

式（3-16）表明，斜截面上的应力 σ_α、τ_α 是截面方位角 α 的函数。规定从 x 轴的正向逆时针转至截面的外法向时的 α 角为正。

现研究应力 σ_α、τ_α 的极值及其所在截面的方位。由式（3-16）不难看出，在 $\alpha=-45°$、$135°$的斜截面上（图 3-13a），剪应力 $\tau_\alpha=0$，正应力为最大拉应力，即

$$\sigma_\alpha = \sigma_{max} = \tau$$

在 $\alpha=45°$、$-135°$的斜截面上（图 3-13a），$\tau_\alpha=0$，正应力为最大压应力，即

$$\sigma_\alpha = \sigma_{min} = -\tau$$

当 $\alpha=0°$、$180°$、$\pm90°$时（图 3-13b），亦即在纵截面和横截面上，剪应力取极值，其绝对值均为 τ。

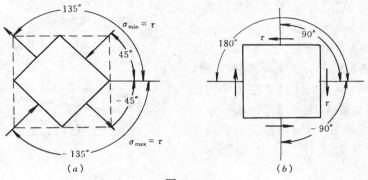

图 3-13

经上述分析可知，塑性材料扭转试件沿横截面破坏，是由最大剪应力造成的，说明这类材料的抗剪能力较低；最大拉应力导致了脆性材料扭转试件沿 45°螺旋面破坏，说明这类材料的抗拉强度较低；而纵向截面的最大剪应力使木杆试件纵向开裂，则说明木材的顺纹抗剪强度较低。

第八节　矩形截面杆的自由扭转

一、矩形截面杆扭转与圆轴扭转的区别

实验表明，矩形截面杆扭转时，其横截面将由平面变为曲面（图 3-14a、b），这种现象称为截面翘曲（Warping）。这也是所有非圆截面杆扭转区别于圆截面杆扭转的重要特征。因此，根据平面假设建立的圆轴扭转的应力和变形的计算公式已不适用于矩形截面杆。

图 3-14a 所示的矩形截面杆，扭转时各截面可以自由翘曲，并且各相邻截面翘曲的程度完全相同，即各相邻截面之间的距离既不拉长也不缩短，横截面上只有剪应力而无正应力，这种扭转称为**自由扭转**。若矩形截面杆在轴向受到约束作用，扭转时各截面的翘曲将因此而受到限制，使得横截面上不仅有剪应力，还存在正应力，这种扭转称为**约束扭转**。约束扭转在实体截面杆中引起的正应力数值很小，可以忽略不计，因此仍可按自由扭转计算；约束扭转在薄壁截面杆（如工字形、槽形等）中引起的正应力则不能忽略。本书只介绍杆件的自由扭转问题。

二、矩形截面杆自由扭转时应力与变形的计算

矩形截面杆的扭转问题需要用弹性力学的方法研究，下面给出其主要结论。

设矩形截面的长边为 h，短边为 b（图 3-15a），横截面上剪应力的分布规律为

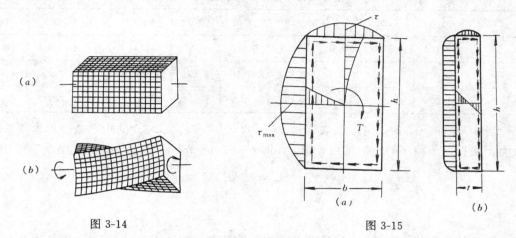

图 3-14 图 3-15

1. 截面周边各点处剪应力的方向一定与周边相切，如图 3-15a 所示。设截面周边上 K 点处的剪应力为 τ_K（图 3-16）。若其方向不与周边相切，则必有垂直于周边的剪应力分量，而与截面垂直的杆件表面上并不存在剪应力，则根据剪应力互等定理知，横截面周边上的各点处不可能有垂直于周边的剪应力分量。

2. 在截面的四个角点处，剪应力为零（图 3-15a）。利用剪应力互等定理，同样可以证明该结论的正确性（图 3-16）。

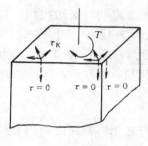

图 3-16

3. 最大剪应力 τ_{max} 发生在截面的长边中点处（图 3-15a），且短边中点处的剪应力也是该边各点处剪应力中的最大者。

剪应力与扭转角的计算公式如下：

截面上的最大剪应力

$$\tau_{max} = \frac{T}{W_t} \tag{3-17}$$

杆件单位长度的扭转角

$$\varphi = \frac{T}{GI_t} \tag{3-18}$$

以上两式中，W_t 称为**抗扭截面模量**，I_t 称为截面的**相当极惯性矩**。但是，W_t 和 I_t 除了在量纲上与圆截面的 W_t、I_P 相同外，并无相同的几何含义。

矩形截面的 I_t 和 W_t 的计算公式分别为

$$I_t = \alpha b^4 \tag{3-19}$$

$$W_t = \beta b^3 \tag{3-20}$$

式中 α、β 两系数随矩形截面长、短边尺寸 h 和 b 的比值 $m = h/b$ 而变化，可从表 3-1 中查出。截面短边中点处的剪应力 τ（图 3-15a），可由式（3-17）中的 τ_{max} 和表 3-1 中的系数 γ

按下式计算

$$\tau = \gamma\tau_{\max} \tag{3-21}$$

矩形截面杆扭转时的系数 α、β 和 γ 表 3-1

h/b	1.0	1.2	1.5	2.0	2.5	3.0	4.0	6.0	8.0	10.0
α	0.140	0.199	0.294	0.457	0.622	0.790	1.123	1.789	2.456	3.123
β	0.208	0.263	0.346	0.493	0.645	0.801	1.150	1.789	2.456	3.123
γ	1.000	/	0.858	0.796	/	0.753	0.745	0.743	0.743	0.743

当 $m=h/b>10$ 时，可近似取 $\alpha=\beta=m/3$，$\gamma=0.74$。$m>10$ 的矩形截面称为**狭长矩形截面**，狭长矩形截面的短边常用 t 表示，即 $b=t$，$m=h/t$，于是，矩形截面的 I_t 和 W_t 为

$$\left.\begin{array}{l} I_t = \dfrac{1}{3}ht^3 \\[2mm] W_t = \dfrac{1}{3}ht^2 \end{array}\right\} \tag{3-22}$$

狭长矩形截面杆扭转时，其截面上剪应力的分布情况如图 3-15b 所示，沿长边各点处剪应力的方向均与长边相切，其数值除靠近角点处以外均相等。

【例 3-4】   一矩形截面杆，$h\times b=120\text{mm}\times60\text{mm}$，扭矩 $T=4\text{kN}\cdot\text{m}$，试求 $\tau_{\max}$，并与截面面积相同的圆轴的最大剪应力比较。

【解】 $h/b=2$，查表 3-1 得 $\beta=0.493$，由式（3-17）和式（3-20），得

$$\tau_{\max} = \frac{T}{\beta b^3} = \frac{4\times10^3}{0.493\times0.06^3} = 37.6\text{MPa}$$

与之相同截面面积的圆轴的直径为

$$D = \sqrt{\frac{4hb}{\pi}} = \sqrt{\frac{4\times0.12\times0.06}{\pi}} = 0.096\text{m}$$

则圆轴的最大剪应力为

$$\tau_{\max} = \frac{T}{W_t} = \frac{16\times4\times10^3}{\pi\times0.096^3} = 23.2\text{MPa}$$

可见，在截面面积和扭矩大小相等的情况下，矩形截面杆的最大剪应力比圆截面杆的大。

三、薄膜比拟法的概念

因为非圆截面杆（如矩形截面杆）扭转问题的解析解非常复杂，所以有必要寻求一些间接的方法来研究这个问题。**薄膜比拟（Membrane Analogy）法**是这类方法中的重要方法。

比拟法是科学研究中的常用方法。在力学问题中经常会遇到这种情况，两个物理意义完全不同的问题在数学上却可以得到同样的微分方程，因此这两个问题之间就可以进行比拟。设有不同物理意义的两个问题，问题一的变量 x_1 与 y_1 之间有着与问题二的变量 x_2 与 y_2 之间相同的关系。于是，变量 x_2 可以与变量 x_1 比拟，而变量 y_2 可以与变量 y_1 比拟。通常情况下，对于问题一，若不解其数学方程，就难以找到变量 x_1 与 y_1 的关系；但对于问题二，由于其物理意义简单，可以简单而明白地说明 x_2 与 y_2 的关系，因此通过比拟，即可表示出存在于问题一中的规律性。杆件的自由扭转问题与均匀受压薄膜的平衡问题就是两个

可以比拟的问题。对于自由扭转的杆件，不论其横截面形状如何，总是与轮廓和杆的横截面形状相同、沿周边绷紧并均匀受压的薄膜的平衡问题具有相同的微分方程。由两者的比拟关系可知：①薄膜上任一点的等高线的切线方向就是受扭杆横截面上对应点的剪应力方向；②薄膜上任一点的最大斜率与受扭杆横截面上对应点的剪应力大小成正比；③薄膜曲面与其支承框架平面间所含的体积与杆所受的扭矩成正比。

用薄膜比拟法分析非圆截面杆的扭转问题，不仅可做定性的分析，也可以做到定量的分析。

第九节　薄壁杆件的自由扭转

工程中经常采用图 3-17 所示的各种薄壁杆件，这类杆件的几何特征是壁厚远小于其它方向的尺寸。按其截面壁厚的中线是否为闭合曲线，可分为开口薄壁杆件（图 3-17a、b）和闭合薄壁杆件（图 3-17c、d）。其中图 3-17c 为单闭截面薄壁杆件，图 3-17d 为多闭截面薄壁杆件。本节介绍开口薄壁杆件和单闭截面薄壁杆件自由扭转时的应力和变形计算问题。

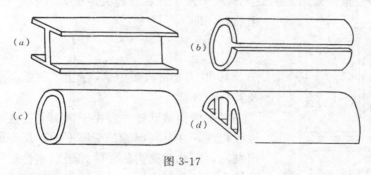

图 3-17

一、开口薄壁杆件的扭转

如图 3-18 所示，开口薄壁杆件的截面可视为由若干狭长矩形组合而成。对于沿杆轴方向按一定间隔设有加劲板的开口薄壁杆件，实验表明，杆件受扭后，虽然其截面发生翘曲，但截面周边在原平面上投影的几何形状仍基本保持不变。据此，可建立横截面在其自身平面内的投影只作刚性转动的假设，即**刚周边假设**。据此假设，整个截面与组成该截面的各狭长矩形具有相同的单位扭转角，即

$$\varphi_1 = \varphi_2 = \cdots \varphi_n = \varphi \qquad (a)$$

式中　φ_i（$i=1, 2, \cdots, n$）为第 i 个狭长矩形的单位扭转角。由式（3-18），得

$$\varphi_1 = \frac{T_1}{GI_{t_1}}, \quad \varphi_2 = \frac{T_2}{GI_{t_2}} \cdots$$

$$\varphi_i = \frac{T_i}{GI_{t_i}} \cdots, \quad \varphi = \frac{T}{GI_t} \qquad (b)$$

式中　T_1、$T_2 \cdots T_n$ 与 I_{t_1}、$I_{t_2} \cdots I_{t_n}$ 分别为各狭长矩形所承担的扭矩和相当极惯性矩。由静力学条件，有

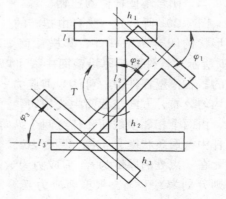

图 3-18

$$T = T_1 + T_2 + \cdots + T_n = \sum_{i=1}^{n} T_i \qquad\qquad (c)$$

由式（a）和式（b）可得

$$T_i = \varphi_i GI_{t_i} = \frac{T}{GI_t} \cdot GI_{t_i} = T\frac{I_{t_i}}{I_t} \qquad\qquad (d)$$

式（d）表明，截面上各狭长矩形所承担的扭矩按其抗扭刚度分配。

由式（c）和式（d）可得

$$I_t = \sum_{i=1}^{n} I_{t_i} = \frac{1}{3}\sum_{i=1}^{n} h_i t_i^3 \qquad\qquad (e)$$

式中 I_t 为截面的相当极惯性矩；GI_t 则为杆件的抗扭刚度。

截面中各狭长矩形上的最大剪应力为

$$\tau_{\max} = \frac{T_i}{W_{t_i}} = T\frac{I_{t_i}}{I_t W_{t_i}} = T\frac{\frac{1}{3}h_i t_i^3}{I_t \cdot \frac{1}{3}h_i t_i^2} = \frac{T}{I_t}t_i \qquad\qquad (f)$$

由式（f）可知，整个截面上的最大剪应力发生在具有最大厚度 $t_{\max}$ 的那个狭长矩形的长边中点处，即

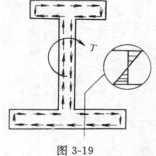

图 3-19

$$\tau_{\max} = \frac{T}{I_t}t_{\max} \qquad\qquad (3\text{-}23)$$

图 3-19 以工字形截面为例，示出了横截面上剪应力的方向及其分布规律。

对于型钢薄壁杆件，由于截面上各狭长矩形间有圆角过渡相连，并且其翼缘是变厚度的，从而增加了杆件的抗扭刚度，因此对这类截面的相当极惯性矩应予以修正，其公式为

$$I_t = \eta \cdot \frac{1}{3}\sum_{i=1}^{n} h_i t_i^3 \qquad\qquad (3\text{-}24)$$

式中 η 为修正系数。对角钢，$\eta = 1.00$；槽钢，$\eta = 1.12$；工字钢，$\eta = 1.20$。

对于截面中线为曲线的等壁厚开口薄壁杆件（图 3-17b），可将其截面展直作为狭长矩形截面处理。

二、闭合薄壁杆件的扭转

图 3-20a 所示为一受自由扭转的任意截面形状的闭合薄壁杆件，其横截面如图 3-20b 所示，杆件的壁厚沿截面中线可以是变化的。在薄壁杆件中，可认为剪应力 τ 沿厚度均匀分布，方向与截面中线相切。

由两个相邻横截面和任意两个纵向截面从杆中截取条状微元 $abcd$（图 3-20c）。设该微元在 a 点处的厚度为 t_1，剪应力为 τ_1；b 点处则分别为 t_2 和 τ_2。根据剪应力互等定理，在纵向截面 ad 和 bc 上的剪力分别为 $\tau_1 t_1 \mathrm{d}x$

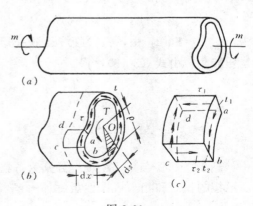

图 3-20

和 $\tau_2 t_2 \mathrm{d}x$，由平衡条件 $\Sigma X = 0$，得

$$\tau_1 t_1 \mathrm{d}x = \tau_2 t_2 \mathrm{d}x$$

即

$$\tau_1 t_1 = \tau_2 t_2 \qquad (g)$$

式（g）说明横截面上任意点处的剪应力 τ 与该点处的壁厚 t 的乘积为常数。τt 称为**剪力流**（Shear Flow）。

在图 3-20b 中，沿截面中线取一微段 $\mathrm{d}s$，其上的剪力为 $\tau t \mathrm{d}s$，其方向与中线相切，沿中线所有微段上的剪力对截面内任意点 O 的力矩之和，应等于截面上的扭矩，即

$$T = \int_s \rho \tau t \mathrm{d}s = \tau t \int_s \rho \mathrm{d}s \qquad (h)$$

式中 ρ 为由 O 点到截面中线切线的垂直距离，$\rho \mathrm{d}s$ 则等于图中画阴影线的三角形面积的两倍，s 为截面中线全长，于是积分 $\int_s \rho \mathrm{d}s$ 是截面中线所围面积 A_0 的两倍，即

$$T = \tau t 2 A_0$$

或

$$\tau = \frac{T}{2A_0 t} \qquad (i)$$

最大剪应力为

$$\tau_{\max} = \frac{T}{2A_0 t_{\min}} \qquad (3\text{-}25)$$

$\tau_{\max}$ 发生在壁厚的最薄处。

不难看出，第三节中研究过的薄壁圆筒的扭转，是本节闭合薄壁杆件扭转的一个特例。

闭合薄壁杆件的单位长度扭转角为

$$\varphi = \frac{T}{4GA_0^2} \int_s \frac{\mathrm{d}s}{t} \qquad (j)$$

式中的积分取决于壁厚 t 沿截面中线的变化规律。若壁厚 t 为常数，则有

$$\varphi = \frac{Ts}{4GA_0^2 t} \qquad (3\text{-}26)$$

下面利用功能原理证明式（j）。（读者可在学习第八章能量方法中的第一节之后，参考阅读这部分内容。）

单位长度的杆件在扭矩 T 作用下的外力功为 $W = \frac{1}{2}T\varphi$，在杆内产生的变形能为 $U = \int_V u \mathrm{d}V$，其中 u 为杆件单位体积的变形能，其算式为

$$u = \frac{\tau^2}{2G} = \frac{1}{2G}\left(\frac{T}{2A_0 t}\right)^2 = \frac{T^2}{8GA_0^2 t^2} \qquad (k)$$

注意到 $\mathrm{d}V = t\mathrm{d}s$，则变形能 U 为

$$U = \int_s \frac{T^2}{8GA_0^2 t^2} t \mathrm{d}s = \frac{T^2}{8GA_0^2} \int_s \frac{\mathrm{d}s}{t} \qquad (l)$$

根据功能原理 $W = U$，得

$$\varphi = \frac{T}{4GA_0^2} \int_s \frac{\mathrm{d}s}{t} \qquad (m)$$

【例 3-5】 截面如图 3-21 所示的圆环状开口和闭合薄壁杆,剪变模量为 G,承受的扭矩均为 T。试比较两者的强度与刚度。

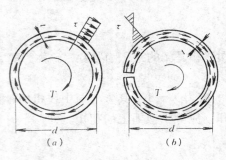

图 3-21

【解】 对于闭合薄壁圆环截面杆,由式(3-25)和式(3-26),且 $A_0 = \dfrac{\pi d^2}{4}$, $s = \pi d$,可得

$$\tau_a = \frac{T}{2A_0 t_{\min}} = \frac{2T}{\pi d^2 t},$$

$$\varphi_a = \frac{TS}{4GA_0^2 t} = \frac{4T}{G\pi d^3 t}$$

对于开口薄壁圆环截面杆,可将其截面展成长为 $h = \pi d$,宽为 t 的狭长矩形,由式(3-17)、(3-18)及(3-22),可得

$$\tau_b = \frac{T}{W_t} = \frac{3T}{\pi d t^2}, \quad \varphi_b = \frac{T}{GI_t} = \frac{3T}{G\pi d t^3}$$

于是,两种情况的剪应力之比为

$$\frac{\tau_b}{\tau_a} = \frac{3}{2} \cdot \frac{d}{t}$$

单位长度扭转角之比为

$$\frac{\varphi_b}{\varphi_a} = \frac{3}{4}\left(\frac{d}{t}\right)^2$$

由于 d 远大于 t,因此开口薄壁杆件的应力和变形,都远大于同样情况下的闭合薄壁杆件,亦即开口薄壁杆件的抗扭强度和抗扭刚度较差。

第十节 例 题 分 析

【例 3-6】 图 3-22a 所示受扭圆轴,$G = 8 \times 10^4$ MPa,$D = 60$mm,试作扭矩图,并计算扭转角 Φ_{AC}。

【解】 AB 段扭矩 $T(x) = 3x$kN·m,BC 段扭矩 $T(x) = -4$kN·m,扭矩图如图 3-22b 所示。

$$\Phi_{AC} = \Phi_{AB} + \Phi_{BC} = \int_{lAB} \frac{T(x)\mathrm{d}x}{GI_P} + \frac{Tl_{BC}}{GI_P}$$

$$= \frac{32 \times 10^3}{8 \times 10^4 \times 10^6 \times \pi \times (6 \times 10^{-2})^4}$$

$$\times (6 - 4)$$

$$= 0.02\text{rad} = 1.13°$$

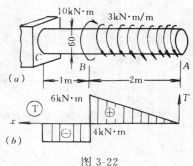

图 3-22

【例 3-7】 空心圆轴受力如图,试求:(1)按空心圆轴计算最大剪应力 $\tau_{\max}$;(2)按薄壁圆筒计算平均剪应力 τ;(3)讨论空心圆轴按薄壁圆筒计算时的精确度。

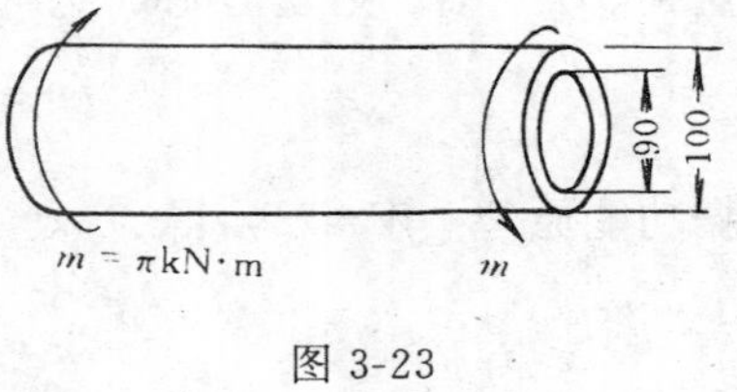

【解】 (1)由式(3-8)与式(3-12)得

图 3-23

$$\tau_{max} = \frac{T}{W_t} = \frac{16m}{\pi D^3 (1-a^4)}$$

$$= \frac{16\pi \times 10^3}{\pi (100 \times 10^{-3})^3 \times (1-0.9^4)} = 46.53\text{MPa}$$

（2）由式（3-25），得

$$\tau = \frac{T}{2A_0 t} = \frac{m}{2\frac{\pi}{4}\left[\frac{1}{2}(D+d)\right]^2 \frac{1}{2}(D-d)}$$

$$= \frac{4\pi \times 10^3}{\pi (95 \times 10^{-3})^2 \times 10 \times 10^{-3}} = 44.32\text{MPa}$$

（3）对本题，若按薄壁圆筒计算，其壁厚为 $t=(D-d)/2=5\text{mm}$，平均直径 $D_0 = \frac{1}{2}(D+d)=95\text{mm}$，$\frac{t}{D_0}=\frac{5}{95}=5.3\%$，误差 Δ 为

$$\Delta = \frac{\tau_{max} - \tau}{\tau_{max}} = \frac{46.53 - 44.32}{46.53} = 4.75\%$$

由此可得，对空心圆轴，$t/D_0 \leqslant 1/20$ 时，即可按薄壁圆筒计算剪应力，其误差在5％以内。

【例 3-8】 有一内外径之比为 $\alpha = \frac{d}{D} = 0.8$ 的空心圆轴与直径为 d 的实心圆轴在 E 截面用键相联接（图 3-24a）。$m_B = 6\text{kN} \cdot \text{m}$，$m_A = 4\text{kN} \cdot \text{m}$，$m_C = 2\text{kN} \cdot \text{m}$，$[\tau] = 45\text{MPa}$，$G = 8 \times 10^4\text{MPa}$，$[\varphi] = 0.5°/m$，键的许用剪应力 $[\tau]_1 = 100\text{MPa}$，许用挤压应力 $[\sigma_{bs}] = 280\text{MPa}$，试求：（1）选择圆轴直径 D 与 d；（2）校核键的强度。

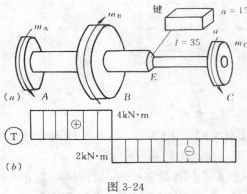

图 3-24

【解】 （1）扭矩图如图 3-24b 所示。

AB 段：

由强度条件 $\tau_{max} = \frac{T_{AB}}{W_t} = \frac{16T_{AB}}{\pi D^3 (1-\alpha^4)} \leqslant [\tau]$ 得

$$D \geqslant \sqrt[3]{\frac{16T_{AB}}{\pi[\tau](1-\alpha^4)}} = \sqrt[3]{\frac{16 \times 4 \times 10^3}{\pi \times 45 \times 10^6 \times (1-0.8^4)}} = 0.092\text{m} = 92\text{mm}$$

由刚度条件 $\varphi_{max} = \frac{T_{AB}}{GI_P}\frac{180}{\pi} \leqslant [\varphi]$ 得

$$D \geqslant \sqrt[4]{\frac{32 \times 180 M T_{AB}}{G\pi^2 [\varphi](1-\alpha^4)}}$$

$$= \sqrt[4]{\frac{32 \times 180 \times 4 \times 10^3}{8 \times 10^4 \times 10^6 \times \pi^2 \times 0.5 \times (1-0.8^4)}}$$

$$= 0.10\text{mm} = 100\text{mm}$$

可见，AB 段直径 D 由刚度条件控制，取 $D=100\text{mm}$，内径 $d=0.8D=80\text{mm}$。

BC 段：

由强度条件 $\tau_{max} = \dfrac{T_{BC}}{W_t} \leqslant [\tau]$ 得

$$d \geqslant \sqrt[3]{\frac{16T_{BC}}{\pi[\tau]}} = \sqrt[3]{\frac{16 \times 2 \times 10^3}{\pi \times 45 \times 10^6}} = 0.061 \text{m} = 61 \text{mm}$$

由刚度条件 $\varphi_{max} = \dfrac{T_{BC}}{GI_P} \dfrac{180}{\pi} \leqslant [\varphi]$ 得

$$d \geqslant \sqrt[4]{\frac{32 \times 180 T_{BC}}{G\pi^2[\varphi]}} = \sqrt[4]{\frac{32 \times 180 \times 2 \times 10^3}{8 \times 10^4 \times 10^6 \times \pi^2 \cdot 0.5}} = 0.074 \text{m} = 74 \text{mm}$$

可见，BC 段直径 d 也由刚度条件控制，可取 $d = 74$mm。最后，取 $D = 100$mm，$d = 0.8$m $= 80$mm。

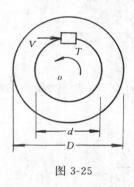

图 3-25

(2) E 截面处轴与键的受力关系如图 3-25 所示，由平衡条件 $\Sigma m_0 = 0$ 得 $V\dfrac{d}{2} - T_{BC} = 0$，即

$$V = \frac{2T_{BC}}{d}$$

于是，键的剪切强度和挤压强度分别为

$$\tau = \frac{V}{A} = \frac{2T_{BC}}{dla}$$

$$= \frac{2 \times 2 \times 10^3}{80 \times 35 \times 15 \times 10^{-9}}$$

$$= 95 \text{MPa} < [\tau]$$

$$\sigma_{bs} = \frac{V}{A_{bs}} = \frac{2T_{BC}}{dla/2} = \frac{4 \times 2 \times 10^3}{80 \times 15 \times 35 \times 10^{-9}} = 190 \text{MPa} < [\sigma_{bs}]$$

键满足强度条件。

【例 3-9】 图 3-26a 所示两端固定的圆轴，$m_B = m_C = 12$kN·m，$[\tau] = 60$MPa，试作扭矩图，并选择圆轴直径 D。

【解】 去掉 D 端约束，设两端反力分别为 m_D 和 m_A（图 3-26b），由平衡条件 $\Sigma m_x = 0$，得

$$m_D - m_A + m_B - m_C = 0 \qquad (1)$$

根据约束情况，其变形协调条件为

$$\Phi_{DA} = 0$$

即 $\Phi_{DA} = \Phi_{DC} + \Phi_{CB} + \Phi_{BA} = 0 \qquad (2)$

由公式（3-13），得

$$\left.\begin{array}{l} \Phi_{DC} = -\dfrac{m_D a}{GI_P} \\[2mm] \Phi_{CB} = \dfrac{(m_C - m_D)a}{GI_P} \\[2mm] \Phi_{AB} = \dfrac{-m_A a}{GI_P} \end{array}\right\} \qquad (3)$$

式（3）代入式（2），得

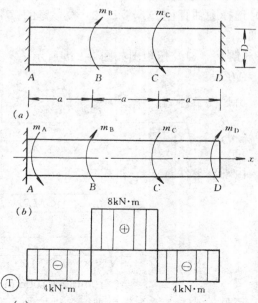

图 3-26

62

$$m_D = \frac{m_C}{3} = 4\text{kN} \cdot \text{m}$$

代入式（1），得

$$m_A = m_D = 4\text{kN} \cdot \text{m}$$

扭矩图如图 3-26c 所示。$T_{max} = 8\text{kN} \cdot \text{m}$。

由剪应力强度条件，得

$$D \geqslant \sqrt[3]{\frac{16T_{max}}{\pi[\tau]}} = \sqrt[3]{\frac{16 \times 8 \times 10^3}{\pi \times 60 \times 10^6}} = 0.088\text{m} = 88\text{mm}$$

本题为扭转超静定问题，它与拉压超静定问题的解法是一样的，其关键仍是建立变形协调条件。

习　　题

3-1　作图示各杆的扭矩图。

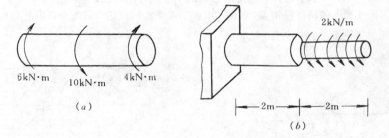

题 3-1 图

3-2　图示钢制圆轴，$D = 100\text{mm}$，$l = 1.2\text{m}$，$m = 15\text{kN} \cdot \text{m}$。试求：

（1）n-n 截面上 A、B、C 三点的剪应力数值及其方向（保留 n-n 截面左段）；（2）最大剪应力 τ_{max}；（3）两端截面的相对扭转角。

3-3　图示钢制传动轴，A 为主动轮，B、C 为从动轮，两从动轮转矩之比 $m_B/m_C = 2/3$，轴径 $D = 100\text{mm}$。试按强度条件确定主动轮的容许转矩 $[m_A]$。

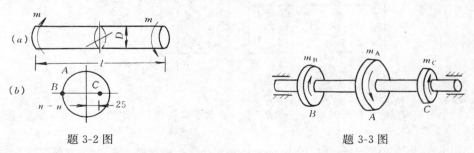

题 3-2 图　　　　　　　　　　　　　　　　题 3-3 图

3-4　某薄壁圆筒，其平均半径 $R = 30\text{mm}$，壁厚 $t = 2\text{mm}$，长度 $l = 300\text{mm}$，当 $T = 1.20\text{kN} \cdot \text{m}$ 时，测得圆筒两端面间扭转角 $\phi = 0.76°$，试计算横截面上的剪应力和圆筒材料的剪变模量 G。

3-5　某空心钢轴，内外直径之比 $\alpha = 0.8$，传递功率 $P = 60\text{kW}$，转速 $n = 250$ 转/分，单位长度允许扭转角 $[\varphi] = 0.8°/\text{m}$，试按强度条件与刚度条件选择内外径 d、D。

3-6　图示凸缘联轴节上有 12 个螺栓，传递扭矩 $T = 50\text{kN} \cdot \text{m}$，轴与螺栓均为钢材，试求轴与螺栓的直径。

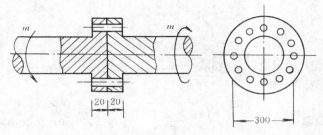

题 3-6 图

3-7 一钢制圆轴，$d=25$mm，当扭转角 $\Phi=6°$时，$\tau_{max}=95$MPa，试求该轴长度 l。

3-8 图示钢制圆轴，$d_1=40$mm，$d_2=70$mm，$m_A=1.4$kN·m，$m_B=0.6$kN·m，$m_C=0.8$kN·m，$[\varphi]=1°/$m。试校核轴的强度与刚度。

3-9 有实心轴和空心轴，两轴长度、材料及受力均相同。空心轴内外径之比 $a=\dfrac{d}{D}=0.8$。试求两轴具有相等的强度时（$\tau_{max}=[\tau]$ 时，T 相等）它们的重量比与刚度比。

3-10 图示尺寸相同的两薄壁钢管，$t/d_0=0.05$，承受相同扭矩。试问开口钢管的最大剪应力和单位扭转角分别是闭口钢管的多少倍？

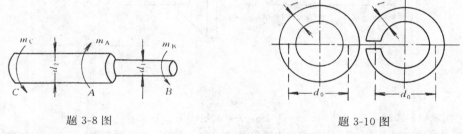

题 3-8 图   题 3-10 图

3-11 一矩形截面杆，承受力偶矩 $m=3$kN·m。（1）计算 τ_{max}；（2）若改用横截面积相等的圆截面杆，试比较两者的最大剪应力。

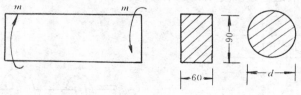

题 3-11 图

3-12 图示两端固定的阶梯形圆轴，$d_1=2d_2$，受一力偶矩 m 作用，试求固端力偶矩 m_A 与 m_B，并作扭矩图。

3-13 图示两端固定的钢圆轴，受力偶矩 $m_B=m_C=10$kN·m 的作用，试选择圆轴的直径。

3-14 图示圆轴直径 $d=320$mm，测得 $45°$方向的 $\sigma_{max}=91$MPa，试求此轴所受转矩 m。

3-15 设圆轴横截面上的扭矩为 T，试求四分之一截面上内力系的合力的大小、方向及作用点。

3-16 用横截面 ABE、CDF 和包含轴线的纵向面 $ABCD$ 从受扭圆轴（a 图）中截出一部分，如 b 图所示。根据剪应力互等定理，纵向截面上的剪应力 τ' 已表示于图中。这一纵向截面上的内力系最终将组成一个力偶矩。试问它与这一截出部分上的什么内力平衡？

3-17 一钢质圆轴，直径 $d=75$mm，和外径为 D 的黄铜套筒紧配合。要求钢轴与黄铜套筒在受扭时

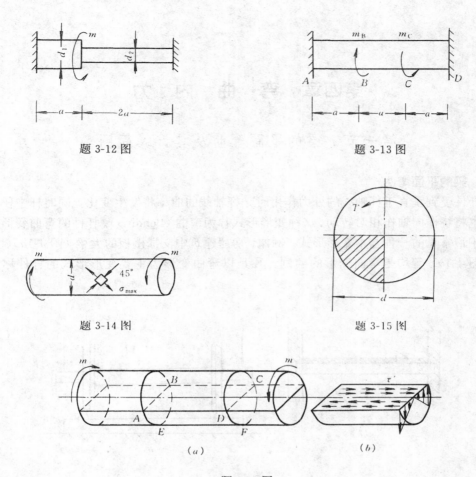

题 3-12 图

题 3-13 图

题 3-14 图

题 3-15 图

题 3-16 图

各分配扭矩的 $\frac{1}{2}$ ，试求：（1）黄铜套筒的外径 D；（2）若转矩 $m=16\text{kN}\cdot\text{m}$，则钢轴和套筒中 τ_{max} 各是多少？

3-18　图示两种不同形状的薄壁截面杆，其长度、壁厚及壁厚中线的周长均相同，材料相同，承受相同的扭矩作用。试求：（1）最大剪应力之比；（2）单位长度扭转角之比。

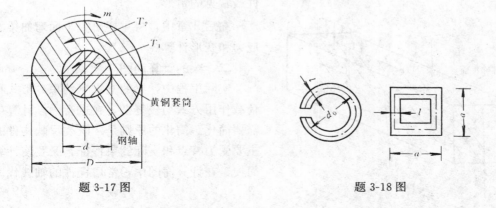

题 3-17 图

题 3-18 图

第四章 弯 曲 内 力

第一节 梁的平面弯曲及其计算简图

一、梁的平面弯曲

当杆件受到垂直于杆轴线的外力作用时，杆轴线的曲率将发生变化，同时杆中任意两横截面也将绕横向轴作相对转动。这种变形形式称为**弯曲**（Bending）。杆件的弯曲变形是工程实际中最常见的一种基本变形形式。例如，房屋建筑中支撑楼板的大梁（图 4-1a）、火车轮轴（图 4-1b）等均是弯曲变形的实例。凡是以弯曲变形为主要变形形式的杆件称为**梁**（Beam）。

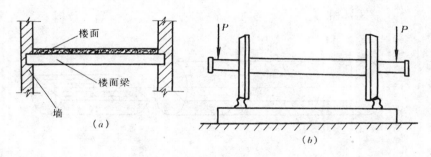

（a）

（b）

图 4-1

工程中的梁，其横截面常有一条对称轴，因而梁就有一张通过对称轴的**纵向对称平面**。当梁上的外力（荷载和支座反力）都作用在纵向对称面内时（图 4-2），梁的轴线在弯曲后将成为该对称面内的一条平面曲线。梁弯曲后的轴线所在平面与外力所在平面相重合或平行的这种弯曲称为**平面弯曲**（Plane bending）。它是最基本的弯曲问题，也是工程中受弯构件最常见的情形。

在后几章中，将主要研究平面弯曲梁的应力和变形计算。

二、梁的计算简图

实际工程中，梁的支承（约束）形式和荷载作用方式均较复杂，在进行力学计算前需要简化。简化的原则是：既要反映构件的主要受力特点和实际约束特征，又要使计算简便。在计算简图中，常用杆件的轴线代表梁。

1. 梁的支座

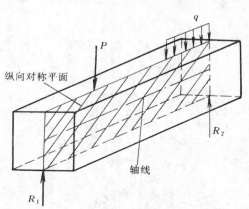

图 4-2

梁的荷载是通过支座传递到基础或其它构件上的。支座的传力性能主要由支座对梁的位移约束性质确定。实际梁的支座大致可简化为以下三类：

（1）可动铰支座

其简图如图 4-3a、b 所示。梁在支座处的横截面可以有微小的转动及沿轴线方向微小的自由移动，但不能沿垂直于梁轴线方向移动。支座反力通过铰心且垂直于支承面，如图 4-3c 示。

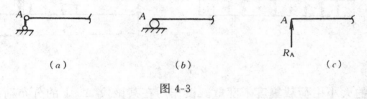

（a）　　　　　　　（b）　　　　　　　（c）

图 4-3

（2）固定铰支座

其简图如图 4-4a、b 所示。梁在支承截面可以有微小的转动，但不能移动。支座反力通过铰心，但大小和方向均为未知。通常将支座反力分解为沿轴线方向和与轴线垂直方向的两个分力 H_A、R_A，如图 4-4c 示。

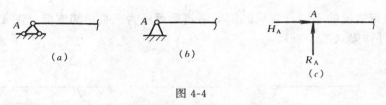

（a）　　　　　　　（b）　　　　　　　（c）

图 4-4

（3）固定端支座

其简图如图 4-5a 所示。梁在支座处的横截面既不能转动，也不能沿任何方向移动。其支座反力一般为三个，即沿轴线方向的 H_A，沿与轴线垂直方向的 R_A 和阻止截面转动的力偶 M_A，如图 4-5b 示。

2. 梁的荷载

作用在梁上的荷载大致可简化为两大类：

（1）集中荷载

任何荷载都是分布在一定的面积上，当荷载分布面在梁轴线方向的尺寸与梁长相比非常小而可以忽略时，即称这种荷载为**集中荷载**。当荷载为力时，便为**集中力**，如图 4-6 中的力 P。集中力的单位为 N（牛顿）、kN（千牛顿）。当荷载为力偶时，便为**集中力偶**，如图 4-6 中的 M。集中力偶的单位为 N·m（牛顿·米）、kN·m（千牛顿·米）。

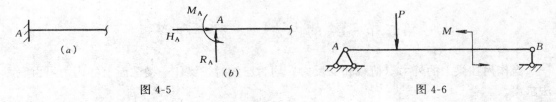

图 4-5　　　　　　　　　　　　　　　图 4-6

（2）分布荷载

当荷载分布面沿梁轴线方向的尺寸与梁长相比不能忽略时,即称这种荷载为**分布荷载**。分布荷载可分**均布荷载**（荷载沿梁长均匀分布,如图 4-7a）与**非均布荷载**（荷载沿梁长非均匀分布,如图 4-7b）。

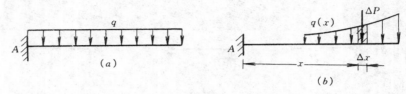

图 4-7

分布荷载的大小用**荷载集度**来度量。设作用在某微段 Δx 上的分布荷载的合力为 ΔP,则荷载集度为

$$q(x) = \lim_{\Delta x \to 0} \frac{\Delta P}{\Delta x}$$

对均布荷载来说,荷载集度即为单位长度上分布荷载的大小,且为常数。

荷载集度的单位为 N/m（牛顿/米）、kN/m（千牛顿/米）。

3. 梁的分类

根据梁约束情况的不同,常见的简单形式梁可分为三类:**简支梁**（图 4-8a）,**悬臂梁**（图 4-8b）和**外伸梁**（图 4-8c）。

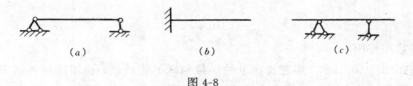

图 4-8

在平面弯曲情况下,这三类梁的支座反力都是三个,且与梁的荷载共面。故全部支座反力均可由平面一般力系的三个静力平衡方程式求出,统称为**静定梁**。对仅由静力平静条件不能完全确定支座反力的梁,称为**超静定梁**,将在第七章中讨论。

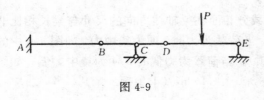

图 4-9

梁在两支座之间的部份称为**跨**,其长度则称为**跨长**。静定梁可以是单跨的（图 4-8a、b）,也可以是多跨的（图 4-9）。多跨静定梁由基本部分（图中 AB）及附属部分（图中 BCD、DE）通过中间铰组合而成。求支反力时,可先从附属部分着手。

第二节　梁的内力——剪力和弯矩

当作用在梁上的外力（荷载和支反力）均为已知时,梁任一横截面上的内力可由截面法求出。

图 4-10a 示一简支梁，在荷载和支反力作用下处于平衡状态。为了求距左端任一 x 截面 mm 上的内力，可假想沿 mm 截面将梁切开为左、右两段，并任选一段为研究对象。现以左段梁为分离体来分析，该分离体在支座反力和 mm 截面上的内力共同作用下保持平衡（图 4-10b）。显然，mm 截面上必定存在一个与 R_A 平行且反向的切向内力，称为**剪力**，并用 V 表示。由于支反力 R_A 和剪力 V 形成了一个力偶，因此该横截面上还存在一个内力偶，称内力偶的矩为**弯矩**，用 M 表示。

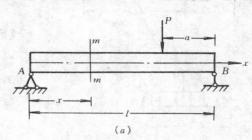

剪力 V 和弯矩 M 的大小可由下列分离体的静力平衡条件求出，即（图 4-10b）

$\Sigma Y = 0$：　　$R_A - V = 0$

$\Sigma m_c = 0$：　$M - R_A x = 0$

得

$$V = R_A$$

$$M = R_A \cdot x$$

矩心 C 取为 mm 截面的形心。

剪力 V 的量纲是 [力]，常用单位为 N（牛顿）、kN（千牛顿）；弯矩 M 的量纲是 [力]·[长度]，常用单位为 N·m（牛顿·米）、kN·m（千牛顿·米）。

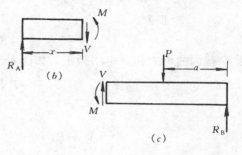

图 4-10

如取右段梁为研究对象，同样可求得 mm 截面上的内力。分别从左、右两段梁上求得的同一截面的剪力和弯矩实际上是作用力与反作用力的关系，它们的指向（或转向）是相反的。为了使从不同梁段上求出的同一截面的内力具有相同的正负号，应联系梁的变形情况规定内力的正负号。为此，在该横截面处取微段梁 $\mathrm{d}x$，并规定：

（1）使微段产生左端向上、右端向下错动的剪力为正，反之为负，如图 4-11a、b；

（2）使微段产生向下凸的变形的弯矩为正，反之为负，图 4-11c、d。

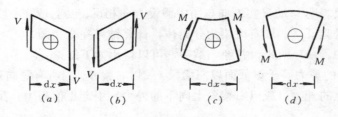

图 4-11

综上可知，梁横截面上的内力为剪力和弯矩，求指定截面内力的基本方法仍是截面法。截面法求内力的主要步骤是：

（1）沿欲求内力的截面将梁切开。

（2）取分离体并画出分离体的受力图。

（3）由静力平衡条件求内力。

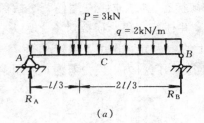

(a)

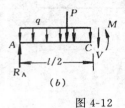

(b)

图 4-12

计算时取左段梁或右段梁为分离体均可，以计算简便为准。

【例 4-1】 图 4-12a 示简支梁受满跨均布荷载 q 和集中力 P 的作用，求跨中截面（C 截面）的剪力和弯矩。已知 $l=3$m。

【解】 1）求支反力

以全梁为分离体建立平衡方程（图 a）。

$$\Sigma m_A = 0: \quad R_B l - \frac{Pl}{3} - \frac{ql^2}{2} = 0$$

得 $\qquad\qquad\qquad\qquad R_B = 4\text{kN}$

$$\Sigma Y = 0: \quad R_A + R_B - P - ql = 0$$

得 $\qquad\qquad\qquad\qquad R_A = 5\text{kN}$

2）求跨中 C 截面的剪力和弯矩

假想将梁沿 C 截面切开，以左段梁为分离体，并假设 C 截面的剪力和弯矩均为正，如图 b 示。建立分离体的平衡方程

$$\Sigma Y = 0: \qquad\qquad V + P + \frac{ql}{2} - R_A = 0$$

得

$$V = R_A - P - \frac{ql}{2}$$

$$= 5 - 3 - \frac{1}{2} \times 2 \times 3 = -1\text{kN} \qquad\qquad (a)$$

$\Sigma m_C = 0:$（以 C 截面形心为矩心）

$$M + P \cdot \frac{l}{6} + \frac{q}{2}\left(\frac{l}{2}\right)^2 - R_A \cdot \frac{l}{2} = 0$$

得

$$M = \frac{R_A l}{2} - \frac{Pl}{6} - \frac{ql^2}{8}$$

$$= \frac{5 \times 3}{2} - \frac{3 \times 3}{6} - \frac{2 \times 3^2}{8} = 3.75\text{kN} \cdot \text{m} \qquad\qquad (b)$$

求得剪力为负表明 V 的真实方向与图中假设方向相反。以上是取左段梁为分离体计算内力的。读者可以验证，如取右段梁为分离体，计算结果完全相同。

由上例的 (a)、(b) 两式，并经归纳后，可以得出如下结论：

（1）横截面上的剪力等于该截面以左梁段（或以右梁段）上所有竖向外力的代数和。截面以左梁段上向上的外力（或以右梁段上向下的外力）引起正值剪力；反之，引起负值剪力。

（2）横截面上的弯矩等于该截面以左梁段或以右梁段上所有外力（包括外力偶）对该截面形心之矩的代数和。向上（向下）的外力引起正值弯矩（负值弯矩）。截面以左梁段上顺时针转向的外力偶（以右梁段上逆时针转向的外力偶）引起正值弯矩；反之，引起负值弯矩。

利用上述结论计算梁指定截面内力的方法称**直接法**。用直接法计算内力可以不经过取分离体和写平衡方程两个步骤，而直接根据梁上的外力写出内力表达式，计算较为简便。下

面举例说明。

【例4-2】 求图4-13所示简支梁C截面的剪力和弯矩。已知：$m_1=\dfrac{1}{2}ql^2$，$m_2=\dfrac{1}{4}ql^2$。

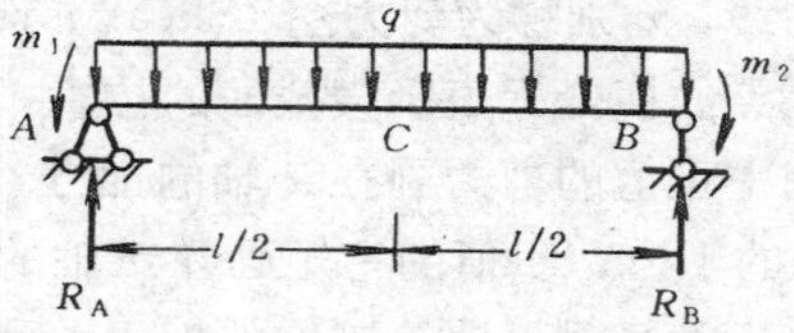

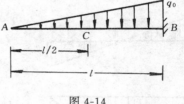

图 4-13

【解】：(1) 求支座反力

由 $\Sigma m_B=0$ 和 $\Sigma Y=0$ 得

$$R_A=\frac{3}{4}ql,\ R_B=\frac{1}{4}ql$$

(2) 求C截面内力

由直接法，根据C截面以左梁段上的外力，写出该截面的剪力和弯矩为

$$V=R_A-q\cdot\frac{l}{2}=\frac{3}{4}ql-\frac{1}{2}ql=\frac{1}{4}ql$$

$$M=R_A\cdot\frac{l}{2}-q\cdot\frac{l}{2}\cdot\frac{l}{4}-m_1$$

$$=\frac{3}{4}ql\cdot\frac{l}{2}-q\frac{l}{2}\cdot\frac{l}{4}-\frac{1}{2}ql^2$$

$$=-\frac{1}{4}ql^2$$

【例4-3】 图4-14所示悬臂梁受三角形分布荷载作用，分布荷载的最大集度为q_0。求B、C两截面的剪力和弯矩。

图 4-14

【解】 (1) 求C截面内力

C截面处的荷载集度为$\dfrac{q_0}{2}$，由直接法易得

$$V_C=-\frac{1}{2}\cdot\frac{q_0}{2}\cdot\frac{l}{2}=-\frac{1}{8}q_0l$$

$$M_C=-\frac{1}{2}\cdot\frac{q_0}{2}\cdot\frac{l}{2}\cdot\frac{1}{3}\left(\frac{l}{2}\right)=-\frac{q_0l^2}{48}$$

(2) 求B截面内力

$$V_B=-\frac{1}{2}q_0\cdot l$$

$$M_B=-\frac{1}{2}\cdot l\cdot q_0\cdot\frac{l}{3}=-\frac{q_0l^2}{6}$$

上面的例子还表明，在求截面的内力时，不能预先将梁上的分布荷载用其合力来代替。因为这样的代替将改变该截面任一边梁上的荷载，从而得到错误的计算结果。

第三节　梁的内力图——剪力图与弯矩图

梁横截面上的内力一般是随横截面位置而变化的。如用沿梁轴线方向的坐标x表示横截面位置，则内力可表为x的函数，即

$$V=V(x) \tag{a}$$

$$M=M(x) \tag{b}$$

71

这两个函数关系式分别称为**剪力方程**（Shear force equation）和**弯矩方程**（Bending-moment equation）。为了直观地反映梁的内力沿梁轴线的变化情况，可以绘出剪力方程和弯矩方程的图线，分别称为**剪力图**（Shear force diagram）和**弯矩图**（Bending-moment diagram）。图线上点的横坐标表示横截面的位置，纵坐标表示相应截面的剪力或弯矩值。我们约定：剪力图中正值的剪力画在 x 轴的上方，负值的剪力画在 x 轴下方；弯矩图中正值的弯矩画在 x 轴的下方，负值的弯矩画在 x 轴的上方，或者说弯矩图画在梁的受拉边。

下面举例说明绘制梁的剪力图和弯矩图的方法。

【例 4-4】 试作图 4-15a 示受均布荷载作用简支梁的剪力图和弯矩图。

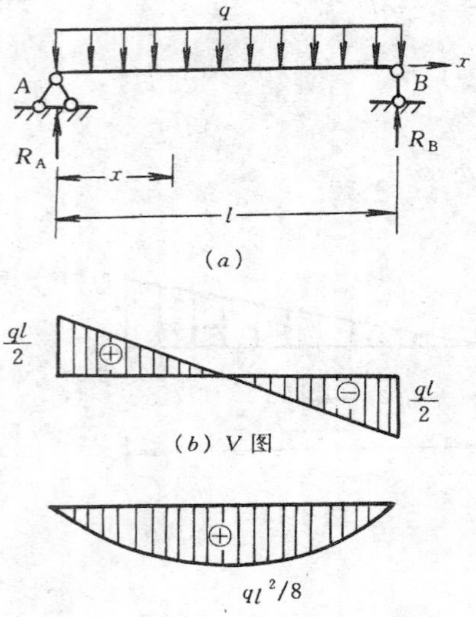

【解】 （1）求支座反力

由全梁的平衡条件得

$$R_A = \frac{ql}{2}, R_B = \frac{ql}{2}$$

（2）写内力方程

取任一 x 截面，按左段梁的外力可直接写出该截面的剪力和弯矩

$$V(x) = R_A - qx = \frac{ql}{2} - qx$$

$$(0 < x < l)$$

$$M(x) = R_A x - \frac{q}{2}x^2 = \frac{ql}{2}x - \frac{q}{2}x^2$$

$$(0 \leqslant x \leqslant l)$$

此即适合于全梁的剪力方程和弯矩方程。

（3）绘剪力图和弯矩图

由剪力方程可知，剪力为 x 的线性函数，故剪力图应为一斜直线。因此只需算出两个截面（称**控制截面**）的剪力值，即可通过连线绘出剪力图

当 $x=0$ 时：$V(0) = R_A = \frac{ql}{2}$

当 $x=l$ 时：$V(l) = -R_B = -\frac{ql}{2}$

（a）

（b）V 图

（c）M 图

图 4-15

剪力图如图 4-15b 示。需要指出，在上面取 $x=0$，得 $V(0) = R_A$ 的表达式中，按数学严密性理应取 $x \rightarrow 0$ 的极限。但为突出物理意义，适当淡化数学意义，本书约定采用这种简化了的表达方法。

由弯矩方程看出，弯矩是 x 的二次函数，故弯矩图是一条二次抛物线。需计算至少三个控制截面的弯矩值，然后通过连线即可绘出弯矩图。

当 $x=0$ 时，$M(0) = 0$

当 $x=l$ 时，$M(l) = 0$

当 $x=\frac{l}{2}$ 时，$M\left(\frac{l}{2}\right) = \frac{ql^2}{8}$

弯矩图如图 4-15c 所示。

从剪力图和弯矩图可以看出，梁上的最大剪力值（绝对值）发生在支座截面，其值为

$ql/2$。最大弯矩发生在跨中截面，其值为$ql^2/8$。

【例4-5】　图4-16所示悬臂梁，在自由端截面受集中力P作用，绘制剪力图和弯矩图。

【解】　取x轴的坐标原点为A点，如根据任一x截面以左梁段上的外力写剪力、弯矩表达式，则可不求支座反力。

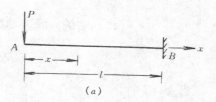

(1) 建立剪力方程和弯矩方程

$$V(x) = -P \quad (0 < x < l)$$

$$M(x) = -Px \quad (0 \leqslant x \leqslant l)$$

(b) V 图

(2) 绘剪力图和弯矩图

由剪力方程知，剪力图为一水平直线，如图4-16b。

由弯矩方程知，弯矩图为一斜直线。计算两个控制截面弯矩值，

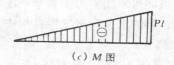

(c) M 图

当$x=0$时，$M(0) = 0$

图 4-16

当$x=l$时，$M(l) = -Pl$

弯矩图如图4-16c示。最大弯矩发生在支座截面，其值为Pl。

【例4-6】　图4-17a所示简支梁在c截面受集中力作用，试绘梁的剪力图和弯矩图。

【解】　(1) 求支座反力

由梁的平衡条件求得

$$R_A = \frac{b}{l}P, \quad R_B = \frac{a}{l}P$$

(2) 建立剪力方程和弯矩方程

集中力P将梁分成两段，故剪力方程和弯矩方程应分段写出

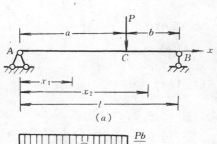

(a)

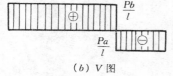

(b) V 图

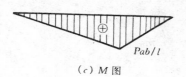

(c) M 图

图 4-17

AC 段：

$$V(x_1) = R_A = \frac{b}{l}P \quad (0 < x_1 < a)$$

$$M(x_1) = R_A x_1 = \frac{b}{l}P x_1 \quad (0 \leqslant x_1 \leqslant a)$$

BC 段：

$$V(x_2) = R_A - P = -\frac{Pa}{l} \quad (a < x_2 < l)$$

$$M(x_2) = R_A x_2 - P(x_2 - a)$$

$$= \frac{b}{l}P x_2 - P(x_2 - a) = \frac{Pa}{l}(l - x_2)$$

$$(a \leqslant x_2 \leqslant l)$$

(3) 绘剪力图和弯矩图

计算控制截面的剪力值和弯矩值

当$x_1 = 0$时，$V(0) = \frac{b}{l}P$；$M(0) = 0$

当$x_1 = a^-$（右侧）时，$V(a^-) = V_{CA} = \frac{b}{l}P$

$$M\ (a^-)\ =M_{CA}=\frac{ab}{l}P$$

当 $x_2=a^+$（右侧）时，　　$V\ (a^+)\ =V_{CB}=-\frac{a}{l}P$

$$M\ (a^+)\ =M_{CB}=\frac{ab}{l}P$$

当 $x_2=l$ 时，　　　　　　$V\ (l)\ =-\frac{a}{l}P;\ M\ (l)\ =0$

式中 V_{CA}、M_{CA} 分别表示 CA 段内 C 截面的剪力值和弯矩值，而 V_{CB}、M_{CB} 则分别表示 CB 段内 C 截面的剪力值和弯矩值。由这些控制截面的内力值即可绘出剪力图和弯矩图，如图 4-17b、c 所示。梁的最大弯矩发生在集中力作用截面，其值为 Pab/l。

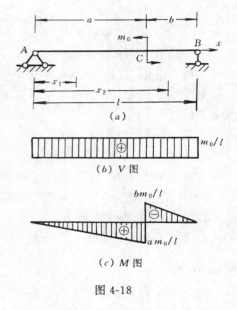

（a）

（b）V 图

（c）M 图

图 4-18

【例 4-7】　图 4-18a 所示简支梁受集中力偶 m_0 作用，试绘此梁的剪力图和弯矩图。

【解】　（1）求支座反力
由梁的整体平衡条件得

$$R_A=\frac{m_0}{l},\quad R_B=-\frac{m_0}{l}$$

（2）建立剪力方程和弯矩方程
集中力偶 m_0 将梁分为两段，须分段写内力方程

AC 段：

$$V(x_1)=R_A=\frac{m_0}{l}\quad (0<x_1\leqslant a)$$

$$M(x_1)=R_A x_1=\frac{m_0}{l}x_1\quad (0\leqslant x_1<a)$$

BC 段：

$$V(x_2)=R_A=\frac{m_0}{l}\quad (a<x_2<l)$$

$$M(x_2)=R_A\cdot x_2-m_0=\frac{m_0}{l}x_2-m_0\quad (a<x_2\leqslant l)$$

（3）绘剪力图和弯矩图
计算控制截面内力值

当 $x_1=0$ 时，$V\ (0)\ =\frac{m_0}{l}$；$M\ (0)\ =0$

当 $x_1=a^-$ 时，$V\ (a^-)\ =V_{CA}=\frac{m_0}{l}$；$M\ (a^-)\ =M_{CA}=\frac{a}{l}m_0$

当 $x_2=a^+$ 时，$V\ (a^+)\ =V_{CB}=\frac{m_0}{l}$；$M\ (a^+)\ =M_{CB}=-\frac{b}{l}m_0$

当 $x_2=l$ 时，$V\ (l)\ =\frac{m_0}{l}$；$M\ (l)\ =0$

绘出梁的剪力图和弯矩图如图 4-18b、c 示。

由以上各例可以归纳出如下几条结论：

（1）当集中力或集中力偶将梁分为若干段时，剪力方程和弯矩方程需分段写出，（但在集中力偶作用截面剪力方程不必分段）。当部分梁段上承受分布荷载作用时，也有类似情况。

（2）在集中力作用处的左、右两侧横截面的剪力值将发生突变，突变值等于该集中力的大小。

（3）在集中力偶作用处的左、右两侧横截面的弯矩值将发生突变，突变值等于该力偶的力偶矩。

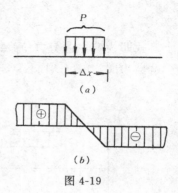

图 4-19

必须指出，从剪力图上看，在集中力作用截面剪力似无定值。事实上，这是由于我们将作用于微段梁 Δx 上的分布力简化为作用于一点的集中力造成的。若将该分布荷载看成是 Δx 上的均布荷载（图 4-19a），则此段梁的剪力图将按直线规律变化，如图 b 示。显然，在 Δx 微段上任一截面的剪力值均是确定的。对集中力偶作用截面弯矩图发生突变的情形，也可作类似解释。

第四节 弯矩、剪力与荷载集度之间的微分关系

梁横截面上的剪力与弯矩之间，以及剪力、弯矩与分布荷载集度之间存在着简单的微分关系，这些关系有助于内力图的绘制。下面就来推导这些关系式。

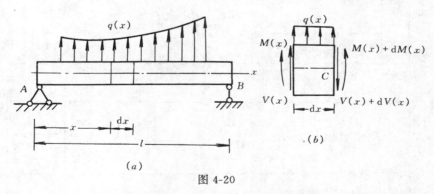

图 4-20

这里以图 4-20a 示一承受任意连续分布荷载 $q(x)$ 作用的简支梁为例，分布荷载约定以向上为正。以 x 横截面和 $x+dx$ 横截面截取微段 dx 来研究，如图 4-20b 示。可以认为作用在该微段梁上的分布荷载是均匀分布的，荷载集度为 $q(x)$。如设 x 截面的内力为 $V(x)$、$M(x)$，则 $x+dx$ 截面的内力分别为 $V(x)+dV(x)$ 和 $M(x)+dM(x)$。建立微段的平衡方程

$$\Sigma Y = 0： \qquad V(x) - [V(x) + dV(x)] + q(x)dx = 0 \qquad (a)$$

$$\Sigma m_C = 0： \qquad [M(x) + dM(x)] - M(x) - V(x)dx - q(x)dx\frac{dx}{2} = 0 \qquad (b)$$

由（a）式得

$$\frac{dV(x)}{dx} = q(x) \qquad (4-1)$$

由（b）式，并略去二阶微量 $\dfrac{q(x)\,\mathrm{d}^2x}{2}$ 项后，可得

$$\frac{\mathrm{d}M(x)}{\mathrm{d}x} = V(x) \qquad (4\text{-}2)$$

对式（4-2）微分一次，并将（4-1）代入后，得

$$\frac{\mathrm{d}^2M(x)}{\mathrm{d}x^2} = q(x) \qquad (4\text{-}3)$$

以上三式即为弯矩、剪力和荷载集度三者之间的微分关系。

就剪力图、弯矩图而言，式（4-1）和（4-2）的几何意义是：剪力图上某点处的切线斜

常见荷载作用下剪力图和弯矩图的特征　　　　　　　表 4-1

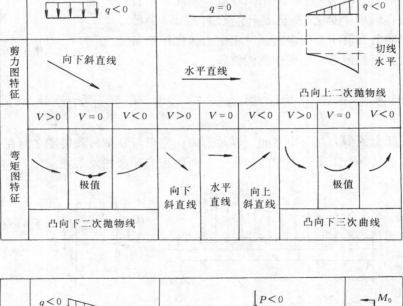

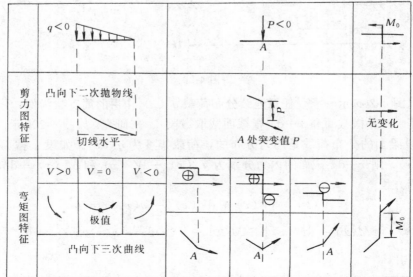

率等于该点处的荷载集度；弯矩图上某点处的切线斜率等于该点处的剪力。而式（4-3）表明，弯矩图的凸向是与分布荷载的作用方向相一致的。即如在某段内分布荷载向上，则该段的弯矩图为上凸曲线，反之亦然。

上述三个关系式及其几何意义刻画了剪力图、弯矩图及分布荷载集度之间的内在联系。根据这些关系可以进一步分析各类荷载情况下梁段的剪力图和弯矩图特征。下面以受均布荷载作用的梁段为例作一说明。

设某段梁上作用向下的均布荷载，即 $q(x) = -a$（$a>0$，常数）。由式（4-1）知，$V(x) = -ax+b$，故剪力图为斜直线，且斜率为负。由式（4-3）知，$M(x) = -\frac{a}{2}x^2+bx+c$，由于规定弯矩图的 M 坐标向下为正，由弯矩 $M(x)$ 的二阶导数 $q(x)<0$ 可知，弯矩图必为一向下凸的二次曲线。这些特征可从例 4.4 中得到验证。

由式（4-2），$\frac{\mathrm{d}M(x)}{\mathrm{d}x} = V(x)$，故在 $V(x)=0$ 的截面，弯矩 $M(x)$ 具有极值（又若 $q(x)<0$，则 $M(x)$ 的极值必相应为极大值）。这给我们确定梁的最大弯矩提供了方便。

对其它荷载情况下剪力图、弯矩图的特征可作类似分析。在表 4-1 中列出了几种常见荷载作用下梁段剪力图和弯矩图的一些特征，可供作内力图时参考。

第五节　利用 M、V 与 q 间的微分关系绘剪力图和弯矩图

由表 4-1 可见，当梁上的外力已知时，梁在各段内的剪力图、弯矩图的形状及变化规律均已确定。因此，只需算出几个控制截面的内力值就可画出内力图，而不必写出剪力方程和弯矩方程，从而使作图过程简化。下面举例说明之。

【例 4-8】　作图 4-21a 所示外伸梁的剪力图和弯矩图。

【解】　（1）求支座反力
由梁的整体平衡求得
$$R_A = qa, \quad R_B = 2qa$$
（2）各梁段上内力图的特征

梁上的外力将梁分为 AC、CB、BD 三段。AC 段和 BD 段上有向下的均布荷载，故剪力图均为斜直线，弯矩图均为向下凸的二次曲线。CB 段为无荷载段，其剪力图为一水平直线，弯矩图为斜直线。在 C 截面处剪力图向下突变，在 B 截面处剪力图向上突变。

（3）绘剪力图
计算控制截面剪力值
$$V_A = R_A = qa$$
$$V_{CA} = 0, \quad V_{CB} = V_{CA} - P = -qa$$

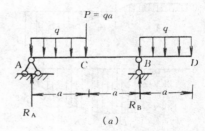

(a)

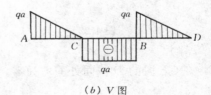

(b) V 图

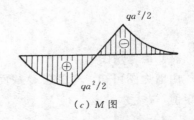

(c) M 图

图 4-21

$$V_{BC} = -qa, \quad V_{BD} = V_{BC} + R_B = qa$$
$$V_{DB} = 0$$

根据上述各控制截面剪力值及各段剪力图特征，绘出剪力图如图 4-21b。

（4）绘弯矩图

计算控制截面弯矩值

$$M_A = 0, \quad M_C = \frac{qa^2}{2}$$

$$M_B = -\frac{qa^2}{2}, M_D = 0$$

由控制截面弯矩值及各段弯矩图特征，绘出弯矩图如图 4-21c。由于 $V_{CA} = 0$，弯矩图在 AC 段的 C 截面有水平切线。同理可以判定，弯矩图在 D 截面有水平切线。

【例 4-9】 作图 4-22a 所示简支梁的剪力图和弯矩图。已知，$q = 2\text{kN/m}$，$M_0 = 10\text{kN}$ $\cdot$ m，$l = 6\text{m}$。

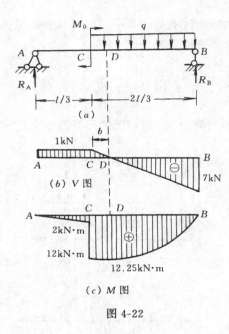

图 4-22

【解】 （1）求支座反力

由梁的整体平衡条件求得

$$R_A = 1\text{kN}, \quad R_B = 7\text{kN}$$

（2）各段梁的内力图特征

外力将梁分为 AC 和 CB 两段。易知，AC 段的剪力图为水平直线，弯矩图为斜直线。CB 段的剪力图为斜直线，弯矩图为下凸的二次曲线。在 C 截面处弯矩图有突变，但剪力图无变化。

（3）绘剪力图

计算控制截面剪力值

$$V_{AC} = R_A = 1\text{kN},$$

$$V_{CA} = V_{CB} = 1\text{kN},$$

$$V_{BC} = R_B = -7\text{kN}$$

绘出剪力图如图 4-22b 示。从剪力图可以看到，在 CB 段的 D 截面处剪力为零。设 D 截面与 C 截面的距离为 b，则由

$$V_D = R_A - qb = 0$$

解得：

$$b = \frac{R_A}{q} = 0.5\text{m}$$

（4）绘弯矩图

由剪力图可知，弯矩在 D 截面有极值。因此，D 截面应作为控制截面。计算控制截面弯矩值

$$M_A = 0,$$

$$M_{CA} = 2\text{kN} \cdot \text{m},$$

$$M_{CB} = 12\text{kN} \cdot \text{m},$$

$$M_D = 12.25\text{kN} \cdot \text{m},$$

$$M_B = 0$$

绘出弯矩图如图 4-22c 示。

【例 4-10】 试绘出图 4-23a 所示简支梁的剪力图和弯矩图。

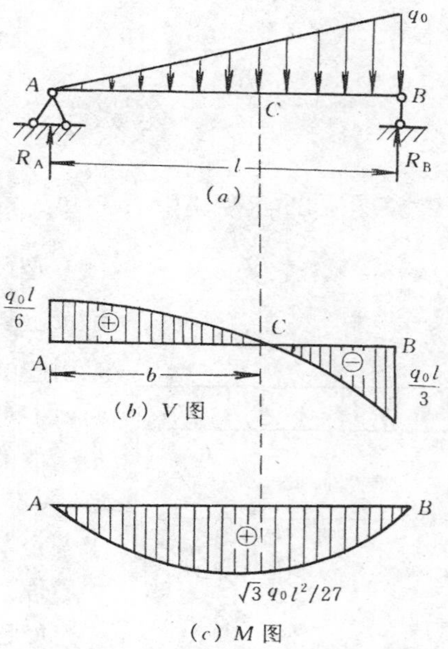

【解】：(1) 求支座反力

$$R_A = \frac{q_0 l}{6}, \quad R_B = \frac{q_0 l}{3}$$

(2) 内力图特征

梁受向下的线分布荷载作用，剪力图为上凸的二次曲线，弯矩图为下凸的三次曲线。

(3) 绘剪力图

计算控制截面剪力值

$$V_A = \frac{q_0 l}{6}, \qquad V_B = \frac{q_0 l}{3}$$

剪力图在 A 截面有水平切线，且在 AB 段内无极值，如图 4-23b 示。在 C 截面处剪力为零，由

$$V_C = R_A - \frac{1}{2} \cdot b \cdot \frac{q_0 b}{l}, \quad 得：b = l/\sqrt{3}$$

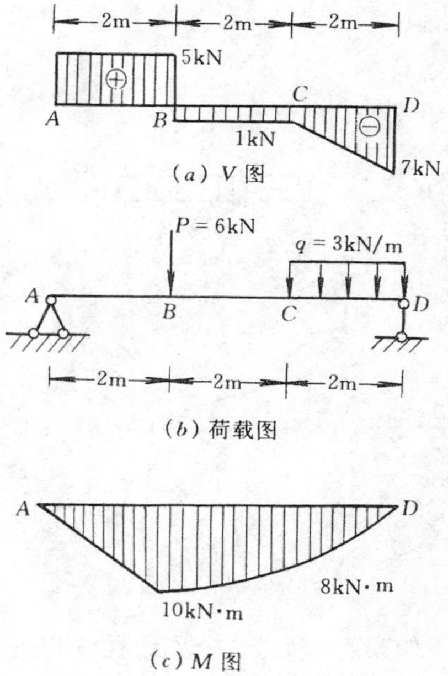

(4) 绘弯矩图

计算控制截面弯矩值

$$M_A = 0, \quad M_C = \sqrt{3} q_0 l^2/27, \quad M_B = 0$$

弯矩图如图 c 示。

【例 4-11】 已知某简支梁的剪力图如图 4-24a 示，如梁上无集中力偶作用，试作出该梁的荷载图和弯矩图。

【解】 (1) 作荷载图

梁段 AB 和 BC 的剪力图为平直线，表明这两段梁段无荷载。而剪力图在 B 截面处发生向下的突变（从左向右看），突变值为 6kN。因此，梁在 b 截面受有向下的集中力 P，且 P=6kN。在 CD 段，剪力图为向下斜的直线，其斜率为 $-3\text{kN}/\text{m}$。故梁在 CD 段受向下的均布荷载作用，且荷载集度 $q=-3\text{kN}/\text{m}$。已知梁上无集中力偶作用，故作出荷载图如图 4-24b 示。由荷载图即可方便地

图 4-23

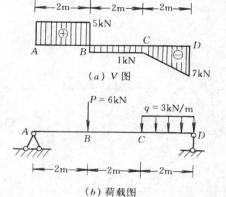

图 4-24

绘出弯矩图，如图 c 示。

第六节 按叠加原理作内力图

考察图 4-25 示受集中力 P 和分布荷载 q 共同作用的悬臂梁，其任一 x 截面的弯矩为

$$M(x) = -xP - \frac{x^2}{2}q$$

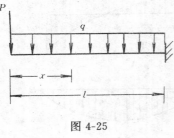

图 4-25

可见，梁的弯矩是荷载的线性函数。式中第一项是 P 单独作用时引起的弯矩，第二项是 q 单独作用时引起的弯矩。而上式表明，两项的叠加就是 P 和 q 同时作用时的弯矩。事实上这是一个一般的原理，即：当荷载引起的某一效应（内力、应力、变形）是荷载的线性函数时，多个荷载共同作用引起的该效应等于各个荷载单独作用下相应效应的代数和。称这一原理为**叠加原理**。

如已熟练掌握了简单荷载作用下梁的内力图，我们也可按叠加原理作多个荷载共同作用时梁的内力图。即先分别作出各个荷载单独作用时的内力图，然后将各图的相应纵坐标叠加，就得到多个荷载共同作用时梁的内力图。这种作内力图的方法称为**叠加法**。

【**例 4-12**】 用叠加法作图 4-26a 所示简支梁的剪力图和弯矩图。

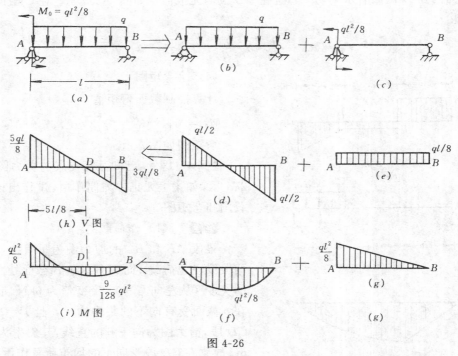

图 4-26

【**解**】 首先将荷载分为 q 和 M_0 单独作用的情况，如图 4-26b、c。分别绘图 b 和图 c 示两梁的剪力图和弯矩图，如图 4-26、d、e、f、g 所示。将 d、e 两图的相应纵坐标代数相

80

加，得梁的剪力图，如图 h 示。将 f、g 两图的纵坐标代数相加，得梁的弯矩图，如图 i 示。

应当指出，图 d 和 e 是两直线段相叠加，结果为一直线。此时，只需要将两端面（作为控制截面）的剪力值对应相加，即得图 h 中两端面的剪力值。而图 f 和 g 则为直线段与曲线段的叠加，结果为一曲线。这时，至少应取三个控制截面来完成叠加。一般可取两端面和跨中截面作为控制截面。但图 i 中除了以两端面为控制截面外，未再取跨中截面作为控制截面，这是因为剪力图（图 h）中，剪力为零的 D 截面有正弯矩的极大值（一方面确定正弯矩的极大值是必要的，另方面利用弯矩图在 D 截面处切线水平的特点能将弯矩图形状绘得更为准确）。故选 D 截面作为第三个控制截面。同时，还须注意 D 截面的位置应由图 h 计算，D 截面的弯矩 $M_D = 9ql^2/128$ 则系由截面法计算所得。

第七节　其它静定结构的内力图

工程中遇到的结构形式是多种多样的。下面举例说明一些常见静定结构的内力图绘制方法。

【例 4-13】　图 4-27a 所示多跨静定梁，试作梁的内力图。

【解】　将梁从中间铰 B 处拆开。分别作基本部份（悬臂梁 AB）和附属部份（简支梁 BC）的剪力图和弯矩图，如图 4-27f、c、g 和 d 示。然后将两段的剪力图和弯矩图分别拼接起来，即得到全梁的剪力图和弯矩图，如图 4-27h、i 示。由内力图可见，在中间铰处剪力值无变化，弯矩值为零。或者说，中间铰只传递剪力，不传递弯矩。

【例 4-14】　试绘图 4-28a 所示折杆的内力图。

【解】　（1）求支座反力
$$R_A = 2qa, \quad H_A = 0, M_A = 2qa^2$$
本例中由于 C 端为自由端，也可不求支反力。

（2）写出各段的内力方程

对水平杆，坐标原点放在 C 截面形心，并用右段杆上的外力来写内力方程；对竖直杆，坐标原点取在 B 点，并由上段的外力来写内力方程：

CB 段：$N\,(x_1) = 0$　　　　$(0 \leqslant x_1 \leqslant 2a)$

　　　　$V\,(x_1) = qx_1$　　　$(0 < x_1 \leqslant 2a)$

　　　　$M\,(x_1) = \dfrac{qx_1^2}{2}$　$(0 \leqslant x_1 \leqslant 2a)$

BD 段：$N\,(x_2) = -2qa$　$(0 < x_2 \leqslant a)$

　　　　$V\,(x_2) = 0$　　　　$(0 < x_2 < a)$

　　　　$M\,(x_2) = 2qa^2$　　$(0 \leqslant x_2 \leqslant a)$

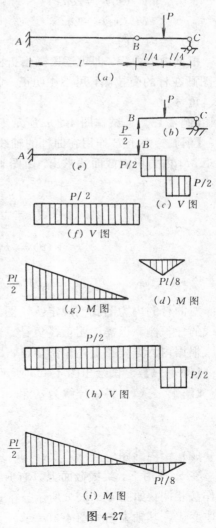

图 4-27

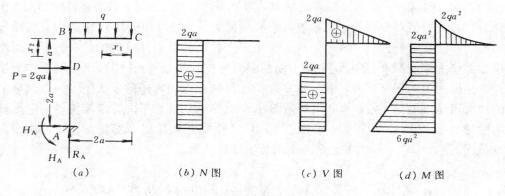

(a) (b) N 图 (c) V 图 (d) M 图

图 4-28

DA 段：

$$N(x_2) = -2qa \qquad (a < x_2 \leqslant 3a)$$

$$V(x_2) = 2qa \qquad (a < x_2 < 3a)$$

$$M(x_2) = 2qax_2 \qquad (a < x_2 < 3a)$$

（3）绘内力图

根据内力方程，即可逐段画出折杆的内力图如图 4-28b、c、d 所示。我们约定：折杆的 M 图画在杆的受拉侧，可不注明正、负号。而 V 图和 N 图可画在杆件的任一侧，但需注明正、负号。

【例 4-15】 试作图 4-29a 所示平面曲杆的内力图。集中力 P 作用在轴线平面内。

【解】 由于 P 作用在曲杆的轴线平面内，故任一 nn 截面的内力为轴力 N、剪力 V 和弯矩 M。内力仍由截面法求出。由图 4-29b 示脱离体的平衡条件可得任意 nn 横截面的内力为：

$$N(\theta) = -P\sin\theta \qquad \left(0 \leqslant \theta \leqslant \frac{\pi}{2}\right)$$

$$V(\theta) = P\cos\theta \qquad \left(0 < \theta \leqslant \frac{\pi}{2}\right)$$

$$M(\theta) = PR\sin\theta \qquad \left(0 < \theta < \frac{\pi}{2}\right)$$

对曲杆的内力图我们规定：M 图画在受拉侧，可不注明正、负号。N 图和 V 图可画在轴线的任一侧，但需注明正、负号。

根据内力方程和上述作图规定，即可作出曲杆的内力图如图 4-29c、d、e 示。

【例 4-16】 试绘出图 4-30a 所示斜梁的内力图。

【解】 （1）将 q 分解为 q_x 和 q_y 两组荷载

$$q_x = q\sin\alpha$$

$$q_y = q\cos\alpha$$

（2）绘内力图

在 q_y 作用下，梁横截面上只有剪力和弯矩。其剪力图和弯矩图的作法与水平梁的内力图作法相同，如图 4-30b、c 所示。在 q_x 作用下，横截面上只有轴力，且轴力沿 x 轴按线性规律变化，其轴力图如图 4-30d 示。

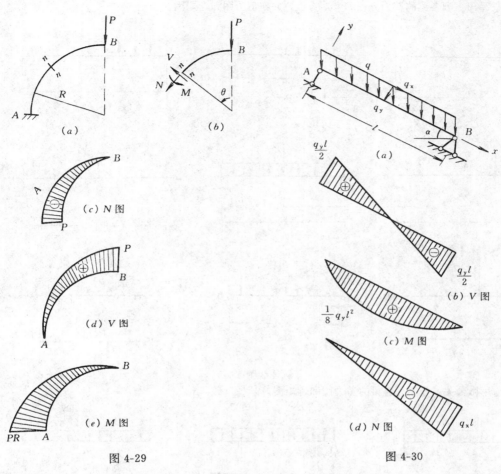

(a) (b) (a)

(c) N 图

$\dfrac{q_y l}{2}$

$\dfrac{q_y l}{2}$

(b) V 图

(d) V 图

$\dfrac{1}{8} q_y l^2$

(c) M 图

(e) M 图

(d) N 图

$q_x l$

图 4-29 图 4-30

习　题

4-1　求图示各梁中指定截面的剪力和弯矩。

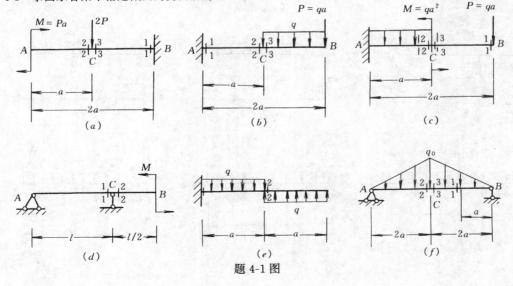

(a) (b) (c)

(d) (e) (f)

题 4-1 图

4-2 写出下列各梁的剪力方程和弯矩方程，并作剪力图和弯矩图。

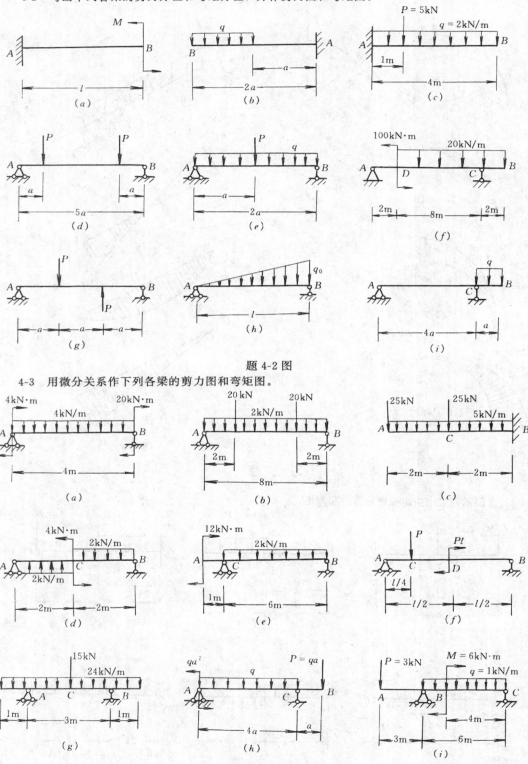

题 4-2 图

4-3 用微分关系作下列各梁的剪力图和弯矩图。

题 4-3 图

4-4 作题 4-1 图示各梁的内力图。

4-5 试根据 M、V、q 间的微分关系，指出下列各题中 V 图和 M 图的错误，并加以改正。

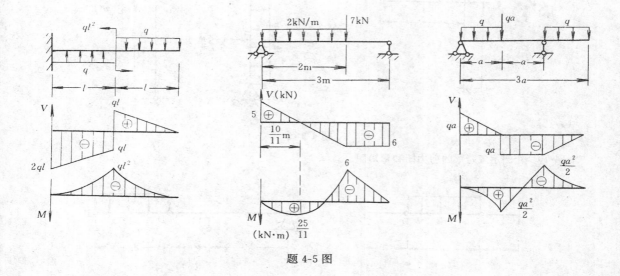

题 4-5 图

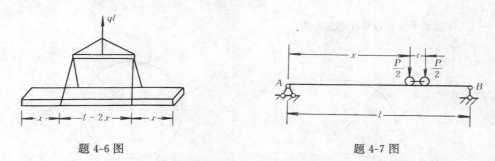

题 4-6 图   题 4-7 图

4-6 起吊一根自重为 q（N/m）的等截面钢筋混凝土梁，问起吊点的合理位置 x 应为多少（使梁在吊点处和中点处的正、负弯矩值相等）。

4-7 天车梁上小车轮距为 c，起重量为 P，问小车走到什么位置时，梁的弯矩最大？并求出最大弯矩。

4-8 用叠加法绘下列各梁的剪力图和弯矩图。

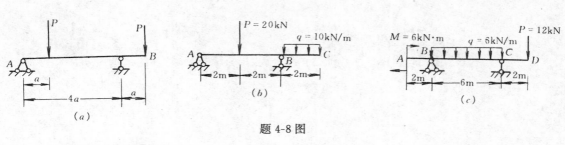

题 4-8 图

4-9 作图示刚架的内力图。

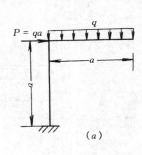

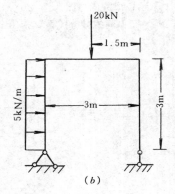

题 4-9 图

4-10 作图示多跨梁的剪力图和弯矩图。

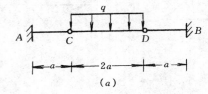

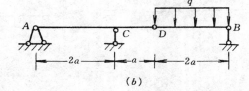

题 4-10 图

4-11 作图示平面受力曲杆的内力图。

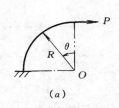

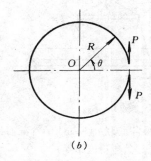

题 4-11 图

第五章 平面图形的几何性质

计算杆在外力作用下的应力和变形时，需要用到杆的横截面的几何性质，例如在计算拉（压）杆时用到横截面面积 A，计算杆在扭转时应力和变形用到横截面的极惯性矩 I_p。本章讨论平面图形的一些几何性质，这些量与截面的几何性质类同，它们将在以后的章节中要用到。

第一节 面积矩和形心

任意平面图形如图 5-1 所示，其面积为 A，y 轴和 z 轴为图形所在平面内的坐标轴。在坐标 (y, z) 处取微面积 $\mathrm{d}A$，分别称 $z\mathrm{d}A$ 和 $y\mathrm{d}A$ 为微面积 $\mathrm{d}A$ 对 y 轴和 z 轴的面积矩。并定义

$$S_y = \int_A z\mathrm{d}A \qquad S_z = \int_A y\mathrm{d}A \qquad (5-1)$$

分别为图形对 y 轴和 z 轴的**面积矩**，也称图形对 y 轴和 z 轴的**静面矩**（Area moment）或**静矩**（Static moment）。

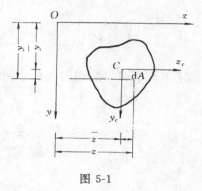

图 5-1

同一图形对不同的坐标轴的面积矩不同。面积矩的量纲是 [长度]³。面积矩可能为正值，也可能为负值，也可能为零。在图 5-2 中，图 a 示矩形的 S_y、S_z 均为正；图 b 示矩形的 S_y 为正，S_z 为负；图 c 示矩形的 $S_y=S_z=0$。面积矩的力学意义是：如果图形为构件截面，截面上又作用有均布荷载，则荷载对某个轴的合力矩，就等于分布荷载乘以该轴的面积矩。面积矩是求截面形心和计算梁内剪应力的必要数据。

图形面积分布的特点之一可以由图形面积的中心即**形心**来描述。在图 5-1 中，设图形的形心点 C，它在 yz 坐标系中的坐标 $(\bar{y}, \bar{z})$ 可由下式决定

$$\bar{y} = \frac{1}{A}\int_A y\mathrm{d}A \qquad \bar{z} = \frac{1}{A}\int_A z\mathrm{d}A \qquad (5-2)$$

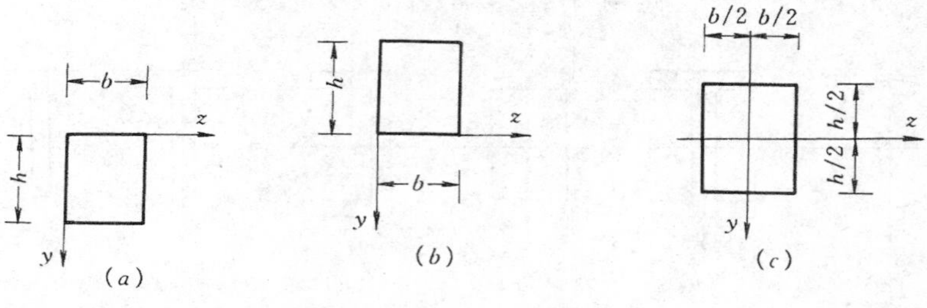

(a)

(b)

(c)

图 5-2

此式与理论力学中求均质等厚度薄板的重心公式相同，表明均质等厚度薄板的重心与板面图形的形心是重合的。但图形的形心与薄板的重心是有区别的概念。形心的力学意义为：如果图形为构件截面，截面上作用有均布荷载，则合力作用点就是形心。

由公式（5-1）和（5-2）有

$$S_y = A \cdot \bar{z} \qquad S_z = A \cdot \bar{y} \qquad (5\text{-}3)$$

这就表明，平面图形对 y 轴和 z 轴的面积矩，分别等于图形面积 A 乘以形心的坐标 $\bar{z}$ 和 $\bar{y}$。

由式（5-3）可知：1）图形对某轴的面积矩若等于零，则该轴必通过图形的形心；2）图形对于通过其形心的轴的面积矩恒等于零。

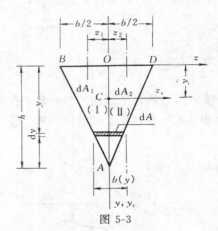

图 5-3

【例 5-1】 试计算图 5-3 示等腰三角形 ABD 对过底边的 z 轴和对称轴 y 轴的面积矩，并确定形心的位置。

【解】 （1）计算 S_z

取与 z 轴平行的微面积 $\mathrm{d}A = b(y) \cdot \mathrm{d}y$，该微分面积各点至 z 轴距离 y 相同。由图中相似三角形关系，$b(y) = b(h-y)/h$，根据（5-1）式有

$$S_z = \int_A y \mathrm{d}A = \int_0^h y \frac{b}{h}(h-y)\mathrm{d}y$$
$$= b\int_0^h y\mathrm{d}y - \frac{b}{h}\int_0^h y^2\mathrm{d}y = \frac{bh^2}{6} \qquad (a)$$

（2）计算 S_y

为利用图形的对称性，将图形如图示分为（Ⅰ）和（Ⅱ）两部分，它们的面积分别为 A_1 和 A_2，根据面积矩定义式（5-1）有

$$S_y = \int_A z\mathrm{d}A = \int_{A_1} z_1\mathrm{d}A + \int_{A_2} z_2\mathrm{d}A \qquad (b)$$

又注意到，等号右边前一个积分中 z_1 恒为负值，后一积分中 z_2 恒为正值，它们均可类同计算 S_z 进行，所以

$$S_y = \int_{A_1} z_1\mathrm{d}A + \int_{A_2} z_2\mathrm{d}A = -\frac{h\left(\frac{b}{2}\right)^2}{6} + \frac{h\left(\frac{b}{2}\right)^2}{6} = 0 \qquad (c)$$

（3）确定形心 C 的位置

由 $S_y = 0$，表明形心在 y 轴（即对称轴）上，形心的另一个坐标 $\bar{y}$ 是

$$\bar{y} = \frac{S_x}{A} = \left(\frac{bh^2}{6}\right) \Big/ \left(\frac{bh}{2}\right) = \frac{h}{3}$$

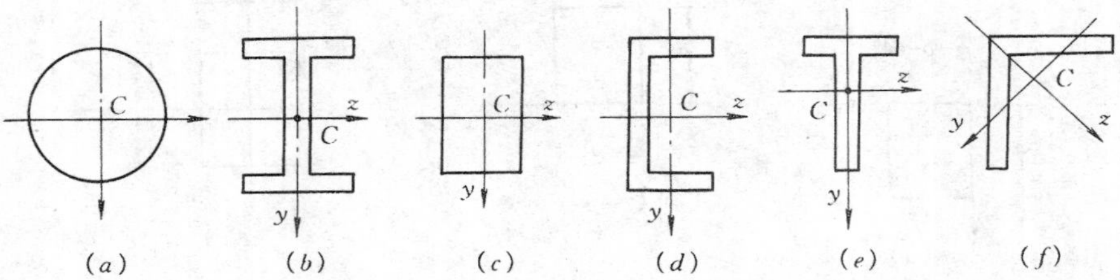

(a)　(b)　(c)　(d)　(e)　(f)

图 5-4

88

通过上例分析可知，形心在对称轴上。凡是平面图形具有两根或两根以上对称轴（图 5-4，a，b，c）则形心 C 必在对称轴的交点上。如果平面图形如图 5-4d，e，f 有一根对称轴，则形心 C 必在对称轴上。

上例中的式（b）还可以推广到一般情况中去。若一个比较复杂的平面图形，它可以看作由若干个简单图形（例如矩形、圆形或三角形等）组成，这个图形称为**组合图形**（Composite area）。只要各个简单图形的面积 A_i 和它对某一坐标轴系 y、z 的形心坐标$\overline{y_i}$、$\overline{z_i}$ 易于知道，根据面积矩及形心的力学意义，则组合图形对 y 轴、z 轴的面积矩为：

$$S_y = \Sigma A_i \overline{z_i} \qquad S_x = \Sigma A_i \overline{y_i} \tag{5-4}$$

同时，设复杂的组合图形的形心在给定的 y 轴、z 轴坐标系中的坐标为$\overline{y}$、$\overline{z}$，由公式（5-4）和（5-3）又有

$$\left.\begin{array}{l} \overline{y} = \dfrac{S_x}{A} = \dfrac{\Sigma A_i \overline{y_i}}{\Sigma A_i} \\[3mm] \overline{z} = \dfrac{S_y}{A} = \dfrac{\Sigma A_i \overline{z_i}}{\Sigma A_i} \end{array}\right\} \tag{5-5}$$

此即计算组合图形形心坐标的公式。

【**例 5-2**】 试确定图 5-5 示图形形心 C 的位置。

【**解**】 选取通过矩形 Ⅰ 的形心 C_1 的 z 轴和通过矩形 Ⅱ 的形心 C_2 的 y 轴，根据式（5-5）有

$$\overline{y} = \frac{\Sigma A_i \overline{y_i}}{\Sigma A_i}$$

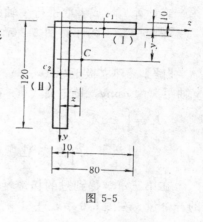

$$= \frac{10 \times 70 \times 0 + 10 \times 120 \times \left(\frac{1}{2} \times 120 - 5\right)}{10 \times 70 + 10 \times 120}$$

$$= 34.74\text{mm}$$

$$\overline{z} = \frac{\Sigma A_i \overline{z_i}}{\Sigma A_i} = \frac{10 \times 70 \times \left(\frac{70}{2} + 5\right) + 10 \times 120 \times 0}{10 \times 70 + 10 \times 120}$$

$$= 14.74\text{mm}$$

图 5-5

此即形心 C 在 y 轴、z 轴坐标系中的坐标。在上两式中，因为 y 轴、z 轴分别通过一个组成部分的形心，分子中均有一项为零，故可简化计算。

第二节 惯性矩和惯性积

任意平面图形如图 5-6 所示，其面积为 A，y 轴和 z 轴为图形平面内任意给定的坐标轴。在点（y、z）处取微面积 $\mathrm{d}A$，定义 $z^2\mathrm{d}A$ 和 $y^2\mathrm{d}A$ 分别为微面积 $\mathrm{d}A$ 对 y 轴和 z 轴的轴惯性矩，将它们遍及整个图形积分

$$\left.\begin{array}{l} I_y = \displaystyle\int_A z^2\mathrm{d}A \\[3mm] I_z = \displaystyle\int_A y^2\mathrm{d}A \end{array}\right\} \tag{5-6}$$

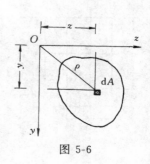

图 5-6

89

则分别定义为图形对 y 轴和 z 轴的**惯性矩**（Moment of inertia），又称为**轴惯性矩**。惯性矩是反映截面抗弯特性的一个量。由公式可知，惯性矩恒为正值，量纲是［长度］⁴。

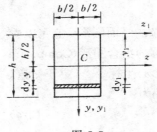

图 5-7

【例 5-3】 试计算图 5-7 所示矩形对 z 轴和 z_1 轴的惯性矩 I_z 和 I_{z1}。

【解】 根据式（5-6）计算 I_z 和 I_{z1} 时，若取图示条形微面积 $\mathrm{d}A = b\mathrm{d}y$，则因此微分条各点距 z 轴（或 z_1 轴）的距离 y（或 y_1）相同，可将面积分化为定积分。于是，矩形对 z 轴的惯性矩是

$$I_z = \int_A y^2 \mathrm{d}A = \int_{-h/2}^{h/2} y^2 b\mathrm{d}y = \frac{bh^3}{12} \qquad (a)$$

同理，矩形对 z_1 轴的惯性矩为

$$I_{z_1} = \int_A y_1^2 \mathrm{d}A = \int_0^h y_1^2 b\mathrm{d}y_1 = \frac{bh^3}{3} \qquad (b)$$

由于 $I_{z_1} > I_z$，图形面积的分布对于 z_1 轴要比对于 z 轴远些。

顺便指出，微分条形面积 $\mathrm{d}A = b\mathrm{d}y$ 各点对 y 轴距离不同，还需要按照定义式（5-6）中第一式计算 I_y，或者取平行 y 轴的微分条作上述计算 I_z 相类似的运算来求 I_y。

【例 5-4】 试计算图 5-8 示圆截面对直径轴 y 的惯性矩 I_y。

【解】 建立极坐标（α、ρ），取微面积 $\mathrm{d}A = \rho\mathrm{d}\alpha\mathrm{d}\rho$，$\mathrm{d}A$ 距 y 轴距离为 $\rho\sin\alpha$，按定义式（5-6）有

$$I_y = \int_A z^2 \mathrm{d}A = \int_A (\rho\sin\alpha)^2 \mathrm{d}A = \int_0^{d/2} \rho^3 \mathrm{d}\rho \int_0^{2\pi} \sin^2\alpha\mathrm{d}\alpha$$

$$= \left[\frac{\rho^4}{4}\right]_0^{d/2} \cdot \left[\frac{\alpha}{2} - \frac{1}{4}\sin(2\alpha)\right]_0^{2\pi} = \frac{\pi d^4}{64} \qquad (c)$$

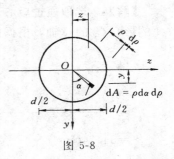

图 5-8

在第三章曾提到过的**极惯性矩** I_p 是反映圆截面抗扭特性的一个量。在图 5-6 中，任意平面图形对平面内点 O 的极惯性矩 I_p 是

$$I_p = \int_A \rho^2 \mathrm{d}A \qquad (5-7)$$

注意到上式中，$\rho^2 = y^2 + z^2$，于是得到图形对于点 O 的极惯性矩 I_p 与图形对于通过点 O 的坐标轴 y 轴、z 轴的惯性矩 I_y、I_z 间的关系为

$$I_p = I_y + I_z \qquad (5-8)$$

例如，图 5-8 示圆形截面，因它是轴对称的，对圆心点 O 的极惯性矩 $I_p = I_y + I_z = 2I_y = \pi d^4 / 32$，这正是第三章已求得的结果。

最后我们定义任意平面图形对两个正交坐标轴 y、z 的**惯性积**（Product of inertia）为

$$I_{yz} = \int_A yz\mathrm{d}A \qquad (5-9)$$

由此定义式知，惯性积的取值有正有负，也可能为零。其量纲仍是［长度］⁴。

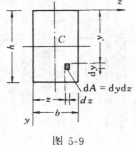

图 5-9

【例 5-5】 试计算图 5-9 示矩形的 S_y、S_z、I_y、I_z、I_{yz}。

【解】 矩形对 y 轴、z 轴的面积矩，可由式（5-3）计算，矩形的形心 C 坐标为（$h/2$, $b/2$），于是

$$S_y = A \cdot \bar{z} = bh \times \frac{b}{2} = \frac{b^2 h}{2}$$

同理，

$$S_z = \frac{bh^2}{2}$$

矩形对 z 轴的惯性矩是

$$I_z = \int_A y^2 \mathrm{d}A = \int_0^b \mathrm{d}z \int_0^h y^2 \mathrm{d}y = \frac{bh^3}{3}$$

同理，矩形对 y 轴的惯性矩 $I_y = b^3 h/3$。

矩形对坐标轴 y 轴、z 轴的惯性积是

$$I_{yz} = \int_A yz \mathrm{d}A = \int_0^h y \mathrm{d}y \int_0^b z \mathrm{d}z = \frac{b^2 h^2}{4} \tag{d}$$

从平面图形的惯性矩和惯性积的定义易于得知，当一个平面图形是由若干个简单图形组合而成时，可以将定义域划分为若干个简单图形，先利用公式（5-6）和（5-9）求出每一个简单图形对某一对坐标轴的 I_{yi}，I_{zi} 和 I_{yzi}，然后求其代数和，则等于整个组合图形对同一对坐标轴的惯性矩 I_y、I_z 和惯性积 I_{yz}，即

$$I_y = \Sigma I_{yi} \qquad I_z = \Sigma I_{zi} \qquad I_{yz} = \Sigma I_{yzi} \tag{5-10}$$

此式就是求组合图形惯性矩和惯性积的公式。

应用式（5-10），计算图 5-8 示上半圆对 z 轴的惯性矩 I'_z 时，根据对称性有 $I'_z = I_z/2$，再利用式（c），结果得 $I'_z = \pi d^4/128$。又如，对外直径为 D，内直径为 d 的空心圆截面，该截面对直径轴的 I_z，则可看成是直径为 D 的实心圆，减去直径为 d 的实心圆而得到，于是有

$$I_z = \frac{\pi}{64}(D^4 - d^4)$$

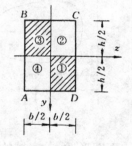

图 5-10

【例 5-6】 利用例 5-5 的结果，计算图 5-10 示矩形的 I_y、I_z 和 I_{yz}。

【解】 将矩形 $ABCD$ 如图示分为 1、2、3、4 等四个小矩形。它们的面积相同。由例 5-5 可知，各小矩形对 z 轴的轴惯性矩是

$$I_{z\cdot1} = I_{z\cdot2} = I_{z\cdot3} = I_{z\cdot4} = \frac{1}{3} \times \left(\frac{b}{2}\right) \times \left(\frac{h}{2}\right)^3 = \frac{bh^3}{48} \tag{e}$$

同理，各小矩形对 y 轴的轴惯性矩是

$$I_{y\cdot1} = I_{y\cdot2} = I_{y\cdot3} = I_{y\cdot4} = \frac{b^3 h}{48} \tag{f}$$

各小矩形对于这对坐标轴 y 轴、z 轴的惯性积，由式（d）有

$$I_{yz\cdot1} = \frac{1}{4} \times \left(\frac{b}{2}\right)^2 \times \left(\frac{h}{2}\right)^2 = \frac{b^2 h^2}{64}$$

由图 5-10 可知，在 $I_{yz} = \int_A yz \mathrm{d}A$ 中，另三个小矩形的惯性积的正负号是

$$I_{yz\cdot2} < 0 \qquad I_{yz\cdot3} > 0 \qquad I_{yz\cdot4} < 0$$

91

矩形 2、3、4 关于这对轴的分布状况与矩形 1 的情况类似，所以有

$$I_{yz \cdot 1} = -I_{yz \cdot 2} = I_{yz \cdot 3} = -I_{yz \cdot 4} = \frac{b^2 h^2}{64}$$

应用式（5-10），便得到矩形 $ABCD$ 对 y 轴和 z 轴的惯性矩和惯性积分别为（式中 $i=$ 1、2、3、4）

$$\left. \begin{aligned} I_y &= \Sigma I_{yi} = 4 \times \left(\frac{b^3 h}{48} \right) = \frac{b^3 h}{12} \\ I_z &= \Sigma I_{zi} = 4 \times \left(\frac{b h^3}{48} \right) = \frac{b h^3}{12} \end{aligned} \right\} \tag{g}$$

$$I_{yz} = \Sigma I_{yz \cdot i} = 0 \tag{h}$$

上例中式（h）的结果 $I_{yz}=0$，表明矩形对于这一对对称轴的惯性积恒为零。如果在图 5-10 中，只考虑任意两个有对称性的小矩形（如矩形 1 和 4）对 y 轴和 z 轴的惯性积，该惯性积仍然为零。由此可见，**如果两个正交坐标轴之一为图形的对称轴，则图形对这对坐标轴的惯性积为零。**

第三节　惯性矩和惯性积移轴公式

在图 5-11 中，C 为任意图形的形心，y_c 和 z_c 是通过形心的坐标轴。y 和 z 坐标轴分别

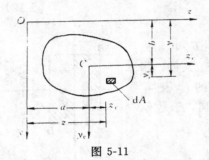

图 5-11

与 y_c、z_c 轴平行，两平行轴间距离分别为 a 和 b。该图形对这两对平行的坐标轴的惯性矩或惯性积之间有较简单的关系。

根据定义式（5-6）和（5-9）可知，图形对形心轴 y_c 和 z_c 的惯性矩和惯性积为

$$\left. \begin{aligned} I_{y_c} &= \int_A z_c^2 dA \quad I_{z_c} = \int_A y_c^2 dA \\ I_{y_c z_c} &= \int_A y_c z_c dA \end{aligned} \right\} \tag{a}$$

而图形对 y、z 轴的惯性矩、惯性积分别是

$$I_y = \int_A z^2 dA = \int_A (z_c + a)^2 dA = \int_A z_c^2 dA$$
$$+ 2a \int_A z_c dA + a^2 \int_A dA$$

$$I_z = \int_A y^2 dA = \int_A (y_c + b)^2 dA = \int_A y_c^2 dA + 2b \int_A y_c dA + b^2 \int_A dA$$

$$I_{yz} = \int_A yz dA = \int_A (y_c + b)(z_c + a) dA$$
$$= \int_A y_c z_c d + a \int_A y_c dA + b \int_A z_c dA + ab \int_A dA$$

在以上三式中，$\int_A y_c dA$ 和 $\int_A z_c dA$ 分别是图形对形心轴 z_c 和 y_c 的面积矩，其值恒为零，再用到式（a），上列三式简化为

$$I_y = I_{y_c} + a^2 A \qquad I_z = I_{z_c} + b^2 A \left.\vphantom{\begin{array}{c}1\\1\end{array}}\right\}$$
$$I_{yz} = I_{y_c z_c} + ab A \tag{5-11}$$

此式即为平面图形**惯性矩、惯性积的移轴公式**。由式（5-11）可见，只要形心 C 在 yz 坐标系中的坐标值 a、b 不为 0，则 $I_y > I_{y_c}$，$I_z > I_{z_c}$，这表明在所有互相平行的轴中，平面图形对形心轴的惯性矩最小。

【例 5-7】 已知图 5-12 所示 T 形截面的**形心** C，试计算截面对形心轴 z_c 的惯性矩 I_{z_c}。

【解】 将截面图形看成是由两个矩形 I 和 II 所组成。先应用移轴公式分别计算矩形 I 和 II 对 z_c 轴的惯性矩

$$I_{z_c \cdot 1} = \frac{b_1 h_1^3}{12} + \left(\frac{h_1}{2} + b_2 - \overline{y} \right)^2 \cdot b_1 h_1$$

$$I_{z_c \cdot 2} = \frac{h_2 b_2^3}{12} + \left(\overline{y} - \frac{b_2}{2} \right)^2 \cdot b_2 h_2$$

整个图形对 z_c 轴的惯性矩为

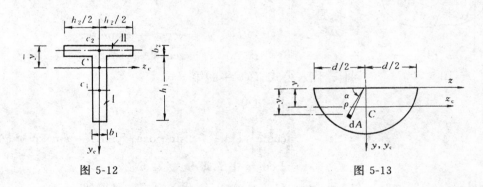

图 5-12   图 5-13

$$I_{z_c} = I_{z_c \cdot 1} + I_{z_c \cdot 2} = \frac{b_1 h_1^3}{12} + \left(\frac{h_1}{2} + b_2 - \overline{y} \right)^2 b_1 h_1 + \frac{b_2^3 h_2}{12} + \left(\overline{y} - \frac{b_2}{2} \right)^2 b_2 h_2$$

【例 5-8】 试计算图 5-13 示半圆形，对于平行于直径边的形心轴 z_c 的惯性矩 I_{z_c}。

【解】 先确定半圆形的形心 C 坐标 $\overline{y}$。取微面积 $\mathrm{d}A = \rho \mathrm{d}\rho \mathrm{d}\alpha$，由面积矩定义式知

$$S_z = \int_A y \mathrm{d}A = \int_0^\pi \int_0^{d/2} \rho \sin\alpha \cdot \rho \mathrm{d}\rho \mathrm{d}\alpha = \int_0^{d/2} \rho^2 \mathrm{d}\rho \int_0^\pi \sin\alpha \mathrm{d}\alpha = \frac{d^3}{12}$$

半圆形面积 $A = \pi \mathrm{d}^2 / 8$，由公式（5-3）得

$$\overline{y} = \frac{S_z}{A} = \left(\frac{d^3}{12} \right) \bigg/ \left(\frac{\pi d^2}{8} \right) = \frac{2d}{3\pi}$$

半圆形对直径边 z 轴的惯性矩 I_z，等于整个圆形对 z 轴的惯性矩的一半，即 $I_z = (\pi d^4 / 64)/2 = \pi d^4 / 128$，根据惯性矩的移轴公式，这里有

$$I_z = I_{z_c} + \overline{y}^2 A$$

所以

$$I_{z_c} = I_z - \overline{y}^2 A = \frac{\pi d^4}{128} - \left(\frac{2d}{3\pi} \right)^2 \times \frac{\pi d^2}{8} = \left(\frac{\pi}{128} - \frac{1}{18\pi} \right) d^4$$

上式表明，利用移轴公式，仍然可以由已知图形对非形心轴的惯性矩 I_z 来计算与这个轴平

行的形心轴的惯性矩 I_{z_c}。

第四节　惯性矩和惯性积转轴公式·主惯性轴

任意平面图形（图 5-14）对 y 轴和 z 轴的惯性矩和惯性积为

$$I_y = \int_A z^2 dA \qquad I_z = \int_A y^2 dA \qquad I_{yz} = \int_A yz dA \qquad (a)$$

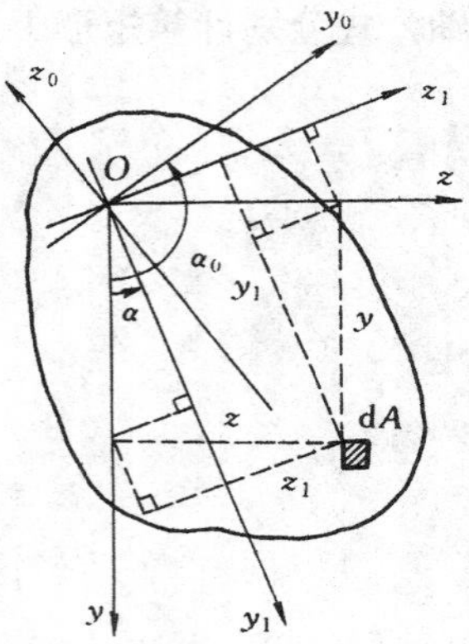

若将坐标轴绕 O 点旋转 α 角，且以逆时针转向为正，旋转后得到新的坐标轴 y_1 和 z_1 轴，而图形对新坐标轴 y_1、z_1 的惯性矩和惯性积应分别为：

$$\left. \begin{array}{l} I_{y_1} = \int_A z_1^2 dA \qquad I_{z_1} = \int_A y_1^2 dA \\[2mm] I_{y_1 z_1} = \int_A y_1 z_1 dA \end{array} \right\} \qquad (b)$$

在上述两个坐标系中，dA 的坐标 $(y_1,\ z_1)$ 与 $(y,\ z)$ 间的关系是

$$\left. \begin{array}{l} y_1 = y\cos\alpha + z\sin\alpha \\ z_1 = z\cos\alpha - y\sin\alpha \end{array} \right\} \qquad (c)$$

图 5-14　将 z_1 代入公式 (b) 中的第一式

$$\begin{aligned} I_{y_1} &= \int_A z_1^2 dA \\ &= \cos^2\alpha \int_A z^2 dA - 2\sin\alpha\cos\alpha \int_A yz dA + \sin^2\alpha \int_A y^2 dA \\ &= I_y \cos^2\alpha + I_x \sin^2\alpha - I_{yz}\sin 2\alpha \end{aligned}$$

以 $\cos^2\alpha = (1+\cos 2\alpha)/2$，$\sin^2\alpha = (1-\cos 2\alpha)/2$ 代入上式，可得到

$$I_{y_1} = \frac{I_y + I_z}{2} + \frac{I_y - I_z}{2}\cos 2\alpha - I_{yz}\sin 2\alpha \qquad (5\text{-}12a)$$

同理，将 y_1、z_1 分别代入式 (b) 中第二式和第三式又求得

$$I_{z_1} = \frac{I_y + I_z}{2} - \frac{I_y - I_z}{2}\cos 2\alpha + I_{yz}\sin 2\alpha \qquad (5\text{-}12b)$$

$$I_{y_1 z_1} = \frac{I_y - I_z}{2}\sin 2\alpha + I_{yz}\cos 2\alpha \qquad (5\text{-}12c)$$

公式 $(5\text{-}12a,\ b,\ c)$ 就是平面图形对 y、z 轴和对 y_1、z_1 轴的惯性矩、惯性积之间的关系式，称为**惯性矩和惯性积转轴公式**。由转轴公式可见，I_{y_1}、I_{z_1} 及 $I_{y_1 z_1}$ 随 α 角的变化而变化，所以都是新旧坐标间夹角 α 的函数。

将公式 $(5\text{-}12a)$ 对 α 取导数

$$\frac{dI_{y_1}}{d\alpha} = -(I_y - I_z)\sin 2\alpha - 2I_{yz}\cos 2\alpha \qquad (d)$$

若 $\alpha = \alpha_0$ 时，有 $dI_{y_1}/d\alpha = 0$，则由 α_0 所确定的坐标轴，图形的惯性矩为最大值或最小值。将 α_0 代入式 (d) 令其等于零，便得到

$$(I_y - I_z)\sin 2\alpha_0 + 2I_{yz}\cos 2\alpha_0 = 0 \qquad (e)$$

94

即

$$\tan 2\alpha_0 = \frac{-2I_{yz}}{I_y - I_z} \tag{5-13}$$

与此相应，取

$$\left.\begin{array}{l} \sin 2\alpha_0 = -2I_{yz}/\sqrt{(I_y - I_z)^2 + 4I_{yz}^2} \\[2mm] \cos 2\alpha_0 = (I_y - I_z)/\sqrt{(I_y - I_z)^2 + 4I_{yz}^2} \end{array}\right\} \tag{5-14}$$

由公式（5-13）和（5-14）能够得到一个唯一的 α_0，这时的 α_0 对应于 y_0 轴，$\alpha_0 + 90°$ 对应于 z_0 轴（图 5-14）。对于坐标轴 y_0、z_0，图形对此二轴的惯性积按公式（5-12c）有

$$I_{y_0 z_0} = \frac{I_y - I_z}{2}\sin 2\alpha_0 + I_{yz}\cos 2\alpha_0 \tag{f}$$

将此式与式（e）相对照，显然有

$$I_{y_0 z_0} = 0 \tag{g}$$

此即由公式（5-13）所确定的 α_0 相应的坐标系 $y_0 z_0$ 具有的特征。

凡是使图形惯性积等于零的一对正交坐标轴称为图形的**主惯性轴**，图形对主惯性轴的惯性矩称为**主惯性矩**。通过图形形心 C 点的主惯性轴，称为形心主惯性轴，简称**形心主轴**。图形对形心主轴的惯性矩，则称为**形心主惯性矩**。上面述及的 y_0 轴、z_0 轴，就是图形在 O 点的主惯性轴，相应的 I_{y_0}、I_{z_0} 就是主惯性矩。由式（5-13）的导出过程知，y_0 和 z_0 轴是过 O 点的所有坐标轴中具有最大和最小惯性矩的坐标轴。

将式（5-14）分别代回式（5-12a，b）有

$$\left.\begin{array}{l} I_{y_0} = \dfrac{I_y + I_z}{2} + \sqrt{\left(\dfrac{I_y - I_z}{2}\right)^2 + I_{yz}^2} \\[4mm] I_{z_0} = \dfrac{I_y + I_z}{2} - \sqrt{\left(\dfrac{I_y - I_z}{2}\right)^2 + I_{yz}^2} \end{array}\right\} \tag{5-15}$$

式（5-15）是计算过 O 点的主惯性矩的公式。由此式还可得到

$$I_{y_0} + I_{z_0} = I_y + I_z \tag{5-16}$$

即过同一点的任何一对正交轴的惯性矩之和为一常数，并等于两个主惯性矩之和（此关系由公式（5-8）也容易得到，读者可以自行验证）。

【例 5-9】 试确定图 5-15 示图形的形心主惯性轴的位置，并计算形心主惯性矩。

【解】 （1）图形对形心坐标 y_c 轴与 z_c 轴的惯性矩、惯性积的计算。

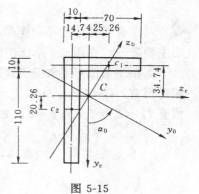

图 5-15

$$I_{y_c} = \frac{10 \times 70^3}{12} + 25.26^2 \times 10 \times 70 + \frac{120 \times 10^3}{12}$$

$$+ (-14.74)^2 \times 10 \times 120 = 1.003 \times 10^6 \text{mm}^4$$

$$I_{z_c} = \frac{70 \times 10^3}{12} + (-34.74)^2 \times 10 \times 70 + \frac{10 \times 120^3}{12}$$

$$+ 20.26^2 \times 10 \times 120 = 2.783 \times 10^6 \text{mm}^4$$

$$I_{y_c z_c} = 0 + (-34.74) \times (25.26) \times 10 \times 70 + 0 + 20.26$$

$$\times (-14.74) \times 10 \times 120 = -0.9726 \times 10^6 \text{mm}^4$$

（2）求形心主惯性轴 y_0、z_0 的方位

由式（5-13）知

$$\tan 2\alpha_0 = \frac{-2I_{y_c z_c}}{I_{y_c} - I_{z_c}} = \frac{-2 \times (-0.9726 \times 10^6)}{(1.003 - 2.783) \times 10^6} = \frac{1.9452}{-1.780} = -1.0928$$

而 $\sin 2\alpha_0$ 符号决定于（$-2I_{y_c z_c}$），$\cos 2\alpha_0$ 符号决定于（$I_{y_c} - I_{z_c}$），这时 $\sin 2\alpha_0 > 0$，$\cos 2\alpha_0 < 0$，而有 $\tan 2\alpha_0 = -1.0928$，容易判定 $2\alpha_0$ 在 $y_c z_c$ 坐标系的第二象限，并有 $2\alpha_0 = 132.46°$，$\alpha_0 = 66.23°$。

（3）求形心主惯性矩

由公式（5-15）有

$$I_{y_0} = \frac{I_{y_c} + I_{z_c}}{2} + \frac{1}{2}\sqrt{(I_{y_c} - I_{z_c})^2 + 4I_{y_c z_c}^2}$$

$$= \left[\frac{1.003 + 2.783}{2} + \frac{1}{2}\sqrt{(1.003 - 2.783)^2 + 4 \times (-0.9726)^2}\right] \times 10^6$$

$$= [1.893 + 1.318] \times 10^6 = 3.211 \times 10^6 \text{mm}^4$$

$$I_{z_0} = \frac{I_{y_c} + I_{z_c}}{2} - \frac{1}{2}\sqrt{(I_{y_c} - I_{z_c})^2 + 4I_{y_c z_c}^2}$$

$$= [1.893 - 1.318] \times 10^6 = 0.575 \times 10^6 \text{mm}^4$$

一个平面图形当它没有对称性，就可以运用第一节中的方法确定其形心，再仿照例 5-9 进而确定形心主轴的方位和计算出形心主惯性矩的大小。当依照本节前述坐标和公式（5-12）～（5-15），肯定地说所得到 "$\alpha_0 + 90°$" 决定的 z_0 轴相应形心主惯性矩 I_{z_0}，就是该图形对平面内所有轴的惯性矩中的最小者。即

$$I_{z_0} = \{I_y, I_z\}_{\min} \tag{5-17}$$

对于有对称性的平面图形，如前指出的那样，形心必在对称轴上，而且对称轴就是形心主轴之一。在图 5-4 示出的几种截面其形心主轴便显而易见了。

如果平面图形（象正多边形截面）有两根以上对称轴，例如正方形（图 5-16），易知该图形恒有，$I_y = I_z = a^4/12$，$I_{yz} = 0$。若使用公式（5-12）绕形心旋转的任一对轴 y_1 和 z_1，必恒有 $I_{y_1} = I_{z_1} = I_y$，$I_{y_1 z_1} = 0$。这就是说，凡过形心 C 的任一轴均为其形心主轴。

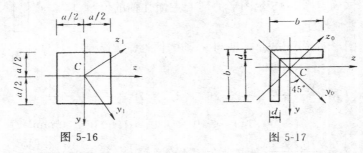

图 5-16   图 5-17

对于图 5-17 示角形截面，注意到 y_0 轴是对称轴，点 C 是其形心，故 $y_0 z_0$ 是形心主轴。

坐标轴 y、z 虽与角边平行，是形心轴，但不是主轴。角形截面对形心主轴的惯性矩 I_{y_0}、I_{z_0} 哪一个大呢？在图示坐标系中，显然有 $I_y = I_z$，且 $I_{yz} < 0$。按公式（5-13）有 $\tan 2\alpha_0 = \infty$，再按照公式（5-14），因为 $-2I_{yz} > 0$，$\sin 2\alpha_0 > 0$，又 $I_y - I_z = 0$，表明 $\cos 2\alpha_0 = 0$，这个角度 $\alpha_0 = 45°$，由 α_0 决定的 y_0 轴，其 I_{y_0} 必然比 $\alpha_0 + 90°$ 相应的 I_{z_0} 大。这是定性判定 $I_{\min}$ 应是对哪一根形心主轴的惯性矩的一个方法。由图还可以看出，截面面积关于 y_0 和 z_0 轴的分布情况是离开 y_0 轴，而靠近 z_0 轴，故 $I_{z_0} < I_{y_0}$，这是定性判定 I_{y_0}、I_{z_0} 取值谁大谁小的又一种方法。

在工程中常用的型钢的几何特性，可以由附录Ⅲ查得。

第五节 回 转 半 径

在力学计算中，有时将平面图形对坐标轴 y 和 z 的惯性矩 I_y、I_z 改写成图形面积 A 与某一长度的平方的乘积，即

$$I_y = A \cdot i_y^2 \qquad I_z = A \cdot i_z^2 \tag{5-18}$$

或者

$$i_y = \sqrt{\frac{I_y}{A}} \qquad i_z = \sqrt{\frac{I_z}{A}} \tag{5-19}$$

式中 i_y 和 i_z 分别称为图形相对于 y 轴和 z 轴的**回转半径或惯性半径**，其量纲是〔长度〕。

对于通过形心的形心主轴 y_0、z_0 轴，则相应有**主回转半径** i_{y_0} 和 i_{z_0}，其取值为

$$i_{y_0} = \sqrt{\frac{I_{y_0}}{A}} \qquad i_{z_0} = \sqrt{\frac{I_{z_0}}{A}} \tag{5-20}$$

由于任一平面图形对平面内的所有轴的惯性矩的最小值，存在于图形形心主惯性矩之中。如果套用公式（5-11）至（5-15）（及相应坐标系），则 $I_{z_0} = \{I_y, I_z\}_{\min}$，相应图形的形心主回转半径之一 i_{z_0} 恒为：

$$i_{z_0} = \{i_y, i_z\}_{\min} \tag{5-21}$$

【例 5-10】 试确定图 5-18 中矩形和圆形对形心主轴的主回转半径。

【解】 对于矩形截面，对称轴 y, z 轴就是形心主轴，由公式（5-20）有

$$i_{y_0} = \sqrt{\frac{I_y}{A}} = \sqrt{\left(\frac{b^3 h}{12}\right) / (bh)}$$

$$= \frac{b}{2\sqrt{3}}$$

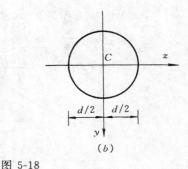

图 5-18

同理

$$i_{z_0} = \frac{h}{2\sqrt{3}}$$

此即矩形的形心主回转半径。

对于图 b 示圆形，任一直径轴均是形心主轴，由轴对称知其形心主回转半径为

$$i_y = i_z = \sqrt{\frac{I_y}{A}} = \sqrt{\left(\frac{\pi d^4}{64}\right) / \left(\frac{\pi d^2}{4}\right)} = \frac{d}{4}$$

习 题

5-1 试用积分法确定图示平面图形的形心位置。

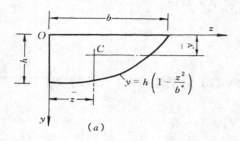 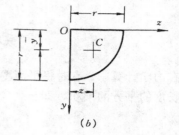

题 5-1 图

5-2 确定图示图形形心的位置。

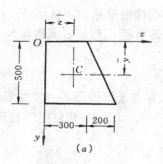 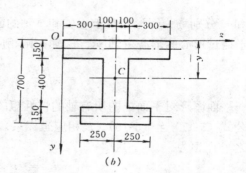

题 5-2 图

5-3 试确定图示三角形和四分之一圆形截面对 y，z 轴的惯性矩 I_y、I_z 和惯性积 I_{yz}。

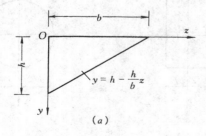 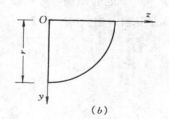

题 5-3 图

5-4 图示矩形、箱形和工字形截面的图形面积 A 相同，试求它们对形心轴 z 的惯性矩之比。

5-5 已知三角形对 y，z 轴的惯性矩 $I_z = bh^3/12$，$I_y = bh(3b^2 - 3bd + d^2)/12$ 以及惯性积 $I_{yz} = bh^2(3b - 2d)/24$，求三角形对形心轴 y_c、z_c 的惯性矩 I_{y_c}、I_{z_c} 和惯性积 $I_{y_c z_c}$。

5-6 已知 z_c 轴过半圆环形的形心且与上边 z 轴平行，试分别计算当 $\alpha_1 = 0.5$ 和 $\alpha_2 = 0.8$ 时的半圆环形对 z_c 轴的惯性矩 I_{z_c}。

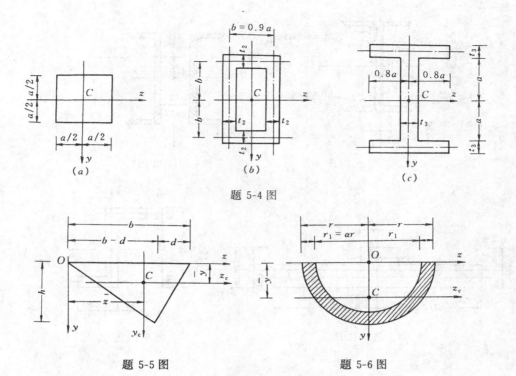

题 5-4 图

题 5-5 图　　　　　　　　　题 5-6 图

5-7　试证明图示矩形对坐标轴 y，z 的惯性积 I_{yz} 恒小于零。

提示：较简明的一个证明方法是过 C 点作 z_c 与 z 轴平行，交矩形二长边为 G，F，这时四边形 $BGEF$ 为菱形，其 $I_{yz}=I_{y_cz_c}$，……。

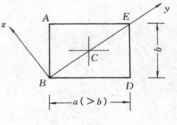

题 5-7 图

5-8　图示矩形 $h=2b=200\text{mm}$，(1)试确定矩形通过坐标原点 O_1 的主惯性轴的位置及主惯性矩。(2)试确定矩形通过坐标原点 O_2 的主惯性轴的位置及主惯性矩 I_{x_0} 和 I_{y_0}。

5-9　利用题 5-3a 的结果，确定图示三角形的形心主惯性轴的位置，并计算形心主惯性矩。

5-10　试确定图示组合图形的形心主惯性矩。

5-11　图示由两个 [36c 号槽钢组成的组合图形，若使图形对两对称轴的惯性矩 $I_y=I_z$，则两槽钢的间距 a 为多少？

5-12　图示砌体 T 形截面，当 $B=1200\text{mm}$，$b=370\text{mm}$，$D=490\text{mm}$ 时，(1)试计算该图形的形心位置参数 y_1、y_2；(2)试计算图形对形心轴 x 和 y 的惯性矩及相应的回转半径。

5-13　试求图示图形的形心主惯性轴的位置及其形心主惯性矩。

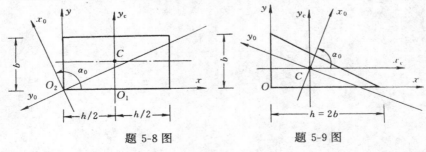

题 5-8 图　　　　　　　　　题 5-9 图

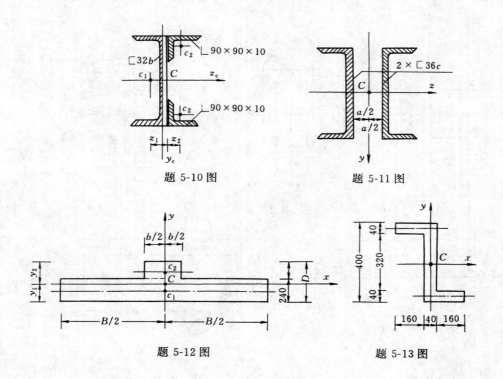

题 5-10 图

题 5-11 图

题 5-12 图

题 5-13 图

第六章 弯 曲 应 力

第一节 概 述

由第四章可知，当梁上有横向力作用时，一般说来，横截面上既有弯矩 M 又有剪力 V。梁在此情况下的弯曲称为**横力弯曲**。而在横截面上只有法向微内力 $dN = \sigma dA$ 才能组成弯矩 M，只有切向微内力 $dV = \tau dA$ 才能组成剪力 V（图 6-1a）。因此，在梁横截面上一般是同时存在正应力 σ 和剪应力 τ 的（图 6-1b）。梁弯曲时横截面上的正应力和剪应力分别称为**弯曲正应力**和**弯曲剪应力**。

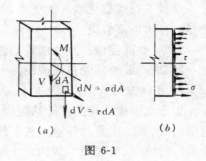

图 6-1

本章主要研究等直梁在平面弯曲时，其横截面上这两种应力的计算以及相应的强度计算。下面首先研究弯曲正应力。

第二节 弯 曲 正 应 力

当梁受力弯曲后，如果梁横截面上只有弯矩而无剪力，这种弯曲称为**纯弯曲**。图 6-2 所示梁，其 BC 段就是处于纯弯曲情况下。纯弯曲是弯曲理论中最基本的情况，研究弯曲正应力公式就从这种情况开始。

一、纯弯曲时梁的正应力

与推导杆在拉伸（压缩）时或圆轴在扭转时的应力公式相类似，梁纯弯曲时，需要先研究梁在纯弯曲情况下的变形情况，然后通过应力与应变间的物理关系，找出正应力在横

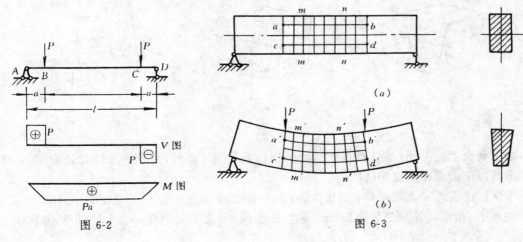

图 6-2

图 6-3

截面上的分布规律,最后利用静力平衡条件得到弯曲正应力与横截面上弯矩间的关系式。简言之,需要综合考虑几何、物理和静力学三方面条件才能解决问题。

为观察变形情况,用图 6-3 所示矩形截面的橡皮梁来进行实验。加载前如图 a 所示,在梁的侧面画上与轴线平行的纵向线 ab、cd 和与轴线垂直的横向线 mm、nn 等。然后在对称于跨度中央截面的两个位置上同时加上集中荷载 P(图 b)。梁弯曲后,可以观察到:

1)纵向线变形后都变成了相互平行的曲线($a'b'$、$c'd'$ 等),靠上部的缩短了,靠下部的伸长了。

2)横向线 $m'm'$、$n'n'$ 等仍为直线,且与弯曲了的纵向线($a'b'$、$c'd'$ 等)正交,但相对转动了一个角度。

根据实验观察梁表面的变形,经过由表及里的推断,可设想梁内部的变形也与此相同。于是,作出以下假设:

1)**平截面假设**。梁的横截面在变形后仍为一平面,并且仍与变形后的梁轴线正交。

2)纵向纤维间无挤压假设。

1. 几何方面

矩形截面橡皮梁的实验结果和所作出的假设,也适用于具有其它截面形状的等直梁纯弯曲情况。图 6-4 是从任意截面纯弯曲梁段截取的微段 $\mathrm{d}x$,图 a 为变形前的微段,图 b 为变形后的情况。若将梁看成为由一层层的纵向纤维所组成,由横截面 $agcj$ 和 $bhdk$ 在变形后发生相对转动变成 $a'g'c'j'$ 和 $b'h'd'k'$ 可以看出,梁段上部各层纵向纤维(如 cd)缩短,下部各层纤维(如 ab)伸长。由于梁的变形是连续的,因此中间必有一层 gho_2kjo_1 既不缩短也不伸长,但如图 b 微弯成 $g'h'o_2k'j'o_1$,此层称为中性层(Neutral surface)。中性层与横截面的交线称为**中性轴**(Neutral axis)(图 b)。

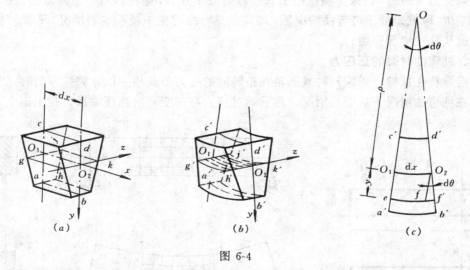

图 6-4

为了研究上的方便,在横截面上选取一坐标系如图 a 所示,并假定 z 轴就是中性轴。该轴在横截面上的具体位置尚待确定。

下面讨论纵向纤维线应变 ε 的规律,将图 6-4b 改画成图 6-4c 所示平面图形。图 c 中 o_1o_2 在中性层上,所以其长度仍为原长 $\mathrm{d}x$。现在研究距中性层为 y 的任一层上的纤维 ef 的长度变化，在图 c 中作 $o_2f /\!/ o_1e$，ef 必为 ef' 变形前的长度，因 ef' 位于中性层下面，其伸长量为

$$\widehat{ff'} = \widehat{ef'} - \widehat{ef} = \widehat{ef'} - \widehat{o_1o_2}$$

设微段变形后，两横截面相对转角为 $\mathrm{d}\theta$，中性层上纤维 o_1o_2 的曲率半径为 ρ，则

$$\widehat{o_1o_2} = \mathrm{d}x = \rho\mathrm{d}\theta$$

$$\widehat{ef'} = (\rho + y)\mathrm{d}\theta$$

于是，横截面上距中性轴为 y 的各点处的纵向线应变为

$$\varepsilon = \frac{\widehat{ff'}}{\widehat{ef}} = \frac{\widehat{ef'} - \widehat{o_1o_2}}{\widehat{o_1o_2}}$$

$$= \frac{(\rho + y)\mathrm{d}\theta - \rho\mathrm{d}\theta}{\rho\mathrm{d}\theta} = \frac{y}{\rho}$$

即

$$\varepsilon = \frac{y}{\rho} \tag{6-1}$$

由此可见，梁横截面上各点处的纵向线应变与中性层曲率半径 ρ 成反比，与该点到中性轴的距离 y 成正比。

2. 物理方面

由于不考虑纵向纤维间的挤压，则各条纤维均处于轴向拉、压状态，亦即横截面上各点均处于单向应力状态。当材料在线弹性范围内工作，且 $E_t = E_c = E$ 时，由胡克定律有

$$\sigma = E\varepsilon$$

此式代入式（6-1）得

$$\sigma = E\frac{y}{\rho} \tag{6-2}$$

这表明横截面任一点处的正应力与该点到中性轴的距离成正比，而在距中性轴为 y 的同一横线上各点处的正应力均相等，中性轴上各点处的正应力则均为零（图 6-5）。

3. 静力平衡关系

式（6-2）揭示了横截面上正应力的变化规律，但式中 ρ 的大小和中性轴的位置均未确定，所以，式（6-2）还不能用来计算正应力，还需要再考虑静力平衡条件。

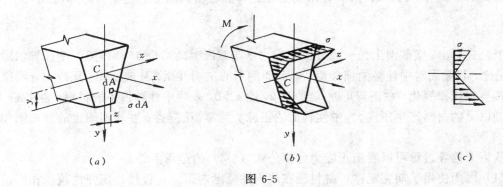

图 6-5

在横截面上取微面积 $\mathrm{d}A$，其形心坐标为 y、z（图 6-5a），横截面上各点处的法向微内

力 $\sigma \mathrm{d}A$，构成了空间平行力系。因此，只可能组成三个内力分量，而横截面上没有轴力，只有作用在 xy 纵面内的弯矩 M，于是

$$N = \int_A \sigma \mathrm{d}A = 0 \tag{a}$$

$$M_y = \int_A \sigma z \mathrm{d}A = 0 \tag{b}$$

$$M_z = \int_A \sigma y \mathrm{d}A = M \tag{c}$$

将式（6-2）代入上面三式，并根据第五章平面图形几何性质中的有关几何量的定义可得

$$N = \frac{E}{\rho} \int_A y \mathrm{d}A = \frac{E}{\rho} S_z = 0 \tag{d}$$

$$M_y = \frac{E}{\rho} \int_A yz \mathrm{d}A = \frac{E}{\rho} I_{yz} = 0 \tag{e}$$

$$M_z = \frac{E}{\rho} \int_A y^2 \mathrm{d}A = \frac{E}{\rho} I_z = M \tag{f}$$

由式（d）可知，因 $E/\rho \neq 0$，所以必有 $S_z = 0$。横截面对 z 轴的面积矩 $S_z = 0$，表明中性轴 z 必过横截面形心 C，从而确定了中性轴的位置。

同样，因 $E/\rho \neq 0$，由式（e）得到横截面图形对 y、z 轴的惯性积 $I_{yz} = 0$，这进一步表明这对过形心 C 的正交坐标轴 y、z 轴，就是横截面的形心主惯性轴。对于 y 轴为对称轴的横截面，当弯矩作用在梁的纵对称面内引起的纯弯曲情况，是上述讨论的纯弯曲的特殊情况，这时 I_{yz} 恒为零，式（e）是自动满足的。

最后，由式（f）可得到中性层曲率 $1/\rho$ 的表达式

$$\frac{1}{\rho} = \frac{M}{EI_z} \tag{6-3}$$

这是研究弯曲问题的一个基本公式。该式表明纯弯曲变形中的外力（弯矩 M）和变形（弯曲曲率 $1/\rho$）之间的关系，它与前面讲述的拉伸变形公式 $\varepsilon = N/(EA)$，及扭转变形公式 $\theta = M_t/(GI_t)$ 十分相似。式（6-3）中的 EI_z 称为**截面抗弯刚度**或**梁的抗弯刚度**（Flexural rigidity）。

将式（6-3）代入式（6-2），便得到梁在纯弯曲时横截面上的正应力计算公式

$$\sigma = \frac{M}{I_z} y \tag{6-4}$$

由这个公式看出：横截面上任一点处的正应力 σ 与截面上的弯矩 M 和该点到中性轴的距离 y 成正比，与截面对中性轴的惯性矩（即截面的形心主惯性矩）I_z 成反比。正应力 σ 沿截面高度按直线规律变化，在正弯矩时，当 $y > 0$，则 $\sigma > 0$，表明中性轴以下的材料产生拉应力，中性轴以上的材料产生压应力，中性轴上的正应力为零。正应力 σ 在横截面上的分布图如图 6-5b、c 所示。

从以上推导过程可以看出正应力计算公式（6-4）的适用条件是

（1）因为使用了胡克定律，材料应在线弹性范围内工作，且拉、压弹性模量相同。

（2）梁处于平面弯曲。对于有纵对称面的梁，横截面上的对称轴就是截面的形心主惯性轴，只要外力偶作用在对称面内，该梁的弯曲就是平面弯曲。对于没有纵对称截面，由

前面对式（e）的分析知，平面弯曲时横截面的形心主惯性轴之一就是中性轴，而相应外力偶作用面将在本章第六节说明。

二、横力弯曲正应力

横力弯曲问题在工程上最为常见。这时横截面上既有弯矩又有剪力，相应横截面上同时存在正应力和剪应力。由于剪应力的存在，梁的横截面将发生翘曲，平截面假设不成立。另外，在平行于中性层的各层纵向纤维之间，还存在由横向力引起的挤压应力，梁内各点不再处于单向应力状态。

虽有上述因素，但根据弹性力学较精确的分析，对于跨度与横截面高度之比 l/h 大于 5 的均布荷载矩形截面梁，考虑剪应力及横向挤压的影响所计算的正应力值，与按纯弯曲公式计算的正应力值相差甚微，按纯弯曲公式计算正应力的误差未超过 1%，显然能满足工程要求。因此，将纯弯曲正应力公式（6-4）直接推广到横力弯曲的情况中。应用公式（6-4）时，要注意梁处于平面弯曲。

三、横截面上最大正应力

由公式（6-4）可知，在横截面上离中性轴最远的各点处，正应力值为最大。令 $y_{\max}$ 表示该处到中性轴的距离，则横截面上最大值的正应力为

$$\sigma_{\max} = \frac{M}{I_z} y_{\max} = \frac{M}{W_z} \tag{6-5}$$

式中，W_z 为截面的几何性质之一，称为**抗弯截面抵抗矩**或**抗弯截面模量**（Section modulus of bending），由截面形状确定。其单位为立方毫米或立方米。由式（6-5）有

$$W_z = \frac{I_z}{y_{\max}} \tag{6-6}$$

矩形截面（高为 h，宽为 b）

$$W_z = \frac{I_z}{h/2} = \frac{bh^2}{6}$$

$$W_y = \frac{I_y}{b/2} = \frac{hb^2}{6}$$

圆形截面（直径为 d）

$$W_z = \frac{I_z}{d/2} = \frac{\pi d^3}{32}$$

型钢截面的抗弯截面抵抗矩的具体数值，可从型钢规格表中查到。

因为在横截面上同时有拉应力和压应力，所以两种应力各自有其最大值。对于常用的对称于中性轴的横截面，如矩形、圆形和工字形等截面，其拉应力和压应力的最大值在数值上相等，其值由公式（6-5）求得。若横截面不对称于中性轴，例如丁字形截面，正放槽形截面等，其最大值的拉应力和最大值的压应力将不等；如果按公式（6-5）计算，这时计算这两个最大值应力，所用的抗弯截面抵抗矩 W_z 各不相同，若设横截面上受拉部分和受压部分最外边缘点到中性轴的距离分别为 y_1 与 y_2，则相应的 W_{z1} 和 W_{z2} 可分别由 y_1、y_2 代入公式（6-6）求得。

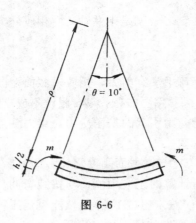

图 6-6

【例 6-1】 长度为 300mm，截面尺寸为 $b \times h = 30 \times 0.5mm^2$ 的薄钢尺，由于两端外力偶 m 的作用而弯成中心角为 10°的圆弧（如图 6-6 所示）。已知钢的弹性模量 $E = 210GPa$。求钢尺横截面上的最大正应力。

【解】 钢尺在外力偶 m 作用下弯成 10°圆弧时，其曲率半径为

$$\rho = \frac{l}{\theta} = \frac{300}{10 \times \frac{\pi}{180}} = 1719mm$$

将 ρ 值代入式（6-2）中得

$$\sigma_{max} = E \frac{y_{max}}{\rho}$$

$$= E \frac{h/2}{\rho} = 210 \times 10^3 \times \frac{0.5}{2 \times 1719} = 30.5MPa$$

【例 6-2】 图 6-7 所示悬臂梁受集中力 $P = 10kN$ 和均布荷载 $q = 30kN/m$ 作用。试计算横截面 D 上 a、b、c、d 四点的正应力及全梁横截面上的 σ_{max}。

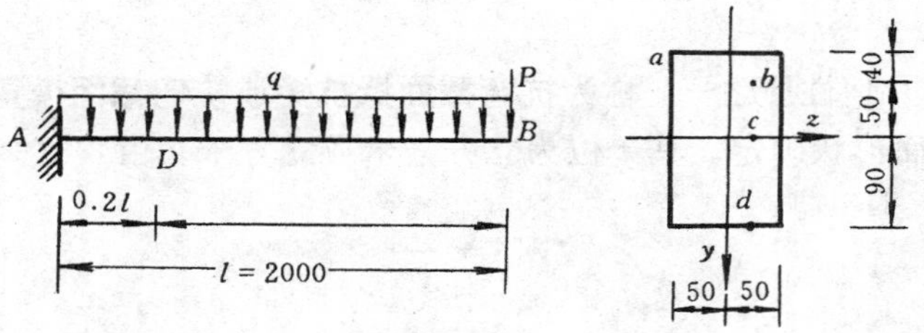

图 6-7

【解】 （1）计算 D 截面上四点的正应力

按公式（6-4）$\sigma = My/I_z$，其中

$$M = M_D = -P(l - 0.2l) - \frac{1}{2}q(l - 0.2l)^2$$

$$= -10 \times (2 - 0.2 \times 2) - \frac{1}{2} \times 30 \times (2 - 0.2 \times 2)^2 = -54.4kN \cdot m$$

$$y_a = -90mm \qquad y_b = -50mm \qquad y_c = 0 \qquad y_d = 90mm$$

$$I_z = \frac{bh^3}{12} = \frac{100 \times 180^3}{12} = 4.86 \times 10^7 mm^4$$

于是，

$$\sigma_a = \frac{-54.4 \times 10^6 \times (-90)}{4.86 \times 10^7} = 100.7MPa$$

$$\sigma_b = \frac{-54.4 \times 10^6 \times (-50)}{4.86 \times 10^7} = 56.0MPa$$

$$\sigma_c = 0 \qquad \sigma_d = -\sigma_a = -100.7MPa$$

（2）全梁横截面上的最大正应力

由梁任一横截面上最大值的正应力公式（6-5）$\sigma_{max} = M/W_z$ 可以看出，对于等截面梁，各横截面的 W_z 为一常值，全梁的 $\sigma_{max} = M_{max}/W_z$。题设梁横截面关于中性轴有对称性，横截面上最大值的拉、压应力数值上相等。所以，全梁横截面上绝对值最大的正应力，发生在固定端截面的上、下边缘处，上边缘处为最大拉应力，下边缘处为最大压应力。这时

$$|M_{max}| = Pl + \frac{1}{2}ql^2 = 10 \times 2 + \frac{1}{2} \times 30 \times 2^2 = 80.0 \text{kN} \cdot \text{m}$$

得

$$\sigma_{max} = \frac{|M_{max}|}{W_z} = \frac{80.0 \times 10^6 \times 90}{4.86 \times 10^7} = 148.1 \text{MPa}$$

【例 6-3】 试计算图 6-8 所示简支梁在均布荷载作用下，梁下边缘的总伸长。

【解】 梁的下边缘各纤维处于轴向拉伸状态，由胡克定律知 $\varepsilon = \sigma/E$。梁下边缘纤维任意微段 dx 的伸长是

$$\Delta(dx) = \varepsilon dx = \frac{\sigma}{E}dx$$

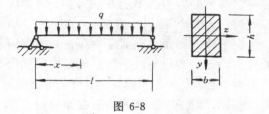

图 6-8

式中 σ 是梁下边缘纤维在 x 截面处的正应力，再应用公式（6-5）有

$$\sigma = \sigma(x) = \frac{M(x)}{W_z}$$

其中，

$$M(x) = \frac{ql}{2}x - \frac{qx^2}{2} \qquad W_z = \frac{bh^2}{6}$$

于是，梁下边缘的总伸长

$$\Delta l = \int_l \Delta(dx) = \int_l \frac{\sigma(x)}{E}dx = \int_l \frac{M(x)}{EW_z}dx$$

$$= \frac{6}{Ebh^2}\int_l \left(\frac{ql}{2}x - \frac{qx^2}{2}\right)dx$$

$$= \frac{3q}{Ebh^2}\left[l \cdot \frac{x^2}{2} - \frac{x^3}{3}\right]_0^l = \frac{ql^3}{2Ebh^2}$$

第三节 弯 曲 剪 应 力

在横力弯曲情况下，梁的横截面上有剪力，相应地在该截面上必有剪应力。研究梁横截面上的剪应力是在讨论了正应力基础上，对剪应力的分布规律作出适当简化和假设之后，利用静力平衡条件来进行的。并就几种常用截面梁的剪应力公式作出推导和介绍。

一、矩形截面梁横截面上的剪应力

图 6-9a、b 表示一矩形截面梁受任意横向荷载作用。以 1-1 和 2-2 两横截面从梁中取出长为 dx 的一段（图 6-9a）。为简化推导，设在所切微段上无横向外力作用，则由弯矩、剪力和荷载集度间的微分关系可知，截面 1-1 和 2-2 上的剪力相等，均为 V，但弯矩却不同，分别为 M 和 $M+dM$（或 $M+Vdx$）（图 6-9c）。这样，在同一坐标 y 处，截面 1-1 和 2-2 上的弯曲正应力将不相同（图 6-10a）。

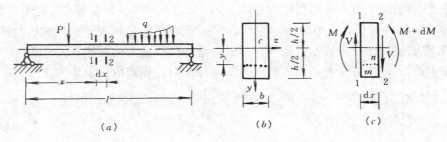

图 6-9

为了进行具体推导,还须对横截面上的剪应力作如下两个假设:1) 截面上各点处剪应力与截面上的剪力 V 具有相同方向,即剪应力与矩形截面侧边平行;2) 距中性轴等远的各点处剪应力大小相等。

由于梁的侧面上无剪应力存在,根据剪应力互等定理可知,横截面上位于侧边处各点的剪应力方向必与侧边平行。再由矩形梁处于平面弯曲,横向荷载和横截面内力均在纵对称面内,截面上的剪力也与侧边平行。横截面上切向分布力的合力是剪力 V,其集度是剪应力。所以,对于窄而高的矩形截面来说,第一个假设是合理的。对于这样的截面,第二个假设也是合理的。对于高度大于宽度的矩形截面梁,两个假设也可近似应用。

为了计算横截面上 y 处的剪应力 $\tau(y)$(图 6-10a),在该处用与中性轴平行的纵面 mn

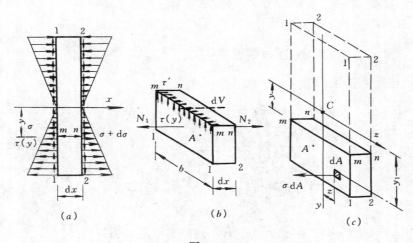

图 6-10

将所研究的 $\mathrm{d}x$ 微段的下部切出(图 6-10b)。在图 6-10b 中,设切出部分横截面 $mm11$ 和 $nn22$ 的面积均为 A^*,该两个截面上弯曲正应力所构成的轴向合力分别为 N_1 和 N_2。由于 N_1 和 N_2 并不相等,在切出部分的纵截面 $mmnn$ 上一定存在剪应力 τ',并由 τ' 构成的切向内力 $\mathrm{d}V$ 来保持切出部分的平衡,即

$$\mathrm{d}V = N_2 - N_1 \qquad\qquad (a)$$

根据剪应力互等定理和上述假设 2(即剪应力沿截面宽度均匀分布),τ' 在数值上即等于 $\tau(y)$,也沿截面宽度均匀分布。所以,式(a)中

$$\mathrm{d}V = \tau'b\,\mathrm{d}x = \tau(y)b\,\mathrm{d}x$$

代入式(a)得

$$\tau(y) = \frac{N_2 - N_1}{b\,dx} \qquad\qquad (b)$$

下面计算式 (a)、(b) 中的 N_1 与 N_2。由图 6-10c 可以看出

$$N_1 = \int_{A^*} \sigma dA = \int_{A^*} \frac{My_1}{I_z} dA = \frac{M}{I_z}\int_{A^*} y_1 dA = \frac{M}{I_z}S_z^* \qquad\qquad (c)$$

$$N_2 = \int_{A^*} (\sigma + d\sigma) dA = \int_{A^*} \frac{M + dM}{I_z} y_1 dA = \frac{M + dM}{I_z}S_z^*$$

$$= \frac{M + Vdx}{I_z}S_z^* \qquad\qquad (d)$$

以上两式中的 $S_z^* = \int_{A^*} y_1 dA$ 为 面积 A^* 对横截面中性轴的面积矩。

将式 (c)、(d) 代入式 (b)，便得到矩形截面梁横截面上任一点 y 处的剪应力计算公式为

$$\tau(y) = \frac{VS_z^*}{I_z b} \qquad\qquad (6\text{-}7)$$

式中，V 为横截面上的剪力，I_z 为整个横截面对其中性轴的惯性矩，b 为矩形截面的宽度，S_z^* 为横截面上 y 处横线一侧的部分横截面 A^* 对中性轴的面积矩。

如图 6-11a 所示，设截面 A^* 的形心 C_1 的纵坐标为 y_{c1}，则该截面对中性轴 z 的面积矩为

$$S_z^* = A^* y_{c1} = b\left(\frac{h}{2} - y\right)\left[y + \frac{1}{2}\left(\frac{h}{2} - y\right)\right]$$

$$= \frac{b}{2}\left(\frac{h^2}{4} - y^2\right)$$

代入式 $(6\text{-}7)$，且注意到 $I_z = bh^3/12$，得

$$\tau(y) = \frac{6V}{bh^3}\left(\frac{h^2}{4} - y^2\right) \qquad\qquad (e)$$

式 (e) 表示，矩形截面梁的弯曲剪应力沿截面高度按二次抛物线规律变化（图 6-11b）；在截面的上、下边缘（$y = \pm h/2$），$\tau = 0$；在中性轴处（$y = 0$），剪应力最大，其值为

$$\tau_{\max} = \frac{3V}{2bh} = \frac{3}{2}\frac{V}{A} \qquad\qquad (6\text{-}8)$$

即矩形截面梁横截面上最大剪应力为该面平均剪应力的 1.5 倍。

如前所述，梁的水平纵向截面上有水平剪应力。这个事实可用实验验证。如图 6-12a 所示用两根矩形截面梁（梁 A 和梁 B），重叠在一起，设二梁间无连接装置，界面间自然接触共同承受荷载作用。受力后变形如图 b 所示，梁 A

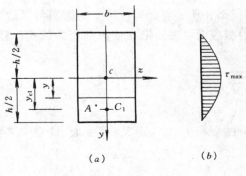

图 6-11

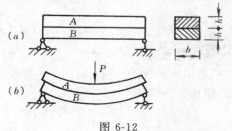

图 6-12

的底面纤维受拉伸长，梁 B 顶面纤维受压缩短，故在梁两端二梁的界面处可观察到明显错动。如果是一根横截面高度为 $2h$ 的整梁受荷载作用，在该处就不再有滑动。在同一个水平纵面上，水平方向的互相制约力就是剪应力。

【例6-4】 图 6-13 所示矩形截面梁受集中力作用。试求：(1) D 截面上 a 点处的剪应力 τ_a；(2) 全梁横截面上的最大剪应力。

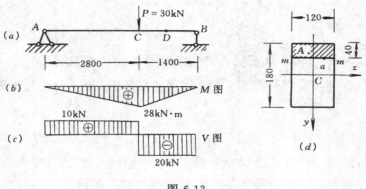

图 6-13

【解】 (1) 计算 τ_a

绘梁的剪力图（图 c）得横截面 D 的 $V_D = 20\text{kN}$，由公式（6-7）和图 d 有

$$\tau_a = \frac{VS_z^*}{I_z b} = \frac{20 \times 10^3 \times 120 \times 40 \times (90 - 20)}{\dfrac{120 \times 180^3}{12} \times 120} = 0.96\text{MPa}$$

(2) 全梁横截面上的最大剪应力

由公式（6-8）$\tau_{max} = 3V/(2A)$ 知，对于等截面梁，剪力最大的横截面的中性轴上点的剪应力，必为全梁横截面上的最大剪应力。从图 c 可以看出，梁 BC 段各横截面中性轴上的点，均有

$$\tau_{max} = \frac{3V}{2A} = \frac{3 \times 20 \times 10^3}{2 \times 120 \times 180} = 1.39\text{MPa}$$

顺便指出，由图 b 和 c 容易判知，横截面上的最大正应力和最大剪应力一般不在同一个截面上。

二、工字形截面梁的剪应力

1. 腹板上的剪应力

由于腹板是狭长矩形，所以完全可以认为腹板部分任一点处剪应力 τ 的方向与竖边平行，且沿腹板宽度均匀分布。于是，腹板上 y 处的剪应力可按矩形截面的剪应力公式计算，即

$$\tau(y) = \frac{VS_z^*}{I_z d} \tag{6-9}$$

式中，d 为腹板宽度，其余 V、I_z、S_z^* 的含意与式（6-7）相同。

在图 6-14a 中，设横截面上 y 处横线以下部分的面积为 A^*，则 S_z^* 是截面 A^* 对中性轴 z 的面积矩，其值为

$$S_z^* = b\left(\frac{H}{2} - \frac{h}{2}\right)\left[\frac{H}{2} - \frac{1}{2}\left(\frac{H}{2} - \frac{h}{2}\right)\right] + d\left(\frac{h}{2} - y\right)\left[y + \frac{1}{2}\left(\frac{h}{2} - y\right)\right]$$

$$= \frac{b}{8}(H^2 - h^2) + \frac{d}{2}\left(\frac{h^2}{4} - y^2\right)$$

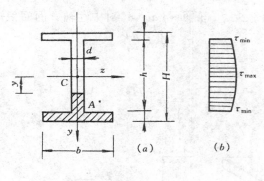

图 6-14

代入式（6-9）得

$$\tau = \frac{V}{I_z d}\left[\frac{b}{8}(H^2 - h^2) + \frac{d}{2}\left(\frac{h^2}{4} - y^2\right)\right] \qquad (f)$$

式（f）表明腹板上的剪应力仍按二次抛物线规律变化。在中性轴上（$y=0$）和在腹板与翼缘交界处（$y=\pm h/2$）的各点有横截面腹板上的最大和最小剪应力，即

$$\tau_{max} = \frac{V}{I_z d}\left[\frac{bH^2}{8} - \frac{b-d}{8}h^2\right] \qquad (g)$$

$$\tau_{min} = \frac{V}{I_z d}\left[\frac{bH^2}{8} - \frac{bh^2}{8}\right] \qquad (h)$$

在式（g）与（h）中，因为 $b \gg d$，故 τ_{max} 与 τ_{min} 相差很小（图 6-14b）。又因为腹板承受的剪力为整个横截面上剪力的 95%～97%左右，所以在工程上常常近似地使用公式

$$\tau = \frac{V}{dh} \qquad (6\text{-}10)$$

来计算工字形截面梁横截面上的最大剪应力。

值得说明的是，对于工字形截面梁，通过弯曲正应力和弯曲剪应力沿截面高度分布规律的研究，以及这两种应力与横截面内力的关系的分析，可以看出截面的翼缘主要承受弯矩，而腹板主要承受剪力。

2. 翼缘上的剪应力

翼缘上的剪应力分布较为复杂，既有竖向分量（称为**竖向剪应力**），也有平行于中性轴方向的水平分量（称为**水平剪应力**）。竖向剪应力的数值非常小，可以不考虑。水平剪应力则采用与推导矩形截面梁剪应力公式相类似的方法来进行分析。

在图 6-15a 所示 dx 微段中，用垂直于中性轴的纵面 abcd（距图中左边为 η）切取翼缘的一部分作分离体（图 6-15b）。假设横截面的翼缘上在 η 处的水平剪应力沿翼缘厚度（图中 ab）均匀分布，由剪应力互等定理，分离体纵截面 abcd 上也有剪应力 τ' 存在。这时，若考察分离体在轴向的力平衡，如图 6-15c，在分离体的横截面上有正应力引起的轴向力 N_1 和 N_2，在纵截面上有 d$V^* = \tau' t \mathrm{d}x$。由分离体的平衡条件

$$\mathrm{d}V^* = N_1 - N_2$$

111

再作与矩形截面梁类似的推导，可得

$$\tau = \frac{VS_z^*}{I_z t} \qquad (6\text{-}11a)$$

式中，S_z^* 是图 6-15 中翼缘上 η 一侧面积 abb_1a_1 对中性轴 z 的面积矩，即

$$S_z^* = t\eta\left(\frac{H}{2} - \frac{t}{2}\right)$$

代入式（6-11a）得

$$\tau = \frac{V}{I_z}\left(\frac{H}{2} - \frac{t}{2}\right)\eta \qquad (6\text{-}11b)$$

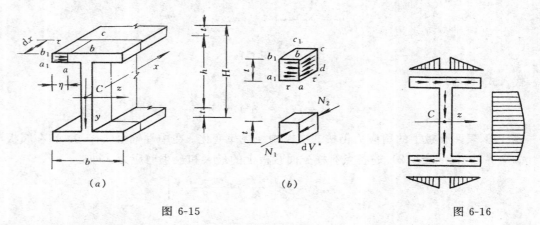

图 6-15　　　　　　　　　　　　　　　　　图 6-16

由此式可知，翼缘上的水平剪应力的大小与离翼端的距离 η 成正比。其分布如图 6-16。剪应力 τ 的方向，应根据所取分离体纵截面 $abcd$ 上剪应力 τ' 指向来判断。

　　从图 6-16 可以看出，横截面上的剪应力从上翼缘的两端面向中心"流动"。通过腹板往下"流"，到达下翼缘后又向两端面"流去"。这样的剪应力指向，习惯上称为**截面上的剪力流**，或**剪应力流**，或**简称剪流**。利用剪应力流概念，可以先根据横截面上剪力的方向定出腹板上剪应力的方向，然后定出上下翼缘剪应力方向。剪应力流还具有一个特征，在腹板与翼缘交界处，左右翼缘根部单位长度截面上的剪力之和，必等于腹板端部单位长度截面上的剪力。设翼根处的剪应力为 τ_1，由式（6-11b）有，

$$\tau_1 = \frac{V}{I_z}\left(\frac{H}{2} - \frac{t}{2}\right) \cdot \frac{b}{2} = \frac{Vb}{4I_z}(H - t) \qquad (i)$$

又设腹板端部处的剪应力为 τ_2，由式（h）有

$$\tau_2 = \frac{Vb}{8I_z d}(H^2 - h^2) = \frac{Vb}{8I_z d}[H^2 - (H - 2t)^2]$$

$$= \frac{Vbt}{2I_z d}(H - t) \qquad (j)$$

于是，由式（i）和（j）易知

$$2\tau_1 t = \tau_2 d \qquad (k)$$

式（k）表明上述结论成立。剪应力的这一特征与管道接合部的流量特点相似，即各支管单位时间的流量和，必等于干管单位时间的流量。

三、圆形截面梁的剪应力

计算圆形截面梁横截面上的剪应力时，采用如下假设：1）圆截面上离中性轴等距离的 mm 弦线（图 6-17a）上各点的剪应力 τ 相交于 y 轴上的 A 点，而 mm 弦两端处的剪应力必须与截面边界相切；2）沿 mm 弦上各点剪应力的垂直分量 τ_y 是均匀分布的。τ_y 的计算仍可

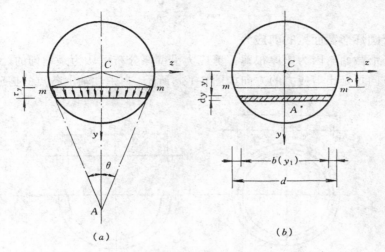

图 6-17

用公式（6-7）

$$\tau_y = \frac{VS_z^*}{I_z b} \tag{l}$$

式中，$b = b(y)$ 为 mm 弦的长度，$S_z^* = S_z^*(y)$ 是 mm 弦以下或以上部分截面积 A^* 对中性轴的面积矩（图 6-17b）。

进一步分析 mm 弦上各点的剪应力，容易得出 mm 弦上两端点处的剪应力 $\tau = \tau_y/\cos\theta$ 为该弦上各剪应力的最大。而当 $y=0$ 时，即在圆截面的中性轴（也即直径轴）上，有横截面上的最大剪应力 $\tau_{\max}$[1]。在式（l）中，取 $b=d$，$S_z^* = (\pi d^2/8) \times (2d/3\pi) = d^3/12$，于

---

[1] 由图 6-17，式（l）中的

$$b = b(y) = 2\sqrt{(d/2)^2 - y^2}$$

$$S_z^* = S_z^*(y) = \int_{A^*} y_1 dA = \int_y^{d/2} y_1 b(y_1) dy_1$$

$$= \int_y^{d/2} 2y_1\sqrt{\left(\frac{d}{2}\right)^2 - y_1^2}\, dy_1 = \frac{2}{3}\left[\left(\frac{d}{2}\right)^2 - y^2\right]^{3/2}$$

将它们代入式（l）得

$$\tau_y = \frac{V}{3I_z}\left[\left(\frac{d}{2}\right)^2 - y^2\right]$$

注意到 mm 弦上各点与 A 点的连线和 y 轴夹角，以弦端点相应角 θ（$\cos\theta = \sqrt{(d/2)^2 - y^2}/(d/2)$）为最大，弦上各点剪应力必以端点处最大，即

$$\tau = \frac{\tau_y}{\cos\theta} = \frac{V}{3I_z}\left(\frac{d}{2}\right)\sqrt{\left(\frac{d}{2}\right)^2 - y^2}$$

由此式易知，当 $y=0$ 时（即在直径轴上）有横截面上最大剪应力

$$\tau_{\max} = \frac{V}{3I_z}\left(\frac{d}{2}\right)^2 = \frac{4}{3}\frac{V}{A}$$

是

$$\tau_{\max} = \frac{VS_z^*}{I_z b} = \frac{V}{I_z d} \times \frac{d^3}{12} = \frac{Vd^2}{12I_z}$$

再将 $I_z = \pi d^4/64 = Ad^2/16$ 代入上式，得

$$\tau_{\max} = \frac{4}{3} \frac{V}{A} \tag{6-12}$$

四、薄壁圆环形截面梁的剪应力

薄壁圆环形截面，因为壁厚很薄，剪应力沿壁厚分布可认为是均匀的。由剪应力流概念和剪力的方向可定出剪应力的方向如图 6-18a 所示。在中性轴上各点的剪应力其值最大，

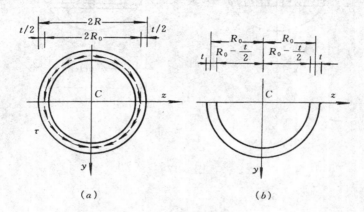

图 6-18

其方向与剪力 V 平行，仍可用公式（6-7）即 $\tau(y) = VS_z^*/(I_z b)$ 来计算。式中

$$b = 2t$$

$$I_z = \frac{\pi}{4}\left(R_0 + \frac{t}{2}\right)^4 - \frac{\pi}{4}\left(R_0 - \frac{t}{2}\right)^4 \approx \pi R_0^3 t$$

计算 S_z^* 时，可利用半圆面积对过底边的直径轴的面积矩（参见图 6-18b）为

$$S_z = A \cdot y_c = \frac{1}{2}\pi R^2 \cdot \frac{4R}{3\pi} = \frac{2}{3}R^3$$

得

$$S_z^* = \frac{2}{3}\left(R_0 + \frac{t}{2}\right)^3 - \frac{2}{3}\left(R_0 - \frac{t}{2}\right)^3 \approx 2R_0^2 t$$

将以上各值代入公式（6-7）中，则得

$$\tau_{\max} = \frac{VS_z^*}{I_z b} = \frac{V}{\pi R_0 t} = 2\frac{V}{A} \tag{6-13}$$

此式表明，薄壁圆环形截面梁横截面上最大剪应力值为平均剪应力的二倍。

【例 6-5】 试求图 6-19 所示工字形截面梁 C 截面上 a 点和腹板上与下翼缘交界处 b 点的剪应力。

【解】 横截面 C 的剪力 V_C 为

$$V_C = \frac{1}{2} \times 25 \times 6 - 25 \times 0.9 = 52.5\text{kN}$$

横截面对中性轴 z 的惯性矩为

114

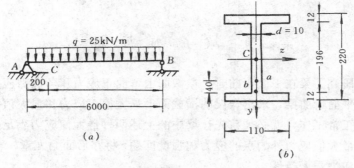

图 6-19

$$I_z = \frac{1}{12} \times 110 \times 220^3 - \frac{1}{12} \times (110 - 10) \times 196^3 = 3.486 \times 10^7 \text{mm}^4$$

欲求剪应力的 a 点、b 点至下边缘部分截面对 z 轴的面积矩为

$$(S_z^*)_a = 110 \times 12 \times (98 + 6) + 10 \times 40 \times (98 - 20) = 1.685 \times 10^5 \text{mm}^3$$

$$(S_z^*)_b = 110 \times 12 \times (98 + 6) = 1.373 \times 10^5 \text{mm}^3$$

于是，这两点的剪应力将按公式（6-9）分别计算。有

$$\tau_a = \frac{V}{I_z d}(S_z^*)_a = \frac{52.5 \times 10^3}{3.486 \times 10^7 \times 10} \times 1.685 \times 10^5 = 25.4 \text{MPa}$$

$$\tau_b = \frac{V}{I_z d}(S_z^*)_b = \frac{52.5 \times 10^3}{3.486 \times 10^7 \times 10} \times 1.373 \times 10^5 = 20.7 \text{MPa}$$

【例 6-6】 图 6-20 所示悬臂梁是由三块木板胶合而成。试求胶合面 aa 和 bb 上的剪应力及总剪力。

【解】 在本问题中，悬臂梁各个横截面上的剪力相同，为 $V = P = 25\text{kN}$。设悬臂梁胶合面强度合格如同整梁一样工作，则横截面上胶合面处的剪应力可按公式(6-7)$\tau(y) = VS_z^*/(I_z b)$ 计算。由图 b 知，梁横截面关于

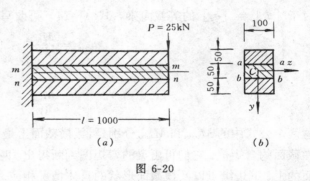

图 6-20

z 轴有对称性，该面横线 aa 和 bb 相应的 S_z^* 相同，故胶合面 aa 和 bb 上的剪应力相同，总剪力值也相同。

胶合面剪应力 τ'_a 等于该处横截面上的剪应力 τ_a，故得

$$\tau'_a = \tau'_b = \tau_a = \tau_b = \frac{VS_z^*}{I_z b}$$

$$= \frac{25 \times 10^3 \times [50 \times 100 \times (25 + 25)]}{\dfrac{100 \times 150^3}{12} \times 100} = 2.22 \text{MPa}$$

胶合面的总剪力为

$$V^* = bl\tau'_a = 100 \times 1000 \times 2.22 \times 10^{-3} = 222 \text{kN}$$

第四节 梁 的 强 度 计 算

本章前两节研究了梁在平面弯曲时，横截面上弯曲正应力和弯曲剪应力的计算。已经能够对于任一根平面弯曲梁，求出全梁的横截面上最大值正应力和最大值剪应力。要保证梁在强度方面能正常工作，就必须首先让梁中的上述两种最大值应力满足强度条件。至于梁中除横截面上最大值应力外的点的应力和强度问题，将在后面第九章、第十章进行研究。

一、梁的正应力强度条件

对于前面研究的平面弯曲梁，横截面上的最大值正应力可统一用公式（6-5），即 $\sigma_{max} = M/W_z$ 来计算，全梁横截面上正应力的强度条件可写成

$$\sigma_{max} = \left(\frac{M}{W_z}\right)_{max} \leqslant [\sigma] \tag{6-14}$$

式中，$[\sigma]$ 为材料的容许弯曲正应力。梁的横截面上最大值正应力发生在横截面距中性轴最远的边缘点，这些点的剪应力为零。式（6-14）类似轴向拉伸和压缩的强度条件形式。

公式（6-14）需要根据具体情况来灵活应用。例如，对于材料的容许抗拉正应力 $[\sigma_t]$ 和容许抗压正应力 $[\sigma_c]$ 相等（即 $[\sigma_t] = [\sigma_c] = [\sigma]$）的等截面梁，式（6-14）可写成

$$\sigma_{max} = \frac{M_{max}}{W_z} \leqslant [\sigma] \tag{6-14a}$$

对于 $[\sigma_t] \neq [\sigma_c]$ 的等截面梁，式（6-14）可改写成

$$\sigma_{tmax} = \frac{M_{tmax}}{W_z} \leqslant [\sigma_t] \tag{6-14b}$$

和

$$\sigma_{cmax} = \frac{M_{cmax}}{W_z} \leqslant [\sigma_c] \tag{6-14c}$$

这两个公式中的 M_{tmax} 和 M_{cmax} 分别是，梁横截面上最大值拉应力 σ_{tmax} 和最大值压应力 σ_{cmax} 所在截面的弯矩值，它们可由梁的弯矩图判断得出。两式中的 W_z 也应与 σ_{tmax} 和 σ_{cmax} 所在横截面的上、下边缘点以及横截面形状的具体情况相应。下面，将用例 6-7 来具体说明对这两个公式的理解和应用。

应用梁横截面的正应力强度条件，可以解决三类强度计算问题：

（1）正应力强度校核。即验证式（6-14）或（6-14a）～（6-14c）中的"小于或等于"关系是否成立。成立即强度是满足的，不成立是不安全不合格的。

（2）选择截面。以式（6-14a）为例，有

$$W_z \geqslant \frac{M_{max}}{[\sigma]} \tag{a}$$

（3）确定容许荷载。仍以式（6-14a）为例，有

$$M_{max} \leqslant W_z[\sigma] \tag{b}$$

【例 6-7】 图 6-21 所示外伸梁，材料的容许拉应力 $[\sigma_t] = 45\text{MPa}$，容许压应力 $[\sigma_c] = 175\text{MPa}$，试校核梁的强度。

【解】 （1）横截面的几何数据。先计算截面的形心位置，

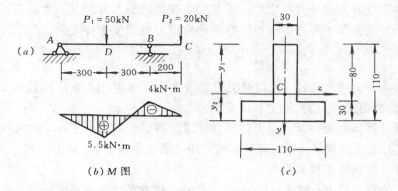

图 6-21

$$y_1 = \frac{30 \times 80 \times 40 + 110 \times 30 \times 95}{30 \times 80 + 110 \times 30} = 71.8\text{mm}$$

$$y_2 = 110 - y_1 = 38.2\text{mm}$$

截面对中性轴的惯性矩

$$I_z = \frac{1}{12} \times 30 \times 80^3 + 30 \times 80 \times 31.8^2 + \frac{1}{12} \times 110 \times 30^3 + 110 \times 30 \times 23.2^2$$

$$= 5.73 \times 10^6 \text{mm}^4$$

横截面上，上、下边缘点相应的抗弯截面抵抗矩 W_{z1} 和 W_{z2} 分别为

$$W_{z1} = \frac{I_z}{y_1} = \frac{5.73 \times 10^6}{71.8} = 7.98 \times 10^4 \text{mm}^3$$

$$W_{z2} = \frac{I_z}{y_2} = 15.00 \times 10^4 \text{mm}^3$$

（2）内力分析。绘梁的弯矩图如图 6-21b。由图可知，最大值正弯矩 $M_D = 5.5\text{kN} \cdot \text{m}$，最大值负弯矩 $M_B = -4\text{kN} \cdot \text{m}$。

（3）校核全梁横截面上的拉应力强度。全梁横截面上最大值拉应力可能发生的截面是 D 和 B 截面，其中 D 截面为下边缘点，B 截面为上边缘点，所以有

$$\sigma_{tD} = \frac{M_D}{W_{z2}} = \frac{5.5 \times 10^6}{15.00 \times 10^4} = 36.7\text{MPa}$$

$$\sigma_{tB} = \frac{W_B}{W_{z1}} = \frac{4.0 \times 10^6}{7.98 \times 10^4} = 50.1\text{MPa}$$

显然，σ_{tmax} 并不在绝对值最大的弯矩所在截面，取决于 M 与 W_z 的比值的最大值。故有

$$\sigma_{tmax} = \sigma_{tB} = 50.1\text{MPa} > [\sigma_t]$$

所以该梁抗拉强度不合格。

（4）检查校核全梁横截面上的压应力强度。全梁横截面上最大值压应力必定发生在 D 截面上边缘，于是有

$$\sigma_{cmax} = \frac{M_D}{W_{z1}} = \frac{5.5 \times 10^6}{7.98 \times 10^4} = 68.9\text{MPa} < [\sigma_c]$$

这表明，梁抗压强度合格，且很富余。

尽管 $\sigma_{cmax} < [\sigma_c]$，且很富余，但 $\sigma_{cmax} > [\sigma_t]$，所以梁的弯曲正应力强度仍然不合格。

二、梁的剪应力强度条件

等截面梁横截面上的最大剪应力，通常发生在梁的最大剪力 V_{max} 所在横截面的中性轴上。其值应小于或者等于容许剪应力。即弯曲剪应力的强度条件是

$$\tau_{max} = \frac{V_{max}S^*_{zmax}}{I_z b} \leqslant [\tau] \tag{6-15}$$

应用梁的剪应力强度条件，可以解决三类强度计算问题：1）全梁横截面上剪应力强度校核；2）选择截面尺寸；3）确定容许荷载。

梁的强度计算，必须同时满足上述两种强度条件。一般情况下，梁的强度由正应力控制，只要正应力强度条件被满足，剪应力强度条件通常是满足的。但是，对于以下情况，剪应力强度条件也可能要起控制作用：

（1）当梁的跨高比 l/h 较小（例如：$l/h < 5$），或者在梁的支座附近有较大的集中荷载作用时；

（2）梁的横截面为薄壁截面，如工字形、槽形等腹板厚度较小，腹板上的剪应力也可能较大。

（3）对于木梁，其顺纹方向抗剪强度较差。在横力弯曲时，可能因中性层上剪应力过大而发生剪切破坏。

【例 6-8】 图 6-22a 所示外伸梁，横截面为 Ⅰ 22a 工字钢。已知材料的 $[\sigma] = 170MPa$，$[\tau] = 100MPa$，试校核梁的强度。

【解】 （1）内力分析

绘梁的剪力图和弯矩图如图 6-22b、c 所示。由图可知，$V_{max} = 22kN$，$M_{max} = 54kN \cdot m$。

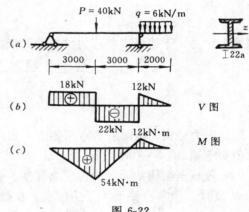

图 6-22

（2）正应力强度校核

查型钢表，得 Ⅰ 22a 工字钢的 $W_z = 309 \times 10^3 mm^3$，代入式（6-14）有

$$\sigma_{max} = \left(\frac{M}{W_z}\right)_{max} = \frac{54 \times 10^6}{309 \times 10^3} = 174.8MPa$$

显然，$\sigma_{max} > [\sigma] = 170MPa$，但超过幅度为

$$\frac{\sigma_{max} - [\sigma]}{[\sigma]} = \frac{174.8 - 170}{170} \times 100\% = 2.8\% < 5\%$$

所以，仍然可以认为梁的正应力强度是合格的（在工程设计中，一般情况下，不宜把允许 σ_{max} 略为超过 $[\sigma]$ 而小于等于 $1.05[\sigma]$，当作潜力来挖掘）。

（3）剪应力强度校核

应用式（6-15），其中 Ⅰ 22a 工字钢的 $I_z/S^*_{zmax} = 189mm$，$b = d = 7.5mm$，可由型钢表查得，于是

$$\tau_{max} = \frac{V_{max}S^*_{zmax}}{I_z b} = \frac{22 \times 10^3}{189 \times 7.5} = 15.5MPa < [\tau]$$

这表明，该梁横截面上剪应力的强度还很富余。

综上所述，实例梁的强度是合格的。

【例 6-9】 图 6-23a 所示简支梁受均布荷载和集中力作用，若采用 $[\sigma]=160\mathrm{MPa}$，$[\tau]=100\mathrm{MPa}$ 的工字钢梁，试选择工字钢型号。

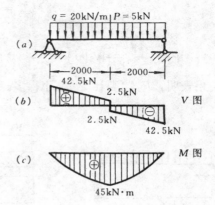

图 6-23

【解】 (1)内力分析。绘剪力图和弯矩图如图 6-23b、c。由图可知，$V_{max}=42.5\mathrm{kN}$，$M_{max}=45\mathrm{kN}\cdot\mathrm{m}$。

(2)由正应力强度条件选取工字钢型号。由公式（6-14）有

$$W_z \geqslant \frac{M_{max}}{[\sigma]} = \frac{45 \times 10^6}{160} = 2.81 \times 10^5 \mathrm{mm}^3$$

查型钢表，选用 Ⅰ 22a（它的 $W_z=3.09\times10^5\mathrm{mm}^3$）。

(3)校核所选工字钢横截面的剪应力强度。

查型钢表知，Ⅰ 22a 的 $I_z/S_{zmax}^{*}=189\mathrm{mm}$，$d=7.5\mathrm{mm}$，代入公式（6-15）有，

$$\tau_{max} = \frac{V_{max}S_{zmax}^{*}}{I_z b}$$

$$= \frac{42.5 \times 10^3}{189 \times 7.5} = 30.0\mathrm{MPa} < [\tau]$$

这表明，所选 Ⅰ 22a 工字钢符合梁横截面强度要求。

【例 6-10】 图 6-24 所示简支梁由两根 [16a 槽钢组成。已知材料的容许弯曲正应力 $[\sigma]=170\mathrm{Mpa}$，试 (1)求图示梁所能承受的最大荷载 $P_{1,max}$。(2)如果允许集中力 P 的作用位置，沿梁的轴线在全跨范围内移动，求该梁所能承受的可平行移动集中力的最大值 $P_{2,max}$。

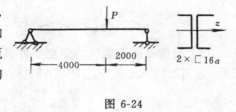

图 6-24

【解】 (1)当集中力作用图示指定位置时，求 $P_{1,max}$

查型钢表有 $W_z=2\times1.08\times10^5=2.16\times10^5\mathrm{mm}^3$。由梁的受力情况知，$M_{max}=Pab/l=P\times(4\times2/6)=4P/3$。将 W_z 和 M_{max} 代入正应力强度条件

$$\sigma_{max} = \frac{M_{max}}{W_z} \leqslant [\sigma] \qquad\qquad (c)$$

得

$$M_{max} = \frac{4P}{3} \leqslant W_z[\sigma]$$

所以

$$P_{1,max} = \frac{3}{4}W_z[\sigma] = \frac{3}{4} \times 2.16 \times 10^5 \times 170 \times 10^{-6} = 27.54\mathrm{kN}$$

(2) 在集中力 P 沿梁轴线平行移动时，计算梁能够承受的 $P_{2,max}$

容易由分析得知，当其集中力 P 移动至跨中央截面处，梁的受力最不利（就弯曲正应力强度而言），出现最不利情况下的弯矩最大值为 $M_{max}=Pl/4=(P\times6)/4=1.5P$。将 W_z

和 M_{max} 代入正应力强度条件式（c），得

$$M_{max} = 1.5P \leqslant W_z[\sigma]$$

所以

$$P_{2,max} = \frac{1}{1.5}W_z[\sigma] = \frac{1}{1.5} \times 2.16 \times 10^5 \times 170 \times 10^{-6} = 24.48\text{kN}$$

计算结果表明，$P_{2,max}$ 要比 $P_{1,max}$ 小得多。

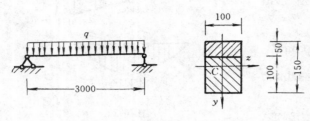

图 6-25

【例 6-11】 图 6-25 所示简支梁由两根木料胶合而成，已知木材的容许正应力 $[\sigma] = 10\text{MPa}$，容许剪应力 $[\tau] = 1.0\text{Mpa}$，胶合面粘胶抗剪容许应力 $[\tau_1] = 0.4\text{MPa}$。试确定梁的容许均布荷载集度 q 值。

【解】 （1）按正应力强度确定 q。由公式（6-14），且注意到 $M_{max} = ql^2/8$，$W_z = bh^2/6$，有

$$M_{max} \leqslant W_z[\sigma]$$

得

$$\frac{ql^2}{8} \leqslant \frac{bh^2}{6}[\sigma]$$

即

$$q \leqslant \frac{4bh^2}{3l^2}[\sigma] = \frac{4 \times 100 \times 150^2}{3 \times 3^2} \times 10 \times 10^{-6} = 3.33\text{kN/m}$$

（2）按横截面上剪应力强度条件确定 q。使用公式（6-15），但注意到矩形截面梁横截面上 τ_{max} 可改用 $\tau_{max} = 3V_{max}/(2A)$，而 $V_{max} = ql/2$，故有

$$\tau_{max} = \frac{3V_{max}}{2A} = \frac{3}{2bh} \times \frac{ql}{2} \leqslant [\tau]$$

所以

$$q \leqslant \frac{4bh}{3l}[\tau] = \frac{4 \times 100 \times 150}{3 \times 3} \times 1.0 \times 10^{-3} = 6.67\text{kN/m}$$

（3）按胶合面强度确定 q。胶合面的最大值剪应力发生在简支梁的两个端面处，该截面上 $V_{max} = ql/2$，而胶合面的 $\tau_{max} = V_{max}S_z^*/(I_zb)$，于是胶合面的强度条件为

$$\tau_{max} = \frac{V_{max}S_z^*}{I_zb} \leqslant [\tau_1]$$

得

$$q \leqslant \frac{2}{l} \cdot \frac{I_zb}{S_z^*} \cdot [\tau_1] = \frac{2}{3} \times \frac{\frac{100 \times 150^3}{12} \times 100}{100 \times 50 \times (75 - 25)} \times 0.4 \times 10^{-3}$$

$$= 3\text{kN/m}$$

从上述三种强度条件所确定的 q 值中，取其极小值，即得 $[q] = 3\text{kN/m}$。

第五节　提高梁弯曲强度的主要措施

由前一节的研究可知，设计平面弯曲梁的主要依据是弯曲正应力强度条件

$$\sigma_{\max} = \left(\frac{M}{W_z}\right)_{\max} \leqslant [\sigma]$$

由此条件式可以看出，当材料一定时，梁的弯曲强度与横截面的形状和尺寸，以及由外力引起的最大弯矩有关。所以，为了提高梁的强度可以从以下三方面考虑。

一、选择合理的截面形状

从弯曲强度考虑，最合理的截面形状是用最少的材料而得到最大的抗弯截面抵抗矩的截面，即是使比值 W_z/A 尽可能地大。根据本章第二节的研究，弯曲正应力沿横截面高度按直线规律分布，当离中性轴最远处的正应力到达容许应力时，中性轴附近各点处的正应力仍很小，而且，由于它们离中性轴近，力臂小，承担的弯矩也很小。因此，在横截面面积一定时，应将较多的材料配置在远离中性轴的部位，就会提高材料的利用率。

同一个矩形截面，竖放受弯，比横放受弯要好。设矩形宽为 b，高为 h。竖放时，$W_{z1} = bh^2/6$，横放时，$W_{z2} = b^2h/6$，故 $W_{z1}/W_{z2} = h/b$。

面积相同的正方形截面（设相应有 W_{z3}）和圆形截面（设相应有 W_{z4}），则因 $W_{z3}/W_{z4} = 1.182$，故正方形截面抗弯能力优于圆形。

若将矩形截面中性轴附近的材料向上、下移置，形成箱形、工字形截面等（图 6-26），则截面的抗弯截面抵抗矩将成倍增大，其抗弯性能更好。

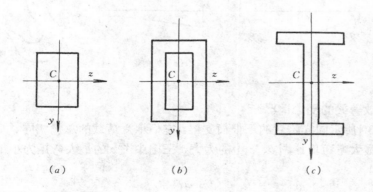

(a) (b) (c)

图 6-26

以上讨论到的几种截面，对于拉、压性能相同的材料（例如钢材）是适用的。对于抗拉抗压性能不同的脆性材料，例如铸铁、砖石砌体等，则应采用如图 6-27 所示的上下不对称的截面，并使中性轴靠近强度较小的一侧。注意到

$$\frac{\sigma_{t\max}}{\sigma_{c\max}} = \frac{y_1}{y_2}$$

若比值 y_1/y_2 接近或等于比值 $[\sigma_t]/[\sigma_c]$，将能够使材料的抗拉和抗压强度得到均衡发挥。

在工程上常见的钢筋混凝土梁，则是将抗拉性能特别好的钢材布置在受拉区承受拉力，充分利用抗压性能好的混凝土在受压区承受压力。图 6-28 中示意了外伸梁 1-1、2-2 截面的

配筋情况。

综上所述，合理选择梁的截面形状，应当从增大截面的抗弯截面抵抗矩和充分利用材料的受力性能来考虑。

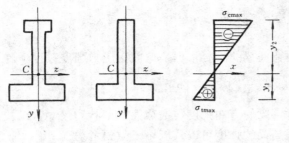

图 6-27

当这个截面上的最大值弯曲正应力达到容许值时，梁的其它横截面上的最大值正应力均小于或远小于容许值。为节省材料，可以设想采用各横截面上最大值正应力均达到容许值的所谓**等强度梁**。由第四章可知，梁弯曲时有弯矩方程式 $M = M(x)$，相应有

$$W_z(x) \geqslant \frac{M(x)}{[\sigma]}$$

此式表明，等强度梁的抗弯截面抵抗矩随截面弯矩而变化。但是，这种梁在制作上是困难的。所以，

二、采用变截面梁

等截面梁的横截面尺寸，是将梁弯曲时最大值弯矩所在截面作为危险截面来确定的，

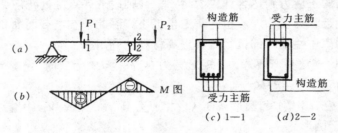

图 6-28

工程上常采用考虑弯矩变化的因素，又便于施工制作的变截面梁（如图 6-29 所示）。

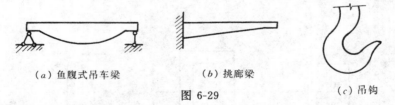

（a）鱼腹式吊车梁　　　　（b）挑廊梁　　　　（c）吊钩

图 6-29

三、设法改善梁的受力情况

考察图 6-30 所示同样跨度的三根简支梁，它们承受荷载的总量相同，而荷载的分布不同，图 a 梁的最大弯矩值比图 b、c 中的为大，三图中图 c 的最大弯矩为小。这说明，适当

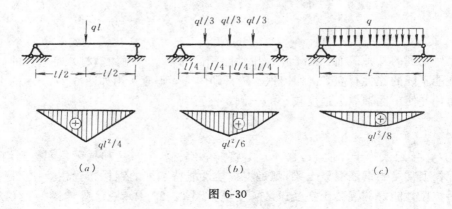

图 6-30

122

调整荷载的分布方式，能改善梁的受力情况。

图 6-31 所示外伸梁的最大弯矩值为 $ql^2/40$，若将支座由 C、D 处移至 A、B 端变成简支梁，在均布荷载作用下的最大弯矩为 $ql^2/8$，两梁相比较，图示外伸梁的最大弯矩仅为后者的五分之一。在工程中吊装构件时，吊点不应在构件两端处，而应如图 6-31 那样，从两端分别内移 $0.2l$，这样做就大大地改善了起吊过程中，构件承受自重作用的受力情况。

对于不允许改变支座位置的梁，例如图 6-32a 所示简支梁，当该梁承担的集中荷载不可能减小，梁的横截面高度又不允许增高时，还能够如图 b 在梁上增设辅助小梁，便改善了梁的受力情况。这样做，与前述调整梁上荷载分布方式有相似之处。

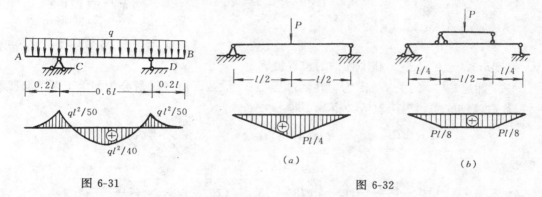

图 6-31　　　　　　　　　　　　图 6-32

【例 6-12】　若从直径为 d 的圆形截面中切取一个矩形截面（图 6-33）。试根据强度观点求所切取矩形截面最合理的高 h 和宽 b。

【解】　矩形截面的 $W_z = bh^2/6$，在图中由几何关系有 $h^2 = d^2 - b^2$，代入得

$$W_z = \frac{b}{6}(d^2 - b^2)$$

表明，改变宽度 b，W_z 随之改变。取极值 $dW_z/db = 0$ 得

$$\frac{d^2}{6} - \frac{b^2}{2} = 0$$

即

$$b = \frac{d}{\sqrt{3}}$$

相应

$$h = \sqrt{d^2 - b^2} = \sqrt{\frac{2}{3}}\,d$$

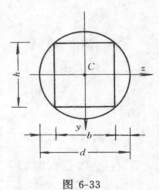

图 6-33

这组 $b \times h$ 值，即为所求的最合理值。

【例 6-13】　图 6-34 所示铸铁等截面梁，材料的 $[\sigma_t] = 30\text{MPa}$，$[\sigma_c] = 90\text{MPa}$，若使梁材料强度能力充分发挥出来，试选择截面中的尺寸 t 和 b。

【解】　（1）确定中性轴位置。为使梁最大弯矩所在横截面处受拉下边缘和受压上边缘各点处应力值，均同时达到各自相应的容许值，即

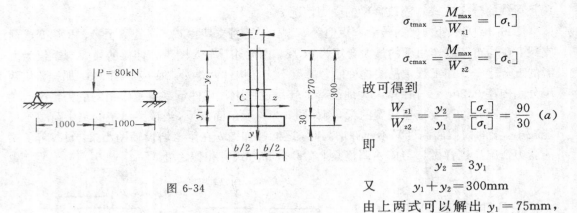

$$\sigma_{tmax} = \frac{M_{max}}{W_{z1}} = [\sigma_t]$$

$$\sigma_{cmax} = \frac{M_{max}}{W_{z2}} = [\sigma_c]$$

故可得到

$$\frac{W_{z1}}{W_{z2}} = \frac{y_2}{y_1} = \frac{[\sigma_c]}{[\sigma_t]} = \frac{90}{30} \quad (a)$$

即

$$y_2 = 3y_1$$

又 $\qquad y_1 + y_2 = 300\text{mm}$

由上两式可以解出 $y_1 = 75\text{mm}$，

图 6-34

$y_2 = 225\text{mm}$。于是形心 C 和中性轴的位置被确定了。

(2) 确定 b 与 t 的关系。因为中性轴过形心 C，故截面由 Z 轴所分为的上下两部分截面面积，对该轴的面积矩绝对值必相等，即

$$t y_2 \times \frac{y_2}{2} = 30b \times (y_1 - 15) + (y_1 - 30)t \times \frac{1}{2}(y_1 - 30)$$

代入数值

$$225 \times \frac{225}{2}t = 30b \times (75 - 15) + (75 - 30)t \times \frac{75 - 30}{2}$$

得 $\qquad b = 13.5t$ $\qquad\qquad\qquad\qquad\qquad\qquad (b)$

(3) 由强度条件确定 t 及 b。因为中性轴已由抗拉、抗压等强度条件确定，故可由抗拉或抗压的强度条件之任一来确定 t 和 b。横截面对 Z 轴的惯性矩为

$$I_z = \frac{1}{12} \times t \times 270^3 + 270t \times (225 - 135)^2 + \frac{1}{12} \times b \times 30^3 + 30b \times (75 - 15)^2$$

$$= 3.827 \times 10^6 t + 1.103 \times 10^5 b \qquad\qquad\qquad\qquad (c)$$

式 (b) 代入式 (c) 得

$$I_z = 3.827 \times 10^6 t + 1.103 \times 10^5 \times 13.5t = 5.316 \times 10^6 t \text{mm}^4 \qquad (d)$$

于是，横截面下边缘各点相应的抗弯截面抵抗矩 W_{z1} 为

$$W_{z1} = \frac{I_z}{y_1} = \frac{5.316 \times 10^6 t}{75} = 7.088 \times 10^4 t \text{mm}^3$$

梁的最大弯矩 $M_{max} = Pl/4 = 40\text{kN} \cdot \text{m}$。将上面所求出的 W_{z1} 和 M_{max} 代入强度条件公式 (6-14b)，即 $W_{z1} \geqslant M_{max}/[\sigma_t]$，可得出

$$t \geqslant \frac{1}{7.088 \times 10^4} \frac{M_{max}}{[\sigma_t]} = \frac{1}{7.088 \times 10^4} \times \frac{40 \times 10^6}{30} = 18.8\text{mm}$$

代入式 (b) 得

$$b = 13.5t \geqslant 13.5 \times 18.8 = 253.8\text{mm}$$

最后，选取倒 T 字形截面的 $t = 19\text{mm}$，$b = 254\text{mm}$。

第六节 截面的弯心概念

一、平面弯曲梁横截面上剪力 V 的作用线

在本章第二节研究梁纯弯曲正应力公式（6-4）时，就曾经指出，由该节的式（e）即

$$M_y = \frac{E}{\rho} \int_A yz\mathrm{d}A = \frac{E}{\rho} I_{yz} = 0 \qquad\qquad (a)$$

可知，梁在纯弯曲时横截面上的中性轴 z 轴，就是横截面图形的形心主惯性轴。xz 面是梁的一个形心主惯性平面。作用于梁的外力偶将在与梁的另一个形心主惯性平面（xy 面）平行的平面内。

当将梁纯弯曲正应力公式推广到横力弯曲时，梁在横向力作用下处于平面弯曲，式（a）条件仍需要满足。作用在梁上的荷载，必在梁的形心主惯性平面（如前述的 xy 面）的平行平面内。梁横截面上剪力 V，相应地在荷载作用面内，即与 xy 面平行，有 $V = V_y$。若设 V_y 与 xy 面的距离为 a_z，则一般情况下 $a_z \neq 0$。例如，图 6-35a 所示槽形截面悬臂梁在集中力作用下发生平面弯曲，相应的 a_z 就取不为零的某一确定值。如果取 $a_z = 0$，则梁将发

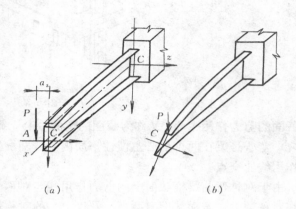

图 6-35

生如图 b 所示变形（除弯曲外还有扭转），不再属于平面弯曲变形问题。

如果梁的平面弯曲又是对称弯曲，即荷载作用于梁的纵对称面 xy 面内，此时横截面上剪力 $V = V_y$，也必在 xy 面内，上述的 $a_z = 0$。此外，如果梁的过轴线任一纵面（设它为 xy_i 面）皆为形心主惯性平面，当荷载作用于 xy_i 面使梁产生平面弯曲时，该梁横截面上的剪力 $V = V_{y_i}$，必作用于 xy_i 面内，相应的 $a_{z_i} = 0$。

二、截面的弯心概念

下面，用图 6-36 所示 L 形截面等直梁代表任意形状截面等直梁，来考察梁的形心主惯性平面（xy 面或 xz 面）、横截面剪力（V_y 或 V_z）和截面的弯心间的关系（图中未标示 x 截面上的弯矩和右端截面的弯曲内力）。

如前所述，当图示梁在 xy 面内发生平面弯曲时，横截面的剪力 $V_y \neq 0$，$V_z = 0$；V_y 与 xy 面平行，且距 xy 面的距离为 a_z。又若图示梁在 xz 面内发生平面弯曲，则横截面上的剪力 $V_y = 0$，$V_z \neq 0$；V_z 与 xz 面平行，距 xz 面的距离为 a_y。对于横截面上剪力 V_y 和 V_z 同时皆不为零的情况，这里暂不去讨论（教材后面第十一章研究）。但是，V_y 与 V_z 两个剪力分量中，任一个为零，另一个不为零的情况，都属于前面研究过的梁的平面弯曲问题。

于是，对于任意截面的等直梁，当它在形心主惯性平面 xy 面发生平面弯曲时，梁的任一横截面的剪力 V_y 作用线，将与该梁在另一形心主惯性平面 xz 面发生平面弯曲时，同一横截面上的剪力 V_z 作用线，相交于截面上某一点 A（如图 6-36）。**V_y 与 V_z 的这个交点 A 就**

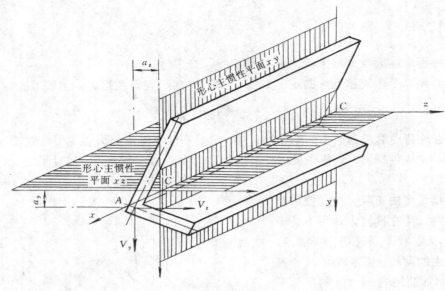

图 6-36

是截面的剪力作用中心，又称为**截面的弯曲中心**，或简称为**截面的弯心**，或**截面的剪心**。简言之，弯心是梁在两个形心主惯性平面内，分别发生平面弯曲时，其横截面上相应两个剪力作用线的交点。

由于对称弯曲梁横截面上的剪力作用线与对称轴重合，故凡有对称轴的截面，弯心必定在对称轴上。若横截面有两根（及以上）的对称轴，则弯心就在对称轴的交点。

等直梁弯曲时，横截面上的剪力 V_y 如果只与梁的形心主惯性平面 xy 面平行，而不通过截面的弯心，这时梁的变形除平面弯曲外，还将发生扭转（如图 6-35b）。这类问题将在教材后面第十一章进行研究。

三、关于截面上弯心位置的确定

梁弯曲时横截面上的剪力，可以由截面上分布的切向内力元素 τdA 求其合向量来得到。

若设梁在其形心主惯性平面 xy 面内发生平面弯曲，横截面上各点处分布的切向内力元素 τdA，构成平面一般力系。将这个平面力系向横截面的弯心 A 点简化，并设 $(dV)_y$ 和 $(dV)_z$ 分别为内力元素 τdA 在 y 轴和 z 轴方向上的分量，根据弯心的性质，必有

$$V_y = \int_A (dV)_y \qquad\qquad (b)$$

$$V_z = \int_A (dV)_z = 0 \qquad\qquad (c)$$

$$\Sigma M_A = 0 \qquad\qquad (d)$$

容易验证式 (b) 和 (c) 是满足的，它们表明在所设横力弯曲情况下，横截面上切向内力元素的合向量就是 V_y（$V_z = 0$）。

式 (d) 表明，横截面上切向内力元素对弯心 A 点取矩之和恒为零。或者说，切向内力向弯心简化，其主矩为零。式 (d) 可以用来确定截面上弯心位置。

需要说明的是，在非对称截面梁中，只有工程上常用的开口薄壁截面梁才可以用材料

力学方法（见本章第三节）来计算梁横截面上的剪应力。对于实体截面梁用材料力学方法不能计算。但是，进一步的研究表明，实体截面梁横截面上的剪应力在强度方面影响较小，所以通常不必计算。

工程中常用的一些薄壁截面的弯心位置如表 6-1 所示。更一般的薄壁截面的弯心位置的确定方法，可另见于薄壁杆件的有关专著。

几种薄壁截面的弯心位置　　　　　　　　　　　　　　　　表 6-1

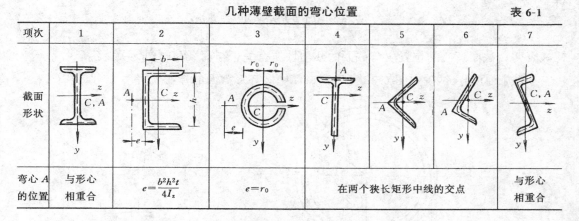

项次	1	2	3	4	5	6	7
截面形状							
弯心 A 的位置	与形心相重合	$e=\dfrac{b^2h^2t}{4I_z}$	$e=r_0$	在两个狭长矩形中线的交点			与形心相重合

【例 6-14】　试确定图 6-37 所示薄壁槽形截面的弯心位置。

【解】　槽形截面有一根对称轴（z 轴），弯心 A 点必在其上。考察在 xy 面内的平面弯曲，在横向力作用下横截面上的剪应力的计算，腹板各点可按公式(6-9)，翼缘上各点可套用公式(6-11a)。

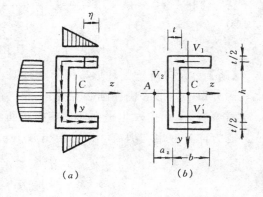

图 6-37

在横截面的腹板上分布着 y 轴方向的切向内力元素，其合力为 V_y（如图 b）。根据式（b）易于得知，V_y 正好等于横截面上的剪力 V。

根据横截面上的剪力 V 的方向向下，利用截面上"剪流"概念，容易判定上、下翼缘的剪应力方向如图 a 所示。又因为截面关于 z 轴对称，所以翼缘切向内力元素的合力 V_1 和 V'_1 必是方向相反、大小相等。根据公式（6-11a）有

$$\tau=\frac{VS_z^*}{I_zt} \qquad\qquad (e)$$

式中

$$S_z^*=\frac{h}{2}t\eta \qquad\qquad (f)$$

代入式（e）有

$$\tau=\frac{Vh}{2I_z}\eta \qquad\qquad (g)$$

这表明横截面翼缘上的水平剪应力沿翼缘宽 b 按直线规律变化（图 a）。整个翼缘上切向内

127

力元素的合力是

$$V_1 = V'_1 = \int_{A1} \tau \mathrm{d}A = \int_0^b \frac{Vh}{2I_z} \eta t \mathrm{d}\eta = \frac{Vb^2ht}{4I_z} \tag{h}$$

应用式（d），即横截面上的切向内力对弯心取矩为零的条件，有

$$V_1 h - V_2 a_z = 0$$

得

$$a_z = \frac{V_1 h}{V_2} = \left(\frac{Vb^2h^2t}{4I_z} \right) \cdot \frac{1}{V} = \frac{b^2h^2t}{4I_z} \tag{i}$$

此式表明，截面弯心的位置仅与截面的几何性质有关，与荷载和材料无关。

*【例 6-15】 试确定图 6-38 所示开口薄壁圆环形截面的弯心位置。

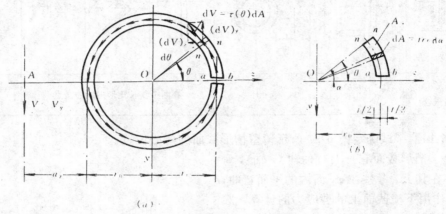

图 6-38

【解】 开口薄壁圆环形截面有一根对称轴 z 轴，截面的弯心（点 A）在其对称轴 z 轴上。因开口小，形心仍在圆心点处。

考察在 xy 面内发生平面弯曲，横截面上的剪力 V_y，如图 a 中粗虚线所示。横截面上剪应力的方向，应用"剪流"概念绘出如图 a 示。剪应力 $\tau(\theta)$ 仍可套用公式（6-9）写出，即

$$\tau(\theta) = \frac{VS_z^*(\theta)}{I_z t} \tag{j}$$

式中，V 是横截面剪力。I_z 是横截面对 z 轴的惯性矩，可套用 6.3 节中薄壁圆环形截面的计算结果：$I_z \approx \pi r_0^3 t$。t 是壁厚。$S_z^*(\theta)$ 则是横截面上欲求剪应力处，径向线一侧部分截面面积 A.（如图 6-38b）对中性轴的面积矩。由图 b

$$S_z^*(\theta) = \int_A y \mathrm{d}A = \int_0^\theta r_0 \sin\alpha \cdot t r_0 \mathrm{d}\alpha = r_0^2 t(1 - \cos\theta) \tag{k}$$

将 $S_z^*(\theta)$、I_z 等量代入式（j）有

$$\tau(\theta) = \frac{VS_z^*(\theta)}{I_z t} = \frac{Vr_0^2 t(1 - \cos\theta)}{\pi r_0^3 t \cdot t} = \frac{V}{\pi r_0 t}(1 - \cos\theta) \tag{l}$$

于是，横截面上切向内力元素 $\tau \mathrm{d}A$ 可写出为

$$\tau(\theta)\mathrm{d}A = \frac{V}{\pi r_0 t}(1 - \cos\theta)\mathrm{d}A \tag{m}$$

横截面上所有切向内力元素的合力，向设定的弯心 A 点简化后，只有主向量 $V=V_y$。这个主向量（剪力）V 对圆心点 O 取矩，必等于所有切向内力元素 $\tau(\theta)\mathrm{d}A$ 对点 O 的合力矩。在图 a 中，设弯心 A 到圆心点 O 的距离为 a_z+r_0，则可写出

$$V(a_2+r_0)=\int_A \tau(\theta)r_0\mathrm{d}A=\int_0^{2\pi}\tau(\theta)t\cdot r_0^2\mathrm{d}\theta$$
$$=\int_0^{2\pi}\frac{V}{\pi}r_0(1-\cos\theta)\mathrm{d}\theta=2r_0V$$

由此解得，

$$a_z=r_0 \qquad\qquad (n)$$

*第七节　组　合　梁

前面讨论了由一种材料制成的梁的弯曲应力计算问题，本节研究由两种或两种以上不同材料组成的组合梁的弯曲应力计算问题。这类问题，在工程中如常见的钢筋混凝土梁及钢木组合梁，有其特点，在相应的专业课程中将进一步研究。下面，仅就这类梁在满足材料力学基本假设、受荷载在一定范围内（例如钢筋混凝土梁在裂缝出现之前）的弯曲应力进行研究。

一、组合梁横截面上的中性轴位置与正应力公式

图 6-39a 所示 $\mathrm{d}x$ 微段，是由某一根等直组合梁处于平面弯曲时截取的。图中 $mnnm$ 以上梁体为一种材料（其弹性模量为 E_1），以下梁体为另一种材料（弹性模量为 E_2）。

假定组合梁的整体性良好，在变形过程中，梁的组成部分之间（如图 6-39a 在 $mnnm$ 界面上，或如钢筋混凝土梁在钢筋和混凝土之间），连接紧密而无相对错动。这时，可以认为弯曲时梁的平截面假设仍然是适用的。同时，根据本章第二节的思路（将纯弯曲正应力公式，直接推广到横力弯曲的情况中）推导组合梁弯曲正应力公式。推导中不考虑剪应力对弯曲变形影响。

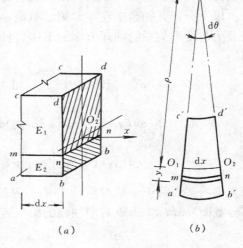

图 6-39

梁弯曲后，微段 $\mathrm{d}x$ 变形如图 6-39b（该图与图 6-4c 相同）所示。按本章第二节相同的分析，距中性层为 y 的纵向纤维的线应变可由公式（6-1），即

$$\varepsilon=\frac{y}{\rho} \qquad\qquad (a)$$

计算。由于组合梁横截面被两种不同材料分为两部分，为便于考察，设横截面如图 6-40a 所示矩形。横截面上各点沿 x 轴向的线应变，则如图 6-40b 为沿高度线性分布。于是，对于两种不同材料区域内所任取的点 y_1 处和 y_2 处，有

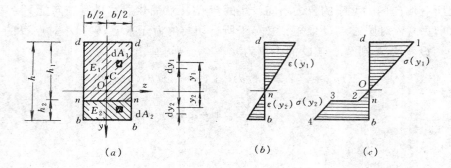

图 6-40

$$\varepsilon(y_1) = \frac{y_1}{\rho} \qquad \varepsilon(y_2) = \frac{y_2}{\rho} \qquad\qquad (b)$$

式中，y_1 可由截面上的 d 点沿高度变化至 n 点，y_2 由截面上的 n 点变化至 b 点。ρ 为曲率半径（图 6-39b）。

因为各纵向纤维间不考虑挤压，横截面上任意点的弯曲正应力仍采用单向应力状态胡克定律，于是有

$$\sigma(y_1) = \frac{E_1}{\rho}y_1 \qquad \sigma(y_2) = \frac{E_2}{\rho}y_2 \qquad\qquad (c)$$

设下部材料的 E_2 大于上部材料的 E_1，则在横截面上弯曲正应力分布将如图 6-40c 所示。在横截面两种材料分界点 n 处，正应力有突变。

以上分析，相当于在本章第二节推导梁纯弯曲正应力公式时，完成了考察变形几何方面及力与变形关系的物理方面的工作。再仿照第二节考察弯曲正应力满足的静力平衡关系，即

$$N = \int_{A_1} \sigma(y_1)\mathrm{d}A_1 + \int_{A_2} \sigma(y_2)\mathrm{d}A_2 = \frac{E_1}{\rho}\int_{A_1} y_1\mathrm{d}A_1 + \frac{E_2}{\rho}\int_{A_2} y_2\mathrm{d}A_2 = 0 \qquad (d)$$

$$M_y = \int_{A_1} z\sigma(y_1)\mathrm{d}A_1 + \int_{A_2} z\sigma(y_2)\mathrm{d}A_2 = \frac{E_1}{\rho}\int_{A_1} zy_1\mathrm{d}A_1 + \frac{E_2}{\rho}\int_{A_2} zy_2\mathrm{d}A_2 = 0 \qquad (e)$$

$$M_z = \int_{A_1} y_1\sigma(y_1)\mathrm{d}A_1 + \int_{A_2} y_2\sigma(y_2)\mathrm{d}A_2 = \frac{E_1}{\rho}\int_{A_1} y_1^2\mathrm{d}A_1 + \frac{E_2}{\rho}\int_{A_2} y_2^2\mathrm{d}A_2 = M \qquad (f)$$

因为梁横截面关于 y 轴对称，式（e）是恒等式。注意到式（d）中的后两个积分，分别是部分截面 $nndd$ 和 $nnbb$ 对中性轴的面积矩 S_{z1} 和 S_{z2}，可得

$$N = \frac{E_1}{\rho}S_{z1} + \frac{E_2}{\rho}S_{z2} = 0 \qquad\qquad (g)$$

即

$$E_1S_{z1} + E_2S_{z2} = 0 \qquad\qquad (6\text{-}16)$$

此式可以用来确定组合梁横截面上中性轴的位置（如图 6-40a 所示，该轴通过 O 点，但不再通过截面的形心 C 点）。

在上面的式（f）中，注意到横截面上各种材料的部分截面对中性轴的惯性矩为 $I_{z1} = \int_{A_1} y_1^2\mathrm{d}A_1$ 及 $I_{z2} = \int_{A_2} y_2^2\mathrm{d}A_2$，则式（$f$）能够改写成

$$\frac{E_1}{\rho}I_{z1} + \frac{E_2}{\rho}I_{z2} = M$$

得，

$$\frac{1}{\rho} = \frac{M}{E_1 I_{z1} + E_2 I_{z2}} \qquad (h)$$

式（h）即组合梁弯曲时在 x 截面处轴线的曲率。将它代入式（c）得

$$\left.\begin{aligned} \sigma(y_1) &= \frac{E_1 M y_1}{E_1 I_{z1} + E_2 I_{z2}} \\ \sigma(y_2) &= \frac{E_2 M y_2}{E_1 I_{z1} + E_2 I_{z2}} \end{aligned}\right\} \qquad (6\text{-}17)$$

这就是组合梁平面弯曲时，横截面上点的正应力公式。

二、计算组合梁弯曲正应力的换算截面法

用公式（6-16）和（6-17）可以计算由两种材料组成的组合梁的弯曲问题，前一公式确定横截面上中性轴的位置，后一公式可以计算横截面上每种材料那部分截面上任一点的正应力，这些正应力均是各点的实际应力。

下面，采用一种材料的梁的计算方法，即按本章第二节公式（6-4）$\sigma = My/I_z$，计算横截面上各点的正应力。要使按一种材料等直梁计算的结果，能够代替组合梁的计算，必须将组合梁的实际截面（图 6-40a），改换为图 6-41a 所示的**换算截面**（也称**相当截面**）。实际横截面为图 6-40a 中的矩形 $ddbb$，换算截面为图 6-41a 中的倒 T 字形 $ddnn_1b_1b_1n_1n$。

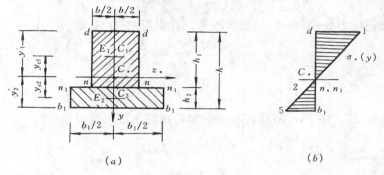

图 6-41

因为采用换算截面方法以弹性模量为 E_1 的材料为基准，所以实际截面中矩形 $ddnn$ 和换算截面的 $ddnn$ 部分完全一致，不同的是将前者的矩形 $nnbb$ 保持高度 h_2 不变，改变为宽为 b_1 的矩形 $n_1b_1b_1n_1$。设 $\xi = E_2/E_1$，则取

$$b_1 = \frac{E_2}{E_1} b = \xi b \qquad (i)$$

在相同的横截面弯矩 M 作用下，换算截面梁按公式（6-4）计算得出的横截面上正应力分布如图 6-41b 所示。设横截面的中性轴为 Z_* 轴，截面对 Z_* 轴的惯性矩为 I_{z*}，于是换算截面上各点的正应力为

$$\sigma_*(y) = \frac{M}{I_{z*}} - y \qquad (6\text{-}18)$$

换算截面的中性轴 Z_* 轴，必过截面的形心 C_*，即可按

$$S_{z*} = S'_{z*} + S''_{z*} = 0 \qquad (j)$$

决定。式中，S'_{z*} 是矩形 $ddnn$ 对 z_* 轴的面积矩，S''_{z*} 是矩形 $n_1n_1b_1b_1$ 对 z_* 轴的面积矩。如果假定换算截面上 z_* 轴和实际截面上 z 轴位置相同，再由图 6-41a 和图 6-40a，以及式

（i）易于得到式（j）和式（g）中

$$S'_{z*} = S_{z1}$$

$$S''_{z*} = b_1 h_2 \cdot y_{c2} = \frac{E_2}{E_1} b h_2 \cdot y_{c2} = \frac{E_2}{E_1} S_{z2}$$

此两式代回式（j）得

$$S'_{z*} + S''_{z*} = S_{z1} + \frac{E_2}{E_1} S_{z2} = 0 \qquad (k)$$

对比式（k）和公式（6-16），表明确定实际截面上 z 轴的方程与换算截面上确定 z_* 轴的方程是一样的，即上述假定成立。

下面，进一步分析换算截面正应力公式（6-18）和实际截面正应力公式（6-17）的关系。在公式（6-18）中，换算截面对中性轴 z_* 的惯性矩 I_{z*}，可以由分别考虑矩形 $ddnn$ 和 $n_1 n_1 b_1 b_1$ 对 z_* 轴的惯性矩 I'_{z*} 和 I''_{z*} 之和求得，并注意对照图 6-40a 和图 6-41a，有

$$I_{z*} = I'_{z*} + (I''_{z*}) = I_{z1} + \left(\frac{b_1 h_2^3}{12} + b_1 h_2 y_{c2}^2 \right)$$

将式（i）代入得，

$$I_{z*} = I_{z1} + \frac{E_2}{E_1} \left(\frac{b h_2^3}{12} + b h_2 y_{c2}^2 \right) = I_{z1} + \frac{E_2}{E_1} I_{z2} \qquad (l)$$

若将实际截面正应力公式（6-17）加以改写，并引用式（l），有

$$\left. \begin{aligned} \sigma(y_1) &= \frac{E_1 M y_1}{E_1 I_{z1} + E_2 I_{z2}} = \frac{M y_1}{I_{z*}} \\ \sigma(y_2) &= \frac{E_2 M y_2}{E_1 I_{z1} + E_2 I_{z2}} = \left(\frac{M y_2}{I_{z*}} \right) \cdot \frac{E_2}{E_1} \end{aligned} \right\} \qquad (m)$$

又将式（m）与公式（6-18）对照，实际截面各点的正应力可写成

$$\left. \begin{aligned} \sigma(y_1) &= \frac{M y_1}{I_{z*}} = \sigma_*(y_1) \\ \sigma(y_2) &= \frac{E_2}{E_1} \left(\frac{M y_2}{I_{z*}} \right) = \frac{E_2}{E_1} \sigma_*(y_2) \end{aligned} \right\} \qquad (6\text{-}19)$$

即是说，换算截面上被选作为基准的材料（上例中弹性模量为 E_1 的材料）部分截面各点的正应力，就是实际截面上该部分截面各点的实际正应力；而被换算的材料（与 E_2 相应）所属的那部分换算截面各点的正应力，只要扩大（E_2/E_1）倍，就是实际截面相应部分各点的实际正应力。

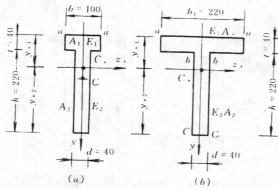

图 6-42

值得指出的是：1）对于换算截面，中性轴必过截面的形心，对于组合梁的截面图形，中性轴一般不过形心（除非 $E_2 = E_1$）。2）公式（6-18）和（6-19）所揭示的方法，可推广到两种以上材料的组合梁（这里不再讨论，读者可以自行验证）。

【例 6-16】 图 6-42a 所示 T 字形截面为某组合梁的横截面，该横截面承

担负弯矩（上部受拉）。截面的翼缘材料的 $E_1 = 209\text{GPa}$，$[\sigma]_1 = 170\text{MPa}$，腹板材料的 $E_2 = 95\text{MPa}$，$[\sigma_t]_2 = 30\text{MPa}$，$[\sigma_c]_2 = 80\text{MPa}$。试确定此组合梁截面允许承担的最大弯矩 $[M]$。

【解】 （1）组合梁横截面的换算截面

这里以截面腹板材料为准，有

$$\frac{E_1}{E_2} = \frac{209}{95} = 2.2$$

得图 6-42b 所示换算截面。图中 $b_1 = (E_1/E_2) \cdot b = 220\text{mm}$。

（2）换算截面的几何性质

形心 C_* 点的位置，可由 y_{*1} 定出，

$$y_{*1} = \frac{220 \times 40 \times 20 + 40 \times 220 \times (110 + 40)}{220 \times 40 + 40 \times 220} = 85\text{mm}$$

相应 $y_{*2} = h + t - y_{*1} = 175\text{mm}$。中性轴 z_* 通过换算截面形心 C_*。

截面对 z_* 轴的惯性矩 I_{z*} 为

$$I_{z*} = \frac{1}{12} \times 220 \times 40^3 + 220 \times 40 \times (85 - 20)^2 + \frac{1}{12} \times 40 \times 220^3$$
$$+ 40 \times 220 \times (175 - 110)^2 = 1.110 \times 10^8 \text{mm}^4$$

（3）实际截面上点的正应力计算

可应用公式（6-19）来计算，但应注意本例中是以弹性模量为 E_2 的材料为基准，故截面的腹板部分按 $\sigma(y_2) = \sigma_*(y_2)$ 计算各点正应力，而截面的翼缘部分，则按 $\sigma(y_1) = (E_1/E_2) \cdot \sigma_*(y_1)$ 计算各点正应力。

在腹板下边缘 c-c 处有最大压应力（约定以下 M 和 y 都代入绝对值计算）为

$$\sigma_{cmax} = \frac{M}{I_{z*}} y_{*2} \qquad (n)$$

在腹板与翼缘交界处 b-b 线上各点，有腹板材料受到的最大拉应力，其计算式是

$$\sigma'_{tmax} = \frac{M}{I_{z*}} (y_{*1} - t) \qquad (o)$$

在实际截面的上翼边缘 a-a 线上各点，作用有翼缘材料受到的最大拉应力为

$$\sigma''_{tmax} = \frac{E_1}{E_2}\left(\frac{M}{I_{z*}} y_{*1}\right) \qquad (p)$$

（4）由强度条件决定 $[M]$

分别对式（n）、（o）、（p）表达的正应力的最大值，根据所属材料代入强度条件公式（6-14a）至（6-14c）有

$$\sigma_{cmax} = \frac{M}{I_{z*}} y_{*2} \leqslant [\sigma_c]_2 = 80\text{MPa}$$

$$\sigma'_{tmax} = \frac{M}{I_{z*}} (y_{*1} - t) \leqslant [\sigma_t]_2 = 30\text{MPa}$$

$$\sigma''_{tmax} = \frac{E_1}{E_2} \cdot \frac{M}{I_{z*}} y_{*1} \leqslant [\sigma]_1 = 170\text{MPa}$$

这三个强度条件式给出

$$M_1 \leqslant \frac{80 I_{z*}}{y_{*2}} = \frac{80 \times 1.110 \times 10^8}{175} \times 10^{-6} = 50.74\text{kN} \cdot \text{m}$$

$$M_2 \leqslant \frac{30I_{z*}}{y_{*1-t}} = \frac{30 \times 1.110 \times 10^8}{85-40} \times 10^{-6} = 74.0 \text{kN} \cdot \text{m}$$

$$M_3 \leqslant \frac{170E_2I_{z*}}{E_1 y_{*1}} = \frac{170 \times 95 \times 1.110 \times 10^8}{209 \times 85} \times 10^{-6} = 100.9 \text{kN} \cdot \text{m}$$

由 M_1、M_2 和 M_3 可知，题设横截面的强度由腹板下边缘抗压强度决定，取相应的 $[M_1]$、$[M_2]$ 和 $[M_3]$ 中的最小值得

$$[M] = [M_1] = 50.74 \text{kN} \cdot \text{m}$$

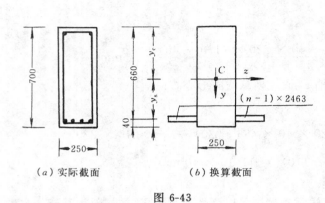

（a）实际截面　　　　（b）换算截面

图 6-43

【例 6-17】　钢筋混凝土简支梁受均布荷载 $q = 2.0 \text{kN/m}$ 作用，梁跨长 $l = 6\text{m}$，梁横截面配筋如图 6-43a 所示，下部主筋为 4ϕ28（4 根直径 28mm 的光面钢筋），梁采用等级为 C25 混凝土。已知钢的 $E_s = 210\text{GPa}$，$[\sigma]_s = 150\text{MPa}$，混凝土的 $E_c = 28\text{GPa}$，$[\sigma_t]_c = 0.5\text{MPa}$，$[\sigma_c]_c = 10\text{MPa}$。试校核在混凝土裂缝出现前（注：本例假定当混凝土的 $\sigma_{tmax}^c > [\sigma_t]_c$ 时，混凝土将出现裂缝）梁的强度。

【解】　（1）换算截面及其几何性质

根据换算截面法，将 4ϕ28 的截面面积 A_s（$A_s = 2463\text{mm}^2$），放大 $n = E_s/E_c = 210/28 = 7.5$ 倍，设置在原主筋中心线处。设主筋中心线距下边缘距离为 40mm（即混凝土保护层加主筋直径之一半）。当将 4ϕ28 在原位置改换成混凝土截面得到一个完整矩形后，如图 b 所示，在矩形两边，在钢筋的中心线上，只需要另外增加 $(n-1) \times A_s$ 面积，就得到了图 a 所示配筋截面的换算截面（注：原截面上方有 2 根通常为 2ϕ8 或 2ϕ10 的构造筋，计算中不用考虑）。

计算换算截面的形心 C 的位置

$$y_c = \frac{250 \times 700 \times 350 + (7.5-1) \times 2463 \times 660}{250 \times 700 + (7.5-1) \times 2463} = 376\text{mm}$$

$$y_s = 660 - 376 = 284\text{mm}$$

计算换算截面对 z 轴的惯性矩 I_z

$$I_z = \frac{250 \times 700^3}{12} + 250 \times 700 \times (376-350)^2 + (7.5-1) \times 2463 \times 284^2$$

$$= 8.555 \times 10^9 \text{mm}^4$$

（2）钢筋混凝土梁的抗裂强度校核

梁的最大弯矩在跨中央截面，其值是

$$M_{max} = \frac{ql^2}{8} = \frac{2 \times 6^2}{8} = 9\text{kN} \cdot \text{m}$$

在 M_{max} 所在截面上，混凝土下边缘的拉应力是

$$\sigma_{tmax}^c = \frac{M_{max}}{I_z}(y_s + 40) = \frac{9 \times 10^6}{8.555 \times 10^9} \times (284 + 40) = 0.34\text{MPa}$$

混凝土上边缘的压应力最大值是

$$\sigma_{cmax}^c = \frac{M_{max}}{I_z} y_c = 0.40\text{MPa}$$

受拉区钢筋的应力是

$$\sigma_s = \frac{M_{max}}{I_z} y_s \cdot \frac{E_s}{E_c} = \frac{9 \times 10^6}{8.555 \times 10^9} \times 284 \times \frac{210}{28} = 2.24\text{MPa}$$

注意到，$\sigma_{tmax}^c < [\sigma_t]_c$，$\sigma_{cmax}^c \ll [\sigma_c]_c$，此时钢筋的应力更是 $\sigma_s \ll [\sigma_s]$，所以该梁没有裂缝发生。从抗裂来看梁的强度是符合要求的。

顺便指出，工程上实用的梁仅从严格满足抗裂要求来说，还允许考虑受拉区混凝土的塑性发展，从而可以承担比 $\sigma_{tmax}^c = [\sigma_t]_c$ 更大的荷载。对于工程中常用的受弯构件，实际上还允许受拉区混凝土的裂缝出现，但控制这些裂缝宽度在正常使用范围内（例如裂缝宽小于 0.2mm），这时可较充分发挥受压区混凝土的抗压能力和受拉区钢筋的抗拉能力。这些问题均将在专业课程中进一步研究。

习　　题

6-1　某钢丝绳中钢丝直径为 $d = 0.2$mm，弹性模量 $E = 210$GPa，当该钢丝绳工作的弯曲圆弧直径 $D = 200$mm 时，试求钢丝横截面上的最大正应力。

6-2　图示截面梁，在铅垂平面内受外力作用而弯曲。试分别绘出各横截面上的弯曲正应力沿直线 1-1 和 2-2 的分布图。

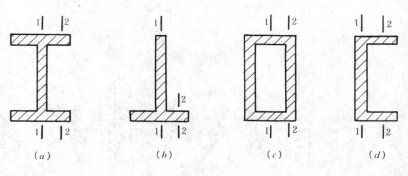

(a)　　　　　　(b)　　　　　　(c)　　　　　　(d)

题 6-2 图

6-3　图示矩形截面梁受集中力作用，试计算横截面 1-1 上 a、b、c、d 四点处的正应力。

6-4　图示铸铁水管简支梁，管横截面外径为 D，壁厚为 t，管中充满着水。铸铁的重度 $\gamma_1 = 76$kN/m³，水的重度 $\gamma_2 = 10$kN/m³。试求管的最大拉、压正应力的数值。

6-5　两根矩形截面的简支木梁受均布荷载 q 作用，如题图 6-5a 所示。一根梁的横截面如题图 6-5b 所示是整体，另一根梁则如题图 6-5c 所示是由两根方木叠合而成（二方木间不加任何联系且不考虑摩擦）。若已知图 a、b 示梁中最大正应力为 10MPa，试计算图 a、c 示梁中的最大正应力，并分别画出危险截面上正应力沿高度的分布图示。

6-6　试计算图示矩形截面简支梁的 1-1 截面上 a、b、c 三点处的剪应力。

6-7　图示外伸梁，截面为工字钢 28a。试求梁横截面上的最大剪应力。

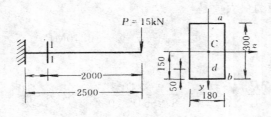

题 6-3 图

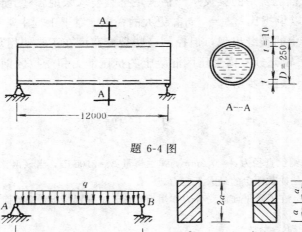

题 6-4 图

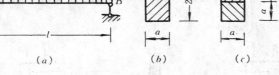

题 6-5 图

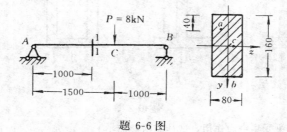

题 6-6 图

题 6-7 图

6-8 图 a、b 所示矩形截面梁受均布荷载作用,若以图中虚线所示纵向面和横向面从梁中截出一部分,如图 c 所示。试求在纵向面 $acde$ 上由内力素 $\tau'dA$ 组成的合力 V',并说明它与什么力相平衡。

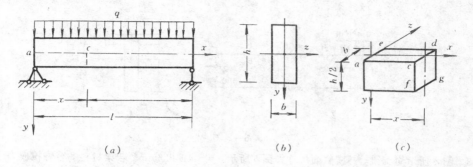

(a)　　　　　(b)　　　　　(c)

题 6-8 图

6-9 外伸梁 ACD 的荷载、截面形状和尺寸如图所示,试绘出梁的剪力图和弯矩图,并计算梁内横截面上的最大正应力和最大剪应力。

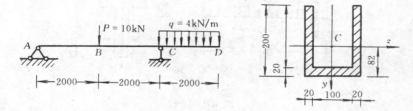

题 6-9 图

6-10 图示矩形截面悬臂梁,其横截面尺寸为 b、h,梁长为 l。

(1)试证明在离自由端为 x 处的横截面上,切向内力元素 τdA 的合力等于该截面上的剪力,而法向内力元素 σdA 的合力偶之矩等于该截面上的弯矩。

(2)如果沿梁的中性层截出梁的下半部(图 b),问在截开面上的剪应力 τ' 沿梁长度的变化规律如何?该面上总的水平剪力 V' 有多大?它与什么力来平衡?

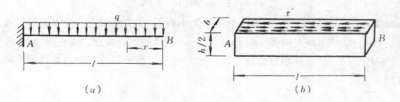

(a)　　　　　(b)

题 6-10 图

6-11 图示梁为直径 $d=150\text{mm}$ 的圆截面木梁,若弯曲时木材的容许应力 $[\sigma]=10\text{MPa}$,试校核梁的强度。

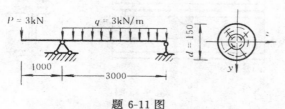

题 6-11 图

6-12 铸铁梁的荷载及横截面尺寸如图所示。材料的容许拉应力 $[\sigma_t]$ =40MPa，容许压应力 $[\sigma_c]$ = 100MPa。试校核梁的正应力强度。已知横截面形心距截面下边缘距离为157.5mm。

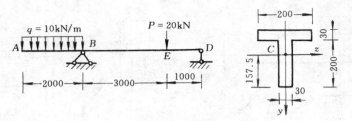

题 6-12 图

6-13 图 a 所示简支梁，其横截面尺寸如图 b 所示，y_c =40.625mm。若梁材料的容许拉应力 $[\sigma_t]$ = 160MPa，容许压应力 $[\sigma_c]$ =80MPa。试求梁的容许均布荷载集度 $[q]$ 。

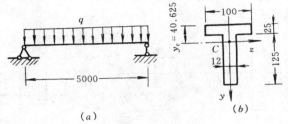

题 6-13 图

6-14 图示梁由两根槽钢组成。钢的容许应力 $[\sigma]$ =160MPa，$[\tau]$ =100MPa，试选择梁的槽钢型号。

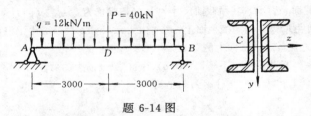

题 6-14 图

6-15 某一跨度 l =8m 的简支梁，在跨度中央受集中力 P =80kN 作用。该梁如图示由两根 36a 工字钢铆接而成。铆钉直径 d =20mm，铆钉间距 s =150mm。铆钉的容许剪应力 $[\tau]$ =60MPa，钢梁的容许正应力 $[\sigma]$ =160MPa。（1）试校核铆钉强度。（2）当 P 值及作用于梁跨中央的条件不变时，试确定简支梁的容许跨度 $[l]$ 。

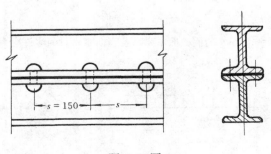

题 6-15 图

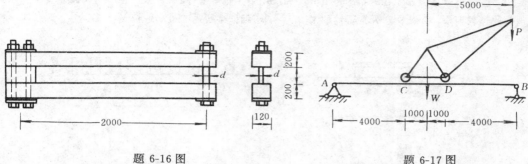

题 6-16 图　　　　　　　　　　　　　题 6-17 图

6-16　两根相同矩形截面 120×200mm² 的木梁，左端用垫块和螺栓相联结，而右端用一直径为 10mm 的螺栓渐渐拉紧（如图）。设木梁的抗弯强度极限为 47MPa，螺栓的抗拉强度极限为 400MPa。（1）问木梁先折断还是右端螺栓先断裂？（2）要使木梁和螺栓同时达到强度极限，木梁尺寸不变时，螺栓的直径应为多少？

6-17　图示起重机行走于由两根工字钢所组成的简支梁上，起重机的重量 $W=50$kN，起吊重量 $P=10$kN。设全部荷载平均分配在两根工字钢梁上，材料的容许应力 $[\sigma]=170$MPa，$[\tau]=100$MPa。试求当起重机行至梁跨中央时，需要多大的工字钢才能满足强度要求。

6-18　图示挡水墙由一排正方形截面的竖直木桩上钉上木板所做成。木板的计算简图如图 b，木桩计算简图如图 c。木材的容许弯曲正应力 $[\sigma]=8$MPa，容许剪应力 $[\tau]=0.9$MPa。试设计正方形木桩的边长 a 和所需木板的厚度 d。

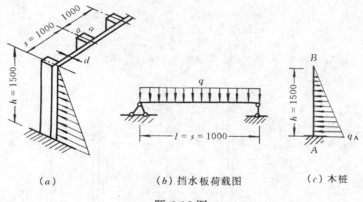

（a）　　　　　　（b）挡水板荷载图　　　　　（c）木桩

题 6-18 图

6-19　正方形截面梁，按图 a、b 所示的两种方式放置：（1）若两种情况下横截面上的弯矩 M 相等，试比较横截面上的最大正应力；（2）对于 $h=200$mm 的正方形，若如图 c 所示切去高度为 $a=10$mm 的尖角，试分别计算图 b 和图 c 所示截面的抗弯截面抵抗矩值，并加以比较。

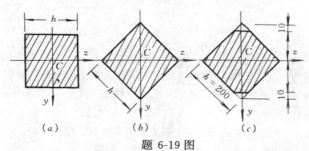

（a）　　　　　（b）　　　　　（c）

题 6-19 图

6-20 当荷载 P 直接作用在跨长为 $l=6\mathrm{m}$ 的简支梁 AB 的中点时，梁内最大正应力超过 $[\sigma]$ 的 30%。为了消除此过载现象，如图所示配置了辅助梁 CD，试求辅助梁所需的最小跨长 a。

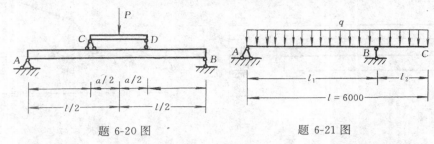

题 6-20 图   题 6-21 图

6-21 图示外伸梁受均布荷载，梁横截面关于中性轴对称，梁材料的 $[\sigma_t]=[\sigma_c]=[\sigma]$。在用料最经济的情况下：(1) 试确定梁的悬挑长度 l_x。(2) 如果允许采用 AB 跨中央截面的弯矩可以近似当成外伸梁跨内最大弯矩的假定，试确定悬挑长 l_2。

6-22 试绘出图示各薄壁截面的形心主惯性轴的大致位置，并进一步注明弯心的大致位置。

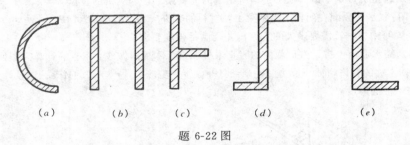

题 6-22 图

6-23 图 a 所示带切口的箱形截面，图 b 为截面上剪应力分布图。截面壁厚很小，但为常数。试导出确定截面弯心 A 位置的距离 e 的公式。

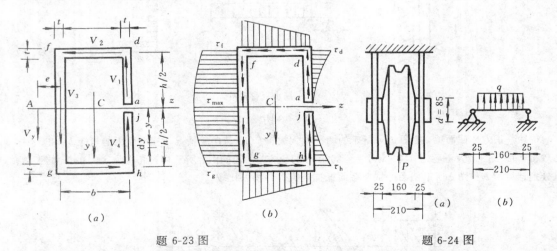

题 6-23 图   题 6-24 图

6-24 图 a 所示为闸门的滚轮，支承轨道的反力 $P=25\mathrm{kN}$，此反力由滚轮传到滚轮轴上时，可以近似当作是均匀分布（图 b）。轮轴是 45 号钢，其容许应力 $[\sigma]=145\mathrm{MPa}$，$[\tau]=90\mathrm{MPa}$，轴直径 $d=85\mathrm{mm}$。试校核滚轮轴的强度。

6-25 一简支梁，中间为木材，两侧各用一块钢板补强，其横截面如图所示。此梁跨长为 $l=3\mathrm{m}$，在全梁上受集度为 $q=10\mathrm{kN/m}$ 的均布荷载作用。已知木材的弹性模量 $E_1=10\mathrm{GPa}$，钢材的 $E_2=210\mathrm{GPa}$。试求木材和钢板中的最大正应力。

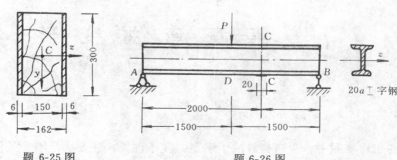

题 6-25 图　　　　　　　　　　　题 6-26 图

6-26　在图示 20a 工字钢梁截面 c-c 的下边缘处，用应变仪测得标距 $s=20\text{mm}$ 的纵向伸长量为 $\Delta s=0.012\text{mm}$。已知钢的弹性模量 $E=210\text{GPa}$，试求 P 力的大小。

6-27　图示多跨梁材料的 $[\sigma]=120\text{MPa}$，$[\tau]=80\text{MPa}$。拟采用矩形截面，且预设截面高 h 与截面宽 b 之比为 $h:b=3:2$，试确定此梁的 h 和 b。

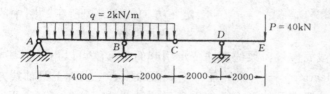

题 6-27 图

第七章 弯曲变形

第一节 概　　述

　　在工程实际中，受弯构件除了满足强度条件外，还要满足刚度条件，即要求梁的变形不能过大。此外，在求解超静定梁及讨论稳定与动荷载问题时，都会涉及到变形的计算。因此，研究梁的变形是非常重要的。

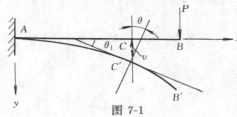

图 7-1

　　梁在平面弯曲时，其轴线将在形心主惯性平面内弯曲成一条平面曲线。这条曲线称为**梁的挠曲线**（Deflection curve）。取梁在变形前的轴线为 x 轴，与外力平行的形心主惯性轴为 y 轴，轴的约定正方向如图 7-1 所示。图中的曲线 AB' 就是梁 AB 的挠曲线。

　　由于采用了平截面假设，梁的弯曲变形引起的位移就可以用两个基本量来描述。

　　1）挠度（Deflection）——梁的任一横截面的形心在垂直于梁轴线方向上的线位移。

　　一般说来，梁的横截面的形心既有垂直于梁轴线的线位移，又有平行于梁轴线的线位移。但在小变形时，梁的挠曲线形状平缓，平行于梁轴线的线位移与垂直于梁轴线的线位移相比，可以略去不计。

　　2）转角（Slope）——梁的任一横截面绕其中性轴的角位移。

　　在图 7-1 所示坐标系中，约定向下的挠度为正，用符号 v 表示；顺时针转向的转角为正，用符号 θ 表示。一般说来，挠度与转角随截面位置不同而不同，它们是截面位置 x 的函数，即

$$v = v(x), \quad \theta = \theta(x) \tag{a}$$

式（a）中的第一式与第二式分别称为梁的**挠曲线方程**与**转角方程**。计算梁的变形就是要求出这两个方程的表达式。

　　根据平截面假设，梁的横截面在变形后仍与其挠曲线垂直。所以，挠曲线在任一点的切线与 x 轴的夹角 θ_1 应等于该点处横截面的转角 θ（见图 7-1）。

　　在小变形时，转角是一个很小的量，故存在下述关系：

$$\theta = \theta_1 \approx \tan\theta_1 = \frac{\mathrm{d}v}{\mathrm{d}x} = v' \tag{b}$$

　　式（b）表示：梁的挠曲线方程对 x 的一阶导数就是转角方程。因此，计算梁的位移的关键是确定梁的挠曲线方程。

　　计算弯曲变形有多种方法，本章仅介绍常用的积分法、共轭梁法及叠加法。能量法也是计算变形的一种重要方法，它将在第八章中介绍。

第二节　梁的挠曲线近似微分方程

在弯曲应力一章中已导出梁在纯弯曲时的曲率公式为：$1/\rho = M/(EI_z)$（为了书写简便，今后将 I_z 写成 I）。在横力弯曲时，除了弯矩，剪力也将引起弯曲变形。但对于跨度远大于横截面高度的梁，与弯矩相比，剪力引起的弯曲变形可以忽略不计[1]。于是，曲率公式可以近似地表达为

$$\frac{1}{\rho(x)} = \frac{M(x)}{EI} \tag{a}$$

由高等数学可知，平面曲线的曲率可以写成

$$\frac{1}{\rho(x)} = \pm \frac{v''}{[1 + (v')^2]^{3/2}} \tag{b}$$

在小变形时，梁的挠曲线是一条平缓的曲线，转角 v' 的数值很小，因此 $(v')^2$ 与 1 相比可以略去不计，于是式 (b) 可以近似地写成

$$\frac{1}{\rho(x)} = \pm v'' \tag{c}$$

将式 (c) 代入式 (a)，得

$$\pm v'' = \frac{M(x)}{EI} \tag{d}$$

根据弯矩与挠度的正负号约定（图 7-2），不难看出，弯矩 M 与挠曲线曲率 v'' 的值总是异号的。因此，式 (d) 的左边应取负号，即

$$v'' = \frac{\mathrm{d}^2 v}{\mathrm{d}x^2} = -\frac{M(x)}{EI} \tag{7-1}$$

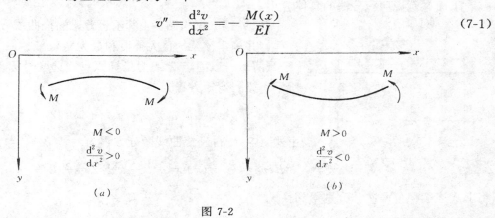

图 7-2

式 (7-1) 就是梁的挠曲线近似微分方程。它适用于小变形的、线弹性材料的细长梁。对方程 (7-1) 积分，便可求出转角方程和挠度方程。

---

[1] 若考虑剪力引起的弯曲变形，例如，对于承受均布荷载的简支梁，利用能量法求出梁在跨度中点处的挠度为：$v_{max} = \dfrac{5ql^4}{384EI}\Big(1 + \dfrac{48f_sEI}{5GAl^2}\Big)$。式中第一项为弯矩引起的挠度，第二项为剪力引起的挠度。若讨论 $\nu = 0.3$ 的矩形截面梁（式中的 $f_s = 1.2$，$I/A = h^2/12$），$v_{max} = \dfrac{5ql^4}{384EI}\Big[1 + 2.5\Big(\dfrac{h}{l}\Big)^2\Big]$。当梁的高跨比 $h/l = \dfrac{1}{10}$ 时，剪力引起的挠度仅为弯矩引起的挠度的 2.5%。

第三节　用积分法计算弯曲变形

对挠曲线近似微分方程（7-1）积分一次，得到转角的通解为

$$\theta = \frac{\mathrm{d}v}{\mathrm{d}x} = -\int \frac{M}{EI}\mathrm{d}x + C \qquad\qquad (7\text{-}2)$$

再积分一次，得到挠曲线的通解为

$$v = -\iint \frac{M}{EI}\mathrm{d}x\mathrm{d}x + Cx + D \qquad\qquad (7\text{-}3)$$

以上两式中的 C 和 D 为积分常数。这些积分常数可以通过**位移边界条件**和**变形连续条件**来确定。位移边界条件是指梁在某些截面处的已知位移条件。例如，梁在铰支座处的挠度等于零，在固定端处的挠度与转角都等于零。变形连续条件是指梁在任意截面处，有唯一确定的挠度与转角值。因此，挠曲线应是一条连续、光滑的曲线，不应出现图 7-3 所示的不连续或不光滑的情况。

图 7-3

积分常数确定后，将它们代入式（7-2）和式（7-3）就分别得到梁的转角方程和挠曲线方程，从而便可进一步求出任一截面的转角值及轴线上任一点的挠度值。

下面举例说明积分法的具体应用。

【例 7-1】　试求图 7-4 所示悬臂梁的挠曲线方程和转角方程，并确定该梁的最大挠度和最大转角。

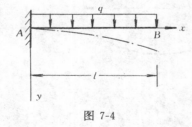

图 7-4

【解】　以固定端 A 为坐标原点，选取坐标系如图 7-4 所示。梁的弯矩方程为

$$M(x) = -q(l-x)^2/2$$

由式（7-1）得到挠曲线微分方程为

$$EIv'' = -M(x) = q(l-x)^2/2 = \frac{q}{2}l^2 - qlx + \frac{q}{2}x^2$$

将上式连续积分两次，分别得到

$$EIv' = \frac{q}{2}l^2x - \frac{q}{2}lx^2 + \frac{q}{6}x^3 + C \qquad\qquad (a)$$

$$EIv = \frac{q}{4}l^2x^2 - \frac{q}{6}lx^3 + \frac{q}{24}x^4 + Cx + D \qquad\qquad (b)$$

式（a）和（b）中的积分常数 C 和 D 由位移边界条件就可以确定。该梁的位移边界条件为：在固定端 A 处，转角和挠度都等于零，即

$$当\ x = 0\ 时，\quad \theta_A = v'_A = 0,\quad v_A = 0$$

将边界条件分别代入式（a）和（b），解得

144

$$C = 0, \quad D = 0 \tag{c}$$

再将式 (c) 代入式 (a) 和 (b)，得到梁的转角方程和挠曲线方程为

$$\theta = v' = \frac{ql^3}{6EI}\left(\frac{x^3}{l^3} - 3\frac{x^2}{l^2} + 3\frac{x}{l} \right) \tag{d}$$

$$v = \frac{ql^4}{24EI}\left(\frac{x^4}{l^4} - 4\frac{x^3}{l^3} + 6\frac{x^2}{l^2} \right) \tag{e}$$

根据梁的受力情况及位移边界条件，梁的挠曲线示意图如图中点划线所示。不难看出，梁的最大转角和最大挠度都在自由端 B 处。将 $x = l$ 代入式 (d) 和 (e)，分别求得

$$\theta_{max} = \theta_B = \frac{ql^3}{6EI}$$

$$v_{max} = v_B = \frac{ql^4}{8EI}$$

在以上结果中，转角为正值，说明梁弯曲时横截面 B 绕中性轴顺时针方向转动；挠度为正值，说明 B 截面的形心向下移动。

【例 7-2】 试求图 7-5 所示简支梁的最大挠度和最大转角。

【解】 以左支座 A 为坐标原点，建立坐标系如图 7-5 所示。由静力平衡方程求得梁的支反力（方向如图所示）为

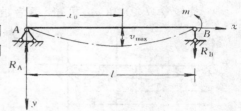

图 7-5

$$R_A = R_B = m/l$$

梁的弯矩方程为

$$M(x) = mx/l$$

将上式代入方程 (7-1)，得

$$EIv'' = -M(x) = -mx/l$$

将上式连续积分两次，分别得到

$$EIv' = -\frac{m}{2l}x^2 + C \tag{f}$$

$$EIv = -\frac{m}{6l}x^3 + Cx + D \tag{g}$$

该梁的位移边界条件是：在两端铰支座处的挠度等于零，即

$$当 \ x = 0 \ 时, v_A = 0$$

$$当 \ x = l \ 时, v_B = 0$$

将以上边界条件代入式 (g)，解得

$$C = ml/6, \quad D = 0 \tag{h}$$

将式 (h) 代入式 (f) 和 (g)，得到该梁的转角方程和挠度方程为

$$\theta = v' = \frac{ml}{6EI}\left(1 - 3\frac{x^2}{l^2} \right) \tag{i}$$

$$v = \frac{ml^2}{6EI}\left(\frac{x}{l} - \frac{x^3}{l^3} \right) \tag{j}$$

由挠曲线的大致形状（图中点划线所示）可知，绝对值最大的转角发生在 A 端或 B 端。在式 (i) 中，令 $x = 0$ 及 $x = l$ 分别得到

$$\theta_A = \theta(0) = \frac{ml}{6EI}$$

$$\theta_B = \theta(l) = -\frac{ml}{3EI}$$

于是

$$|\theta|_{max} = |\theta_B| = \frac{ml}{3EI}$$

最大挠度发生在梁中 $v'=0$ 处。令 $x=x_0$ 时，$v'=0$，由式（i）求得

$$x_0 = l/\sqrt{3} = 0.577l$$

将上式代入式（j），得

$$v_{max} = v(l/\sqrt{3}) = \frac{ml^2}{9\sqrt{3}EI} = \frac{ml^2}{15.59EI}$$

跨度中点（$x=l/2$）的挠度为

$$v(l/2) = \frac{ml^2}{16EI}$$

比较 $v(l/2)$ 和 v_{max} 可知，两者数值很接近。若用跨中点挠度近似最大挠度，相对误差为

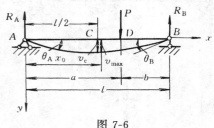

图 7-6

$$\frac{v_{max} - v(l/2)}{v_{max}} = 2.6\%$$

【例 7-3】 试求图 7-6 所示简支梁的最大挠度和最大转角。

【解】 取支座 A 为坐标原点，坐标系如图所示。梁的支反力（方向如图所示）为

$$R_A = Pb/l, \quad R_B = Pa/l$$

分段列出弯矩方程如下：

AD 段 $\qquad M_1 = \frac{Pb}{l}x \qquad\qquad (0 \leqslant x \leqslant a)$

DB 段 $\qquad M_2 = \frac{Pb}{l}x - P(x-a) \qquad (a \leqslant x \leqslant l)$

由于梁在 AD 段和 DB 段的弯矩方程不同，挠曲线的微分方程也就不同，所以积分时应分两段分别进行，结果如下：

AD 段　　　　$(0 \leqslant x \leqslant a)$		DB 段　　　　$(a \leqslant x \leqslant l)$	
$EIv''_1 = -M_1 = -\frac{Pb}{l}x$		$EIv''_2 = -M_2 = -\frac{Pb}{l}x + P(x-a)$	
$EIv'_1 = -\frac{Pb}{l}\frac{x^2}{2} + C_1$	(k')	$EIv'_2 = -\frac{Pb}{l}\frac{x^2}{2} + \frac{P(x-a)^2}{2} + C_2$	(k'')
$EIv_1 = -\frac{Pb}{l}\frac{x^3}{6} + C_1 x + D_1$	(l')	$EIv_2 = -\frac{Pb}{l}\frac{x^3}{6} + \frac{P(x-a)^3}{6} + C_2 x + D_2$	(l'')

在 DB 段内，对含有（$x-a$）的项积分时，是以（$x-a$）为自变量，这样可以使下面确定积分常数的运算得到简化。

由以上诸式可见,求梁的位移时,每一段有两个积分常数,两段共有四个积分常数:C_1、D_1、C_2 和 D_2。确定这些常数需要四个条件,这些条件就是位移边界条件和变形连续条件。位移边界条件为

$$当 \ x = 0 \ 时, \quad v_1 = 0 \qquad\qquad (m)$$

$$当 \ x = l \ 时, \quad v_2 = 0 \qquad\qquad (n)$$

由于挠曲线是连续、光滑的,因此在两段的交界截面 D 处,由左、右两段的方程计算出的挠度及转角的数值应相等。由此得出变形连续条件为

$$当 \ x = a \ 时, \quad v_1 = v_2 \qquad\qquad (o)$$

$$当 \ x = a \ 时, \quad \theta_1 = \theta_2 \qquad\qquad (p)$$

利用式 $(m) \sim (p)$,便可求出这四个积分常数。为运算简单,先利用变形连续条件 (p) 和 (o),解得

$$C_1 = C_2, D_1 = D_2$$

再利用位移边界条件 (m) 和 (n),解得

$$D_1 = D_2 = 0 \qquad\qquad (q)$$

$$C_1 = C_2 = \frac{Pb}{6l}(l^2 - b^2) \qquad\qquad (r)$$

将求出的积分常数(式 (q) 和 (r))代回式 (k')、(k'')、(l') 和 (l''),便得到转角与挠度方程如下:

AD 段 $\quad (0 \leqslant x \leqslant a)$		DB 段 $\quad (a \leqslant x \leqslant l)$	
$v'_1 = \dfrac{Pb}{6EIl}(l^2 - b^2 - 3x^2)$	(s')	$v'_2 = \dfrac{Pb}{6EIl}\left[(l^2 - b^2 - 3x^2) + \dfrac{3l}{b}(x-a)^2\right]$	(s'')
$v_1 = \dfrac{Pbx}{6EIl}(l^2 - b^2 - x^2)$	(t')	$v_2 = \dfrac{Pb}{6EIl}\left[(l^2 - b^2 - x^2)x + \dfrac{l}{b}(x-a)^3\right]$	(t'')

最大转角发生在支座 A 或 B 处。在式 (s') 中,令 $x=0$,式 (s'') 中,令 $x=l$,得到

$$\theta_A = \theta_1(0) = \frac{Pb(l^2 - b^2)}{6EIl} = \frac{Pab(l+b)}{6EIl}$$

$$\theta_B = \theta_2(l) = \frac{Pb}{6EIl}(l^2 - b^2 - 3l^2 + 3lb) = -\frac{Pab(l+a)}{6EIl}$$

若 $a > b$,由以上两式可以判定,绝对值最大的转角发生在支座 B 处,即 $\theta_{\max} = |\theta_B|$。

最大挠度发生在 $v' = 0$ 处。首先应确定 $v' = 0$ 的截面位置。由前面计算可知,$\theta_A > 0$,$\theta_B < 0$。若在式 (s') 或 (s'') 中,令 $x = a$,得到截面 D 的转角为

$$\theta_D = -\frac{Pab(a-b)}{3EIl}$$

若 $a > b$,则 $\theta_D < 0$。从截面 A 到截面 D,转角由正变为负,改变了符号。由于挠曲线是连续、光滑的曲线,转角为零的截面必在 AD 段内。在式 (s') 中,令 $\theta_1(x_0) = 0$,解得

$$x_0 = \sqrt{\frac{l^2 - b^2}{3}} = \frac{l}{\sqrt{3}}\sqrt{1 - \left(\frac{b}{l}\right)^2} \qquad\qquad (u)$$

将式 (u) 的 x_0 之值代入式 (t'),求得最大挠度为

$$v_{\max} = v_1(x_0) = \frac{Pbl^2}{9\sqrt{3}EI}\sqrt{\left(1 - \frac{b^2}{l^2}\right)^3} \qquad (v)$$

下面讨论当集中力 P 的作用点变化时，梁的最大挠度值及其所在截面位置的变化情况。

1）集中力作用在跨度中点时，$a = b = l/2$。由式（u）得：$x_0 = l/2$，即最大挠度发生在跨度中点处。由式（v）得

$$v_{\max} = v_1(l/2) = \frac{Pl^3}{48EI}$$

2）当集中力作用点从跨度中点向右移时，b 值减小，x_0 值增大。即最大挠度所在截面的位置从跨度中点向右移。其极端情况为集中力 P 无限接近于右端支座处，这时 $(b/l)^2$ 与 1 相比，可以忽略不计，则式（u）和（v）分别为

$$x_0 \approx l/\sqrt{3} = 0.577l$$

$$v_{\max} \approx \frac{Pbl^2}{9\sqrt{3}EI} = \frac{Pbl^2}{15.59EI}$$

由此可见，即使在这种极端情况下，最大挠度所在截面仍然在跨度中点附近。因此，可以用跨度中点处的挠度值近似最大挠度值。由式（t'）求得跨度中点处的挠度为

$$v_1\left(\frac{l}{2}\right) \approx \frac{Pbl^2}{16EI}$$

这时若用 $v_1(l/2)$ 代替 $v_{\max}$，引起的相对误差为 2.6%。

由例 7-2 和 7-3 可知，简支梁无论受什么荷载作用，只要挠曲线上无拐点，总可以用跨度中点处的挠度值近似最大挠度值，其精度是能够满足工程计算要求的。

求挠曲线方程的积分法是计算弯曲变形的基本方法，它的优点是可以求出转角和挠度的普遍方程式。但它也是比较麻烦的方法，主要困难是当梁上荷载分布复杂或遇到变截面梁时，挠曲线微分方程数增加（设为 n），积分常数也随着增加（共为 $2n$）。一般说来，要确定这些积分常数就需要解含 $2n$ 个未知数的代数方程组，这会使运算过程变得非常冗繁。若在建立弯矩方程及求解转角和挠度方程的过程中遵守一定的规则，可将积分常数最终归结为两个，从而简化计算。这就是计算弯曲变形的初参数法。本章对初参数法不作介绍，读者需要了解时，可参考有关书籍。

*第四节　用共轭梁法计算弯曲变形

在工程实际中，往往只需要计算梁在指定截面处的挠度和转角。如果按本章第三节介绍的积分法计算弯曲变形，先求出挠曲线方程和转角方程，然后再计算指定截面的位移，这将是很麻烦的。本节介绍的共轭梁法是计算梁在指定截面的位移的一种比较方便的方法。在计算变截面梁的位移时，这一方法也比较简单。

一、共轭梁法的基本原理

在本章第二节中，给出了梁的挠度、转角和弯矩之间的微分关系：

$$\frac{\mathrm{d}^2v}{\mathrm{d}x^2} = \frac{\mathrm{d}\theta}{\mathrm{d}x} = -\frac{M(x)}{EI} \qquad (a)$$

在弯曲内力一章中，给出了梁的弯矩、剪力和荷载集度间的微分关系：

$$\frac{\mathrm{d}^2 M}{\mathrm{d}x^2} = \frac{\mathrm{d}V}{\mathrm{d}x} = q(x) \qquad\qquad (b)$$

比较式 (a) 和 (b) 可见，$v-\theta-\dfrac{-M}{EI}$ 之间的微分关系与 $M-V-q$ 之间的微分关系完全相同。当梁上荷载 $q(x)$ 已知时，要求剪力 V 和弯矩 M 是比较简便的；而已知梁的弯矩 $M(x)$，要求梁的转角 θ 和挠度 v 就比较麻烦。因此，可以根据式 (a) 与 (b) 的相似性，利用比拟的方法，把求梁的位移问题从形式上转变成求梁的内力的问题。

如果假想有一虚设的梁（简称**虚梁**）与所研究的实际的梁（简称**实梁**）长度相等，并使作用在虚梁上的虚荷载集度等于实梁的弯矩值乘以系数 $\dfrac{-1}{EI}$，即 $\overline{q}(x) = \dfrac{-M(x)}{EI(x)}$。这样就可能使由虚梁求出的虚剪力和虚弯矩分别等于实梁的转角和挠度。但是，两个微分方程相同并不能保证这两个方程的解相同，还要两个方程的边界条件及连续条件对应才行。下面对此进行具体的分析。

二、实梁与虚梁的约束对应关系

欲使虚梁与实梁的边界条件及连续条件对应，必须做到：

(1) 当实梁的挠度（或转角）等于零时，虚梁在同一处的虚弯矩（或虚剪力）也应等于零；

(2) 当实梁的挠度（或转角）不等于零时，虚梁在同一处的虚弯矩（或虚剪力）也应不等于零；

(3) 当实梁的挠度（或转角）连续时，虚梁在同一处的弯矩（或剪力）也应连续；

(4) 当实梁的转角在梁的中间铰处不连续时，虚梁在该处的剪力也应不连续。

根据以上分析，将实梁与虚梁的常见约束的对应关系列于表 7-1 中。

实 梁 和 虚 梁 的 约 束 对 应 关 系   表 7-1

实　　　　梁			虚　　　　梁	
约 束 情 况		位移边界条件及变形连续条件	要求的静力边界条件及内力连续条件	相应的约束情况
固定端 A		$v_A = 0$ $\theta_A = 0$	$\overline{M}_{A'} = 0$ $\overline{V}_{A'} = 0$	自由端 A'
自由端 A		$v_A \neq 0$ $\theta_A \neq 0$	$\overline{M}_{A'} \neq 0$ $\overline{V}_{A'} \neq 0$	固定端 A'
端铰支座 A	或	$v_A = 0$ $\theta_A \neq 0$	$\overline{M}_{A'} = 0$ $\overline{V}_{A'} \neq 0$	端铰支座 A' 或
中间铰支座 A		$v_A = 0$ $\theta_{A左} = \theta_{A右} \neq 0$ （变形连续条件）	$\overline{M}_{A'} = 0$ $\overline{V}_{A'左} = \overline{V}_{A'右} \neq 0$	中间铰 A'
中间铰 A		$v_{A左} = v_{A右}$ （变形连续条件） $\theta_{A左} \neq \theta_{A右}$	$\overline{M}_{A'左} = \overline{M}_{A'右}$ $\overline{V}_{A'左} \neq \overline{V}_{A'右}$	中间铰支座 A'

这里还需指出，实梁在集中力或集中力偶作用处的挠度和转角是连续的，因此虚梁在相应处的弯矩和剪力也应连续。由于虚梁的虚荷载只有分布荷载 $\bar{q}(x)$，没有集中力及集中力偶，所以，这一对应关系是自然满足的。

图 7-7 列举了三种静定实梁与虚梁的对应关系。

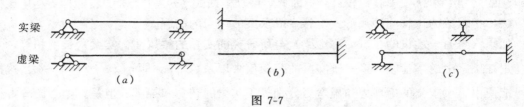

图 7-7

由图 7-7 可见，如果以图中的虚梁作为实梁，则原来的实梁就是与它对应的虚梁。因此，通常将这一对梁称为**共轭梁**；将利用虚梁的虚剪力和虚弯矩来计算实梁的转角和挠度的方法称为**共轭梁法**，又称**虚梁法**。

用共轭梁法计算梁的位移时，通常需要计算梁的虚荷载分布图的面积及其形心的位置。表 7-2 列出了几种在共轭梁法中常用图形的面积及其形心的位置，以备查用。

共轭梁法常用图形的面积及其形心位置　　　　　　　　　　表 7-2

	三　角　形	二次抛物线形	n 次抛物线形
图　形		切线水平　$y=ax^2$	切线水平　$y=ax^n$
阴影部分面积	$\dfrac{1}{2}bh$	$\dfrac{1}{3}bh$	$\dfrac{1}{n+1}bh$
形心位置	$c=\dfrac{1}{3}(a+b)$	$c=\dfrac{3b}{4}$ $c'=\dfrac{3}{8}b$	$c=\dfrac{n+1}{n+2}b$ $c'=\dfrac{n+1}{2(n+2)}b$

下面举例说明共轭梁法的应用。

【例 7-4】 简支梁受力如图 7-8a 所示，已知 EI 为常数。试用共轭梁法求跨中点处的挠度及两端的转角。

【解】 （1）首先作实梁的弯矩图，如图 b 所示。

（2）作相应的虚梁 $A'B'$，它也是简支梁。将虚荷载 $\bar{q}(x) = -\dfrac{M(x)}{EI}$ 作用在该虚梁上，如图 c 所示。注意：虚荷载为负值，它的作用方向应向下。

（3）实梁在跨度中点 C 处的挠度等于虚梁在对应点 C' 截面的弯矩；实梁在两端的转角分别为虚梁在截面 A' 和 B' 的剪力。

虚梁的支座反力 $\bar{R}_{A'}$ 和 $\bar{R}_{B'}$ 等于虚荷载分布图面积的一半，即

$$\bar{R}_{A'} = \bar{R}_{B'} = \frac{1}{2} \times \frac{l}{2} \times \frac{Pl}{4EI} = \frac{Pl^2}{16EI}$$

因此，虚梁右截面 A' 和 B' 的剪力为

$$\bar{V}_{A'} = -\bar{V}_{B'} = \bar{R}_{A'} = \frac{Pl^2}{16EI}$$

虚梁在跨度中点 C' 截面的弯矩为

$$\bar{M}_{C'} = \bar{R}_{A'} \times \frac{l}{2} - \left(\frac{1}{2} \times \frac{l}{2} \times \frac{Pl}{4EI} \right) \times \left(\frac{1}{3} \times \frac{l}{2} \right)$$

$$= \frac{Pl^3}{48EI}$$

于是实梁在对应处的位移为

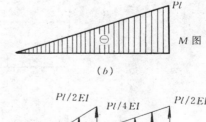

（a）

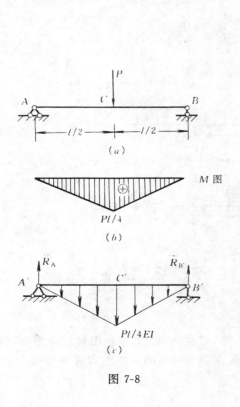

图 7-8

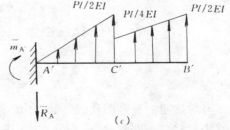

（c）

图 7-9

151

$$\theta_A = \overline{V}_{A'} = \frac{Pl^2}{16EI} \quad \theta_B = \overline{V}_{B'} = -\frac{Pl^2}{16EI}$$

$$v_C = \overline{M}_{C'} = \frac{Pl^3}{48EI}$$

此结果与例 7-3 一致，但计算过程要简单得多。

【例 7-5】 试用共轭梁法求图 7-9a 所示变截面梁的最大挠度及最大转角。

【解】 变截面梁的解法与等截面梁相同，只需注意虚荷载 $\overline{q}(x) = -\dfrac{M(x)}{EI(x)}$ 中的轴惯性矩 $I(x)$ 是随截面位置 x 变化的。

实梁的弯矩图见图 b，对应的虚梁及虚荷载见图 c。由悬臂梁 AB 的变形可知最大挠度及最大转角在自由端 A，它与虚梁在固定端 A' 的弯矩及剪力相对应。先求出虚梁在 A' 端的反力 $\overline{R}_{A'}$ 和反力偶 $\overline{m}_{A'}$。

$$\overline{R}_{A'} = \frac{1}{2} \times \frac{l}{2} \times \frac{Pl}{2EI} + \frac{l}{2} \times \frac{1}{2} \times \left(\frac{Pl}{4EI} + \frac{Pl}{2EI} \right)$$

$$= \frac{5Pl^2}{16EI}$$

$$\overline{m}_{A'} = \left(\frac{1}{2} \times \frac{l}{2} \times \frac{Pl}{2EI} \right) \times \left(\frac{2}{3} \times \frac{l}{2} \right) + \left(\frac{1}{2} \times \frac{l}{2} \times \frac{Pl}{4EI} \right)$$

$$\times \left(\frac{2}{3} \times \frac{l}{2} + \frac{l}{2} \right) + \left(\frac{l}{2} \times \frac{Pl}{4EI} \right) \times \left(\frac{1}{2} \times \frac{l}{2} + \frac{l}{2} \right)$$

$$= \frac{3Pl^3}{16EI}$$

于是梁 AB 的最大挠度和最大转角分别为

$$v_{\max} = v_A = \overline{M}_{A'} = \overline{m}_{A'} = \frac{3Pl^3}{16EI}$$

$$\theta_{\max} = |\theta_A| = |\overline{V}_{A'}| = \overline{R}_{A'} = \frac{5Pl^2}{16EI}$$

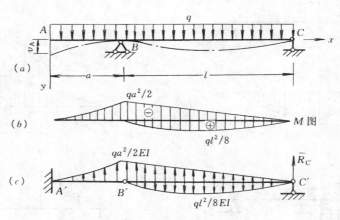

图 7-10

有时虚梁的荷载图比较复杂，不能直接利用表 7-2 的结果，可以利用叠加原理作弯矩图的方法，将实梁荷载分成几部分，使每一部分荷载作用下对应的弯矩图能够符合表 7-2 的标准情况，以便利用表中数值。现举例说明。

【例 7-6】 外伸梁受力如图 7-10a 所示，EI 为常数。试用共轭梁法求外伸端 A 的挠度和转角。

【解】 （1）将作用在实梁上的均布荷载分为 AB 和 BC 两部分，分别画出这两部分荷载所产生的弯矩图，如图 b 所示。

（2）根据表 7-1 作相应的虚梁，并将虚荷载作用在该梁上，如图 c 所示。

（3）计算虚梁在截面 A' 的虚剪力和虚弯矩。

首先，利用梁中铰 B' 的弯矩为零的条件求出虚梁支座 C' 的反力 $\overline{R}_{C'}$。即

$$\overline{M}_{B'} = \overline{R}_{C'}l + \left(\frac{1}{2} \times l \times \frac{qa^2}{2EI} \right) \times \frac{l}{3} - \left(\frac{2}{3} \times l \times \frac{ql^2}{8EI} \right) \times \frac{l}{2} = 0$$

解得

$$\overline{R}_{C'} = \frac{ql^3}{24EI} - \frac{qa^2 l}{12EI}$$

于是，截面 A' 的虚剪力和弯矩分别为

$$\overline{V}_{A'} = -\overline{R}_{C'} - \left(\frac{1}{2} \times l \times \frac{qa^2}{2EI} \right) - \left(\frac{1}{3} \times a \times \frac{qa^2}{2EI} \right) + \left(\frac{2}{3} \times l \times \frac{ql^2}{8EI} \right)$$

$$= -\frac{q}{24EI}(4a^3 + 4a^2 l - l^3)$$

$$\overline{M}_{A'} = \overline{R}_{C'}(l+a) + \left(\frac{1}{2} \times l \times \frac{qa^2}{2EI} \right) \times \left(a + \frac{l}{3} \right) + \left(\frac{1}{3} \times a \times \frac{qa^2}{2EI} \right) \times \frac{3a}{4}$$

$$\quad - \left(\frac{2}{3} \times l \times \frac{ql^2}{8EI} \right) \times \left(a + \frac{l}{2} \right)$$

$$= \frac{q}{24EI}(3a^4 + 4a^3 l - al^3)$$

（4）利用实梁与虚梁的对应关系，求出实梁外伸端 A 的挠度和转角分别为

$$u_A = \overline{M}_{A'} = \frac{q}{24EI}(3a^4 + 4a^3 l - al^3)$$

$$\theta_A = \overline{V}_{A'} = -\frac{q}{24EI}(4a^3 + 4a^2 l - l^3)$$

第五节 用叠加法计算弯曲变形

在前几节的计算中可以看出，在小变形及线弹性材料时，所求得的梁的挠度和转角都与梁上的荷载成线性关系。因此，在这种情况下，可以利用在第四章第六节所阐述的叠加原理计算梁的位移。

在工程实际中，梁往往同时承受几项荷载的作用，计算这种情况下的位移比较麻烦。因此，常用基本方法求出各种典型荷载下梁的挠度和转角，将结果制成表（例如，表 7-3）。当梁上荷载复杂时，就可以利用这表进行叠加运算，得出最后结果。这种计算位移的方法称为叠加法。

利用叠加法计算位移时，通常遇到两类情况：一类情况是梁上的荷载可以分成若干个典型荷载，其中每个荷载都可以直接查表求出位移，然后进行叠加运算；另一类情况是梁上的荷载不能化为可以直接查表的若干个典型荷载，需要将梁经过适当转化后，才能利用

表中的结果进行叠加运算。本书将前一类情况的叠加称为**直接叠加**或**荷载叠加**；后一类情况的叠加称为**间接叠加**或**位移叠加**（某些书称此法为**逐段刚化法**）。

简单荷载作用下梁的挠度和转角　　　　　　　　　　表 7-3

（一）悬臂梁

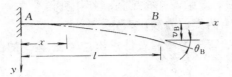

v—沿 y 方向的挠度

$v_B = v(l)$ —梁右端处的挠度

$\theta_B = \theta(l)$ —梁右端处的转角

梁的简图	挠曲线方程	转　角	挠　度
1	$v = \dfrac{Mx^2}{2EI}$	$\theta_B = \dfrac{Ml}{EI}$	$v_B = \dfrac{Ml^2}{2EI}$
2	$v = \dfrac{Mx^2}{2EI} \quad (0 \leqslant x \leqslant a)$ $v = \dfrac{Ma}{EI}\left(x - \dfrac{a}{2}\right) \quad (a \leqslant x \leqslant l)$	$\theta_B = \dfrac{Ma}{EI}$	$v_B = \dfrac{Ma}{EI}\left(l - \dfrac{a}{2}\right)$
3	$v = \dfrac{Px^2}{6EI}(3l - x)$	$\theta_B = \dfrac{Pl^2}{2EI}$	$v_B = \dfrac{Pl^3}{3EI}$
4	$v = \dfrac{Px^2}{6EI}(3a - x) \quad (0 \leqslant x \leqslant a)$ $v = \dfrac{Pa^2}{6EI}(3x - a) \quad (a \leqslant x \leqslant l)$	$\theta_B = \dfrac{Pa^2}{2EI}$	$v_B = \dfrac{Pa^2}{6EI}(3l - a)$
5	$v = \dfrac{qx^2}{24EI}(x^2 - 4lx + 6l^2)$	$\theta_B = \dfrac{ql^3}{6EI}$	$v_B = \dfrac{ql^4}{8EI}$
6	$v = \dfrac{q_0 x^2}{120EIl}(10l^3 - 10l^2 x + 5lx^2 - x^3)$	$\theta_B = \dfrac{q_0 l^3}{24EI}$	$v_B = \dfrac{q_0 l^4}{30EI}$

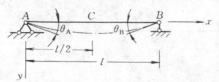

v—沿 y 方向的挠度

$v_C = v\left(\dfrac{l}{2}\right)$ —梁跨中央挠度

$\theta_A = v'(0)$ —梁左端处的转角

$\theta_B = v'(l)$ —梁右端处的转角

	梁的简图	挠曲线方程	转　角	挠　度
7		$v = \dfrac{Mx}{6EIl}(l-x)(2l-x)$	$\theta_A = \dfrac{Ml}{3EI}$ $\theta_B = -\dfrac{Ml}{6EI}$	$v_C = \dfrac{Ml^2}{16EI}$ $x_0 = \left(1-\dfrac{1}{\sqrt{3}}\right)l$ 时， $v_{max} = v(x_0)$ $= \dfrac{Ml^2}{9\sqrt{3}\,EI}$
8		$v = \dfrac{Mx}{6EI}(l^2-x^2)$	$\theta_A = \dfrac{Ml}{6EI}$ $\theta_B = \dfrac{-Ml}{3EI}$	$v_C = \dfrac{Ml^2}{16EI}$ $x_0 = \dfrac{l}{\sqrt{3}}$ 时， $v_{max} = v(x_0)$ $= \dfrac{Ml^2}{9\sqrt{3}\,EI}$
9		$v = \dfrac{Mx}{6EIl}(l^2-3b^2-x^2)$ $(0 \leqslant x \leqslant a)$ $v = \dfrac{M}{6EIl}[-x^3+3l(x-a)^2$ $+ (l^2-3b^2)\,x]$ $(a \leqslant x \leqslant l)$	$\theta_A = \dfrac{M}{6EIl}(l^2-3b^2)$ $\theta_B = \dfrac{M}{6EIl}(l^2-3a^2)$	当 $a=b=l/2$ 时 $v_C = 0$
10		$v = \dfrac{qx}{24EI}(l^3-2lx^2+x^3)$	$\theta_A = \dfrac{ql^3}{24EI}$ $\theta_B = -\dfrac{ql^3}{24EI}$	$v_C = \dfrac{5ql^4}{384EI}$
11		$v = \dfrac{q_0 x}{360EIl}(7l^4-10l^2x^2+3x^4)$	$\theta_A = \dfrac{7q_0l^3}{360EI}$ $\theta_B = -\dfrac{q_0l^3}{45EI}$	$v_C = \dfrac{5q_0l^4}{768EI}$ $x_0 = 0.519l$ 时， $v_{max} = v(x_0)$ $= \dfrac{5.01q_0l^4}{768EI}$

	梁的简图	挠曲线方程	转 角	挠 度
12	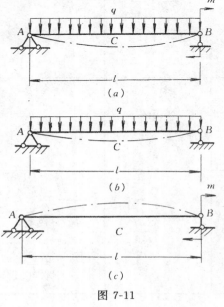 见图	$v = \dfrac{Px}{48EI}(3l^2 - 4x^2)$ $\left(0 \leqslant x \leqslant \dfrac{l}{2}\right)$	$\theta_A = \dfrac{Pl^2}{16EI}$ $\theta_B = \dfrac{Pl^2}{16EI}$	$v_C = \dfrac{Pl^3}{48EI}$
13	见图	$v = \dfrac{Pbx}{6EIl}(l^2 - x^2 - b^2)$ $(0 \leqslant x \leqslant a)$ $v = \dfrac{Pb}{6EIl}\left[\dfrac{l}{b}(x-a)^3 + \right.$ $(l^2 - b^2)x - x^3 \Big]$ $(a \leqslant x \leqslant l)$	$\theta_A = \dfrac{Pab(l+b)}{6EIl}$ $\theta_B = -\dfrac{Pab(l+a)}{6EIl}$	设 $a > b$, $v_C = \dfrac{Pb(3l^2 - 4b^2)}{48EI}$ $x_0 = \sqrt{\dfrac{l^2 - b^2}{3}}$ 时, $v_{max} = v(x_0)$ $= \dfrac{Pb(l^2 - b^2)^{3/2}}{9\sqrt{3}\,EIl}$

一、直接叠加计算梁的位移

当计算梁在若干个典型荷载同时作用下的位移时，可以查表求出每一个典型荷载单独作用时的位移，然后进行叠加，得出最后结果。下面举例说明这种方法的应用。

【例 7-7】 简支梁受荷载如图 7-11a 所示。试用叠加法求跨度中点 C 的挠度和两端截面 A、B 的转角。

图 7-11

【解】 该梁上的荷载可以分成两项典型荷载单独作用，如图 b 和 c 所示。从表 7-3 中查出它们分别作用时中点 C 的挠度和 A、B 截面的转角，然后根据叠加原理求其代数和，便得到要求的结果。即

$$v_C = v_{Cq} + v_{Cm} = \frac{5ql^4}{384EI} - \frac{ml^2}{16EI}$$

$$\theta_A = \theta_{Aq} + \theta_{Am} = \frac{ql^3}{24EI} - \frac{ml}{6EI}$$

$$\theta_B = \theta_{Bq} + \theta_{Bm} = -\frac{ql^3}{24EI} + \frac{ml}{3EI}$$

叠加法也可以用于非均布荷载 $q(x)$ 的情况。视作用在微段 $\mathrm{d}x$ 上的荷载 $q(x)\mathrm{d}x$ 为一作用在 x 处的集中荷载，查表求出相应的位移，然后对整个荷载作用范围进行积分（即叠加），得到最后结果。现举例说明。

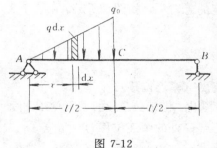

图 7-12

【**例 7-8**】 简支梁的半跨受三角形分布荷载作用,如图 7-12 所示。试利用叠加法求跨度中点 C 处的挠度 v_C 及左端截面的转角 θ_A。

【**解**】 作用在微段 dx 上的荷载 $q(x)dx$ 可视为一个集中荷载 dp,$dp = q(x)dx = \dfrac{2q_0 x}{l}dx$。

由表 7-3 中查出,距简支梁左端 x 处作用的集中荷载 P 在梁跨度中点处产生的挠度为 $\dfrac{Px}{48EI}(3l^2 - 4x^2)$。将式中的 P 换成 dp 便得到仅在 dp 作用下的挠度,然后对荷载作用范围积分,求出点 C 处的挠度为:

$$v_C = \int_0^{l/2} \frac{q(x)x}{48EI}(3l^2 - 4x^2)dx = \frac{q_0}{24EIl}\int_0^{l/2}(3l^2 - 4x^2)x^2 dx$$

$$= \frac{q_0 l^4}{240EI}$$

同样,由表 7-3 中查出,集中荷载 $dp = q(x)dx$ 作用在 x 处时,截面 A 的转角为 $\dfrac{q(x)x(l-x)(2l-x)}{6EIl}dx$,于是

$$\theta_A = \int_0^{l/2} \frac{q(x)x(l-x)(2l-x)}{6EIl}dx = \int_0^{l/2} \frac{q_0 x^2(l-x)(2l-x)}{3EIl^2}dx$$

$$= \frac{41q_0 l^3}{2880EI}$$

二、间接叠加计算梁的位移

在荷载作用下,杆件的整体变形是由各微段变形积累的结果。同样,杆件在某点处的位移也是各部分变形在该点处引起的位移的叠加。杆件常常可以被看成由两部分组成:基本部分和附属部分。基本部分的变形将使附属部分产生刚体位移,称为**牵连位移**;附属部分由于本身变形引起的位移,称为**附加位移**。因此,附属部分的实际位移等于牵连位移与附加位移之和,这就是间接叠加法。在计算外伸梁、变截面悬臂梁和折杆的位移时常利用这种方法。下面举例说明。

【**例 7-9**】 外伸梁受荷载如图 7-13a 所示,试求外伸端 C 处的挠度 v_C。

【**解**】 在荷载 q 作用下全梁 ABC 均出现弯曲变形。如前所述,该梁可看成由基本部分 AB 和附属部分 BC 组成。点 C 处的挠度不仅与 BC 段的变形有关,而且与 AB 段的变形也有关。因此,可以分别求出这两部分的变形在点 C 处引起的挠度,然后进行叠加。

(1) 仅考虑附属部分 BC 段本身的变形引起点 C 处的挠度 (附加位移)。

由于仅考虑 BC 段本身的变形,就需要将基本部分 AB 段刚化(不变形),这样 B 截面就

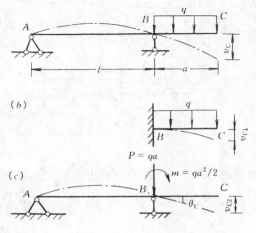

图 7-13

157

不允许产生挠度和转角。因此，BC 段便可看成 B 端固定的悬臂梁，如图 b 所示。由表 7-3 查得，在均布荷载作用下，图 b 中的点 C 处的挠度为

$$v_{C1} = \frac{qa^4}{8EI} \qquad (a)$$

（2）仅考虑基本部分 AB 段的变形引起点 C 处的挠度（牵连位移）。

同样，仅考虑 AB 段的变形时，需将附属部分 BC 段刚化。由于 AB 段的变形使 BC 段产生刚体位移，BC 段倾斜成斜直线，如图 c 所示。于是点 C 处的牵连位移为

$$v_{C2} = a \cdot \tan\theta_B \approx a\theta_B \qquad (b)$$

式中 θ_B 为 B 截面的转角，它可由 AB 段的变形求出。

计算转角 θ_B 时，可将在 BC 段作用的均布荷载向点 B 简化，得到一等效力系（作用在点 B 的集中力 $P = qa$ 和集中力偶 $m = qa^2/2$），如图 c 所示。该等效力系使梁 AB 段产生的位移与实际梁（图 a）在 AB 段的位移完全相同。由图 c 可知，作用于 B 点的集中力 P 并不会使梁变形，所以只需考虑力偶 m 引起的位移。由表 7-3 的简支梁部分可查到

$$\theta_B = \frac{ml}{3EI} = \frac{qa^2l}{6EI} \qquad (c)$$

将式（c）代入式（b），得

$$v_{C2} = \frac{qa^3l}{6EI} \qquad (d)$$

（3）根据叠加原理，点 C 处的总挠度 $v_C = v_{C1} + v_{C2}$。利用式（a）和（d），得

$$v_C = \frac{qa^4}{8EI} + \frac{qa^3l}{6EI} = \frac{qa^3}{24EI}(3a + 4l)$$

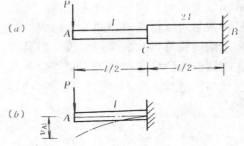

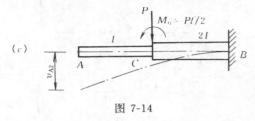

图 7-14

【例 7-10】 变截面梁 AB 受荷载如图 7-14a 所示，试用叠加法求自由端 A 的挠度和转角。

【解】 该变截面梁不能直接利用表 7-3 的结果，可将它看成由基本部分 BC 段和附属部分 AC 段组成。

（1）将基本部分 BC 刚化，则附属部分 AC 的变形与 C 端固定的悬臂梁的变形（图 b）完全相同，由表 7-3 可查得

$$v_{A1} = \frac{P(l/2)^3}{3EI} = \frac{Pl^3}{24EI}$$

$$\theta_{A1} = \frac{P(l/2)^2}{2EI} = \frac{Pl^2}{8EI}$$

（2）将附属部分刚化，则基本部分 BC 的变形及引起附属部分 AC 的刚体位移如图 c 所示。AC 段为斜直线，BC 段的位移可由表 7-3 的悬臂梁部分查出。于是

$$\theta_C = \theta_{Cp} + \theta_{Cm} = \frac{P(l/2)^2}{2E(2I)} + \frac{(Pl/2)(l/2)}{E(2I)} = \frac{3Pl^2}{16EI}$$

$$v_C = v_{Cp} + v_{Cm} = \frac{P(l/2)^3}{3E(2I)} + \frac{(Pl/2)(l/2)^2}{2E(2I)} = \frac{5Pl^3}{96EI}$$

$$v_{A2} = v_C + \theta_C \frac{l}{2} = \frac{5Pl^3}{96EI} + \frac{3Pl^2}{16EI} \frac{l}{2} = \frac{7Pl^3}{48EI}$$

$$\theta_{A2} = \theta_C = \frac{3Pl^2}{16EI}$$

（3）叠加前面两部分的位移，得

$$v_A = v_{A1} + v_{A2} = \frac{Pl^3}{24EI} + \frac{7Pl^3}{48EI} = \frac{3Pl^3}{16EI}$$

$$\theta_A = \theta_{A1} + \theta_{A2} = \frac{Pl^2}{8EI} + \frac{3Pl^2}{16EI} = \frac{5Pl^2}{16EI}$$

此结果与例 7-5 用共轭梁法求解的结果一致。

【例 7-11】 试求图 7-15a 所示平面折杆在自由端 C 的垂直位移 Δ_{CV} 和水平位移 Δ_{CH}。已知该折杆各段的横截面积皆为 A，轴惯性矩为 I，材料的弹性模量为 E。

【解】（1）将基本部分 AB 刚化，则附属部分 BC 的变形如图 b 所示的悬臂梁，点 C 处的位移（附加位移）为

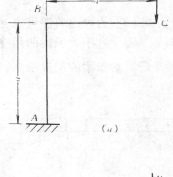

$$\Delta_{CV1} = \frac{Pa^3}{3EI}$$

$$\Delta_{CH1} = 0$$

（2）将附属部分 BC 刚化，则基本部分 AB 的变形及引起附属部分 BC 的刚体位移（牵连位移）如图 c 所示，有

$$\Delta_{CV2} = \Delta l_{AB} + \theta_B a$$
$$= \frac{Pa}{EA} + \frac{(Pa)a}{EI} \cdot a = \frac{Pa}{EA} + \frac{Pa^3}{EI}$$

$$\Delta_{CH2} = v_B = \frac{(Pa) \cdot a^2}{2EI} = \frac{Pa^3}{2EI}$$

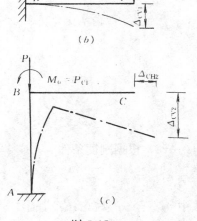

图 7-15

（3）叠加前两部分的结果，有

$$\Delta_{CV} = \Delta_{CV1} + \Delta_{CV_2} = \frac{4Pa^3}{3EI} + \frac{Pa}{EA} (\downarrow)$$

$$\Delta_{CH} = \Delta_{CH1} + \Delta_{CH2} = \frac{Pa^3}{2EI} (\rightarrow)$$

在计算结果中，折杆在 C 端的垂直位移 Δ_{CV} 由两项组成。第一项 $\dfrac{4Pa^3}{3EI}$ 是折杆弯曲变形对位移的影响，第二项 $\dfrac{Pa}{EA}$ 是折杆轴向变形对位移的影响。后项与前项之比 $n = \dfrac{3I}{4Aa^2}$，其数量级为杆的细长比的平方。例如，杆的横载面是直径为 d 的圆时，$n = \dfrac{3}{64}\left(\dfrac{d}{a}\right)^2$。因此，对于细长杆，工程中一般都忽略轴向变形对折杆位移的影响。

第六节 梁的刚度条件·提高梁的 抗弯能力的主要途径

一、梁的刚度条件

在工程中，根据强度要求对梁进行设计后，往往还要对梁进行刚度校核，即检查梁的位移是否在规定的范围内。若梁的位移超过了规定的限度，正常工作条件就得不到保证。例如桥梁的挠度如果过大，当车辆通过时就会发生很大的振动；机床中的主轴如果挠度过大，将影响对工件的加工精度；传动轴在支座处的转角如果过大，将使轴承发生严重的磨损等等。

为了使梁有足够的刚度，应满足下列刚度条件：

$$\begin{cases} |v|_{max} \leqslant [v] \\ |\theta|_{max} \leqslant [\theta] \end{cases} \tag{7-4}$$

式中 $[v]$ 和 $[\theta]$ 为规定的许可挠度和许可转角。

在各类工程设计中，因梁的用途不同，对其规定的许可位移值有很大的出入，需要时可查有关手册。对于梁的挠度限制，通常给出许可挠度与梁跨长的比值 $\left[\dfrac{v}{l}\right]$。

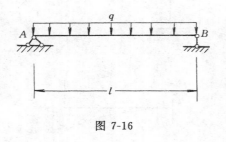

图 7-16

【例 7-12】 圆木简支梁受荷载如图 7-16 所示。已知 $l=4m$，$q=1.5kN/m$，材料的许用应力正 $[\sigma] = 10MPa$，弹性模量 $E = 10GPa$，许用相对挠度 $\left[\dfrac{v}{l}\right] = \dfrac{1}{200}$。试选择梁横截面所需直径 d。

【解】 （1）根据强度条件，

$$\sigma_{max} = \frac{M_{max}}{W} \leqslant [\sigma]$$

式中 $M_{max} = ql^2/8$，$W = \pi d^3/32$。解得

$$d \geqslant \sqrt[3]{\frac{4ql^2}{\pi[\sigma]}}$$

$$= \sqrt[3]{\frac{4 \times 1.5 \times (4 \times 10^3)^2}{\pi \times 10}} = 145mm$$

（2）根据刚度条件

$$\frac{v_{max}}{l} \leqslant \left[\frac{v}{l}\right]$$

式中 $v_{max} = 5ql^4/(384EI)$，而 $I = \pi d^4/64$。
解得

$$d \geqslant \sqrt[4]{\frac{5ql^3}{6\pi E\left[\dfrac{v}{l}\right]}} = \sqrt[4]{\frac{5 \times 1.5 \times (4 \times 10^3)^3}{6\pi \times (10 \times 10^3) \times (1/200)}}$$

$$= 150mm$$

为了同时满足强度条件和刚度条件，该圆木梁所需最小直径 $d = 150mm$。

二、提高梁的抗弯能力的主要途径

由表 7-3 可以看出，梁的挠度和转角与荷载情况、支座条件、跨度长短、梁的截面惯性矩及材料的弹性模量有关。因此，为了减小梁的弯曲变形，应该从考虑这些因素入手。一般可采取如下途径：

(1) 增大梁的抗弯刚度 EI

这里包括了弹性模量 E 和轴惯性矩 I 两个因素。应当指出，对于钢材来说，采用高强度钢可以大大提高梁的强度，但却不能增大梁的刚度，因为高强度钢与普通低碳钢的 E 值相差不大。因此，主要应设法增大 I 值，这样不仅可以提高梁的抗弯刚度，而且往往也提高了梁的强度。所以工程上常采用工字形、箱形、槽形等形状的截面。

(2) 调整跨长和改变结构

从表 7-3 可以看到，梁的挠度和转角与梁的跨长的 n 次幂成正比（在不同荷载形式下，n 分别等于 1、2、3 或 4）。如果在满足使用要求的前提下，能设法缩短梁的跨长，就能显著地减小梁的挠度与转角值。例如，桥式起重机的钢梁通常采用双外伸梁（图 7-17a），而

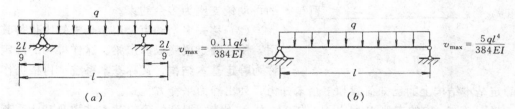

$$v_{max} = \frac{0.11ql^4}{384EI}$$

$$v_{max} = \frac{5ql^4}{384EI}$$

(a)　　　　　　　　　(b)

图 7-17

不是简支梁（图 7-17b），这样可使最大挠度减小许多。在跨度不能缩短的情况下，可采取增加支座的方法来减小梁的变形。例如，在悬臂梁的自由端或简支梁的跨中增加支座，都可以显著地减小梁的挠度。当然，增加支座后，原来的静定梁就成为超静定梁。关于超静定梁的解法，将在下节介绍。

第七节　简单超静定梁的解法

一、基本概念

在前面分析的梁中，例如简支梁或悬臂梁，其支反力及内力仅利用静力平衡方程就可以全部确定，它们称为**静定梁**。但在工程中，常遇到这类问题，由于梁的强度、刚度或构造上的需要，除保证梁的平衡所必需的支承外，常需增加一些支承，例如图 7-18 所示的梁。在增加支承以后，支反力的数目便超过了静力平衡方程的数目。这时仅利用平衡方程就不能求出梁的全部支反力，这种梁称为**超静定梁**，又称**静不定梁**。

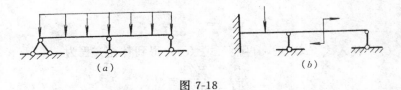

(a)　　　　　　　　　(b)

图 7-18

在超静定梁中，多于维持其静力平衡所必需的约束称为**多余约束**，与其相应的支反力称为**多余未知力**。超静定梁的多余约束的数目就称为该梁的**超静定次数**，又称**静不定次数**。例如，在图 7-18 中，对每一根梁只能写出三个独立的静力平衡方程，因此，图 *a* 为一次超静定梁，图 *b* 为二次超静定梁。

二、超静定梁的解法

超静定结构的计算方法有多种。根据采用的基本未知量来划分，可以分为力法和位移法两大基本类型。力法以与多余约束对应的约束力为基本未知量；位移法以节点广义位移为基本未知量。本节仅介绍用力法解简单超静定梁的问题，位移法将在结构力学中介绍。

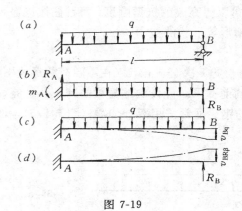

图 7-19

下面结合图 7-19a 所示的超静定梁来具体说明力法解超静定梁的一般步骤。

（1）确定超静定次数，选定多余约束。

图 7-19a 所示梁为一次超静定，这里选 B 端的可动铰支座为多余约束。

（2）移去多余约束，用多余未知力代替其作用，使超静定梁变成静定梁。这样得到的静定梁称为**静定基本结构**，又称**基本系统**。再根据作用在静定基本结构上的已知荷载和多余未知力，列出静力平衡方程式。

将图 7-19a 中的支座 B 移去，以约束反力 R_B 代替，得到的静定基本结构及其所受荷载如图 7-19b 所示。该静定基本结构满足的平衡方程式为

$$R_A + R_B = ql \tag{a}$$

$$R_B l - ql^2/2 + m_A = 0 \tag{b}$$

（3）根据多余约束处的实际约束条件，建立**变形协调方程**。

由原超静定梁（图 7-19a）在支座 B 处的约束条件可知，该处的挠度为零，即

$$v_B = 0 \tag{c}$$

式（c）称为变形协调方程。

（4）根据力与变形的关系，用多余未知力及已知荷载表示变形协调方程，得到含未知力的**补充方程**。

根据叠加原理，有

$$v_B = v_{Bq} + v_{BR_B} \tag{d}$$

式中 v_{Bq} 和 v_{BR_B} 分别为悬臂梁 AB 在均布荷载 q 和集中力 R_B 作用下点 B 的挠度（见图 7-19c 和 d）。由表 7-3 得

$$v_{Bq} = \frac{ql^4}{8EI} \tag{e}$$

$$v_{BR_B} = -\frac{R_B l^3}{3EI} \tag{f}$$

将式（e）和（f）代入式（d）后，再代入式（c），得到补充方程为

$$\frac{ql^4}{8EI} - \frac{R_B l^3}{3EI} = 0 \tag{g}$$

（5）联立求解平衡方程和补充方程，便可得到原超静定梁的全部支反力。

解联立方程（a）、（b）和（g），得

$$R_A = \frac{5}{8}ql, \quad R_B = \frac{3}{8}ql, \quad M_A = \frac{1}{8}ql^2$$

超静定梁在求出全部支反力后，便可像静定梁一样求解梁的内力，应力和位移。

由以上过程可知，解超静定梁的关键是列出变形协调方程，它就是该超静定梁在去掉多余约束处的实际变形情况。

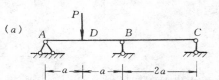

图 7-20

还需指出，多余约束的选择不是唯一的。例如，对图 7-19a 中的超静定梁，也可以视支座 A 阻止梁端截面转动的约束为多余约束。若将该约束去掉后用多余未知力（力偶 m_A）代替其作用，则固定端就变成固定铰支座，相应的静定基本结构就成为简支梁，如图 7-20 所示。因为原超静定梁的 A 截面实际不能转动，所以变形协调方程为：$\theta_A = 0$。由此可建立补充方程为

$$\theta_A = \theta_{Aq} + \theta_{Am_A} = \frac{ql^3}{24EI} - \frac{m_A l}{3EI} = 0$$

由上式解得

$$m_A = \frac{1}{8}ql^2$$

再由平衡方程便可解得支反力 R_A 和 R_B，其结果与前面相同，读者可以自行验证。

【例 7-13】 试画出图 7-21a 所示梁的弯矩图和剪力图。

【解】 该连续梁为一次超静定梁，首先需要求支反力，才能画内力图。三个支座中，可视其中任一支座为多余约束，但以取中间支座 B 为多余约束较为简单。以支反力 R_B 代替支座 B 的约束，得到静定基本结构的受力情况如图 b 所示。

该梁的变形协调条件是：截面 B 处的挠度为零，即 $v_B = 0$。根据叠加原理，$v_B = v_{BP} + v_{BR_B}$。由表 7-3 查出：

$$v_{BP} = \frac{P \cdot a \cdot [3(4a)^2 - 4a^2]}{48EI}$$

$$= \frac{11Pa^3}{12EI}$$

$$v_{BR_B} = -\frac{R_B(4a)^3}{48EI} = -\frac{4R_B a^3}{3EI}$$

将上两式代入变形协调条件后，得到补充方程为

$$\frac{11Pa^3}{12EI} - \frac{4R_B a^3}{3EI} = 0$$

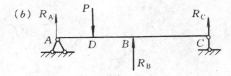

(a)

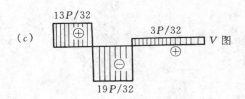

(b)

(c)

V 图

(d)

M 图

图 7-21

163

由上式解得多余未知力为

$$R_B = \frac{11}{16}P$$

再利用平衡方程便可解得

$$R_A = \frac{13}{32}P, \quad R_C = -\frac{3}{32}P$$

梁的全部支反力求出后，就不难绘出梁的剪力图和弯矩图，结果如图 c 和 d 所示。

【例 7-14】 图 7-22 所示悬臂梁 AB 的长度 $l=0.8\mathrm{m}$，抗弯刚度 $EI=30\mathrm{kN \cdot m^2}$，弹簧 CD 的弹簧刚度（产生单位位移所需施加的力）$k=175\mathrm{kN/m}$。若梁与弹簧的空隙 $\Delta=1.5\mathrm{mm}$，当集中力 $P=0.5\mathrm{kN}$ 作用在梁的自由端时，试求点 B 的挠度。

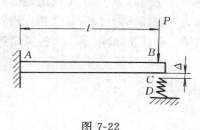

图 7-22

【解】（1）如果梁在 B 端的挠度 $v_B \leqslant \Delta$，则该梁按静定悬臂梁 AB 求解，在力 P 作用下的挠度 $v_B = v_{BP}$，

$$v_{BP} = \frac{Pl^3}{3EI} = \frac{0.5 \times 0.8^3}{3 \times 30}$$
$$= 2.84 \times 10^{-3}\mathrm{m} = 2.84\mathrm{mm}$$

（2）由于 $v_{BP} = 2.84\mathrm{mm} > \Delta = 1.5\mathrm{mm}$，在力 P 作用下，梁的 B 端将与弹簧的 C 端接触并压缩弹簧。因此，该梁应按一次超静定梁求解。

设梁与弹簧接触后的相互作用力为 R。该结构的变形协调条件是：梁 AB 在 B 端的挠度 v_B 等于空隙量 Δ 与弹簧 CD 在 C 处的位移 v_C 之和，即

$$v_B = \Delta + v_C$$

因为

$$v_B = \frac{(P-R)l^3}{3EI}, \quad v_C = \frac{R}{k}$$

将以上两式代入变形协调条件，得到

$$\frac{(P-R)l^3}{3EI} = \Delta + \frac{R}{k}$$

解得

$$R = \frac{kl^3 P - 3kEI\Delta}{kl^3 + 3EI}$$

$$= \frac{175 \times 0.8^3 \times 0.5 - 3 \times 175 \times 30 \times (1.5 \times 10^{-3})}{175 \times 0.8^3 + 3 \times 30}$$

$$= 0.118\mathrm{kN}$$

于是

$$v_B = \frac{(P-R)l^3}{3EI} = \frac{(0.5 - 0.118) \times 0.8^3}{3 \times 30}$$

$$= 2.17 \times 10^{-3}\mathrm{m} = 2.17\mathrm{mm}$$

即：该梁在点 B 处的挠度为 2.17mm。

*三、支座沉陷和温度变化对超静定梁的影响

在工程中，由于地基下沉不均匀，可能使梁的各支座不在一条直线上（或由于加工误

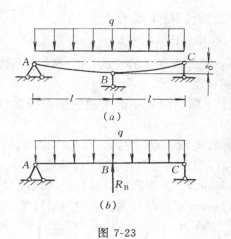

(a)

(b)

图 7-23

差,可能使传动轴的几个轴承孔的中心不在一条直线上);由于周围环境的影响,可能使梁的上下两面温度的变化有较大的不同。这些因素都会使超静定梁产生荷载以外的附加弯曲应力。这是超静定梁不同于静定梁的重要特征。下面以例题说明。

【例 7-15】 图 7-23a 所示超静定梁 ABC 受均布荷载 q 作用。若支座 B 发生沉陷,沉陷量为 δ,试求梁的支反力。设梁的抗弯刚度 EI 已知。

【解】 考虑支座沉陷对超静定梁的影响时,其解法与本节标题二所叙述的一样,只是在列变形协调方程时,应包括支座沉陷这一因素。

视支座 B 为多余约束,去掉支座 B,以支反力 R_B 代替其作用,得到相应的静定基本结构如图 b 所示。变形协调条件为

$$v_B = \delta$$

式中 v_B 为梁在支座 B 处的挠度。利用叠加原理,$v_B = v_{Bq} + v_{BR_B}$。再利用表 7-3,得

$$v_{Bq} = \frac{5q(2l)^4}{384EI} = \frac{5ql^4}{24EI}$$

$$v_{BR_B} = -\frac{R_B(2l)^3}{48EI} = -\frac{R_B l^3}{6EI}$$

于是

$$v_B = \frac{5ql^4}{24EI} - \frac{R_B l^3}{6EI} = \delta$$

上式便是该超静梁的补充方程,由此解得

$$R_B = \frac{5}{4}ql - \frac{6EI}{l^3}\delta$$

再利用平衡方程,可以求出

$$R_A = R_C = \frac{3}{8}ql + \frac{3EI}{l^3}\delta$$

在求出的支反力表达式中,含有 δ 的项反映了支座沉陷的影响。由此不难求出支座沉陷对弯曲内力和应力的影响。

【例 7-16】 图 7-24a 所示梁在安装好以后,其顶面温升为 T_1,底面温升为 T_2,设温度沿梁高度线性分布。试求梁的支座反力。

【解】 该梁为一次超静定。去掉 B 端约束,以支反力 R_B 代替其作用,得到静定基本结构如图 b 所示。变形协调条件为

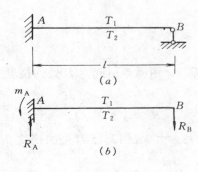

(a)

(b)

图 7-24

165

$$v_B = 0$$

梁的变形是由力 R_B 及温差引起的，因此

$$v_B = v_{BR_B} + v_{BT} = 0 \qquad (h)$$

式中 v_{BR_B} 为力 R_B 引起梁 AB 在点 B 处的挠度；v_{BT} 为上下两面温差引起梁 AB 在点 B 处的挠度。

下面先推导梁由于上下两面温差引起弯曲的挠曲线微分方程，再求点 B 的挠度 v_{BT}。

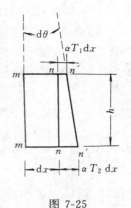

图 7-25

从梁中取出长为 dx 的微段，设梁高为 h，如图 7-25 中的 $mmnn$ 所示。梁安装好以后，顶面由于温升了 T_1 而伸长 $\alpha T_1 dx$，底面由于温升了 T_2 而伸长 $\alpha T_2 dx$。由于温度沿截面高度线性变化，因此该微段变形为图中的 $mmn'n'$，左右两截面的相对转角 $d\theta$ 为

$$|d\theta| = \left| \frac{\alpha T_2 dx - \alpha T_1 dx}{h} \right| = \left| \frac{\alpha(T_2 - T_1)dx}{h} \right|$$

在本章采用的坐标系中，约定顺时针转角为正。若 $T_2 > T_1$，图中的 $d\theta$ 应为负值，因此上式写为

$$d\theta = -\frac{\alpha(T_2 - T_2)}{h}dx$$

或者

$$\frac{d\theta}{dx} = -\frac{\alpha(T_2 - T_1)}{h}$$

由 $\theta = \dfrac{dv}{dx}$，得

$$\frac{d^2v}{dx^2} = -\frac{\alpha(T_2 - T_1)}{h} \qquad (i)$$

式 (i) 就是由梁上下表面温差引起弯曲的挠曲线微分方程。将此方程连续积分两次，分别得到

$$\theta = \frac{dv}{dx} = -\frac{\alpha(T_2 - T_1)}{h}x + C$$

$$v = -\frac{\alpha(T_2 - T_1)}{2h}x^2 + Cx + D$$

对于本例，边界条件为 $v(0) = 0$ 和 $\theta(0) = 0$，由此可确定积分常数 C 和 D，它们为

$$C = D = 0$$

于是

$$v = -\frac{\alpha(T_2 - T_1)}{2h}x^2$$

所以，由温差引起点 B 处的挠度 v_{BT} 为

$$v_{BT} = v(l) = -\frac{\alpha(T_2 - T_1)}{2h}l^2 \qquad (j)$$

由表 7-3，力 R_B 引起点 B 处的挠度 v_{BR_B} 为

$$v_{BR_B} = \frac{R_B l^3}{3EI} \qquad (k)$$

166

将式（j）和（k）代入式（h），得到补充方程为

$$\frac{R_B l^3}{3EI} - \frac{\alpha(T_2 - T_1)}{2h} l^2 = 0$$

解得

$$R_B = \frac{3\alpha EI(T_2 - T_1)}{2hl}$$

再利用平衡方程求出其余支反力为

$$R_A = R_B = \frac{3\alpha EI(T_2 - T_1)}{2hl}$$

$$m_A = R_B l = \frac{3\alpha EI(T_2 - T_1)}{2h}$$

习　　题

7-1　试用积分法求图示梁的挠曲线方程和转角方程，并确定梁端截面转角 θ_A 和 θ_B，跨中挠度 $v(l/2)$ 和最大挠度 v_{max}。

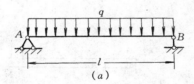

题 7-1 图

7-2　试用积分法求图示梁的指定位移。

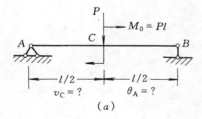

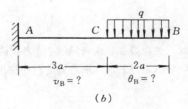

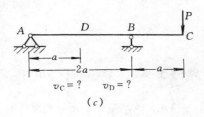

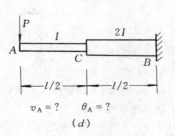

题 7-2 图

7-3 用积分法求位移时，图示各梁应分几段来列挠曲线的近似微分方程式？试分别列出确定积分常数时需用的边界条件和变形连续条件。

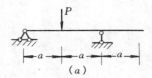
(a)

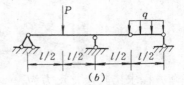
(b)

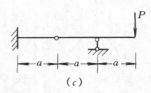
(c)

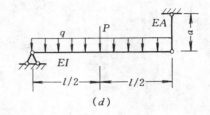
(d)

题 7-3 图

7-4 试用共轭梁法求解习题 7-2 各梁的指定位移。

7-5 试用共轭梁法求图示变截面梁的最大挠度。

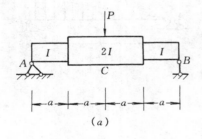
(a)

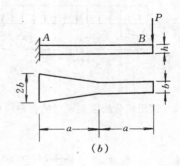
(b)

题 7-5 图

7-6 试用叠加法求解习题 7-2 各梁的指定位移。

7-7 试用叠加法求图示梁的跨中挠度。

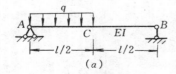
(a)

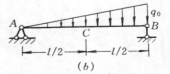
(b)

题 7-7 图

7-8 试求图示各梁的指定位移。

7-9 试求图示平面折杆自由端 C 处的垂直位移 Δ_{CV} 和水平位移 Δ_{CH}。已知该折杆各段的横截面积均为 A，抗弯刚度均为 EI。

7-10 试求图示结构中集中力 P 作用处的挠度 v_E。已知梁 AB 和折杆 BCD 的抗弯刚度均为 EI。（忽略轴力对变形的影响）

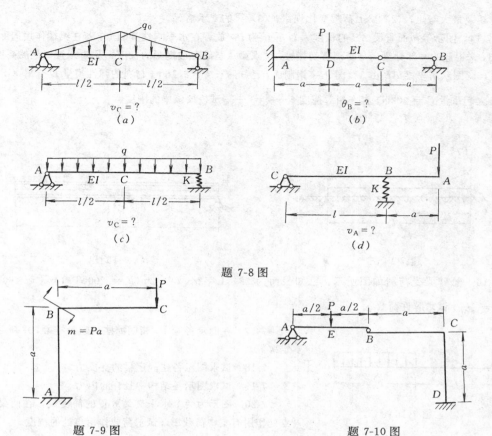

题 7-8 图

题 7-9 图　　　　　　　　　　　题 7-10 图

7-11　图示木梁 AB 的右端由钢杆 BD 支承。已知梁的横截面为边长等于 0.2m 的正方形,弹性模量 $E_1 = 10$GPa;钢杆的横截面积 $A_2 = 250$mm²,弹性模量 $E_2 = 200$GPa。试求跨中挠度 $v_C = 3$mm 时,梁上作用的均布荷载 q 的值。

7-12　直角拐 CAB 如图所示。杆 CA 与 AB 在 A 处刚性连结。A 处为一轴承,允许杆 CA 的端截面自由转动,但不能上下移动。已知 $P = 60$N,$E = 200$GPa,$G = 0.4E$。试求 B 端的垂直位移。

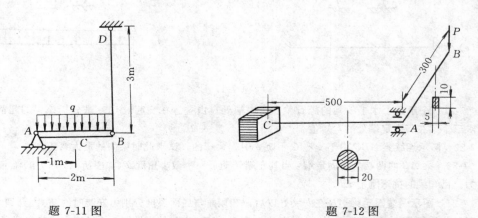

题 7-11 图　　　　　　　　　　　题 7-12 图

7-13　已知某单跨等直梁的挠曲线方程为 $v = \dfrac{q_0 x}{360EIl}(3x^4 - 10l^2 x^2 + 7l^4)$,梁长为 l。试求:(1) 梁

跨中弯矩及最大弯矩；（2）梁上荷载变化规律；（3）梁的支承情况。

*7-14 图示等截面直梁 AB 的长度为 l，重量为 P，放置在水平刚性基础上。若在梁端作用向上的拉力 $P/5$，未提起的一部分梁仍与基础密切接触，试求梁从基础上被提起的长度 a 及端 A 被提起的高度 H。

7-15 图示吊车梁 AB 由 32a 号工字钢制成，已知跨长 $l = 8.76$m，材料的弹性模量 $E = 200$GPa，吊车的最大起重量 $P = 20$kN，容许相对挠度 $\left[\dfrac{v}{l}\right] = \dfrac{1}{500}$。试校核该梁的刚度。

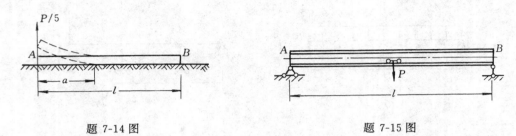

题 7-14 图   题 7-15 图

7-16 悬臂梁受荷载如图所示。已知截面为 22a 工字钢，$l = 2$m，$E = 200$GPa，$[\sigma] = 160$MPa，$\left[\dfrac{v}{l}\right] = \dfrac{1}{500}$。试求容许荷载 q。

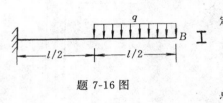

题 7-16 图

7-17 在图示各梁中，指明哪些是超静定梁，并判定超静定次数。

7-18 试求图示各超静定梁的支反力。

7-19 试求图示各结构中竖杆的内力。

7-20 图示为两个水平交叉放置的简支梁，在两梁交叉点处作用有集中荷载 P。试求荷载作用点处的挠度。

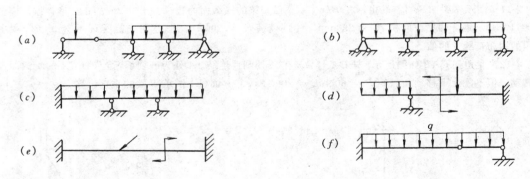

(a)   (b)

(c)   (d)

(e)   (f)

题 7-17 图

*7-21 图示三个水平放置的悬臂梁在自由端处自由叠置在一起。（1）试分析该梁的超静定次数；（2）求三个梁在其固定端处的弯矩值。

7-22 图示连续梁 ABC 由于支座 C 下沉 δ 引起梁弯曲，试求此时梁内的最大弯矩。

*7-23 梁 AB 的两端均为固定端，当其左端转动了一个微小角度 θ（如图所示）时，试确定该梁的约束反力。已知梁的抗弯刚度 EI。

*7-24 图示两端固定梁 AB 在安装好以后，其顶面与底面温度分别由安装时的 T_0 上升到 T_1 和 T_2。梁材料的弹性模量 E、线膨胀系数 α、梁截面高度 h、面积 A 和轴惯性矩 I 均已知。试确定该梁的约束反力。

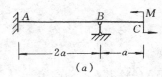

(a)

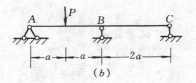

(b)

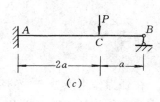

(c)

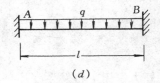

(d)

题 7-18 图

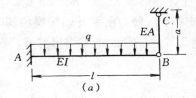

(a)

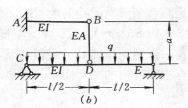

(b)

题 7-19 图

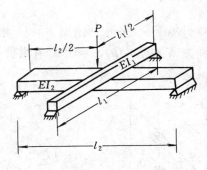

题 7-20 图

题 7-21 图

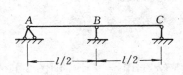

题 7-22 图

题 7-23 图

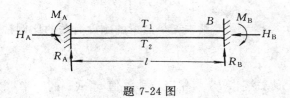

题 7-24 图

171

第八章 能量方法

第一节 外力功与杆件的变形能

构件在外力作用下将发生变形，其各点也将产生位移。在外力作用点处产生的沿外力作用方向的位移，称为**相应位移**，外力在其相应位移上所作的功称为**外力功**，用 W 表示。

构件因弹性变形而贮存的能量称为弹性变形能，简称**变形能** (Deformation Energy) 或**应变能**，(Strain Energy)，用 U 表示。根据能量守恒定律，当外力由零开始缓慢增加时，构件在此静荷载作用下始终处于平衡状态，动能的变化及其它能量的损失均可忽略。在此情况下，贮存于构件内的变形能，其数值等于外力功，即

$$U = W \tag{8-1}$$

由式 (8-1) 表达的原理称为弹性体的**功能原理**。以功能原理为基础计算结构变形的方法称为**能量方法** (Energy Method)。

一、外力功与杆件的变形能

图 8-1 (a) 所示梁在静荷载 P 作用下，其相应位移为挠度 v。当力 P 增至 P_1 时，相应位移增至 v_1。对于线性弹性体的梁，P 与 v 之间呈线性关系 (图 8-1b)。当力 P 有增量 dP

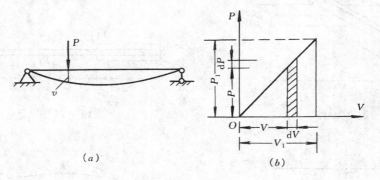

(a)   (b)

图 8-1

时，v 的增量为 dv，力 P 在 dv 上所作的功略去高阶微量应为 $dW = Pdv$，即图 8-1 (b) 中阴影部分的面积。在整个加载过程中，外力功为

$$W = \int dW = \int_0^{P_1} Pdv$$

设 P 与 v 的线性关系为 $P = kv$，其中 k 是与梁的刚度有关的比例常数，则

$$W = \int_0^{P_1} Pdv = \int_0^{v_1} kvdv = k\frac{v_1^2}{2} = \frac{1}{2}P_1 v_1 \tag{a}$$

式 (a) 表明外力功等于荷载终值 P_1 与相应位移终值 v_1 乘积的一半，在 $P-v$ 图上，W 值

等于斜直线以下三角形的面积。

若梁上作用力偶 m，其相应位移为转角 θ（图 8-2a）。当力偶增至 m_1 时，相应位移增至 θ_1，m 与 θ 的线性关系如图 8-2b 所示。同理可得在 m 由零到 m_1 的加载过程中的外力功为

$$W = \frac{1}{2}m_1\theta_1 \qquad (b)$$

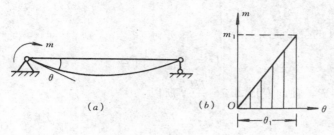

图 8-2

图 8-3a 所示拉杆，外力 P 的相应位移为伸长 Δl；图 8-3b 所示圆轴，外力偶矩 m 的相应位移为扭转角 ϕ。显然，对于线性弹性杆件，拉杆的外力功为

$$W = \frac{1}{2}P\Delta l \qquad (c)$$

圆轴的外力功为

$$W = \frac{1}{2}m\phi \qquad (d)$$

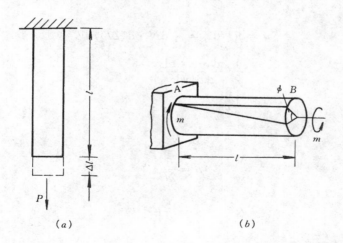

图 8-3

总之，杆件在线性弹性变形范围内，外力功的表达式可统一写成

$$W = \frac{1}{2}P\Delta \qquad (8\text{-}2)$$

式中，P 应理解为广义力（Generalized Force），表示集中力或集中力偶；Δ 应理解为与广义力对应的广义位移（Generalized Displacement），表示线位移或角位移。

若弹性体上作用多个广义力 P_i，每个广义力的相应位移为 Δ_i，可以证明，该弹性体上

所有外力在其相应位移上所作功的总和为

$$W = \sum_{i=1}^{n} \frac{1}{2} P_i \Delta_i \qquad (8\text{-}3)$$

上式表明外力功只与力和位移的终值有关,而与外力的加载次序无关。根据式(8-1)和式(8-2),并利用杆件变形的计算公式,可给出各种基本变形情况下,用内力或变形表示的杆件变形能。

1. 轴向拉压杆的变形能

$$U = W = \frac{1}{2} P \Delta l$$

其内力为轴力 $N = P$,轴向变形 $\Delta l = \dfrac{Nl}{EA}$,所以

$$U = \frac{N^2 l}{2EA} \qquad (8\text{-}4a)$$

或

$$U = \frac{EA}{2l}(\Delta l)^2 \qquad (8\text{-}4b)$$

若轴力沿杆长为变量,则杆的变形能为

$$U = \int_l \frac{N^2(x)}{2EA} \mathrm{d}x \qquad (8\text{-}4c)$$

杆件单位体积内的变形能称为**比能**(Specific Energy),用 u 表示,即 $u = \mathrm{d}U/\mathrm{d}V$。在拉压杆中,取微分体(单元体)$\mathrm{d}V = \mathrm{d}x\mathrm{d}y\mathrm{d}z$,在微面积 $\mathrm{d}A = \mathrm{d}y\mathrm{d}z$ 上的微内力为 $\mathrm{d}N = \sigma\mathrm{d}y\mathrm{d}z$,$\mathrm{d}x$ 段的伸长变形为 $\mathrm{d}(\Delta l) = \varepsilon\mathrm{d}x$,则该单元体的变形能为 $\mathrm{d}U = \dfrac{1}{2}\mathrm{d}N \cdot \mathrm{d}(\Delta l)$。于是,比能为

$$\begin{aligned}
u &= \mathrm{d}U/\mathrm{d}V = \frac{1}{2}\mathrm{d}N \cdot \mathrm{d}(\Delta l)/\mathrm{d}V \\
&= \frac{1}{2} \frac{\sigma\mathrm{d}y\mathrm{d}z \cdot \varepsilon\mathrm{d}x}{\mathrm{d}x\mathrm{d}y\mathrm{d}z} \\
&= \frac{1}{2}\sigma\varepsilon \qquad (8\text{-}5a)
\end{aligned}$$

由 $\sigma = E\varepsilon$,可得

$$u = \frac{1}{2E}\sigma^2 \qquad (8\text{-}5b)$$

或

$$u = \frac{1}{2}E\varepsilon^2 \qquad (8\text{-}5c)$$

2. 扭转圆轴的变形能

$$U = W = \frac{1}{2}m\phi$$

扭转时的内力为扭矩 $T = m$,扭转角 $\phi = \dfrac{Tl}{GI_P}$,所以

$$U = \frac{T^2 l}{2GI_P} \qquad (8\text{-}6a)$$

或

$$U = \frac{GI_P}{2l}\phi^2 \qquad (8\text{-}6b)$$

若扭矩沿轴长为变量，则变形能为

$$U = \int_l \frac{T^2(x)}{2GI_{\mathrm{P}}} \mathrm{d}x \qquad (8\text{-}6c)$$

圆轴扭转的比能可用剪应力和剪应变表示。取图 8-4 所示纯剪切状态的单元体，设其左侧固定，则单元体变形后其右侧面将向下移动 $\gamma \mathrm{d}x$，于是，右侧面上的力 $\tau \mathrm{d}y\mathrm{d}z$ 在相应位移 $\gamma \mathrm{d}x$ 上作功。对于线弹性体（图 8-4b），上述力与位移成正比，因此，单元体上的外力功为

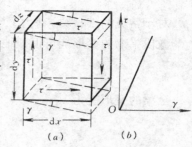

图 8-4

$$\mathrm{d}W = \frac{1}{2}(\tau \mathrm{d}y\mathrm{d}z)(\gamma \mathrm{d}x) = \frac{1}{2}\tau\gamma(\mathrm{d}x\mathrm{d}y\mathrm{d}z)$$

由式（8-1）可知，单元体内所积蓄的变形能 $\mathrm{d}U$，其数值等于 $\mathrm{d}W$，从而可求得单位体积的变形能即比能为

$$u = \frac{\mathrm{d}U}{\mathrm{d}V} = \frac{\mathrm{d}W}{\mathrm{d}x\mathrm{d}y\mathrm{d}z} = \frac{1}{2}\tau\gamma \qquad (8\text{-}7a)$$

由剪切胡克定律 $\tau = G\gamma$，上式又可写为

$$u = \frac{\tau^2}{2G} \qquad (8\text{-}7b)$$

或

$$u = \frac{G}{2}\gamma^2 \qquad (8\text{-}7c)$$

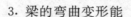

图 8-5

3. 梁的弯曲变形能

梁在纯弯曲时（图 8-5），弯矩 M 为常量，其变形能为

$$U = W = \frac{1}{2}m\theta$$

其中 $\theta = \dfrac{l}{\rho} = \dfrac{M}{EI}l$，弯矩 $M = m$，则

$$U = \frac{M^2 l}{2EI} \qquad (8\text{-}8a)$$

图 8-6 所示梁，其横截面上既有弯矩又有剪力（图 8-6b），它们均为坐标 x 的函数。在 $\mathrm{d}x$ 微段梁上，由弯矩 $M(x)$ 产生的相对转角为 $\mathrm{d}\theta$（图 8-6c），略去高阶微量 $\mathrm{d}M$ 产生的相对转角，由于 $\dfrac{1}{\rho(x)} = \dfrac{M(x)}{EI}$，且曲率 $\dfrac{1}{\rho(x)} = \dfrac{\mathrm{d}\theta}{\mathrm{d}x}$，因此相对转角

$$\mathrm{d}\theta = \frac{M(x)}{EI}\mathrm{d}x$$

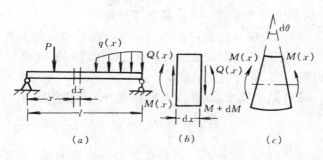

图 8-6

于是，$M(x)$ 作的功为

$$dW = \frac{1}{2}M(x)d\theta = \frac{M^2(x)}{2EI}dx$$

对于常见的细长梁，剪力 $V(x)$ 所作的功较之弯矩 $M(x)$ 的功要小得多，可忽略不计。因此，微段梁上的变形能可近似地表示为

$$dU = dW = \frac{M^2(x)}{2EI}dx$$

全梁的变形能为

$$U = \int_l \frac{M^2(x)}{2EI}dx \tag{8-8b}$$

根据式（7-1），$EIv''(x) = - M(x)$，式（8-8b）又可写成

$$U = \frac{EI}{2}\int_l (v'')^2 dx \tag{8-8c}$$

4. 组合变形杆件的变形能

组合变形的杆件，其横截面上的内力有轴力 $N(x)$、扭矩 $T(x)$、弯矩 $M(x)$ 和剪力 $V(x)$，其中任一种内力并不在其它内力产生的变形上作功，而分别在各自的相应位移上作功，忽略剪力的影响，微段上的变形能为

$$dU = \frac{N^2(x)}{2EA}dx + \frac{T^2(x)}{2GI_P}dx + \frac{M^2(x)}{2EI}dx$$

全杆的变形能为

$$U = \int_l \frac{N^2(x)}{2EA}dx + \int_l \frac{T^2(x)}{2GI_P}dx + \int_l \frac{M^2(x)}{2EI}dx \tag{8-9}$$

应予指出，式中扭矩产生的变形能算式只适用于圆形截面杆。

二、变形能的特点

1. 变形能恒为正值。从变形能的各算式可知，各内力的平方使得 U 值恒为正。

2. 若各广义力在非自身引起的广义位移上作功时，则不能用叠加法计算杆件的变形能。因为变形能是内力的二次函数，所以各广义力共同作用下杆件的变形能，并不等于每个广义力单独作用下的变形能之和。但是，若各广义力并不在非自身引起的广义位移上作功，杆件的变形能是可以用叠加法计算的。如式（8-9）就是用叠加法计算的组合变形杆件的变形能。

3. 变形能的大小只与荷载的终值有关，而与加载的次序无关。

【例 8-1】 图 8-7 所示轴向受拉直杆，其刚度为 EA，在 B、C 两点分别受拉力 P 作用，其加载次序分别为

（1）先在 B 点处施加力 P，然后在 C 点处施加力 P；

（2）先在 C 点处施加力 P，然后在 B 点处施加力 P。试按两种不同加载次序计算杆的变形能。

【解】 （1）先在 B 点处施加力 P，所作的功为

$$W_1 = \frac{1}{2}P\delta_B = \frac{1}{2}P \cdot \frac{Pa}{EA} = \frac{P^2 a}{2EA}$$

然后施加 C 点的力 P，B、C 两点发生的位移 δ_B、δ_C 分别为 $\frac{Pa}{EA}$ 和 $\frac{2Pa}{EA}$，

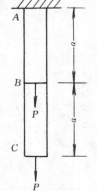

图 8-7

在此过程中，C 点力 P 是变力作功，而 B 点力 P 是常力作功，故

$$W_2 = P\delta_B + \frac{1}{2}P\delta_C = \frac{2P^2a}{EA}$$

杆的变形能为

$$U = W_1 + W_2 = \frac{5P^2a}{2EA}$$

（2）先在 C 点施加力 P，有

$$W_1 = \frac{1}{2}P\delta_C = \frac{1}{2}P \cdot \frac{2Pa}{EA} = \frac{P^2a}{EA}$$

然后在 B 点施加力 P，B、C 两点产生的位移 δ_B、δ_C 都是 $\dfrac{Pa}{EA}$，这时 B 点力 P 是变力作功，而 C 点力 P 是常力作功，故

$$W_2 = \frac{1}{2}P\delta_B + P\delta_C = \frac{3P^2a}{2EA}$$

杆的变形能为

$$U = W_1 + W_2 = \frac{5P^2a}{2EA}$$

杆在两种不同加载次序下的变形能是相同的。由此可见，变形能与加载次序无关，只与荷载终值有关。因此该杆的变形能可由式（8-4a），根据 AB 和 BC 两段的内力直接求出，即

$$U = \frac{(2P)^2a}{2EA} + \frac{P^2a}{2EA} = \frac{5P^2a}{2EA}$$

【例 8-2】 试计算图 8-8 所示圆截面水平直角折杆在力 P 作用下的变形能及 C 点的竖向位移。折杆各段的刚度 EI、GI_P 均为常数。

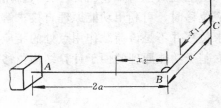

图 8-8

【解】 （1）计算变形能

将折杆分为 AB、BC 两段，分别计算每段的变形能，然后求和。BC 段发生弯曲变形，其弯矩方程为 $M(x_1) = -Px_1$，若不计剪力对变形能的影响，则该段的变形能为

$$U_1 = \int_l \frac{M^2(x)}{2EI}dx_1 = \int_0^a \frac{(-Px_1)^2}{2EI}dx_1$$

$$= \frac{P^2a^3}{6EI}$$

AB 段既有弯曲变形又有扭转变形，其弯矩和扭矩分别为 $M(x_2) = -Px_2$，$T = -Pa$，不计剪力的影响，则该段的变形能为

$$U_2 = \int_l \frac{M^2(x_2)}{2EI}dx_2 + \frac{T^2 \cdot 2a}{2GI_P} = \int_0^{2a} \frac{(-Px_2)^2}{2EI}dx_2 + \frac{2(-Pa)^2a}{2GI_P}$$

$$= \frac{4P^2a^3}{3EI} + \frac{P^2a^3}{GI_P}$$

整个折杆的变形能为

$$U = U_1 + U_2 = \frac{3P^2a^3}{2EI} + \frac{P^2a^3}{GI_P}$$

（2）求 C 点位移 f_C

外力所作的功为 $W=\dfrac{1}{2}Pf_C$，由功能原理 $W=U$，得

$$f_C=\frac{3Pa^3}{EI}+\frac{2Pa^3}{GI_P}(\downarrow)$$

【例 8-3】 试计算图 8-9 所示梁的变形能，并讨论能否直接由功能原理计算 C 点的挠度 f_C。梁的抗弯刚度为 EI。

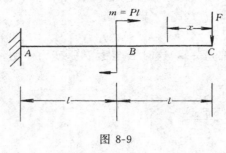

图 8-9

【解】 BC 段和 AB 段梁的弯矩方程分别为 $M_1(x)=-Px$，$M_2(x)=-Px-Pl$。梁的变形能为

$$U=\int_0^l\frac{M_1^2(x)}{2EI}\mathrm{d}x+\int_l^{2l}\frac{M_2^2(x)}{2EI}\mathrm{d}x$$

$$=\int_0^l\frac{(-Px)^2}{2EI}\mathrm{d}x+\int_l^{2l}\frac{(-Px-Pl)^2}{2EI}\mathrm{d}x$$

$$=\frac{10P^2l^3}{3EI}$$

由功能原理 $W=U$，得

$$\frac{1}{2}Pf_C+\frac{1}{2}m\theta_B=\frac{10P^2l^3}{3EI}$$

式中含有 f_C 和 θ_B 两个未知量，可见并不能直接根据功能原理确定 f_C 值。

由上述两例可知，当杆件上只作用一个集中荷载，且所求位移就是该荷载作用点处的相应位移时，可利用功能原理直接求解。若杆件上作用多个荷载，或虽只有一个荷载，但所求位移并不是该荷载作用点处的相应位移时，则不能由功能原理直接求解。为此，尚需建立基于功能原理的便于计算结构位移的理论和方法。

第二节 卡 氏 定 理

设图 8-10 所示弹性体上作用一组相互独立的广义力 P_1、P_2、$\cdots P_k\cdots P_n$，在各广义力作用点处的相应广义位移为 Δ_1、$\Delta_2\cdots\Delta_k\cdots\Delta_n$。现欲求弹性体在广义力 P_k 作用点处的相应广义位移 Δ_k。由功能原理可知，该弹性体的变形能是各广义力的函数，其数值等于各广义力作功之和，即

$$U=U(P_1、P_2\cdots P_k\cdots P_n)=\frac{1}{2}\sum_{i=1}^{n}P_i\Delta_i$$

若力 P_k 有一增量 $\mathrm{d}P_k$（图 8-10b），与之相应的位移增量为 $\mathrm{d}\Delta_k$，则变形能的增量为

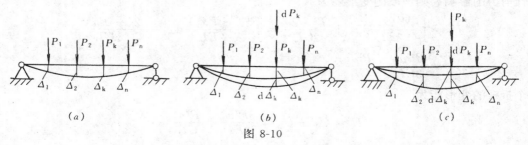

（a）　　　　　　　　　（b）　　　　　　　　　（c）

图 8-10

178

$\frac{\partial U}{\partial P_k}dP_k$，总变形能为

$$U + \frac{\partial U}{\partial P_k}dP_k = \frac{1}{2}\sum_{i=1}^{n}P_i\Delta_i + \frac{\partial U}{\partial P_k}dP_k \qquad (a)$$

因为弹性体的变形能与外力的加载次序无关，所以可将加载次序改为先作用 dP_k，然后作用广义力 P_1、$P_2\cdots P_k\cdots P_n$（图 8-10c）。弹性体在 dP_k 作用下的相应位移为 $d\Delta_k$，变形能为 $\frac{1}{2}dP_kd\Delta_k$。再施加 P_1、$P_2\cdots P_k\cdots P_n$ 时，除产生变形能 $\frac{1}{2}\sum_{i=1}^{n}P_i\Delta_i$ 外，dP_k 将作为常力在位移 Δ_k 上作功，其值为 $dP_k\Delta_k$。于是，总变形能为

$$\frac{1}{2}dP_kd\Delta_k + \frac{1}{2}\sum_{i=1}^{n}P_i\Delta_i + dP_k\Delta_k \qquad (b)$$

令式（a）等于式（b），并略去高阶微量，得

$$\Delta_k = \frac{\partial U}{\partial P_k} \qquad (8\text{-}10)$$

式（8-10）为**卡氏定理**（Castigliano's Theorem）的表达式。它表明，弹性体上某广义力作用点处的相应广义位移，等于变形能对该广义力的偏导数。由于卡氏定理在推导过程中，基于功能原理，并应用了仅适用于线弹性体的式（8-3），即 $U = W = \sum_{i=1}^{n}\frac{1}{2}P_i\Delta_i$，因此卡氏定理只适用于线性弹性结构。

以弯曲问题为例，其变形能为

$$U = \int_l \frac{M^2(x)}{2EI}dx$$

应用卡氏定理，得

$$\Delta_k = \frac{\partial U}{\partial P_k} = \frac{\partial}{\partial P_k}\left(\int_l \frac{M^2(x)}{2EI}dx\right) = \int_l \frac{\partial}{\partial P_k}\left[\frac{M^2(x)}{2EI}\right]dx$$

由此得到卡氏定理的另一表达式

$$\Delta_k = \int_l \frac{M(x)}{EI}\frac{\partial M(x)}{\partial P_k}dx \qquad (8\text{-}11)$$

应用卡氏定理尚需注意，如果在欲求广义位移的点处，没有与之相应的广义力作用时，则需在该点处附加一个与所求位移相应的作用力 P_i，并计算结构在包括 P_i 在内的所有外力作用下的变形能，将变形能对附加力 P_i 求偏导数后，再令 P_i 为零，即可求得该点的位移。

卡氏定理适用于线性弹性体的各类变形形式。对于轴向拉压问题

$$\Delta_k = \int_l \frac{N(x)}{EA}\frac{\partial N(x)}{\partial P_k}dx$$

对于圆轴扭转问题

$$\Delta_k = \int_l \frac{T(x)}{GI_P}\frac{\partial T(x)}{\partial P_k}dx$$

对于轴向拉压、扭转和弯曲共同作用的杆件

$$\Delta_k = \int_l \frac{N(x)}{EA}\frac{\partial N(x)}{\partial P_k}dx + \int_l \frac{T(x)}{GI_P}\frac{\partial T(x)}{\partial P_k}dx + \int_l \frac{M(x)}{EI}\frac{\partial M(x)}{\partial P_k}dx \qquad (8\text{-}12)$$

以上各式中，Δ_k 和 P_k 分别为广义位移和广义力。

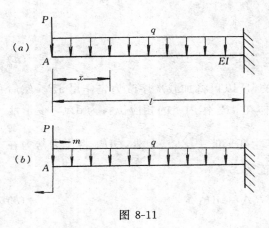

图 8-11

【例 8-4】 试用卡氏定理求图 8-11(a) 所示梁 A 点的挠度 v_A 和转角 θ_A。

【解】 （1）计算 v_A

梁的弯矩方程为 $M(x) = -Px - \dfrac{1}{2}qx^2$，由式（8-11），有

$$v_A = \int_l \frac{M(x)}{EI}\frac{\partial M(x)}{\partial P}dx$$

$$= \frac{1}{EI}\int_0^l \left(-Px - \frac{1}{2}qx^2\right)(-x)dx$$

$$= \frac{Pl^3}{3EI} + \frac{ql^4}{8EI}(\downarrow)$$

结果为正，表示挠度 v_A 的方向与力 P 的一致。

（2）计算 θ_A

梁上没有与转角 θ_A 相应的外力偶作用，故应在 A 端附加一集中力偶 m（图 8-11b）。弯矩方程及其相应的偏导数分别为

$$M(x) = m - Px - \frac{1}{2}qx^2$$

$$\frac{\partial M(x)}{\partial m} = 1$$

由式（8-11），有

$$\theta_A = \int_l \frac{M(x)}{EI}\frac{\partial M(x)}{\partial m}dx = \frac{1}{EI}\int_0^l \left(m - Px - \frac{1}{2}qx^2\right)dx$$

$$= \frac{1}{EI}\left(ml - \frac{Pl^2}{2} - \frac{ql^3}{6}\right)$$

令 $m = 0$，得

$$\theta_A = -\frac{Pl^3}{2EI} - \frac{ql^3}{6EI}(\curvearrowright)$$

结果为负，表明 θ_A 与附加力偶 m 的转向相反。

【例 8-5】 求图 8-12a 所示简支梁 A 端的转角 θ_A。

【解】 A、B 两端作用大小相等的力偶 m，欲求 θ_A，根据卡氏定理，应是变形能 U 对 A 点的力偶 m 求偏导数，而不是对 B 点的力偶 m 求偏导数，两者不可混淆。因此，在计算时应使两个力偶有所区别。设 A 点的力偶为 m_1，弯矩方程及其相应偏导数为

$$M(x) = m_1 + \frac{m - m_1}{l}x,$$

$$\frac{\partial M(x)}{\partial m_1} = 1 - \frac{x}{l}$$

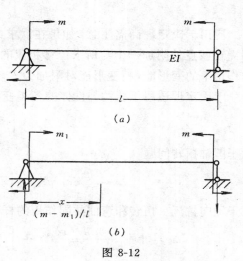

图 8-12

代入式（8-11），得

$$\theta_A = \int_l \frac{M(x)}{EI} \frac{\partial M(x)}{\partial m_1} \mathrm{d}x = \frac{1}{EI} \int_0^l \left(m_1 + \frac{m - m_1}{l} x \right) \left(1 - \frac{x}{l} \right) \mathrm{d}x$$

$$= \frac{m_1 l}{3EI} + \frac{ml}{6EI}$$

令 $m_1 = m$，得

$$\theta_A = \frac{ml}{2EI} (\curvearrowright)$$

如果不对两端力偶予以区分，则有

$$M(x) = m, \qquad \frac{\partial M(x)}{\partial m} = 1$$

$$\theta = \int_l \frac{M(x)}{EI} \frac{\partial M(x)}{\partial m} \mathrm{d}x = \frac{1}{EI} \int_0^l m \mathrm{d}x = \frac{ml}{EI}$$

θ 显然不是 A 端转角。读者试分析 θ 所表示的位移。

第三节 莫 尔 定 理

莫尔定理也被广泛用于线弹性结构的位移计算，现分别利用功能原理和卡氏定理推证莫尔定理。

一、利用功能原理推证莫尔定理

以图 8-13a 所示弯曲问题为例，设梁上作用任意荷载，其弯矩方程为 $M(x)$，变形能为

$$U_P = \int_l \frac{M^2(x)}{2EI} \mathrm{d}x \tag{a}$$

现欲求梁上任意点 K 处的广义位移 Δ_K。为此可在上述荷载作用之前，在 K 点处沿广义位移 Δ_K 的方向先作用一个单位广义力 $\overline{P} = 1$，$\overline{P}$ 在 K 点处产生的相应广义位移为 $\overline{\Delta}$（图 8-13b），其弯矩方程为 $\overline{M}(x)$，变形能为

$$\overline{U} = \int_l \frac{\overline{M}^2(x)}{2EI} \mathrm{d}x \tag{b}$$

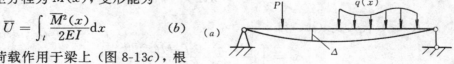

然后将荷载作用于梁上（图 8-13c），根据叠加原理，其弯矩方程为 $M(x) + \overline{M}(x)$，变形能为

$$U = \int_l \frac{[M(x) + \overline{M}(x)]^2}{2EI} \mathrm{d}x$$

$$= \int_l \frac{M^2(x)}{2EI} \mathrm{d}x + \int_l \frac{\overline{M}^2(x)}{2EI} \mathrm{d}x$$

$$+ \int_l \frac{M(x)\overline{M}(x)}{EI} \mathrm{d}x$$

$$= U_P + \overline{U} + \int_l \frac{M(x)\overline{M}(x)}{EI} \mathrm{d}x \tag{c}$$

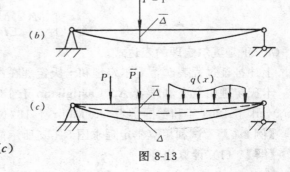

图 8-13

在梁上施加荷载，梁的挠曲线由 $\overline{P}$ 作用时的虚线位置变化到实线位置（图 8-13c）。如果将分布荷载视为由无数微段上的集中力组成，则在包括 $\overline{P}$ 在内的整个加载过程中，外力功为

$$W = \frac{1}{2}\Sigma P_i \Delta_i + \frac{1}{2}\overline{P}\,\overline{\Delta} + \overline{P}\Delta_{\mathrm{K}} \qquad (d)$$

根据功能原理，由式（c）和式（d），有

$$\frac{1}{2}\Sigma P_i \Delta_i + \frac{1}{2}\overline{P}\,\overline{\Delta} + \overline{P}\Delta_{\mathrm{K}} = U_{\mathrm{P}} + \overline{U} + \int_l \frac{M(x)\overline{M}(x)}{EI}\mathrm{d}x$$

其中 $U_{\mathrm{P}} = \frac{1}{2}\Sigma P_i \Delta_i$，$\overline{U} = \frac{1}{2}\overline{P}\,\overline{\Delta}$，且 $\overline{P} = 1$，于是，得

$$\Delta_{\mathrm{K}} = \int_l \frac{M(x)\overline{M}(x)}{EI}\mathrm{d}x \qquad (8\text{-}13a)$$

式（8-13a）为**莫尔定理**（Mohr's Theorem）的表达式。由于施加了广义单位力，故又称为**单位力法**。（Unit-load Method）。

对于组合变形杆件，略去剪力对变形的影响，莫尔定理的一般表达式为

$$\Delta_{\mathrm{K}} = \int_l \frac{N(x)\overline{N}(x)}{EA}\mathrm{d}x + \int_l \frac{T(x)\overline{T}(x)}{GI_{\mathrm{P}}}\mathrm{d}x + \int_l \frac{M(x)\overline{M}(x)}{EI}\mathrm{d}x \qquad (8\text{-}13b)$$

式中 $\overline{N}(x)$、$\overline{T}(x)$ 和 $\overline{M}(x)$ 分别为单位力 $\overline{P}$ 引起的杆件轴力、扭矩和弯矩。

二、利用卡氏定理推证莫尔定理

仍以图 8-13a 所示梁的弯曲问题为例，借助卡氏定理求 K 的广义位移 Δ_{K}，为此在 K 点施加与 Δ_{K} 相应的广义力 P_{K}。由卡氏定理式（8-11），得

$$\Delta_{\mathrm{K}} = \int_l \frac{M(x)}{EI}\frac{\partial M(x)}{\partial P_{\mathrm{K}}}\mathrm{d}x \qquad (e)$$

设在 K 点单独作用与 Δ_{K} 相应的单位广义力时，其弯矩方程为 $\overline{M}(x)$，在荷载作用下的弯矩方程为 $M(x)$，根据叠加原理，在荷载和广义力 P_{K} 共同作用下的弯矩方程及其偏导数为

$$M_1(x) = M(x) + P_{\mathrm{K}}\overline{M}(x) \qquad (f)$$

$$\frac{\partial M_1(x)}{\partial P_{\mathrm{K}}} = \overline{M}(x) \qquad (g)$$

将式（f）、（g）代入式（e），得

$$\Delta_{\mathrm{K}} = \int_l \frac{[M(x) + P_{\mathrm{K}}\overline{M}(x)]^{\overline{M}(x)}}{EI}\mathrm{d}x$$

在上式中令 $P_{\mathrm{K}} = 0$，得

$$\Delta_{\mathrm{K}} = \int_l \frac{M(x)\overline{M}(x)}{EI}\mathrm{d}x \qquad (h)$$

式（h）正是**莫尔定理**的表达式。

上述推证过程表明，莫尔定理和卡氏定理在本质上是相同的。

卡氏定理由意大利学者 A. Castigliano 于 1879 年提出，在此之前，英国学者 J. C. Maxwell 于 1864 年和德国学者 O. Mohr 于 1874 年分别根据能量原理得出莫尔定理。

【例 8-6】 试利用莫尔定理求图 8-14a 所示简支梁中点 C 的挠度和 A 端转角。

【解】 （1）计算挠度 v_{C}

根据莫尔定理，在 C 点施加单位力 $\overline{P}=1$（图 8-14b），荷载和单位力作用下的弯矩方程分别为

$$M(x) = \frac{ql}{2}x - \frac{q}{2}x^2 \quad (0 \leqslant x \leqslant l)$$

$$\overline{M}(x) = \frac{1}{2}x \quad (0 \leqslant x \leqslant \frac{l}{2})$$

由式（8-13），并利用梁上弯矩的对称性，得

$$v_C = \int_l \frac{M(x)\overline{M}(x)}{EI}\mathrm{d}x = \frac{2}{EI}\int_0^{l/2}\left(\frac{ql}{2}x - \frac{q}{2}x^2\right)\frac{x}{2}\mathrm{d}x$$

$$= \frac{5ql^4}{384EI}(\downarrow)$$

（2）计算转角 θ_A

为计算 θ_A，在 A 端施加图 8-13(c) 所示的单位力偶 $\overline{M}=1$，其弯矩方程为

$$\overline{M}(x) = \frac{x}{l} - 1$$

由式（8-13），得

$$\theta_A = \int_l \frac{M(x)\overline{M}(x)}{EI}\mathrm{d}x = \frac{1}{EI}\int_0^l \left(\frac{ql}{2}x - \frac{q}{2}x^2\right)\left(\frac{x}{l} - 1\right)\mathrm{d}x$$

$$= -\frac{ql^2}{24EI}(\curvearrowright)$$

结果得负值，表明 θ_A 与所施加的单位力偶的转向相反。

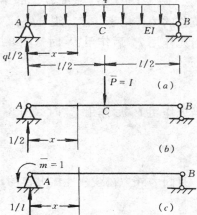

图 8-14

第四节 互 等 定 理

对于线性弹性体，利用功能原理可以推证两个互等定理——**功的互等定理**（Reciprocal Theorem of Work）和**位移互等定理**（Reciprocal Theorem of Displacement）。

一、功的互等定理

以图 8-15 所示梁为例，广义力 P_1 单独作用于梁上 1 点时，在 1、2 点产生的位移分别

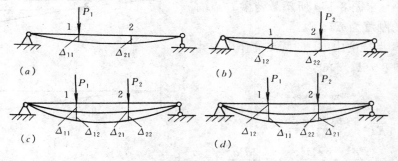

图 8-15

为 Δ_{11}、Δ_{21}（图 8-15a）；广义力 P_2 单独作用于梁上 2 点时，在 1、2 点产生的位移分别为 Δ_{12}、Δ_{22}（图 8-15b）。广义位移 Δ_{ij} 的第一个脚标 i 表示位移发生在 i 点，第二个脚标 j 表示引起位移的力作用于 j 点。现分别计算 P_1、P_2 按不同的先后次序共同作用于梁上时的外力功。当先作用 P_1 后作用 P_2 时（图 8-15c），外力功为

$$W_1 = \frac{1}{2}P_1\Delta_{11} + \frac{1}{2}P_2\Delta_{22} + P_1\Delta_{12}$$

当先作用 P_2 后作用 P_1 时（图 8-15d），外力功为

$$W_2 = \frac{1}{2}P_2\Delta_{22} + \frac{1}{2}P_1\Delta_{11} + P_2\Delta_{21}$$

因为外力在线弹性体上作功，只与荷载终值有关，而与加载次序无关，所以有

$$W_1 = W_2$$

于是可得

$$P_1\Delta_{12} = P_2\Delta_{21}$$

推广有

$$P_i\Delta_{ij} = P_j\Delta_{ji} \qquad\qquad (8\text{-}14)$$

式（8-14）表示**功的互等定理**，表明广义力 P_i 在由广义力 P_j 引起的位移 Δ_{ij} 上所作的功，等于广义力 P_j 在由广义力 P_i 引起的位移 Δ_{ji} 上所作的功。当同时有其它力作用时，式（8-14）仍然成立。

二、位移互等定理

利用功的互等定理，可推得另一个重要的互等定理，即位移互等定理。若广义力 P_i、P_j 在数值上相等，则由式（8-14）得

$$\Delta_{ij} = \Delta_{ji} \qquad (8\text{-}15)$$

式（8-15）表示**位移互等定理**，表明若作用于线弹性体上的两个广义力 P_i、P_j 数值相等，则 P_i 在 P_j 作用点产生的与 P_j 相应的位移 Δ_{ij}，在数值上等于 P_j 在 P_i 作用点产生的与 P_i 相应的位移 Δ_{ji}。

根据位移互等定理，在计算结构的位移时，若 Δ_{ij} 已知，则 Δ_{ji} 也就已知。

【例 8-7】 求图 8-16a 所示悬臂梁 B 点的挠度 v_B，梁的刚度为 EI。

【解】 B 点挠度由 B、C 两点的作用力共同产生，由图 8-16b、c 知

$$v_B = v_{B1} + v_{B2}$$

其中 $v_{B1} = \dfrac{Pa^3}{3EI}$，根据位移互等定理，有

$$v_{B2} = v_{C1} = \frac{Pa^3}{3EI} + \frac{Pa^2}{2EI} \cdot a = \frac{5Pa^3}{6EI}$$

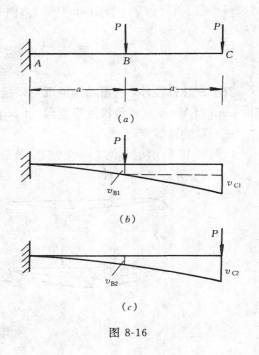

图 8-16

184

所以

$$v_B = \frac{Pa^3}{3EI} + \frac{5Pa^3}{6EI} = \frac{7Pa^3}{6EI}$$

第五节　余能与余能原理

一、余能

变形始终与作用力成正比的弹性体，称为线性弹性体；否则，称为非线性弹性体。下面结合图 8-17a 所示的梁来介绍余能的概念。

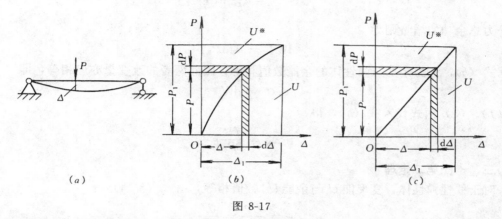

图 8-17

设该梁为非线性弹性体，当作用力从零逐渐增加到 P_1 时，梁的位移为 Δ_1，则梁的变形能为

$$U = W = \int_0^{\Delta_1} P d\Delta \tag{a}$$

仿照式（a），写出另一个积分式为

$$U^* = W^* = \int_0^{P_1} \Delta dP \tag{b}$$

式（b）中 U^* 称为**余能**（Complementary Energy），W^* 称为**余功**。

根据式（a）和式（b），可以看出变形能等于 P—Δ 曲线与 Δ 轴间的面积，而余能则等于 P—Δ 曲线与 P 轴间的面积（图 8-17b）。余功和余能除了与外力功和变形能具有相同的量纲，它们本身并没有具体的物理意义。

显然，变形能和余能存在以下关系

$$U + U^* = P_1 \Delta_1 \tag{c}$$

对于线性弹性体（图 8-17c），P—Δ 曲线为直线，则余能与变形能数值相等，即

$$U^* = U = \frac{1}{2} P_1 \Delta_1 \tag{d}$$

二、余能原理

余能原理（Principle of Complementary Energy）可叙述为：弹性体的余能对某广义力的偏导数，等于该广义力作用点处的相应广义位移，即

$$\Delta_K = \frac{\partial U^*}{\partial P_K} \tag{8-16}$$

此原理又称为**克罗蒂—恩格塞定理**，（Crotti-Engesser Theorem），因由克罗蒂（F. Crotti）于 1878 年和恩格塞（F. Engesser）于 1889 年分别提出而得名。它既适用于线性弹性体，又适用于非线性弹性体。下面简要证明该定理。

弹性体在广义力 P_1、$P_2 \cdots P_n$ 作用下，其余能为

$$U^* = W^* = \sum_{i=1}^{n} \int_0^{\Delta_i} \Delta \mathrm{d} P_i = U^* (P_1、P_2 \cdots P_n) \tag{e}$$

当广义力 P_K 产生微小增量 dP_K，而其它广义力不变时，则余能的增量为

$$\mathrm{d} U^* = \frac{\partial U^*}{\partial P_K} \mathrm{d} P_K \tag{f}$$

而外力总余功的增量则为

$$\mathrm{d} W^* = \Delta_K \mathrm{d} P_K \tag{g}$$

根据式（b），外力余功与弹性体的余能数值相等，因此两者的改变量亦应相等，即

$$\mathrm{d} U^* = \mathrm{d} W^* \tag{h}$$

将（f）、（g）两式代入式（h），得

$$\Delta_K = \frac{\partial U^*}{\partial P_K}$$

三、卡氏第二定理

对于线性弹性体，变形能 U 与余能 U^* 数值相等，由式（8-14）得

$$\Delta_K = \frac{\partial U^*}{\partial P_K} = \frac{\partial U}{\partial P_K} \tag{i}$$

上式正是前述求位移的卡氏定理的表达式，又称为**卡氏第二定理**（Second Castigliano's theorem），它仅适用于线性弹性体。

利用变形能对某一广义位移的偏导数，可以计算与该广义位移对应的广义力，即弹性体上某点的广义力，等于变形能对该广义力的相应广义位移的偏导数，表示为

$$P_K = \frac{\partial U}{\partial \Delta_K} \tag{8-17}$$

该定理称为**卡氏第一定理**（First Castigliano's Theorem），它对线性弹性和非线性弹性体都是适用的，定理的证明从略。

第六节 虚 功 原 理

变形体的虚功原理是变形体力学的一个基本原理，被广泛用于结构的位移计算。本节简要证明虚功原理，并利用其推证莫尔定理。

一、变形体的虚功原理

图 8-18a、b 是同一梁的两种不同状态。图 8-18a 表示梁在任意荷载作用下处于平衡状态，其任一微段也处于平衡状态（图 8-18c）；图 8-18（b）是梁的虚位移状态，其**虚位移**（Virtual Displacement）是满足位移边界条件和变形协调条件的任意微小位移。所谓微小位移是指这种位移不至于改变图 8-18（a）所示的平衡状态，所谓任意是指满足上述条件的任

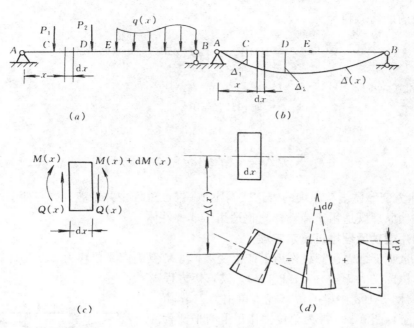

图 8-18

何一种位移状态，它可以是由与图 8-18a 所示梁上的荷载无关的其它原因产生的位移。

图 8-18b 所示梁的任一微段上的虚位移可看成由刚性虚位移和变形虚位移（即虚变形）两部分组成（图 8-18d）。平衡状态上的外力在虚位移状态的相应位移上所作的功称为**外力虚功**，记为 W_e；平衡状态各微段上的力（即微段上的外力，结构的内力）在虚位移上所作的功的总和称为**内力虚功**，记为 W_i。

变形体的**虚功原理**（Principle of Virtual Work）可表述为：变形体处于平衡状态的条件是，外力虚功等于内力虚功，即

$$W_e = W_i$$

根据图 8-18（a）、(b)，外力虚功为

$$W_e = P_1\Delta_1 + P_2\Delta_2 + \int_{l1} q(x)\Delta(x)\mathrm{d}x$$

若将 $q(x)\mathrm{d}x$ 视为微段上的集中力，则上式可统一表示为

$$W_e = \sum_{i=1}^{n} P_i\Delta_i \qquad (a)$$

将图 8-18a 所示处于平衡状态的梁，设想为由无数个彼此毫无联系的微段组成，每个微段上作用有外力和内力（图 8-18c），于是，外力虚功应等于每一微段上的力在虚位移状态对应微段的虚位移上所作虚功 $\mathrm{d}W$ 的总和 W，即

$$W_e = \int_l \mathrm{d}W = W \qquad (b)$$

由于微段上的虚位移可分解为刚性位移和虚应变两部分，而处于平衡状态的微段上的力是一平衡力系，根据刚体虚功原理，平衡力系在刚性虚位移上所作的虚功必为零。由此可知，微段上的力所作的虚功等于内力在虚变形上所作的功，即

187

$$dW = dW_i = M(x)d\theta + V(x)d\lambda \qquad (c)$$

全梁各微段的虚功总和为

$$W = W_i = \int_l dW_i = \int_l M(x)d\theta + \int_l V(x)d\lambda \qquad (d)$$

由式（b）和式（d），得

$$W_e = W_i \qquad (8\text{-}18a)$$

或表示为

$$\sum_{i=1}^{n} P_i \Delta_i = \int_l M(x)d\theta + \int_l V(x)d\lambda \qquad (8\text{-}18b)$$

式（8-18）即为变形体虚功原理的表达式。因为在推证过程中并未涉及力与变形间的物理条件，所以虚功原理既适用于弹性体，也适用于非弹性体。

二、利用虚功原理推证莫尔定理

图 8-19a 所示结构在荷载作用下产生变形，其 K 点的广义位移为 Δ_K。为计算 Δ_K，在 K 点施加一单位广义力 $\overline{P} = 1$（图 8-19b），其弯矩方程为 $\overline{M}(x)$。将图 8-19a 中梁的位移视为单位力 $\overline{P}$ 作功的虚位移状态，图 8-19b 视为单位力作用下的平衡状态，由虚功原理式（8-18b），得

$$\overline{P} \cdot \Delta_K = \int_l \overline{M}(x)d\theta$$

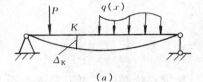

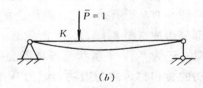

$\overline{P} = 1$，即

$$\Delta_K = \int_l \overline{M}(x)d\theta \qquad (8\text{-}19)$$

式（8-19）对于线性或非线性问题均成立，对于线弹性梁，有

图 8-19

$$d\theta = \frac{M(x)}{EI}dx \qquad (e)$$

式（e）中 $M(x)$ 是梁在荷载作用下的弯矩方程，是产生变形的内力。将式（e）代入式（8-19），得

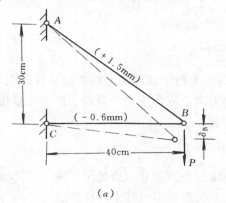

（a）

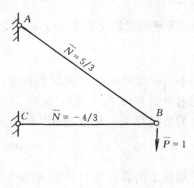

（b）

图 8-20

$$\Delta_K = \int_l \frac{\overline{M}(x) M(x)}{EI} dx$$

上式正是莫尔定理的表达式，它是虚功原理在弯曲变形位移计算中的具体应用。

【例8-8】 图8-20a 所示结构，在荷载 P 作用下各杆的变形已知。试利用虚功原理求 B 点的竖向位移 δ_B。

【解】 在 B 点施加一竖向单位力 $\overline{P} = 1$，并求出相应的内力（图8-20b）。根据变形体的虚功原理，$\overline{P}$ 在虚位移 δ_B 上所作的虚功，等于 $\overline{P}$ 产生的内力在图 8-20a 所示的虚变形上所作的虚功，即

$$\overline{P} \cdot \delta_B = 1.5 \times \frac{5}{3} + (-0.6) \times \left(-\frac{4}{3}\right)$$

$$\delta_B = 3.3mm$$

第七节 用能量方法解超静定问题

用能量方法解超静定问题的基本原理和变形比较法是相同的，其区别在于，变形协调条件中的变形量是由能量方法中的卡氏定理或莫尔定理给出的。

设某一 n 次超静定结构，去掉 n 个多余约束，代之以 n 个多余约束反力 X_1、$X_2 \cdots X_n$，得到内力、变形与原结构相同的静定基本体系。对于该静定体系，可以用荷载及多余约束反力表示其内力，进而求得用荷载和多余约束反力表示的变形能 U。对于线性弹性体，变形能是荷载及多余约束反力的二次函数。

在一般情况下，各多余约束反力处的相应位移等于零，于是由卡氏定理给出的变形协调条件为

$$\Delta_1 = \frac{\partial U}{\partial X_1} = 0, \Delta_2 = \frac{\partial U}{\partial X_2} = 0, \cdots, \Delta_n = \frac{\partial U}{\partial X_n} = 0 \qquad (a)$$

式 (a) 的方程数目恰好等于多余约束反力的数目，从而可由式 (a) 解出各未知力。式 (a) 表明，超静定结构多余约束反力的数值，应使结构的变形能 U 取极值。进一步可以证明，U 取最小值，即超静定结构中多余约束反力的数值，应使结构的变形能取最小值。

【例 8-9】 试用能量方法求图 8-21a 所示超静定梁的支座反力 R_B。梁的刚度为 EI。

【解】 （1）根据卡氏定理求解

该结构是一次超静定梁，解除 B 支座的约束，暴露出约束反力 R_B（图 8-21b），则弯矩方程及其对 R_B 的偏导数分别为

$$M(x) = R_{Bx} - \frac{qx^2}{2}, \qquad \frac{\partial M(x)}{\partial R_B} = x$$

此梁的变形协调条件是 B 点的挠度为零，由卡氏定理式 （8-11），得

$$v_B = \int_l \frac{M(x)}{EI} \frac{\partial M(x)}{\partial R_B} dx = 0$$

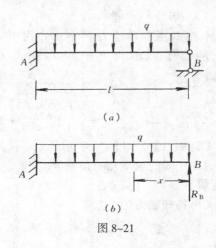

(a)

(b)

图 8-21

189

即
$$\int_0^l \frac{1}{EI}\left(R_{Bx} - \frac{qx^2}{2}\right)x\mathrm{d}x = 0$$

解得
$$R_B = \frac{3}{8}ql(\uparrow)$$

(2) 根据莫尔定理求解

仍取图 8-21 (b) 所示的悬臂梁作为静定基本体系，其弯矩方程不变。根据莫尔定理，在 B 点施加一个竖向单位力 $\overline{P} = 1$，在 $\overline{P}$ 作用下的弯矩方程为
$$\overline{M}(x) = x$$

由式 (8-13)，得
$$v_B = \int_l \frac{M(x)\overline{M}(x)}{EI}\mathrm{d}x = \int_0^l \frac{1}{EI}\left(R_B x - \frac{qx^2}{2}\right)x\mathrm{d}x = 0$$

上式的求解显然与用卡氏定理求解的结果相同。

第八节 例 题 分 析

【例 8-10】 计算图 8-22a 所示杆件的变形能，并分别应用卡氏定理和莫尔定理求 B 点的竖向位移 δ_B。

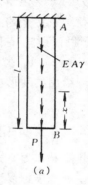

图 8-22

【解】 (1) 计算变形能

轴力 (图 8-22a) 为
$$N(x) = P + \gamma Ax$$

由式 (8-4c)，得
$$U = \int_0^l \frac{N^2(x)\mathrm{d}x}{2EA} = \int_0^l \frac{(P + \gamma Ax)^2\mathrm{d}x}{2EA}$$
$$= \frac{P^2 l}{2EA} + \frac{P\gamma Al^2}{2EA} + \frac{\gamma^2 A^2 l^3}{6EA}$$

(2) 由卡氏定理求 δ_B
$$\delta_B = \frac{\partial U}{\partial P} = \frac{Pl}{EA} + \frac{\gamma l^2}{2E}(\downarrow)$$

(3) 由莫尔定理求 δ_B

杆件 B 点在单位力 $\overline{P} = 1$ 作用下 (图 8-22b)，轴力 $\overline{N}(x) = 1$，荷载作用下 (图 8-22a) 的轴力 $N(x) = P + \gamma Ax$，由式 (8-13) 得
$$\delta_B = \int_0^l \frac{N(x)\overline{N}(x)\mathrm{d}x}{EA} = \frac{1}{EA}\int_0^l (P + \gamma Ax) \cdot 1\mathrm{d}x$$
$$= \frac{Pl}{EA} + \frac{\gamma l^2}{2E}(\downarrow)$$

【例 8-11】 图 8-23 所示杆系，在 A、B 两点受到一对力 P 的作用各杆刚度均为 EA，试求 A、B 间的水平相对位移 δ_{AB} 和 C、D 间的竖直相对位移 δ_{CD}。

【解】 (1) 计算 δ_{AB}

求得各杆轴力为
$$N_{AC} = N_{CB} = N_{BD} = N_{DA} = \sqrt{2}P/2$$

$$N_{CD} = -P$$

结构的变形能等于各杆变形能之和，即

$$U = \frac{4}{2EI}(\sqrt{2}P/2)^2 \cdot a$$

$$+ \frac{1}{2EI}(-P)^2 \cdot \sqrt{2}a$$

$$= (1 + \sqrt{2}/2)\frac{P^2 a}{EI}$$

由卡氏定理，即式（8-10），得

$$\delta_{AB} = \frac{\partial U}{\partial P} = \frac{(2 + \sqrt{2})Pa}{EI}$$

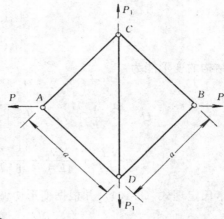

图 8-23

（2）计算 δ_{CD}

为便于利用卡氏定理求解，在 C、D 两点施加一对作用力 P_1（图 8-23 中虚线所示），CD 杆的轴力为

$$N_{CD} = P_1 - P$$

其它杆的轴力不变，故变形能为

$$U = \frac{4}{2EI}(\sqrt{2}P/2)^2 \cdot a + \frac{1}{2EI}(P_1 - P)^2 \cdot \sqrt{2}a$$

由式（8-10），得

$$\delta_{CD} = \frac{\partial U}{\partial P_1} = \frac{P_1 - P}{EI}\sqrt{2}a$$

令 $P_1 = 0$，得

$$\delta_{CD} = -\frac{\sqrt{2}Pa}{EI}$$

结果为负，说明 δ_{CD} 与所设 P_1 方向相反。

通过解析此例，例 8-5 中转角 θ 的含义是不言而喻的。

【例 8-12】 试用卡氏定理求图 8-24a 所示超静定结构中 BD 杆的轴力 N。假定 BD 杆 $EA = \dfrac{3EI}{2l^2}$。

【解】 原结构是一次超静定问题，运用截面法将 BD 杆截开（图 8-24b），设轴力为 N，则根据变形协调条件，截面两侧的相对位移 δ 为零。杆 AB 的弯矩 $M_1(x)$ 和杆 CD 的弯矩

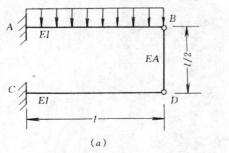

（a）   （b）

图 8-24

$M_2(x)$ 分别为

$$M_1(x) = Nx - \frac{qx^2}{2}$$

$$M_2(x) = -Nx$$

全结构的变形能为

$$U = \int_0^l \frac{1}{2EI}\left(Nx - \frac{qx^2}{2}\right)^2 dx + \int_0^l \frac{1}{2EI}(-Nx)^2 dx + \frac{N^2 \cdot \frac{l}{2}}{2EA}$$

$$= \frac{N^2 l^3}{3EI} + \frac{N^2 l}{4EA} - \frac{Nql^4}{8EI} + \frac{q^2 l^5}{40EI}$$

由卡氏定理式（8-10），并根据变形协调条件，得相对位移 δ 为

$$\delta = \frac{\partial U}{\partial N} = \frac{2Nl^3}{3EI} + \frac{Nl}{2EA} - \frac{ql^4}{8EI} = 0$$

令 $EA = \frac{3EI}{2l^2}$，得

$$N = \frac{ql}{8}$$

【例 8-13】　试用莫尔定理求图 8-25a 所示开口圆环切口张开的相对线位移和相对角位移。圆环的 EI 为常数。

【解】　由于轴力与剪力对变形的影响很小而不计，只考虑弯矩引起的变形。

为求切口张开的相对线位移和相对角位移，应在 A、B 两点处分别加一对方向相反的单位力 $\overline{P} = 1$（图 8-25b）和单位力偶 $\overline{m} = 1$（图 8-25c）。设弯矩以使圆环曲率增大者为正。力 P 引起的弯矩为

$$M(\alpha) = -PR(1 - \cos\alpha)$$

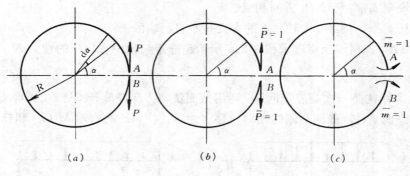

图 8-25

$\overline{P} = 1$ 引起的弯矩为

$$\overline{M}(\alpha) = -R(1 - \cos\alpha)$$

$\overline{m} = 1$ 引起的弯矩为

$$\overline{M}(\alpha) = -1$$

由式（8-13），得

192

$$\Delta_{AB} = \int_s \frac{M(x)\overline{M}(x)}{EI} ds$$

$$= \frac{2}{EI} \int_0^\pi [-PR(1-\cos\alpha)][-R(1-\cos\alpha)]Rd\alpha$$

$$= \frac{3\pi PR^3}{EI}$$

$$\theta_{AB} = \int_s \frac{M(\alpha)\overline{M}(\alpha)}{EI} ds$$

$$= \frac{2}{EI} \int_0^\pi [-PR(1-\cos\alpha)](-1)Rd\alpha$$

$$= \frac{2\pi PR^2}{EI}$$

【例 8-14】　图 8-26a 所示简支梁，集中力 P 可在梁上移动。试采用较适当的实验方法，测定当力 P 移动到梁上 1、2、3 各点位置时，梁在 B 端产生的转角 θ_{B1}、θ_{B2}、θ_{B3}。

【解】　从理论上看，当然可以将力 P 分别作用于 1、2、3 各点，然后分别测定 B 端的转角，但实验中测定梁的转角要比测定其挠度困难得多。根据位移互等定理，不妨在 B 端施加一个单位力偶 $\overline{m}=1$（图 8-26b），并测定梁在 $\overline{m}$ 作用下产生于 1、2、3 各点的挠度 Δ_{1B}、Δ_{2B}、Δ_{3B}，这些挠度在数值上等于单位集中力 $\overline{P}=1$ 作用于各点时在 B 端产生的转角，于是当力 P 作用于 1、2、3 点时，B 端的相应转角分别为

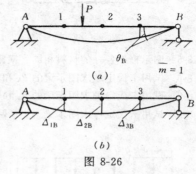

图 8-26

$$\theta_{B1} = P\Delta_{1B}, \quad \theta_{B2} = P\Delta_{2B}, \quad \theta_{B3} = P\Delta_{3B}$$

习　题

8-1　试求图示阶梯截面杆的变形能。

8-2　图示厚度为 t、截面为矩形的锥形杆，弹性模量为 E，下端作用有集中 P。试用功能原理求下端的位移。

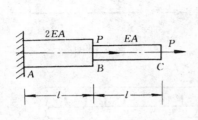

题 8-1 图

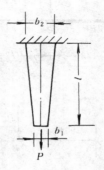

题 8-2 图

8-3　一端固定的圆杆，长度为 l，截面直径为 d，受集度为 m 的均布外扭转力偶作用。试求杆的变形能。

8-4 计算图示各梁的变形能。

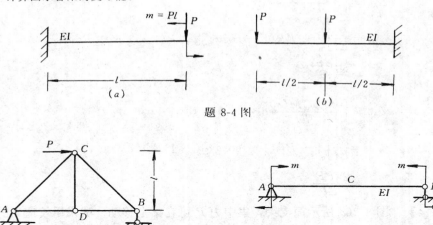

题 8-4 图

题 8-5 图

题 8-6 图

8-5 图示桁架各杆的材料相同，横截面面积均为 A，试求 C 点的水平线位移 δ。

8-6 试用卡氏定理求图示梁的 θ_A 和 v_C。

8-7 试用卡氏定理求图示梁的 θ_A 和 θ_B。

8-8 试用卡氏定理求图示梁 A、B 两截面的竖向相对位移。

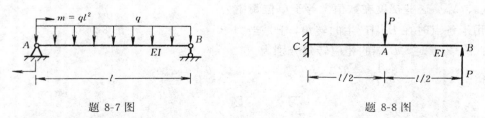

题 8-7 图

题 8-8 图

8-9 试用莫尔定理与卡氏定理分别求图示梁的 v_C。

8-10 试用莫尔定理求图示梁的 v_C。

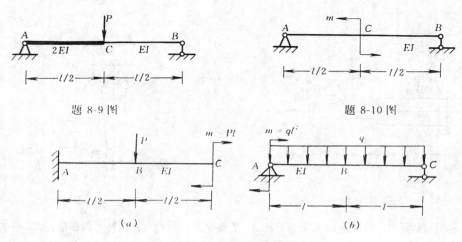

题 8-9 图

题 8-10 图

题 8-11 图

8-11 试用莫尔定理求图示各梁的 v_B 与 θ_C。

8-12 试利用简支梁受满跨均布荷载和跨度中央处作用集中力两种荷载情况，验证功的互等定理。

8-13 求图示各曲杆 A 截面的位移 x_A 和 y_A。

8-14 图示梁中弹簧刚度为 k，求力 P 作用点的挠度。

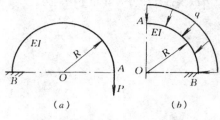

题 8-13 图

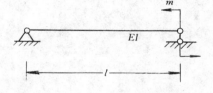

题 8-14 图

8-15 已知梁的抗弯刚度 EI，求中间铰 B 左、右两截面的相对转角 $\Delta\theta_B$。

8-16 试求图示梁在变形前、后轴线之间所围面积 ΔA，梁的 EI 为常数。

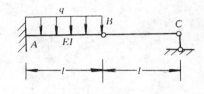

题 8-15 图

题 8-16 图

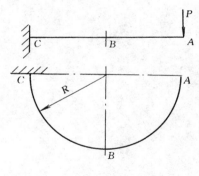

题 8-17 图

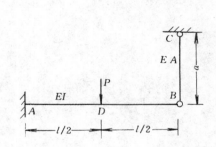

题 8-18 图

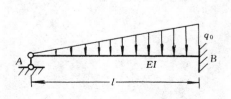

题 8-19 图

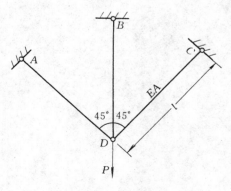

题 8-20 图

8-17 图示一水平放置的半圆形曲杆，设 EI 和 GI_P 均为已知常数。试求 P 力作用点 A 的垂直位移 δ_A。

8-18 试用能量方法求图示结构中 BC 杆的内力。

8-19 试用能量方法求图示梁支座 A 的反力 R_A。

8-20 图示三杆的长度和刚度完全相同，试用能量方法求各杆在力 P 作用下的内力。

第九章 应力状态与应变状态分析

第一节 应力状态的概念

在分析拉压杆和圆轴斜截面上的应力时（见第二章第三节和第三章第七节）已知，应力是随着截面的方位而改变的。一般而言，通过受力构件内任意一点的不同截面上，该点处的应力都将随截面方位而异。显然，要判断构件的强度，必须了解构件各点的应力状态。**所谓点的应力状态**(State of Stress at A Given Point)，**是指通过构件内某点的各个截面上的应力情况**。应力状态分析的目的是为了判断受力构件在何处何方向最危险，为构件的强度计算提供依据。

研究一点的应力状态，是通过对包含该点的**单元体**进行的。由于单元体是微立方体（图 9-1），因此单元体各侧面上的应力可以认为是均匀分布的，每一对平行侧面上的应力均相等，代表了过该点相应截面上的应力。例如，欲研究图 9-2 (a) 所示矩形截面梁内 K 点处的应力状态，可从梁内围绕 K 点取出单元体（图 9-2b），其左、右侧面为梁在 K 点处的

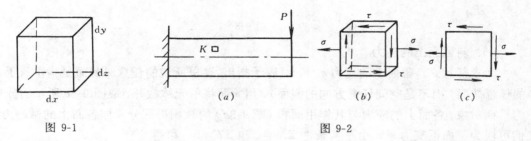

图 9-1   图 9-2

横截面，横截面上 K 点处的应力 σ 与 τ，按式（6-4）和式（6-7）分别计算。单元体的前、后侧面上应力为零，于是，可将单元体图画成平面图形（图 9-2c）的简化形式。在单元体的三对侧面中，只要有一对侧面上没有应力，则称这种应力状态为**平面应力状态**(Plane State of Stress)。研究 K 点处的应力状态，就转化成研究 K 点处单元体各个斜截面上的应力情况。

第二节 平面应力状态分析的解析法

设有平面应力状态单元体及坐标系如图 9-3a 所示，这是平面应力状态的一般情况。若以面的法线命名该面，则单元体的左、右面以 x 轴为法线，称为 x 面；同理，上、下面称为 y 面；前、后面称为 z 面；而其外法线 N 与 x 轴夹角为 α 的斜载面却习惯地称为 α 面，而不称为 N 面。以脚标字母表示应力的作用面，则 σ_x、τ_x 和 σ_y、τ_y 分别表示 x 面和 y 面上的正应力和剪应力，σ_a、τ_a 表示 α 面上的正应力和剪应力（图 9-3c）。按应力的正负号规定，正

应力 σ 以拉应力为正，剪应力 τ 以绕单元体顺时针转者为正。α 角以由 x 轴向逆时针转向外法线 N 者为正。

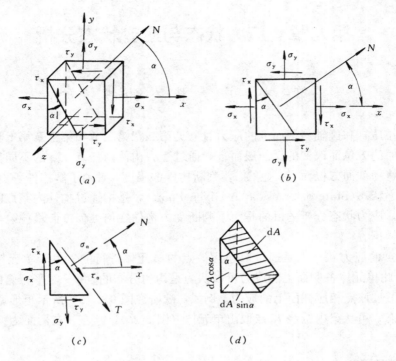

图 9-3

一、斜截面上的应力

为求任意 α 斜截面上的应力 σ_α 和 τ_α（应予指出，这里所说的任意斜截面是指垂直于 z 面的任意截面，而不是空间任意方向的截面），用 α 面将单元体截开，取图 9-3c 所示的分离体为平衡对象，各面上的应力与其作用面积（图 9-3d）的乘积得到分离体各面上的微内力，它们可视为平面汇交力系，由平衡条件 $\Sigma N = 0$ 和 $\Sigma T = 0$，可得

$$\sigma_\alpha dA - \sigma_x dA\cos\alpha\cos\alpha - \sigma_y dA\sin\alpha\sin\alpha + \tau_x dA\cos\alpha\sin\alpha + \tau_y dA\sin\alpha\cos\alpha = 0$$

$$\tau_\alpha dA - \sigma_x dA\cos\alpha\sin\alpha + \sigma_y dA\sin\alpha\cos\alpha - \tau_x dA\cos\alpha\cos\alpha + \tau_y dA\sin\alpha\sin\alpha = 0$$

消去 dA，并考虑到 $\tau_x = \tau_y$，得

$$\sigma_\alpha = \sigma_x\cos^2\alpha + \sigma_y\sin^2\alpha - \tau_x\sin 2\alpha \qquad (a)$$

$$\tau_\alpha = (\sigma_x - \sigma_y)\sin\alpha\cos\alpha + \tau_x\cos 2\alpha \qquad (b)$$

利用三角公式 $\cos^2\alpha = (1+\cos 2\alpha)/2$，$\sin^2\alpha = (1-\cos 2\alpha)/2$ 及 $2\sin\alpha\cos\alpha = \sin 2\alpha$，式（$a$）与式（$b$）整理可得

$$\left.\begin{aligned} \sigma_\alpha &= \frac{\sigma_x + \sigma_y}{2} + \frac{\sigma_x - \sigma_y}{2}\cos 2\alpha - \tau_x\sin 2\alpha \\ \tau_\alpha &= \frac{\sigma_x - \sigma_y}{2}\sin 2\alpha + \tau_x\cos 2\alpha \end{aligned}\right\} \qquad (9\text{-}1)$$

式（9-1）是斜截面应力的一般公式。在已知 σ_x、σ_y 和 τ_x 时，σ_α 与 τ_α 是 α 的函数。于是，某点的应力状态可由该点处单元体上的应力 σ_x、σ_y 和 τ_x 唯一地确定。

由式（9-1）可求出与 α 面垂直的 $\alpha+90°$ 面上的正应力 $\sigma_{\alpha+90°}$，即

$$\sigma_{\alpha+90°} = \frac{\sigma_x + \sigma_y}{2} + \frac{\sigma_x - \sigma_y}{2}\cos 2(\alpha + 90°) - \tau_x \sin 2(\alpha + 90°)$$

$$= \frac{\sigma_x + \sigma_y}{2} - \frac{\sigma_x - \sigma_y}{2}\cos 2\alpha + \tau_x \sin 2\alpha$$

于是，有

$$\sigma_\alpha + \sigma_{\alpha+90°} = \sigma_x + \sigma_y = 常量 \qquad (9\text{-}2)$$

式（9-2）表明，在单元体中互相垂直的两个截面上的正应力之和等于常量。

二、主应力与主平面

斜截面上的正应力 σ_α 是 α 的函数，σ_α 的极值称为**主应力**(Principal Stress)，记作 σ_{PS}，主应力的作用面称为**主平面**(Principal plane)。设 α_0 面为主平面，可由 $\dfrac{\mathrm{d}\sigma_\alpha}{\mathrm{d}\alpha}\Big|_{\alpha=\alpha_0} = 0$ 确定主平面的方位，即

$$\frac{\mathrm{d}\sigma_\alpha}{\mathrm{d}\alpha}\Big|_{\alpha=\alpha_0} = -(\sigma_x - \sigma_y)\sin 2\alpha_0 - 2\tau_x \cos 2\alpha_0$$

$$= -2\left(\frac{\sigma_x - \sigma_y}{2}\sin 2\alpha_0 + \tau_x \cos 2\alpha_0\right)$$

$$= -2\tau_{\alpha_0} = 0 \qquad (c)$$

式（c）表明主平面上的剪应力等于零。于是，主平面和主应力也可定义为：在单元体内剪应力等于零的面为主平面，主平面上的正应力为主应力。由

$$\tau_{\alpha 0} = \frac{\sigma_x - \sigma_y}{2}\sin 2\alpha_0 + \tau_x \cos 2\alpha_0 = 0$$

得

$$\tan 2\alpha_0 = -\frac{2\tau_x}{\sigma_x - \sigma_y} \qquad (9\text{-}3)$$

式（9-3）为确定主平面方位的公式，它给出 α_0 和 $\alpha_0+90°$ 两个主平面方位角，可见两个主平面互相垂直。

利用三角关系，将式（9-3）代入式（9-1）的 σ_α 式，消去 α_0，可得主应力算式。这里根据图 9-3c 所示分离体的平衡条件推导主应力公式。由 $\Sigma X = 0$ 和 $\Sigma Y = 0$，得

$$\sigma_\alpha \mathrm{d}A\cos\alpha + \tau_\alpha \mathrm{d}A\sin\alpha + \tau_y \mathrm{d}A\sin\alpha - \sigma_x \mathrm{d}A\cos\alpha = 0$$

$$-\sigma_\alpha \mathrm{d}A\sin\alpha + \tau_\alpha \mathrm{d}A\cos\alpha - \tau_x \mathrm{d}A\cos\alpha + \sigma_y \mathrm{d}A\sin\alpha = 0$$

即

$$\left.\begin{array}{l} \sigma_\alpha \cos\alpha - \sigma_x \cos\alpha + \tau_\alpha \sin\alpha = -\tau_y \sin\alpha \\ \sigma_\alpha \sin\alpha - \sigma_y \sin\alpha - \tau_\alpha \cos\alpha = -\tau_x \cos\alpha \end{array}\right\} \qquad (d)$$

对于主平面，$\alpha = \alpha_0$，$\tau_\alpha = \tau_{\alpha 0} = 0$，$\sigma_\alpha = \sigma_{\alpha_0}$，$\sigma_{\alpha_0}$ 为主应力，即 $\sigma_{\alpha_0} = \sigma_{PS}$，式（d）成为

$$\left.\begin{array}{l} \sigma_{PS} - \sigma_x = -\tau_y \tan\alpha_0 \\ \sigma_{PS} - \sigma_y = -\tau_x \cot\alpha_0 \end{array}\right\} \qquad (e)$$

考虑到 $\tau_x = \tau_y$，有

$$(\sigma_{PS} - \sigma_x)(\sigma_{PS} - \sigma_y) = \tau_x^2$$

即

$$\sigma_{PS}^2 - (\sigma_x + \sigma_y)\sigma_{PS} + (\sigma_x\sigma_y - \tau_x^2) = 0 \qquad (f)$$

解此关于主应力的一元二次方程，得

$$\sigma_{PS} = \frac{\sigma_x + \sigma_y}{2} \pm \frac{1}{2}\sqrt{(\sigma_x - \sigma_y)^2 + 4\tau_x^2} \qquad (9\text{-}4)$$

由式（9-4）可求得最大主应力 σ_{max} 和最小主应力 σ_{min}。

图 9-3a 所示平面应力状态的单元体，由于 z 面上剪应力为零，因此 z 面也是主平面，z 面上的正应力也应是主应力，只不过该主应力等于零而已。于是，平面应力状态主应力的完整表达式为

$$\sigma_{PS} = \begin{cases} \dfrac{\sigma_x + \sigma_y}{2} \pm \dfrac{1}{2}\sqrt{(\sigma_x - \sigma_y)^2 + 4\tau_x^2} \\ 0 \end{cases} \quad \begin{pmatrix} \sigma_{PS} = \sigma_1、\sigma_2、\sigma_3 \\ \text{且 } \sigma_1 \geqslant \sigma_2 \geqslant \sigma_3 \end{pmatrix} \qquad (9\text{-}5)$$

即平面应力状态的三个主应力 σ_1、σ_2、σ_3 按代数值排列，其中有一个为零。

在图 9-4a 所示单元体上，α_0 面和 $\alpha_0+90°$ 面为由式（9-3）确定的主平面，但何者为 σ_{max} 的作用面，何者为 σ_{min} 的作用面，尚待明确。现介绍一个简便方法：σ_{max} 所在主平面的法线方向必在 τ_x 指向的一侧。其直观说明和证明如下：

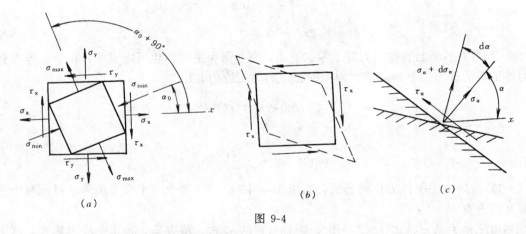

图 9-4

直观说明　图 9-4b 所示单元体在剪应力作用下的变形趋势为沿 Ⅱ、Ⅳ 象限方向伸长，而沿 Ⅰ、Ⅲ 象限方向缩短，这表明其最大主应力 σ_{max} 必作用于 Ⅱ、Ⅳ 象限方向，即 τ_x 指向的一侧。

证明　设图 9-4c 所示 α 面上有正应力 σ_α 和剪应力 τ_α，且 $\tau_\alpha < 0$，将式（9-1）第一式对 α 取导数，可得

$$\frac{d\sigma_\alpha}{d\alpha} = -(\sigma_x - \sigma_y)\sin 2\alpha - 2\tau_x\cos 2\alpha$$

$$= -2\left(\frac{\sigma_x - \sigma_y}{2}\sin 2\alpha + \tau_x\cos 2\alpha\right)$$

$$= -2\tau_\alpha > 0$$

即 σ_α 为 α 角的增函数，给 α 以增量 $d\alpha$，得 $\alpha+d\alpha$ 面，其上的正应力 $\sigma_\alpha+d\sigma_\alpha > \sigma_\alpha$，当正应力增至 σ_{max} 时即为最大主应力，而 α 角增加的方向正是剪应力 τ_α 的指向。

三、剪应力极值及其所在平面

因为 τ_a 也是 α 的函数，所以为求 τ_a 的极值，可将式（9-1）第二式对 α 取导数，令 $\dfrac{\mathrm{d}\tau_a}{\mathrm{d}\alpha}\Big|_{\alpha=\alpha_S}$ $=0$，得

$$(\sigma_x - \sigma_y)\cos 2\alpha_S - 2\tau_x \sin 2\alpha_S = 0$$

即

$$\tan 2\alpha_S = \frac{\sigma_x - \sigma_y}{2\tau_x} \tag{9-6}$$

上式给出 α_S 与 $\alpha_S+90°$ 两个值，可见剪应力极值的所在平面为两个互相垂直的平面。由式（9-6）和式（9-3）可得

$$\tan 2\alpha_0 \cdot \tan 2\alpha_S = -1 \tag{g}$$

式（g）表明 α_S 与 α_0 相差 $\pi/4$，即剪应力极值所在平面与主平面之间互成 45°。利用三角关系，将式（9-6）代入式（9-1）的 τ_a 式，得剪应力极值为

$$\left.\begin{array}{r}\tau_{\max}\\ \tau_{\min}\end{array}\right\} = \pm\,\frac{1}{2}\sqrt{(\sigma_x - \sigma_y)^2 + 4\tau_x^2} \tag{9-7}$$

利用式（9-4），得

$$\left.\begin{array}{r}\tau_{\max}\\ \tau_{\min}\end{array}\right\} = \pm\,\frac{\sigma_{\max} - \sigma_{\min}}{2} \tag{9-8}$$

式（9-7）和式（9-8）同为剪应力极值的计算公式。$\tau_{\max}$ 和 $\tau_{\min}$ 是两个数值相等而方向不同的剪应力。在剪应力极值的作用面上，一般是有正应力的。

【例 9-1】 求图 9-5a 所示梁内 K 点处 $\alpha=30°$ 斜截面上的应力，K 点处的主应力及主平面，剪应力极值及其作用面，并均在单元体上画出。

【解】 （1）计算 K 点处横截面上的应力

K 点所在横截面上的内力为 $V=-20\mathrm{kN}$，$M=2\mathrm{kN\cdot m}$，截面的惯性矩 $I_z=60\times 120^3\times$

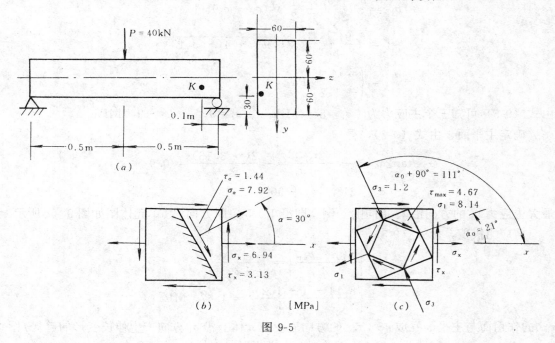

图 9-5

$10^{-12}/12 = 8.64 \times 10^{-6} \text{m}^4$。$K$ 点处横截面上的正应力 σ_x 为拉应力，剪应力 τ_x 的方向与剪力 V 相同，为负的剪应力。由式（6-4）与式（6-7），得

$$\sigma_x = \frac{M}{I_z} y = \frac{2 \times 30 \times 10^{-3}}{8.64 \times 10^{-6}} \times 10^{-3} = 6.94 \text{MPa}$$

$$\tau_x = \frac{V S_z}{I_z b} = - \frac{20 \times 30 \times 60 \times 45 \times 10^{-9}}{8.64 \times 10^{-6} \times 60 \times 10^{-3}} \times 10^{-3} = -3.13 \text{MPa}$$

K 点处的单元体如图 9-5b 所示，单元体上的应力 $\sigma_x = 6.94 \text{MPa}$，$\sigma_y = 0$，$\tau_x = -3.13 \text{MPa}$。

（2）计算 K 点处 $\alpha = 30°$ 斜截面上的应力

由式（9-1），得

$$\sigma_\alpha = \frac{\sigma_x + \sigma_y}{2} + \frac{\sigma_x - \sigma_y}{2} \cos 2\alpha - \tau_x \sin 2\alpha$$

$$= \frac{6.94}{2} + \frac{6.94}{2} \cos(2 \times 30°) - (-3.13) \sin(2 \times 30°)$$

$$= 7.92 \text{MPa}$$

$$\tau_\alpha = \frac{\sigma_x - \sigma_y}{2} \sin 2\alpha + \tau_x \cos 2\alpha$$

$$= \frac{6.94}{2} \sin(2 \times 30°) + (-3.13) \cos(2 \times 30°)$$

$$= 1.44 \text{MPa}$$

K 点处单元体中 $\alpha = 30°$ 斜截面上应力的大小与方向如图 9-5b 所示。

（3）K 点处的主应力及剪应力极值

计算主应力，由式（9-4），得

$$\sigma_{PS} = \frac{\sigma_x + \sigma_y}{2} \pm \frac{1}{2} \sqrt{(\sigma_x - \sigma_y)^2 + 4\tau_x^2}$$

$$= \frac{6.94}{2} \pm \frac{1}{2} \sqrt{6.94^2 + 4(-3.13)^2}$$

$$= \begin{cases} 8.14 \\ -1.2 \end{cases} \text{MPa}$$

由式（9-5）可知三个主应力为 $\sigma_1 = 8.14 \text{MPa}$，$\sigma_2 = 0$，$\sigma_3 = -1.2 \text{MPa}$。

确定主平面，由式（9-3），得

$$\tan 2\alpha_0 = - \frac{2\tau_x}{\sigma_x - \sigma_y} = - \frac{2(-3.13)}{6.94} = 0.9$$

$$\alpha_0 = 21°, \quad \alpha_0 + 90° = 111°$$

最大主应力 σ_1 的方向沿 τ_x 指向的一侧，即沿 I、III 象限方向，其单元体图如图 9-5c 所示。

剪应力极值，由式（9-8），得

$$\tau_{max} = \left| \frac{\sigma_{max} - \sigma_{min}}{2} \right| = \left| \frac{\sigma_1 - \sigma_3}{2} \right|$$

$$= \left| \frac{8.14 - (-1.2)}{2} \right| = 4.67 \quad \text{MPa}$$

τ_{max} 的作用面与主平面互成 $45°$，τ_{max} 的方向应使单元体有沿 σ_1 方向产生伸长变形的趋势（图

9-5c)。在 τ_{max} 作用面上，通常有正应力 σ 存在，该正应力 σ 无需计算，图 9-5c 中也未画出。

第三节　平面应力状态分析的图解法

一、基本原理

将式（9-1）的表达形式稍加变化，改写为

$$\left(\sigma_\alpha - \frac{\sigma_x + \sigma_y}{2}\right)^2 = \left(\frac{\sigma_x - \sigma_y}{2}\cos 2\alpha - \tau_x \sin 2\alpha\right)^2 \qquad (a)$$

$$\tau_\alpha^2 = \left(\frac{\sigma_x - \sigma_y}{2}\sin 2\alpha + \tau_x \cos 2\alpha\right)^2 \qquad (b)$$

将式（a）与式（b）两边相加，得

$$\left(\sigma_\alpha - \frac{\sigma_x + \sigma_y}{2}\right)^2 + \tau_\alpha^2 = \left(\frac{\sigma_x - \sigma_y}{2}\right)^2 + \tau_x^2 \qquad (9\text{-}9)$$

而圆的一般方程为 $(x-a)^2 + (y-b)^2 = R^2$，可见，式（9-9）是以 σ_α 与 τ_α 为变量的圆的方程。若以 σ 为横坐标，τ 为纵坐标，则圆心坐标为 $\left(\dfrac{\sigma_x + \sigma_y}{2},\ 0\right)$，半径为 $\sqrt{\left(\dfrac{\sigma_x - \sigma_y}{2}\right)^2 + \tau_x^2}$。这个圆称为**应力圆**(Stress Cirle)，它是德国学者莫尔（O. Mohr）于 1882 年首先提出的，故又称**莫尔圆**(Mohr's Circle)。

二、应力圆的作法

求作图 9-6a 所示应力单元体的应力圆，可参照图 9-6b，其步骤如下：

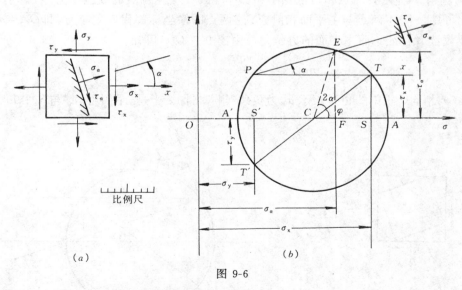

(a)　　　　　　　　　　(b)

图 9-6

（1）取坐标系，以 σ 轴为横轴，τ 轴为纵轴。

（2）按适当的比例尺，在 σ 轴上从原点 o 分别量取 $\overline{OS} = \sigma_x$ 和 $\overline{OS'} = \sigma_y$；从 S 点沿 τ 轴方向量取 $\overline{ST} = \tau_x$，从 S' 点沿 τ 轴方向量取 $\overline{S'T'} = \tau_y$。

（3）连接 T、T' 点，交 σ 轴于 C 点，以 C 点为圆心，以 $\overline{CT}$ 为半径作圆。

（4）过 T 点作直线平行于 σ 轴，交圆周于 P 点，称 P 点为极点（Pole）；过 P 点引与

σ 轴平行并与 σ 轴正向一致的基线 $P—x$。

从应力圆上可以看出，$\overline{OC}=\dfrac{\sigma_x+\sigma_y}{2}$，$\overline{CS}=\dfrac{\sigma_x-\sigma_y}{2}$，$\overline{ST}=\tau_x$，$\overline{CT}=(\overline{CS}^2+\overline{ST}^2)^{1/2}=\left[\left(\dfrac{\sigma_x-\sigma_y}{2}\right)^2+\tau_x^2\right]^{1/2}$。圆心坐标 $(\overline{OC},o)$，半径为 $\overline{CT}$，确为式（9-9）所定义的圆。应力圆上 T 点坐标 (σ_x,τ_x)，表示单元体 x 面上的应力，T 点对应着单元体的 x 面；T' 点坐标 (σ_y,τ_y) 表示 y 面上的应力，T' 点对应着 y 面。

三、用应力圆求 α 面上的应力 σ_α 与 τ_α

从应力圆上极点 P 作与基线成 α 角的射线，交圆周于 E 点（图 9-6b），E 点的坐标 $(\sigma_\alpha、\tau_\alpha)$，代表 α 面上的正应力与剪应力。证明如下：

$$\overline{OF}=\overline{OC}+\overline{CF}=\overline{OC}+\overline{CE}\cos(2\alpha+\varphi)$$
$$=\overline{OC}+\overline{CT}\cos\varphi\cos2\alpha-\overline{CT}\sin\varphi\sin2\alpha$$
$$=\frac{\sigma_x+\sigma_y}{2}+\frac{\sigma_x-\sigma_y}{2}\cos2\alpha-\tau_x\sin2\alpha$$
$$=\sigma_\alpha$$

建议读者自己证明 $\overline{EF}=\tau_\alpha$。

可见，应力圆上的点与单元体上的面具有点面对应关系，即由极点引出的角度为 α 的射线与圆的交点，对应着单元体上的 α 面；该交点的横坐标与纵坐标分别等于 α 面上的正应力与剪应力。

四、用应力圆求主应力、主平面及剪应力极值

应力圆与 σ 轴交于 A 点和 A' 点（图 9-6b 和图 9-7），这两点的纵坐标为零，即剪应力为零。由此可见，A、A' 两点与主平面相对应；这两点的横坐标都代表主应力，即 $\overline{OA}=\sigma_1$，$\overline{OA'}=\sigma_2$，建议读者自证。而主平面的方位角，由图 9-7（b）可知

$$\tan2\alpha_0=-\frac{\overline{ST}}{\overline{CS}}=-\frac{2\tau_x}{\sigma_x-\sigma_y}$$

与式（9-3）相同，式中的负号表示 α_0 为负角（顺时针）。于是，图中的 α_0 与 $\alpha_0+90°$ 角为主

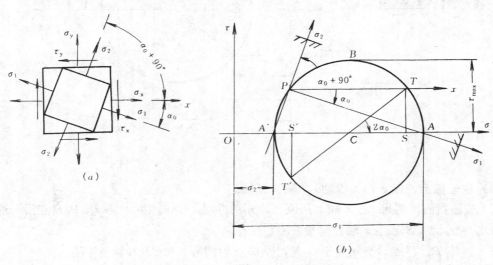

（a）   （b）

图 9-7

平面的方位角。应力圆上 B 点的纵坐标最大，即

$$\tau_{\max} = \overline{CB} = \sqrt{\left(\frac{\sigma_x - \sigma_y}{2}\right)^2 + \tau_x^2} = \frac{\sigma_1 - \sigma_2}{2}$$

与式（9-7）和式（9-8）相一致。

【例 9-2】 用应力圆求图 9-8a 所示单元体的主应力与主平面。

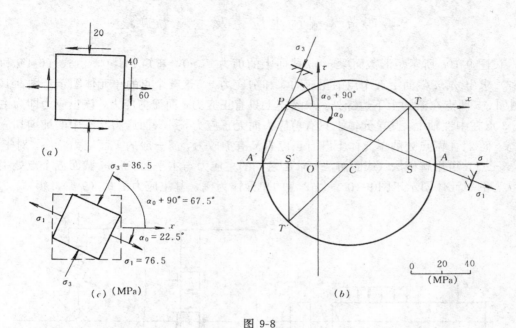

图 9-8

【解】 在坐标纸上按应力圆作图步骤作出图 9-8b 所示应力圆。量得 $\alpha_0 = -22.5°$，$\alpha_0 + 90° = 67.5°$；$\sigma_1 = \overline{OA} = 76.5\text{MPa}$，$\sigma_3 = \overline{OA'} = -36.5\text{MPa}$。由式（9-4）求得的 $\sigma_1 = 76.6\text{MPa}$ 和 $\sigma_3 = -36.6\text{MPa}$；可见用应力圆求得的主应力精度是足够的。将求得的主平面与主应力示于图 9-8c。

【例 9-3】 用解析法和图解法求图 9-9a 所示单元体的主应力与主平面。

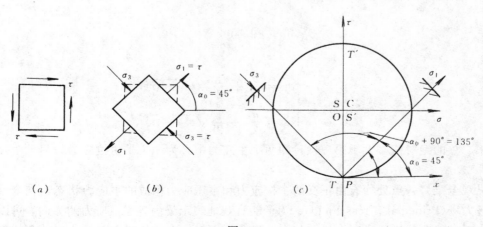

图 9-9

205

【解】 由式（9-3），得

$$\tan 2\alpha_0 = -\frac{2\tau_x}{\sigma_x - \sigma_y} = -\frac{2(-\tau)}{0} = \infty, \qquad 即 \qquad \alpha_0 = 45°, \quad \alpha_0 + 90° = 135°。由式$$

（9-4），得 $\sigma_1 = \tau, \quad \sigma_3 = -\tau$。

应力圆如图 9-9c 所示，所求结果示于图 9-9b。

第四节　梁的主应力及主应力迹线

设图 9-10a 所示矩形截面梁 m-m 截面上的剪力 $V>0$，弯矩 $M>0$，由式（6-4）和式（6-7）求出 m-m 截面上五个点的正应力 σ 和剪应力 τ，这五个点的单元体图示于图 9-10b。其中 1、5 两点在梁的上下边缘处，单元体上只有正应力，而无剪应力，该正应力即为主应力。3 点在中性轴上，其单元体上只有剪应力而无正应力，是平面应力状态中的纯剪切应力状态。而 2、4 两点处的单元体上既有正应力又有剪应力，属一般的平面应力状态。对于 2、3、4 三点，可用解析法（或图解法）求出它们的主应力与主平面。m-m 截面五个点处主应力状态的单元体图示于图 9-10c。以 2 点的单元体为例，其主应力由式（9-4），得

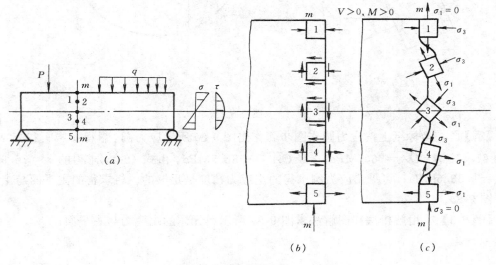

图 9-10

$$\sigma_{PS} = \begin{cases} \sigma_1 = \dfrac{\sigma}{2} + \dfrac{1}{2}\sqrt{\sigma^2 + 4\tau^2} \\[2mm] \sigma_3 = \dfrac{\sigma}{2} - \dfrac{1}{2}\sqrt{\sigma^2 + 4\tau^2} \end{cases}$$

式中第二项的绝对值必大于第一项，即两个主应力中必为一个是**主拉应力**，另一个是**主压应力**。

纵观全梁，各点处均有由正交的主拉应力和主压应力构成的主应力状态，在全梁内形成**主应力场**（Principal Stress Field）。为了能直观地表示梁内各点主应力的方向，可以用两组互为正交的曲线描述主应力场。其中一组曲线上每一点的切线方向是该点处主拉应力方

向；而另一组曲线上每一点的切线方向是该点处主压应力方向。这两组曲线称为**主应力迹线**（Principal Stress Ttrajectorties），前者为主拉应力迹线，后者为主压应力迹线。受均布荷载作用的简支梁的主应力迹线如图 9-11a 所示。实线为主拉应力迹线，虚线为主压应力迹线。

梁的主应力迹线在工程设计中是非常有用的，例如在钢筋混凝土梁的设计中，可以根据主拉应力的方向判断可能产生裂缝的方向，从而合理地布置钢筋。矩形截面钢筋混凝土梁中主要受力钢筋的布置如图 9-11b 所示。

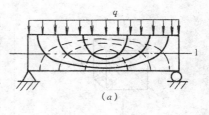

(a)

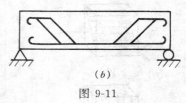

(b)

图 9-11

第五节　空间应力状态简介

空间应力状态（Three-dimensional State of Stress）单元体的各侧面上，通常既有正应力又有剪应力。可以证明，空间应力状态单元体也存在主应力状态，单元体的各侧面上剪应力等于零，三个正应力均为主应力，即 $\sigma_1 \geqslant \sigma_2 \geqslant \sigma_3$（图 9-12）。空间应力状态又称**三向应力状态**；若三个主应力中有一个为零时，则称为**平面应力状态**（或称**二向应力状态**）；若只有一个主应力不为零时，则称为**单向应力状态**。空间应力状态和平面应力状态统称为**复杂应力状态**。

空间应力状态分析较之平面应力状态要复杂得多，本节只作简单介绍。

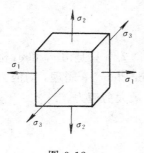

图 9-12

对于图 9-12 所示主应力状态的单元体，首先分析分别与三个主平面垂直的各截面上的应力。如垂直于 σ_3 所在平面的各面上（图 9-13a），其应力仅与 σ_1 和 σ_2 有关，而与 σ_3 无关，可简化为只受 σ_1 和 σ_2 作用的平面应力状态，其应力圆为图 9-13d 中以 c_1 为圆心的圆（为了简单，各应力圆只画出一半），此圆各点坐标表示垂直于 σ_3 所在平面的各面上的应力，其剪应力极植为 $\tau_{12} = \dfrac{\sigma_1 - \sigma_2}{2}$。同理，垂直于 σ_1 所在平面的各截面上的应力（图 9-13b），由图 9-13d 中以 c_2 为圆心的应力圆上的各点坐标表示，其剪应力极值为 $\tau_{23} = \dfrac{\sigma_2 - \sigma_3}{2}$；而垂直于 σ_2 所在平面的各截面上的应力（图 9-13c），由图 9-13d 中以 c_3 为圆心的应力圆上的各点坐标表示，其剪应力极值为 $\tau_{13} = \dfrac{\sigma_1 - \sigma_3}{2}$。

可以证明，单元体任一斜截面上的应力（图 9-13e），与图 9-13d 中三个应力圆所夹的阴影面积（包括未画出的另一半应力圆）中某点 K 的坐标相对应。

综上所述，对于一个空间应力状态的单元体，可以作出三个应力圆（图 9-13d），简称**三向应力圆**。单元体中的最大剪应力为

$$\tau_{\max} = \tau_{13} = \frac{\sigma_1 - \sigma_3}{2} \tag{9-10}$$

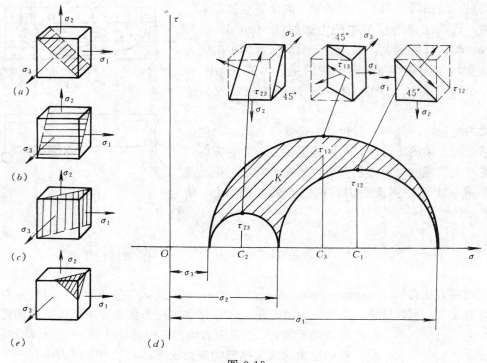

图 9-13

其作用面与 σ_1 面和 σ_3 面均成 45°角。而剪应力极值 $\tau_{12}=(\sigma_1-\sigma_2)/2$，只是由 σ_1 和 σ_2 构成的平面应力状态中的最大剪应力（Maximum Shearing Stresses in Plane）；同理，剪应力极值 $\tau_{23}=(\sigma_2-\sigma_3)/2$，只是由 σ_2 和 σ_3 构成的平面应力状态中的最大剪应力。

第六节 广义胡克定律

对于各向同性材料，在线弹性范围内，广义胡克定律（Generalized Hooke's Law）表示了复杂应力状态下应力与应变的关系。

胡克定律（第二章第六节）给出了单向应力状态时的应力-应变关系（图 9-14），其纵向应变（沿 σ 方向）为

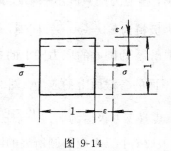

$$\varepsilon=\frac{\sigma}{E}$$

横向应变（垂直于 σ 方向）为

$$\varepsilon'=-\nu\varepsilon=-\nu\frac{\sigma}{E}$$

图 9-14

一、平面应力状态下的广义胡克定律

图 9-15a 所示主应力状态的平面应力状态单元体，可视为两个正交的单向应力状态的叠加（图 9-15b、c）。于是，沿两个主应力方向的应变分别为

208

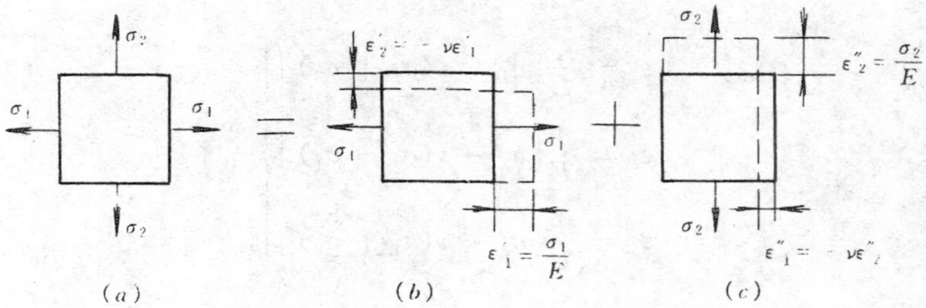

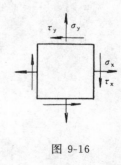

图 9-15

$$\left.\begin{array}{l} \varepsilon_1 = \varepsilon'_1 + \varepsilon''_1 = \dfrac{\sigma_1}{E} - \nu\dfrac{\sigma_2}{E} \\[3mm] \varepsilon_2 = \varepsilon'_2 + \varepsilon''_2 = \dfrac{\sigma_2}{E} - \nu\dfrac{\sigma_1}{E} \end{array}\right\} \qquad (a)$$

即

$$\left.\begin{array}{l} \varepsilon_1 = \dfrac{1}{E}(\sigma_1 - \nu\sigma_2) \\[3mm] \varepsilon_2 = \dfrac{1}{E}(\sigma_2 - \nu\sigma_1) \end{array}\right\} \qquad (9\text{-}11)$$

式（9-11）给出了主应力状态下应力与应变的关系。

对于非主应力情况的平面应力状态（图 9-16），由于材料是各向同性的，理论与实验均可证明，剪应力只引起单元体的剪应变，而不引起线应变；正应力只引起线应变，而不引起剪应变。于是，其应力与应变的关系为

$$\left.\begin{array}{l} \varepsilon_x = \dfrac{1}{E}(\sigma_x - \nu\sigma_y) \\[3mm] \varepsilon_y = \dfrac{1}{E}(\sigma_y - \nu\sigma_x) \\[3mm] \gamma = \dfrac{1}{G}\tau_x \end{array}\right\} \qquad (9\text{-}12)$$

图 9-16

或

$$\left.\begin{array}{l} \sigma_x = \dfrac{E}{1-\nu^2}(\varepsilon_x + \nu\varepsilon_y) \\[3mm] \sigma_y = \dfrac{E}{1-\nu^2}(\varepsilon_y + \nu\varepsilon_x) \\[3mm] \tau_x = G\gamma \end{array}\right\} \qquad (9\text{-}13)$$

式（9-11）、式（9-12）和式（9-13）均为平面应力状态下的广义胡克定律。

二、空间应力状态下的广义胡克定律

图 9-12 所示主应力状态的空间应力状态单元体，其应力-应变关系可以仿照前述方法

推得:

$$\left.\begin{array}{l} \varepsilon_1 = \dfrac{1}{E}\big[\sigma_1 - \nu(\sigma_2 + \sigma_3)\big] \\[3mm] \varepsilon_2 = \dfrac{1}{E}\big[\sigma_2 - \nu(\sigma_3 + \sigma_1)\big] \\[3mm] \varepsilon_3 = \dfrac{1}{E}\big[\sigma_3 - \nu(\sigma_1 + \sigma_2)\big] \end{array}\right\} \qquad (9\text{-}14)$$

或

$$\left.\begin{array}{l} \sigma_1 = \dfrac{E}{(1 + \nu)(1 - 2\nu)}\big[(1 - \nu)\varepsilon_1 + \nu(\varepsilon_2 + \varepsilon_3)\big] \\[3mm] \sigma_2 = \dfrac{E}{(1 + \nu)(1 - 2\nu)}\big[(1 - \nu)\varepsilon_2 + \nu(\varepsilon_3 + \varepsilon_1)\big] \\[3mm] \sigma_3 = \dfrac{E}{(1 + \nu)(1 - 2\nu)}\big[(1 - \nu)\varepsilon_3 + \nu(\varepsilon_1 + \varepsilon_2)\big] \end{array}\right\} \qquad (9\text{-}15)$$

式（9-14）和式（9-15）为空间应力状态下的广义胡克定律。

【例 9-4】 图 9-17 所示单元体，(1)若 $\sigma_1 = 80\text{MPa}$，$\sigma_2 = 40\text{MPa}$，$E = 2 \times 10^5 \text{MPa}$，$\nu = 0.3$，求主应力方向的应变 ε_1 及 ε_2；(2)若测得单元体两个方向的应变 $\varepsilon_1 = 4.2 \times 10^{-4}$，$\varepsilon_2 = 1 \times 10^{-4}$，求正应力 σ_1 及 σ_2。

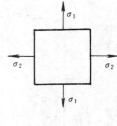

图 9-17

【解】 (1)由式（9-11），得

$$\varepsilon_1 = \frac{1}{E}(\sigma_1 - \nu\sigma_2)$$

$$= \frac{1}{2 \times 10^5}(80 - 0.3 \times 40)$$

$$= 3.4 \times 10^{-4}$$

$$\varepsilon_2 = \frac{1}{E}(\sigma_2 - \nu\sigma_1)$$

$$= \frac{1}{2 \times 10^5}(40 - 0.3 \times 80)$$

$$= 8 \times 10^{-5}$$

(2) 由式（9-13），得

$$\sigma_1 = \frac{E}{1 - \nu^2}(\varepsilon_1 + \nu\varepsilon_2)$$

$$= \frac{2 \times 10^5}{1 - 0.3^2}(4.2 + 0.3 \times 1) \times 10^{-4}$$

$$= 98.9\text{MPa}$$

$$\sigma_2 = \frac{E}{1 - \nu^2}(\varepsilon_2 + \nu\varepsilon_1)$$

$$= \frac{2 \times 10^5}{1 - 0.3^2}(1 + 0.3 \times 4.2) \times 10^{-4}$$

$$= 49.7\text{MPa}$$

通过实测应变求得应力，是实验应力分析中的一种主要方法。

三、应力与体积应变的关系

图 9-18 所示空间应力状态单元体，变形前的体积为 $V_0 = \mathrm{d}x\,\mathrm{d}y\,\mathrm{d}z$，受力变形后的体积为

$$V_1 = (\mathrm{d}x + \Delta \mathrm{d}x)(\mathrm{d}y + \Delta \mathrm{d}y)(\mathrm{d}z + \Delta \mathrm{d}z)$$

$$= \mathrm{d}x\mathrm{d}y\mathrm{d}z\left(1 + \frac{\Delta \mathrm{d}x}{\mathrm{d}x}\right)\left(1 + \frac{\Delta \mathrm{d}y}{\mathrm{d}y}\right)\left(1 + \frac{\Delta \mathrm{d}z}{\mathrm{d}z}\right)$$

$$= \mathrm{d}x\mathrm{d}y\mathrm{d}z(1 + \varepsilon_1)(1 + \varepsilon_2)(1 + \varepsilon_3)$$

展开，并略去高阶微量，得

$$V_1 = V_0(1 + \varepsilon_1 + \varepsilon_2 + \varepsilon_3)$$

于是，单元体单位体积的体积改变为

$$\varepsilon_\mathrm{v} = \frac{V_1 - V_0}{V_0} = \varepsilon_1 + \varepsilon_2 + \varepsilon_3 \tag{9-16}$$

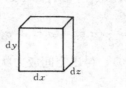 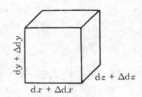

图 9-18

称 ε_v 为**体积应变**（Volumetric Strain）。

将式（9-14）代入上式，整理可得

$$\varepsilon_\mathrm{v} = \varepsilon_1 + \varepsilon_2 + \varepsilon_3 = \frac{1 - 2\nu}{E}(\sigma_1 + \sigma_2 + \sigma_3) \tag{9-17}$$

可见体积应变只与三向主应力之和有关，而与各主应力之间的比例无关。

令 $\sigma_\mathrm{m} = \frac{1}{3}(\sigma_1 + \sigma_2 + \sigma_3)$，称 σ_m 为**平均正应力**；令 $K = \dfrac{E}{3(1 - 2\nu)}$，称 K 为**体积弹性模量**（Volumetric Modulus of Elasticity）。于是，式（9-17）可写成

$$\varepsilon_\mathrm{v} = \frac{\sigma_\mathrm{m}}{K} \quad \text{或} \quad \sigma_\mathrm{m} = K\varepsilon_\mathrm{v} \tag{9-18}$$

式（9-17）和式（9-18）表明，作用三个不相等的主应力，或代之以它们的三个平均正应力，其单位体积的体积改变是相同的。

对于图 9-9（a）所示纯剪切状态的单元体，因为 $\sigma_1 = \tau$、$\sigma_2 = 0$ 和 $\sigma_3 = -\tau$，所以其体积应变

$$\varepsilon_\mathrm{v} = \frac{1 - 2\nu}{E}(\sigma_1 + \sigma_2 + \sigma_3) = \frac{1 - 2\nu}{E}(\tau + 0 - \tau) = 0$$

即剪应力的存在并不引起单元体的体积改变。可以推知，对于非主应力状态的单元体，其体积应变公式可写成

$$\varepsilon_\mathrm{v} = \frac{1 - 2\nu}{E}(\sigma_x + \sigma_y + \sigma_z) \tag{9-19}$$

第七节　复杂应力状态下的弹性变形能

轴向拉（压）时的变形能为 $U = \frac{1}{2}N \cdot \Delta l$，其单位体积的变形能，即比能 u，由式（8-5a）可知

$$u = \frac{U}{V} = \frac{\frac{1}{2}N \cdot \Delta l}{A \cdot l} = \frac{1}{2}\sigma\varepsilon$$

一、复杂应力状态下的比能

对于图 9-19a 所示的空间应力状态单元体,由于弹性体的变形能与加载次序无关,仅决定于应力应变的最终值,因此,可以设各应力和应变均按同一比例参数 λ 从零增至终值,即参数 λ 从 0 到 1 单调增加时,相应的应力 $(\lambda\sigma)$ 和应变 $(\lambda\varepsilon)$ 也同步的从零增加到最终值 σ 和 ε。于是,比能为

$$
\begin{aligned}
u &= \int_0^{\varepsilon_1} \sigma_1 \mathrm{d}\varepsilon_1 + \int_0^{\varepsilon_2} \sigma_2 \mathrm{d}\varepsilon_2 + \int_0^{\varepsilon_3} \sigma_3 \mathrm{d}\varepsilon_3 \\
&= \int_0^1 \lambda\sigma_1 \mathrm{d}(\lambda\varepsilon_1) + \int_0^1 \lambda\sigma_2 \mathrm{d}(\lambda\varepsilon_2) + \int_0^1 \lambda\sigma_3 \mathrm{d}(\lambda\varepsilon_3) \\
&= (\sigma_1\varepsilon_1 + \sigma_2\varepsilon_2 + \sigma_3\varepsilon_3)\int_0^1 \lambda \mathrm{d}\lambda \\
&= \frac{1}{2}(\sigma_1\varepsilon_1 + \sigma_2\varepsilon_2 + \sigma_3\varepsilon_3)
\end{aligned}
\tag{9-20}
$$

将式 (9-14) 代入式 (9-20),得出空间应力状态下的比能为

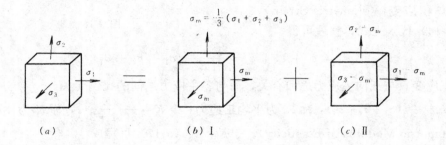

图 9-19

$$
u = \frac{1}{2E}\left[\sigma_1^2 + \sigma_2^2 + \sigma_3^2 - 2\nu(\sigma_1\sigma_2 + \sigma_2\sigma_3 + \sigma_3\sigma_1)\right]
\tag{9-21}
$$

二、体积改变比能与形状改变比能

在空间应力状态下,单元体将同时发生体积改变和形状改变。因此,比能也可相应地分成两部分,即**体积改变比能**和**形状改变比能**,分别记为 u_V 和 u_f。于是

$$
u = u_V + u_f
\tag{a}
$$

为了计算 u_V 和 u_f,可将图 9-19a 所示单元体分解为图 9-19b 和 c 两个单元体的叠加。状态 Ⅰ (图 9-19b) 受平均正应力 σ_m 的作用,因其各向均匀受力,故只有体积改变,而不可能改变形状;对于状态 Ⅱ (图 9-19c),由式 (9-17) 计算其体积改变,得

$$
(\varepsilon_V)_{\mathrm{II}} = \frac{1-2\nu}{E}\left[(\sigma_1 - \sigma_m) + (\sigma_2 - \sigma_m) + (\sigma_3 - \sigma_m)\right] = 0
$$

则状态 Ⅱ 不改变体积,只改变其形状。于是

$$
u_V = u_{\mathrm{I}}, \quad u_f = u_{\mathrm{II}}
\tag{b}
$$

为计算 u_{I} (图 9-19b),由式 (9-21),得

$$
u_V = u_{\mathrm{I}} = \frac{1}{2E}(3\sigma_m^2 - 2\nu \cdot 3\sigma_m^2) = \frac{1-2\nu}{2E}3\sigma_m^2
$$

$$= \frac{1-2\nu}{6E}(\sigma_1 + \sigma_2 + \sigma_3)^2 \qquad (c)$$

形状改变比能 u_f 为

$$u_f = u - u_V$$

$$= \frac{1}{2E}[\sigma_1^2 + \sigma_2^2 + \sigma_3^2 - 2\nu(\sigma_1\sigma_2 + \sigma_2\sigma_3 + \sigma_3\sigma_1)]$$

$$- \frac{1-2\nu}{6E}(\sigma_1 + \sigma_2 + \sigma_3)^2$$

整理可得

$$u_f = \frac{1+\nu}{6E}[(\sigma_1-\sigma_2)^2 + (\sigma_2-\sigma_3)^2 + (\sigma_3-\sigma_1)^2] \qquad (9\text{-}22)$$

将比能分解为体积改变比能和形状改变比能是有重要意义的，因为实验证实，体积改变基本是弹性的，不影响材料屈服；而形状改变的大小与材料是否产生屈服变形有直接关系。

第八节　弹性系数 E、ν、G 间的关系

设图 9-20a 所示各向同性材料的弹性体中 K 点处的应力状态为纯剪切状态 I（图 9-20b），K 点处的主应力状态 II 如图 9-20c 所示。因为是同一点，所以其比能应该相等，即

$$u_I = u_{II} \qquad (a)$$

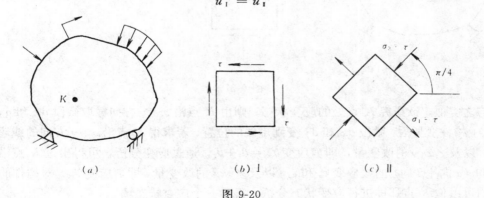

图 9-20

u_I 与 u_{II} 可分别由式（8-7）和式（9-21）计算，即

$$u_I = \frac{1}{2}\tau\gamma = \frac{1}{2G}\tau^2 \qquad (b)$$

$$u_{II} = \frac{1}{2E}[\sigma_1^2 + \sigma_2^2 + \sigma_3^2 - 2\nu(\sigma_1\sigma_2 + \sigma_2\sigma_3 + \sigma_3\sigma_1)]$$

$$= \frac{1}{2E}[\tau^2 + 0 + (-\tau)^2 - 2\nu(0 + 0 - \tau^2)]$$

$$= \frac{1+\nu}{E}\tau^2 \qquad (c)$$

由式（a），得

$$\frac{1}{2G}\tau^2 = \frac{1+\nu}{E}\tau^2$$

则

$$G = \frac{E}{2(1+\nu)} \tag{9-23}$$

式 (9-23) 表明，在各向同性材料的三个弹性系数 E、ν、G 中，只有两个是独立的。

第九节 平面应力状态下的应变分析

一、应力状态与应变状态的概念

设构件处于平面应力状态（图 9-21a），欲研究 K 点处的应力状态，则包含 K 点取一单元体，并由应力计算求得 σ_x、σ_y 和 τ_x（图 9-21b），通过平面应力状态分析，可得出过 K 点斜截面上的应力、主应力、主平面及最大剪应力。对构件的所有各点均可以像 K 点那样进行应力状态分析，得到一个**应力状态场**。

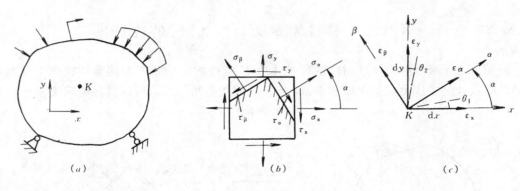

图 9-21

与之类似，欲研究 K 点处的应变状态，则由 K 点沿 x、y 方向截取微段 dx 和 dy（图 9-21c），构件变形后，微段 dx 和 dy 变到虚线的位置，若求得 K 点沿 x、y 方向的线应变 ε_x 和 ε_y，以及 $\angle x\kappa y$ 的改变量，即剪应变 $\gamma_{xy} = \theta_1 + \theta_2$，通过应变分析，可得出过 K 点沿 α 向和 β 向（α 向 $\perp$ β 向）的线应变 ε_α 和 ε_β，以及 $\angle \alpha\kappa\beta$ 的改变量，即剪应变 $\gamma_{\alpha\beta}$。对构件的所有各点均可以像 K 点那样进行应变状态分析，得到一个**应变状态场**。

要分析一点的应变状态，可以根据应力状态分析的结果，利用应力—应变关系（广义胡克定律），得到一点处的应变状态。

二、过一点沿任意方向的应变

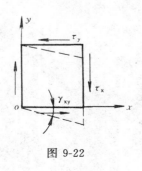

图 9-22

这里的任意方向,是指平面应力状态面内的任意方向。现考察并规定应力与应变的正负号。对于正应力，规定拉应力为正，压应力为负；对于线应变，规定拉应变为正，压应变为负；对于剪应力，规定剪应力使单元体顺时针转动者为正，即图 9-22 中的 τ_x 为正；对于剪应变，则规定使直角 $\angle xoy$ 变小者为正。图 9-22 所示单元体，在剪应力作用下产生如虚线所示的变形，$\angle xoy$ 变大，即剪应变 γ_{xy} 应为负。可见，正的

214

剪应力 τ_x，必对应着负的剪应变 γ_{xy}，即剪应力与剪应变总是异号的。

由平面应力状态斜截面上的应力公式（9-1），有（图 9-21b）

$$\left.\begin{array}{l} \sigma_\alpha = \sigma_x\cos^2\alpha + \sigma_y\sin^2\alpha - \tau_x\sin2\alpha \\[2mm] \sigma_\beta = \sigma_x\sin^2\alpha + \sigma_y\cos^2\alpha + \tau_x\sin2\alpha \\[2mm] \tau_\alpha = \dfrac{\sigma_x - \sigma_y}{2}\sin2\alpha + \tau_x\cos2\alpha \end{array}\right\} \qquad (a)$$

式中 σ_β 的 $\beta = \alpha + 90°$。

由平面应力状态的广义胡克定律，即式（9-12）与式（9-13），注意到剪应力与剪应变正负号的不同，并利用式（9-23），得

$$\left.\begin{array}{l} \varepsilon_\alpha = \dfrac{1}{E}(\sigma_\alpha - \nu\sigma_\beta) \\[3mm] \gamma_{\alpha\beta} = -\dfrac{2(1+\nu)}{E}\tau_\alpha \end{array}\right\} \qquad (b)$$

和

$$\left.\begin{array}{l} \sigma_x = \dfrac{E}{1-\nu^2}(\varepsilon_x + \nu\varepsilon_y) \\[3mm] \sigma_y = \dfrac{E}{1-\nu^2}(\varepsilon_y + \nu\varepsilon_x) \\[3mm] \tau_x = -\dfrac{E}{2(1+\nu)}\gamma_{xy} \end{array}\right\} \qquad (c)$$

将式（a）代入式（b），得

$$\left.\begin{array}{l} \varepsilon_\alpha = \dfrac{1}{E}\big[(\sigma_x - \nu\sigma_y)\cos^2\alpha + (\sigma_y - \nu\sigma_x)\sin^2\alpha - (1+\nu)\tau_x\sin2\alpha\big] \\[3mm] \gamma_{\alpha\beta} = -\dfrac{2(1+\nu)}{E}\Big(\dfrac{\sigma_x - \sigma_y}{2}\sin2\alpha + \tau_x\cos2\alpha\Big) \end{array}\right\} \qquad (d)$$

再将式（c）代入式（d），并经三角函数关系变换，整理可得

$$\left.\begin{array}{l} \varepsilon_\alpha = \dfrac{\varepsilon_x + \varepsilon_y}{2} + \dfrac{\varepsilon_x - \varepsilon_y}{2}\cos2\alpha + \dfrac{\gamma_{xy}}{2}\sin2\alpha \\[3mm] -\dfrac{\gamma_{\alpha\beta}}{2} = \dfrac{\varepsilon_x - \varepsilon_y}{2}\sin2\alpha - \dfrac{\gamma_{xy}}{2}\cos2\alpha \end{array}\right\} \qquad (9\text{-}24)$$

式（9-24）是平面应力状态下一点处在该平面内沿任意方向的线应变和剪应变的表达式。可见，一点处的应变状态，将由该点处的线应变 ε_x、ε_y 和剪应变 γ_{xy} 唯一地确定。

三、主应变及其方向

由式（9-24）可知，一点处的线应变 ε_α 是 α 角的连续函数，线应变 ε_α 的极值称为**主应变**(Principal Strain)，记作 ε_{PS}。为求主应变，将式（9-24）第一式对 α 求导，并令

$$\left.\dfrac{d\varepsilon_\alpha}{d\alpha}\right|_{\alpha=\alpha_0} = 0$$

得

$$-2\Big(\dfrac{\varepsilon_x - \varepsilon_y}{2}\sin2\alpha_0 - \dfrac{\gamma_{xy}}{2}\cos2\alpha_0\Big) = 0 \qquad (e)$$

即

$$\tan 2\alpha_0 = \frac{\gamma_{xy}}{\varepsilon_x - \varepsilon_y} \tag{9-25}$$

由式（9-25）所确定的 α_0 及 $\alpha_0+90°$ 为主应变的方向，在这两个方向上的线应变取得极值 ε_1 和 ε_2，即 ε_1 与 ε_2 均为主应变 ε_{PS}，并且 $\varepsilon_1 \geqslant \varepsilon_2$。利用三角关系，将式（9-25）的 α_0 值代入式（9-24）的首式，整理可得主应变为

$$\varepsilon_{PS} = \begin{Bmatrix} \varepsilon_1 \\ \varepsilon_2 \end{Bmatrix} \frac{\varepsilon_x + \varepsilon_y}{2} \pm \frac{1}{2} \sqrt{(\varepsilon_x - \varepsilon_y)^2 + \gamma_{xy}^2} \tag{9-26}$$

主应变 ε_1 和 ε_2 的方向由式（9-25）确定，而 α_0 和 $\alpha_0+90°$ 中，何者为 ε_1 的方向，要视剪应变 γ_{xy} 的正负号而定。若 $\gamma_{xy} > 0$，表明该点处的单元体沿 Ⅰ、Ⅲ 象限方向呈伸长状态，则 ε_1 沿 Ⅰ、Ⅲ 象限的方向（图 9-23a）；若 $\gamma_{xy} < 0$，则 ε_1 沿 Ⅱ、Ⅳ 象限的方向（图 9-23b）。

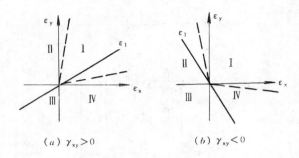

$(a)\ \gamma_{xy} > 0$　　　　　　$(b)\ \gamma_{xy} < 0$

图 9-23

比较式（e）和式（9-24）第二式可知，在相互垂直的两个主应变的方向上（α_0 与 $\beta_0 = \alpha_0+90°$），剪应变为零，即 $\gamma_{\alpha_0\beta_0} = 0$。

四、应变圆(Strain Circle)

由于式（9-24）的两式分别与式（9-1）的两式相似，因此应变分析也可以类似于应力分析的图解法（作应力圆）那样，采用作应变圆的方法进行。参照应力圆的方程（9-9），可写出应变圆方程为

$$\left(\varepsilon_\alpha - \frac{\varepsilon_x + \varepsilon_y}{2}\right)^2 + \left(\frac{\gamma_{xy}}{2}\right)^2 = \left(\frac{\varepsilon_x - \varepsilon_y}{2}\right)^2 + \left(\frac{\gamma_{xy}}{2}\right)^2 \tag{9-27}$$

圆心坐标为 $\left(\dfrac{\varepsilon_x + \varepsilon_y}{2},\ 0\right)$，半径为 $\sqrt{\left(\dfrac{\varepsilon_x - \varepsilon_y}{2}\right)^2 + \left(\dfrac{\gamma_{xy}}{2}\right)^2}$。因为剪应力 τ 与剪应变 $\left(-\dfrac{\gamma}{2}\right)$ 对应，所以应变圆的坐标轴中，横坐标轴 ε 与应力圆的 σ 轴一致，而纵坐标轴 $\dfrac{\gamma}{2}$ 的方向应与应力圆的 τ 轴相反。参照应力圆的作图步骤，可作出应变圆如图 9-24 所示。

五、主应力与主应变的方向一致性

对于各向同性材料，主应力与相应的主应变的方向是一致的。要证明这一点，只需证明式（9-3）和式（9-25）中的 α_0 是相等的，即

$$-\frac{2\tau_x}{\sigma_x - \sigma_y} = \frac{\gamma_{xy}}{\varepsilon_x - \varepsilon_y} \tag{f}$$

为此，将式（c）代入式（f）即可证明。

由于主应力与主应变方向的一致性，因此主应力 σ_{PS} 中的 σ_1、σ_2 和 σ_3，应分别与主应变

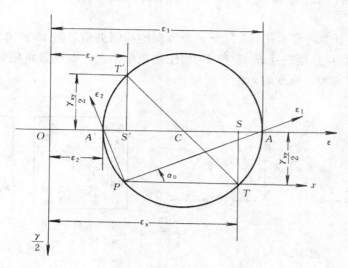

图 9-24

ε_{PS} 中的 ε_1、ε_2 和 ε_3 三个主应变对应。于是，由式（9-26）确定的两个主应变不一定是 ε_1 和 ε_2，它们应分别与式（9-4）所确定的两个主应力对应。如式（9-4）所得的两个主应力为 σ_1 和 σ_3 时，$\sigma_2 = 0$，则由式（9-26）所得的两个主应变应分别为 ε_1 和 ε_3，而另一个主应变 ε_2 通常不为零，ε_2 值可由广义胡克定律确定，即式（9-14）确定。

第十节 应 变 花 （Strain Rosette）

对于图 9-21a 所示处于平面应力状态的任意构件，为求得任意点 K 处的主应力的大小与方向，需计算出该点处的 σ_x、σ_y 和 τ_x。但在很多工程问题中，这些应力是难以用理论方法精确计算的，人们不得不研究各种近似计算方法和实验应力分析方法。

如果能用实验方法测出 K 点处的主应变 ε_1 和 ε_2，则由广义胡克定律就可得到主应力；并由于主应变与主应力的方向一致，因此，主应变的方向也就是主应力的方向。由平面应力状态下的应变分析可知，只要测出 K 点处沿坐标方向的应变 ε_x、ε_y 和 γ_{xy}，即可由式（9-26）和式（9-25）求出其主应变的大小和方向。对于线应变 ε_x 和 ε_y，可以很容易地用粘贴电阻应变片，由电阻应变仪测出，而剪应变 γ_{xy} 的测定在技术上是困难的。

通常采用测定 K 点处沿 a、b、c 三个方向的线应变 ε_a、ε_b 和 ε_c 的方法（图 9-25），来确定 K 点处的主应变及其方向。由式（9-24）的首式，有

$$\left.\begin{array}{l} \varepsilon_a = \dfrac{\varepsilon_x + \varepsilon_y}{2} + \dfrac{\varepsilon_x - \varepsilon_y}{2}\cos 2\alpha_a + \dfrac{\gamma_{xy}}{2}\sin 2\alpha_a \\[2mm] \varepsilon_b = \dfrac{\varepsilon_x + \varepsilon_y}{2} + \dfrac{\varepsilon_x - \varepsilon_y}{2}\cos 2\alpha_b + \dfrac{\gamma_{xy}}{2}\sin 2\alpha_b \\[2mm] \varepsilon_c = \dfrac{\varepsilon_x + \varepsilon_y}{2} + \dfrac{\varepsilon_x - \varepsilon_y}{2}\cos 2\alpha_c + \dfrac{\gamma_{xy}}{2}\sin 2\alpha_c \end{array}\right\}$$

（a）

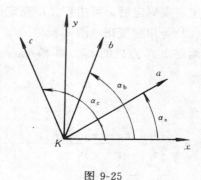

图 9-25

217

由式（a）联立解出 ε_x、ε_y 和 γ_{xy} 之后，即可利用式（9-26）和式（9-25）求得主应变及其方向。

实用上为了计算方便，把 a、b、c 三个方向的相邻夹角取为 45°或 60°的特殊角（图 9-26a、b）。将应变片分别按互成 45°和 60°预先贴在纸基上，做成**直角应变花**和**等角应变花**（图 9-27a、b），在测定应变时，便于应用。

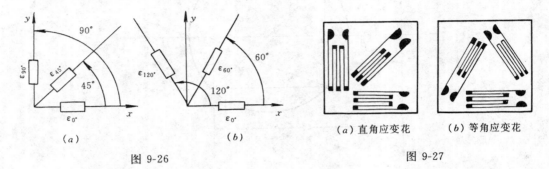

图 9-26   （a）直角应变花   （b）等角应变花

图 9-27

（1）直角应变花（图 9-26a）

测定出 K 点处的 $\varepsilon_{0°}$、$\varepsilon_{45°}$ 和 $\varepsilon_{90°}$，即 $\alpha_a = 0°$，$\alpha_b = 45°$，$\alpha_c = 90°$，由式（a），有

$$\varepsilon_{0°} = \varepsilon_x, \quad \varepsilon_{45°} = \frac{1}{2}(\varepsilon_x + \varepsilon_y) + \frac{\gamma_{xy}}{2}, \quad \varepsilon_{90°} = \varepsilon_y$$

即

$$\varepsilon_x = \varepsilon_{0°}, \quad \varepsilon_y = \varepsilon_{90°}, \quad \gamma_{xy} = 2\varepsilon_{45°} - (\varepsilon_{0°} + \varepsilon_{90°})$$

代入式（9-26），得主应变

$$\varepsilon_{PS} = \begin{cases} \varepsilon_1 \\ \varepsilon_2 \end{cases} = \frac{\varepsilon_{0°} + \varepsilon_{90°}}{2} \pm \frac{\sqrt{2}}{2} \sqrt{(\varepsilon_{0°} - \varepsilon_{45°})^2 + (\varepsilon_{45°} - \varepsilon_{90°})^2}$$

$$(9-28)$$

主应变的方向由式（9-25）确定，即

$$\tan 2\alpha_0 = \frac{2\varepsilon_{45°} - (\varepsilon_{0°} + \varepsilon_{90°})}{\varepsilon_{0°} - \varepsilon_{90°}} \tag{9-29}$$

若 $\gamma_{xy} = 2\varepsilon_{45°} - (\varepsilon_{0°} + \varepsilon_{90°}) > 0$，则主应变 ε_1 的方向沿 Ⅰ、Ⅲ象限；若 $\gamma_{xy} < 0$，则 ε_1 的方向沿 Ⅱ、Ⅳ象限。

作应变圆时（图 9-24），取 $\overline{OC} = \frac{1}{2}(\varepsilon_{0°} + \varepsilon_{90°})$，$\overline{OS} = \varepsilon_{0°}$，$\overline{ST} = \varepsilon_{45°} - \frac{1}{2}(\varepsilon_{0°} + \varepsilon_{90°})$，以 C 点为圆心，$\overline{CT}$ 为半径作应变圆。

主应变确定后，可由广义胡克定律，即式（9-13）求得主应力。

（2）等角应变花（图 9-26b）

测定出 K 点处的 $\varepsilon_{0°}$、$\varepsilon_{60°}$ 和 $\varepsilon_{120°}$，即 $\alpha_a = 0°$，$\alpha_b = 60°$，$\alpha_c = 120°$，由式（a），有

$$\varepsilon_x = \varepsilon_{0°}, \quad \varepsilon_y = \frac{1}{3}(2\varepsilon_{60°} + 2\varepsilon_{120°} - \varepsilon_{0°}), \quad \gamma_{xy} = \frac{2\sqrt{3}}{3}(\varepsilon_{60°} - \varepsilon_{120°})$$

主应变为

$$\varepsilon_{PS} = \begin{cases} \varepsilon_1 \\ \varepsilon_2 \end{cases} = \frac{\varepsilon_{0°} + \varepsilon_{60°} + \varepsilon_{120°}}{3} \pm \frac{\sqrt{2}}{3} \sqrt{(\varepsilon_{0°} - \varepsilon_{60°})^2 + (\varepsilon_{60°} - \varepsilon_{120°})^2 + (\varepsilon_{120°} - \varepsilon_{0°})^2}$$

$$(9-30)$$

主应变方向由下式确定，即

$$\tan2\alpha_0 = \frac{\sqrt{3}\,(\varepsilon_{60°} - \varepsilon_{120°})}{2\varepsilon_{0°} - \varepsilon_{60°} - \varepsilon_{120°}} \tag{9-31}$$

作应变圆时（图 9-24），取 $\overline{OC} = \frac{1}{2}(\varepsilon_x + \varepsilon_y) = \frac{1}{3}(\varepsilon_{0°} + \varepsilon_{60°} + \varepsilon_{120°})$，$\overline{OS} = \varepsilon_x = \varepsilon_{0°}$，$\overline{ST} = \frac{\gamma_{xy}}{2} = \frac{\sqrt{3}}{3}(\varepsilon_{60°} - \varepsilon_{120°})$，以 C 点为圆心，$\overline{CT}$ 为半径作应变圆。

【例 9-5】 图 9-28a 所示处于平面应力状态的构件，由直角应变花测得表面 K 点处的应变值为 $\varepsilon_{0°} = -400 \times 10^{-6}$，$\varepsilon_{45°} = -200 \times 10^{-6}$，$\varepsilon_{90°} = 300 \times 10^{-6}$。构件材料的 $E = 200\mathrm{GPa}$，$\nu = 0.3$。试求 K 点的主应力。

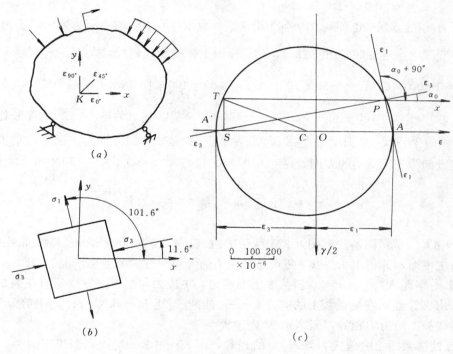

图 9-28

【解】 由式（9-28）计算主应变

$$\varepsilon_{PS} = \begin{cases} \varepsilon_1 \\ \varepsilon_3 \end{cases} = \frac{\varepsilon_{0°} + \varepsilon_{90°}}{2} \pm \frac{\sqrt{2}}{2}\sqrt{(\varepsilon_{0°} - \varepsilon_{45°})^2 + (\varepsilon_{45°} - \varepsilon_{90°})^2}$$

$$= \frac{(-400 + 300) \times 10^{-6}}{2} \pm \frac{\sqrt{2}}{2} \times 10^{-6} \times \sqrt{(-400 + 200)^2 + (-200 - 300)^2}$$

$$= \begin{cases} 330.8 \times 10^{-6} \\ -430.8 \times 10^{-6} \end{cases}$$

由式（9-13）计算主应力

$$\sigma_1 = \frac{E}{1 - \nu^2}(\varepsilon_1 + \nu\varepsilon_3) = \frac{200 \times 10^3}{1 - 0.3^2}(330.8 - 0.3 \times 430.8) \times 10^{-6}$$

$$= 44.3 \text{MPa}$$

$$\sigma_3 = \frac{E}{1-\nu^2}(\varepsilon_3 + \nu\varepsilon_1) = \frac{200 \times 10^3}{1-0.3^2}(-430.8 + 0.3 \times 330.8) \times 10^{-6}$$

$$= -72.9 \text{MPa}$$

由式（9-29）计算主应变的方向，也即主应力的方向

$$\tan 2\alpha_0 = \frac{2\varepsilon_{45^\circ} - (\varepsilon_{0^\circ} + \varepsilon_{90^\circ})}{\varepsilon_{0^\circ} - \varepsilon_{90^\circ}} = \frac{-2 \times 200 - (-400 + 300)}{-400 - 300} = \frac{3}{7}$$

则

$$\alpha_0 = 11.6^\circ, \quad \alpha_0 + 90^\circ = 101.6^\circ$$

并且，因为

$$\gamma_{xy} = 2\varepsilon_{45^\circ} - (\varepsilon_{0^\circ} + \varepsilon_{90^\circ}) = [-2 \times 200 - (-400 + 300)] \times 10^{-6}$$

$$= -300 \times 10^{-6} < 0$$

所以主应力 σ_1 的方向（也即 ε_1 的方向）沿 II、IV 象限，K 点处的主应力方向示于图 9-28b。

作应变圆求主应变时（图 9-28c），在坐标纸上按应变比例尺，取 $\overline{OC} = \frac{1}{2}(\varepsilon_{0^\circ} + \varepsilon_{90^\circ}) = \frac{1}{2}(-400 + 300) \times 10^{-6} = -50 \times 10^{-6}$，$\overline{OS} = \varepsilon_{0^\circ} = -400 \times 10^{-6}$，$\overline{ST} = \varepsilon_{45^\circ} - \frac{1}{2}(\varepsilon_{0^\circ} + \varepsilon_{90^\circ}) = -200 \times 10^{-6} - \frac{1}{2}(-400 + 300) \times 10^{-6} = -150 \times 10^{-6}$，以 C 点为圆心，$\overline{CT}$ 为半径作圆。由 T 点作 ε 轴的平行线，交圆周于 P 点，P 点为极点，射线 PA 的方向为主应变 ε_1 的方向，射线 PA' 的方向为主应变 ε_3 的方向。$\varepsilon_1 = \overline{OA} \approx 330 \times 10^{-6}$，$\varepsilon_3 = \overline{OA'} \approx -430 \times 10^{-6}$。

第十一节　例　题　分　析

【例 9-6】　试用图解法求图 9-29a 所示梁内 K_1 与 K_2 两点处 $\alpha = 30^\circ$ 斜截面上的应力、主应力与主平面，并指出 K_1、K_2 两点处主应力的大小与方向的变化情况。

【解】　本题 K_1 点处 $\alpha = 30^\circ$ 斜截面上的应力，主应力与主平面方位等均在例 9-1 中由解析法求出。K_2 点所在横截面上的剪力 $V = -20 \text{kN}$，弯矩 $M = 4 \text{kN·m}$，其中剪力 V 与 K_1 点所在横截面上的剪力相等，而弯矩 M 则增大一倍。

K_2 点处横截面上的剪应力与 K_1 点的相等，即 $\tau_x = -3.13 \text{MPa}$，而正应力为

$$\sigma_x = \frac{M}{I_z}y = \frac{4 \times 30 \times 10^{-3}}{8.64 \times 10^{-6}} \times 10^{-3} = 13.88 \text{MPa}$$

按应力图的作图步骤作出 K_1、K_2 两点的应力圆如图 9-29b 所示。

从 K_1 点应力圆可近似得出

$$\sigma_{\alpha = 30^\circ} = OF_1 = 7.8 \text{MPa}, \quad \tau_{\alpha = 30^\circ} = E_1F_1 = 1.5 \text{MPa}$$

$$\sigma_1 = OA_1 = 8.2 \text{MPa}, \quad \sigma_3 = OA'_1 = -1.2 \text{MPa}, \quad \alpha_0 = 21^\circ$$

从 K_2 点应力圆可近似得出

$$\sigma_{\alpha = 30^\circ} = OF_2 = 13.2 \text{MPa}, \quad \tau_\alpha = E_2F_1 = 4.5 \text{MPa}$$

$$\sigma_1 = OA_2 = 14.5 \text{MPa}, \quad \sigma_3 = OA'_2 = -0.7 \text{MPa}, \quad \alpha_0 = 12^\circ$$

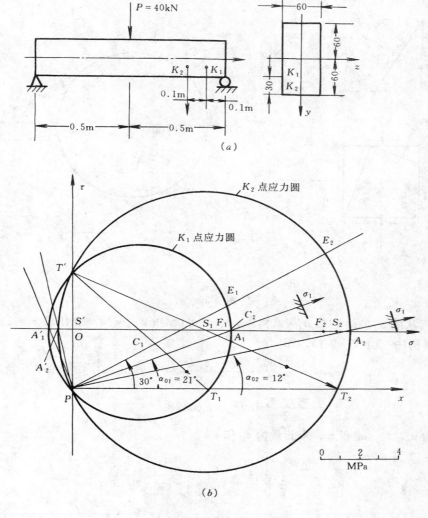

图 9-29

K_1 与 K_2 两点的有关分析结果列表如下:

	V (kN)	M (kN·m)	σ_x (MPa)	τ_x (MPa)	τ_x/σ_x	σ_1 (MPa)	σ_3 (MPa)	α_0
K_1 点	−20	2	6.94	−3.13	0.45	8.2	−1.2	21°
K_2 点	−20	4	13.88	−3.13	0.23	13.2	−0.7	12°

从应力圆(图 9-29b)和表中所列数值可以看出,由于 K_2 点处横截面上弯矩的增大,导致 K_2 点的 σ_x 值增大,τ_x/σ_x 比值的减少,主拉应力 σ_1 值的增大和方向角 α_0 的减小。

【例 9-7】 已知某点处单元体两个截面上的应力(图 9-30a),求斜面的角度 α 及该点处的主应力与主平面。

221

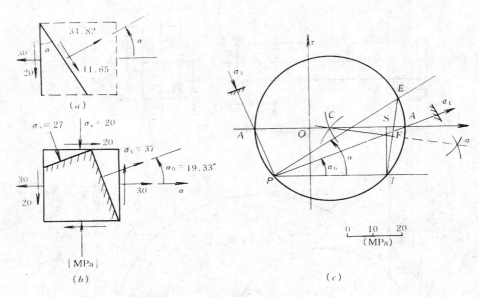

图 9-30

【解】 从图 9-30a 可知，$\sigma_x = 30\text{MPa}$，$\tau_x = -20\text{MPa}$，$\sigma_\alpha = 34.82\text{MPa}$，$\tau_\alpha = 11.65\text{MPa}$。

(1) 解析法　由式 (9-1)，即

$$
\left.
\begin{aligned}
\sigma_\alpha &= \frac{\sigma_x + \sigma_y}{2} + \frac{\sigma_x - \sigma_y}{2}\cos 2\alpha - \tau_x \sin 2\alpha \\[2mm]
\tau_\alpha &= \frac{\sigma_x - \sigma_y}{2}\sin 2\alpha + \tau_x \cos 2\alpha
\end{aligned}
\right\}
$$

已知其中的 σ_x、τ_x、σ_α 和 τ_α，未知量为 σ_y 和 α。

消去式 (9-1) 中的 α，得

$$
\left(\sigma_\alpha - \frac{\sigma_x + \sigma_y}{2}\right)^2 + \tau_\alpha^2 = \left(\frac{\sigma_x - \sigma_y}{2}\right)^2 + \tau_x^2
$$

解得

$$
\sigma_y = \frac{\tau_x^2 - \tau_\alpha^2 + \sigma_\alpha \sigma_x - \sigma_\alpha^2}{\sigma_x - \sigma_\alpha} = \frac{(-20)^2 - 11.65^2 + 34.82 \times 30 - 34.82^2}{30 - 34.82}
$$

$$
= -20\text{MPa}
$$

为求 α 角，由式 (9-1) 第二式，有

$$
\tau_\alpha = \frac{\sigma_x - \sigma_y}{2}\sin 2\alpha + \tau_x \cos 2\alpha
$$

$$
= \frac{\sigma_x - \sigma_y}{2}\sin 2\alpha + \tau_x \sqrt{1 - \sin^2 2\alpha}
$$

即

$$
\left[\left(\frac{\sigma_x - \sigma_y}{2}\right)^2 + \tau_x^2\right]\sin^2 2\alpha - \tau_\alpha(\sigma_x - \sigma_y)\sin 2\alpha + \tau_\alpha^2 - \tau_x^2 = 0
$$

代入数值后，解得

$$
\sin 2\alpha = \begin{cases} 0.8666 \\ -0.2985 \end{cases} \qquad \alpha = \begin{cases} 30° \\ -8.68° \end{cases}
$$

因本题 α 角为正，所以应取 $\alpha = 30°$。

主应力与主平面，由式（9-4），得

$$\sigma_{PS} = \frac{\sigma_x + \sigma_y}{2} \pm \frac{1}{2}\sqrt{(\sigma_x - \sigma_y)^2 + 4\tau_x^2}$$

$$= \frac{30 + (-20)}{2} \pm \frac{1}{2}\sqrt{[30 - (-20)]^2 + 4(-20)^2}$$

$$= \begin{cases} 37 \\ -27 \end{cases} \text{MPa}$$

主应力 $\sigma_1 = 37\text{MPa}$、$\sigma_2 = 0$、$\sigma_3 = -27\text{MPa}$。

由式（9-3），得

$$\tan 2\alpha_0 = -\frac{2\tau_x}{\sigma_x - \sigma_y} = -\frac{2 \times (-20)}{30 - (-20)} = 0.8$$

$$\alpha_0 = 19.33°, \quad \alpha_0 + 90° = 109.33°$$

该点处单元体上的应力如图 9-30b 所示。

（2）图解法　根据应力圆的作法，取 $\overline{OS} = \sigma_x = 30\text{MPa}$，$\overline{ST} = \tau_x = -20\text{MPa}$，$\overline{OF} = \sigma_\alpha = 34.82\text{MPa}$，$\overline{FE} = \tau_\alpha = 11.65\text{MPa}$，连接 $\overline{TE}$，并作其垂直平分线，交 σ 轴于 C 点，以 C 点为圆心，$\overline{CT}$ 为半径作圆，过 T 点作 σ 轴平行线，交圆周于极点 P（图 9-30c）。射线 PA 的方向为主应力 σ_1 的方向，$\alpha_0 \approx 19°$，$\sigma_1 = \overline{OA} \approx 37\text{MPa}$，$\sigma_3 = \overline{OA'} \approx -27\text{MPa}$，$E$ 点对应着单元体上的 α 面，$\alpha = \angle TPE \approx 30°$。

【例 9-8】　图 9-31a 所示圆筒形容器，平均直径为 D，壁厚为 t，且 $t/D < 1/20$，承受内压的压强为 p。试求筒壁上 K 点处的主应力。

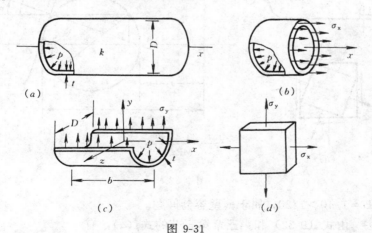

图 9-31

【解】　通常规定 $t/D \leqslant 1/20$ 即为薄壁容器。本题属于薄壁容器问题，可近似认为截面上的应力沿壁厚是均匀分布的。

运用截面法，由横截面从容器中截取分离体如图 9-31b 所示。由平衡条件 $\Sigma X = 0$，得

$$\sigma_x \pi D t - p\frac{\pi}{4}D^2 = 0 \tag{a}$$

式中　$p\dfrac{\pi}{4}D^2$ 为内压力在 x 轴向的投影值，因为压强 p 为常数，可以证明，该投影值等于

压强 p 与曲面在垂直于 x 轴方向上投影面积的乘积，其投影面积即为圆面积 $\pi D^2/4$。由式 (a)，得

$$\sigma_x = \frac{pD}{4t} \qquad\qquad (b)$$

运用截面法，由相距为 b 的两个横截面和一个通过 x 轴的纵向平面，从容器中截取分离体如图 9-31c 所示。由平衡条件 $\Sigma Y=0$，得

$$2\sigma_y bt - pbD = 0 \qquad\qquad (c)$$

式中 pbD 为内压力在 y 轴向的投影值，其中 bD 为半圆柱面在垂直于 y 轴方向上的投影面积。由式 (c)，得

$$\sigma_y = \frac{pD}{2t} \qquad\qquad (d)$$

显然，垂直于容器内壁的压应力为 p，即 $\sigma_z=-p$。由于 $D\gg t$，从式 (b) 和式 (c) 可知，σ_x 与 σ_y 远大于 σ_z，因此，σ_z 可忽略不计，K 点处为平面应力状态，其单元体如图 9-31d 所示。于是，K 点处的主应力为

$$\sigma_1 = \sigma_y = \frac{pD}{2t}, \quad \sigma_2 = \sigma_x = \frac{pD}{4t}, \quad \sigma_3 = 0 \qquad\qquad (9\text{-}32)$$

【例 9-9】 图 9-32a 所示圆筒形容器，平均直径 $D=200\text{mm}$，壁厚 $t=5\text{mm}$，压力 $p=5\text{MPa}$，力偶矩 $m=6.28\text{kN}\cdot\text{m}$。试用解析法和图解法求容器 K 点处的主应力及其方向。

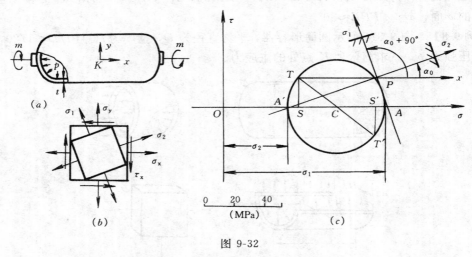

图 9-32

【解】 $t/D=1/40>1/20$，属于薄壁容器问题。

（1）解析法 由式（9-32）和第三章第三节的式 (a)，有

$$\sigma_x = \frac{pD}{4t} = 50\text{MPa}, \quad \sigma_y = \frac{pD}{2t} = 100\text{MPa}$$

$$\tau_x = \frac{2m}{\pi D^2 t} = 20\text{MPa}$$

由式（9-4），得

$$\sigma_{PS} = \frac{\sigma_x + \sigma_y}{2} \pm \frac{1}{2}\sqrt{(\sigma_x - \sigma_y)^2 + 4\tau_x^2}$$

$$= \frac{50 + 100}{2} \pm \frac{1}{2} \sqrt{(50 - 100)^2 + 4 \times 20^2} = \begin{cases} 107 \\ 43 \end{cases} \text{MPa}$$

即 $\sigma_1 = 107 \text{MPa}, \quad \sigma_2 = 43 \text{MPa}$

由式（9-3），得

$$\tan 2\alpha_0 = -\frac{2\tau_x}{\sigma_x - \sigma_y} = -\frac{2 \times 20}{50 - 100} = 0.8$$

即 $2\alpha_0 = 38.7°, \quad \alpha_0 = 19.35°, \quad \alpha_0 + 90° = 109.35°$

最大主应力 σ_1 的方向在 τ_x 指向一侧，即沿 II、IV 象限方向（图 9-32b）。

（2）图解法　作应力圆如图 9-32c 所示，量得

$$\alpha_0 \approx 19°, \quad \sigma_1 \approx 105 \text{MPa}, \quad \sigma_2 \approx 45 \text{MPa}$$

【例 9-10】　试求图 9-33a 所示单元体的最大剪应力。

【解】　图 9-33a 所示单元体处于平面应力状态，其主应力为

$$\sigma_1 = 60 \text{MPa}, \quad \sigma_2 = 30 \text{MPa}, \quad \sigma_3 = 0$$

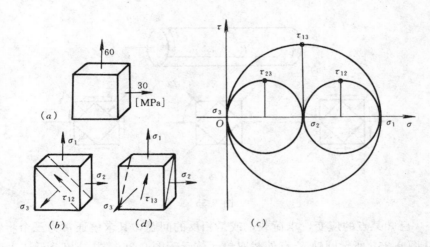

图 9-33

若以式（9-7）计算最大剪应力，则将 $\sigma_x = \sigma_2 = 30 \text{MPa}$，$\sigma_y = \sigma_1 = 60 \text{MPa}$ 及 $\tau_x = 0$ 代入式（9-7），得

$$\tau_{max} = \tau_{12} = \frac{1}{2} \sqrt{(30 - 60)^2 + 4 \times 0} = 15 \text{MPa}$$

τ_{12} 并不是单元体内真正的最大剪应力，而仅仅是垂直于 σ_3 面的各斜截面上剪应力的最大者（图 9-33b），即由 σ_1 与 σ_2 构成的平面应力状态中的最大剪应力。由三向应力圆（图 9-33c）可知，单元体的最大剪应力应为 τ_{13}，即由式（9-10），得

$$\tau_{max} = \tau_{13} = \frac{\sigma_{max} - \sigma_{min}}{2} = \frac{\sigma_1 - \sigma_3}{2} = \frac{60 - 0}{2} = 30 \text{MPa}$$

τ_{13} 的作用面如图 9-33d 所示。

【例 9-11】　一立方钢块正好置入图 9-34 所示的刚性槽中，钢块的弹性模量为 E，泊松比为 ν，q 为均布压力集度。试求钢块的应力 σ_x、σ_y、σ_z 和应变 ε_x、ε_y、ε_z。

【解】　钢块处于三向应力状态，其三个应力分量和三个应变分量的关系为式（9-14）表

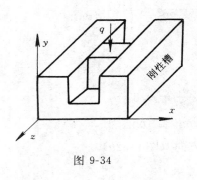

图 9-34

示的广义胡克定律，式(9-14)共三个方程，显然，在六个待求量中，题目必然提供确定三个待求量的条件，它们是：

$$\sigma_y = -q, \quad \sigma_z = 0 \text{ 和 } \varepsilon_x = 0.$$

另三个量由式（9-14）解出，由

$$\varepsilon_x = \frac{1}{E}[\sigma_x - \nu(\sigma_y + \sigma_z)] = 0$$

有

$$\sigma_x = \nu(\sigma_y + \sigma_z) = -\nu q$$

$$\varepsilon_y = \frac{1}{E}[\sigma_y - \nu(\sigma_z + \sigma_x)] = -\frac{1-\nu^2}{E}q$$

$$\varepsilon_z = \frac{1}{E}[\sigma_z - \nu(\sigma_x + \sigma_y)] = \frac{\nu(1+\nu)}{E}q$$

【例 9-12】 图 9-35a 所示圆轴，直径为 d，弹性系数 E、ν，受轴向拉力 P 和力偶矩 $m = Pd$ 的作用，在轴表面 K 点处测得与轴线成 45°方向的应变 ε，试求拉力 P。

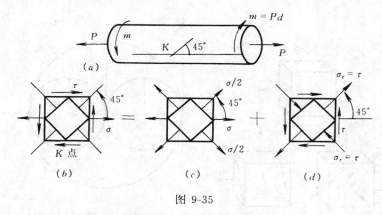

图 9-35

【解】 已知某点的应变，求荷载，或是相反的问题，其求解通常为三个步骤：

（1）从图 9-35a 所示圆轴 K 点处截取单元体示于图 9-35b，并给出单元体上应力 σ 与 τ 的算式。

（2）将单元体转至应变 ε 的方向，并求出 ε 方向及与之垂直方向的正应力。本题±45°方向的正应力 $\sigma_{45°}$ 与 $\sigma_{-45°}$ 可由图 9-35c 与图 9-35d 同方向的正应力叠加而得。

（3）由广义胡克定律求得荷载（或应变）。

本题 $\sigma = \dfrac{4P}{\pi d^2}$，$\tau = \dfrac{m}{W_t} = \dfrac{16Pd}{\pi d^3} = \dfrac{16P}{\pi d^2}$

$$\varepsilon = \frac{1}{E}(\sigma_{45°} - \nu\sigma_{-45°}) = \frac{1}{E}\left[\left(\frac{\sigma}{2} + \sigma_\tau\right) - \nu\left(\frac{\sigma}{2} - \sigma_\tau\right)\right]$$

其中 $\sigma_\tau = \tau$（见图 9-35d），解得

$$P = \frac{\pi d^2 E}{2(9 + 7\nu)}\varepsilon.$$

【例 9-13】 图 9-36a 所示圆筒形薄壁容器，$D = 200\text{mm}$，$t = 5\text{mm}$，$E = 200 \times 10^3 \text{MPa}$，$\nu = 0.25$。当承受的内压力和力偶矩分别从零同步增加到 p 和 m 时，由等角应变花测得 K 点处的应变（图 9-36b）：$\varepsilon_{0°} = 1.22 \times 10^{-4}$，$\varepsilon_{60°} = 2.5 \times 10^{-4}$ 和 $\varepsilon_{120°} = 4.7 \times 10^{-4}$。试求荷载 p 和

m，以及 K 点处的主应变。

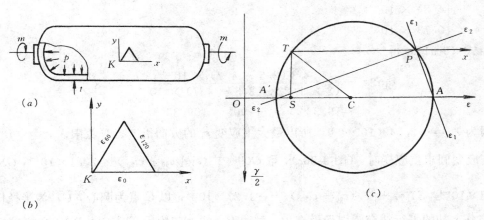

图 9-36

【解】 （1）求 p 和 m

由应变（$\varepsilon_{0°}$、$\varepsilon_{60°}$、$\varepsilon_{120°}$）求出应变（ε_x、ε_y、γ_{xy}），再利用广义胡克定律求得应力（σ_x、σ_y、τ_x），进而由 σ_x、σ_y 和 τ_x 求得荷载 p 和 m。

对于等角应变花，有

$$\varepsilon_x = \varepsilon_{0°}, \quad \varepsilon_y = \frac{1}{3}(2\varepsilon_{60°} + 2\varepsilon_{120°} - \varepsilon_{0°}), \quad \gamma_{xy} = \frac{2\sqrt{3}}{3}(\varepsilon_{60°} - \varepsilon_{120°})$$

代入数值后，得

$$\varepsilon_x = 1.22 \times 10^{-4}, \quad \varepsilon_y = 4.39 \times 10^{-4}, \quad \gamma_{xy} = -2.54 \times 10^{-4}$$

由式（9-13），并考虑到 τ_x 与 γ_{xy} 的反号，有

$$\sigma_x = \frac{E}{1-\nu^2}(\varepsilon_x + \nu\varepsilon_y) = 49.44\text{MPa}$$

$$\sigma_y = \frac{E}{1-\nu^2}(\varepsilon_y + \nu\varepsilon_x) = 100.16\text{MPa}$$

$$\tau_x = -\frac{E}{2(1+\nu)}\gamma_{xy} = 20.32\text{MPa}$$

其中，$\sigma_y/\sigma_x \approx 2$，未能精确的等于 2，当属应变测量之误差。

于是，由式（9-32），得

$$p_1 = \frac{4t\sigma_x}{D} = 4.94\text{MPa}, \quad p_2 = \frac{2t\sigma_y}{D} = 5.0\text{MPa}$$

取其均值 $p = \frac{1}{2}(p_1 + p_2) = 4.97\text{MPa}$

力偶矩 $m = \frac{\pi D^2 t \tau_x}{2} = 6.38\text{kN} \cdot \text{m}$。

（2）求 K 点处的主应变

由式（9-30），得

$$\varepsilon_{PS} = \begin{cases} \varepsilon_1 \\ \varepsilon_2 \end{cases} = \frac{(1.22 + 2.5 + 4.7) \times 10^{-4}}{3}$$

$$\pm\frac{\sqrt{2}}{3}\sqrt{[(1.22-2.5)^2+(2.5-4.7)^2+(4.7-1.22)^2]}\times10^{-8}$$

$$=\begin{cases}4.84\times10^{-4}\\0.78\times10^{-4}\end{cases}$$

由式（9-31），得

$$\tan2\alpha_0=\frac{\sqrt{3}(2.5-4.7)\times10^{-4}}{(2\times1.22-2.5-4.7)\times10^{-4}}=0.8$$

$$\alpha_0=19.33°,\quad\alpha_0+90°=109.33°$$

因为 $\gamma_{xy}=-2.54\times10^{-4}<0$，所以最大主应变 ε_1 的方向沿 Ⅱ、Ⅳ 象限。

作应变圆求主应变时，（图 9-36c），取 $\overline{OC}=\frac{1}{3}(\varepsilon_{0°}+\varepsilon_{60°}+\varepsilon_{120°})=2.81\times10^{-4}$，$\overline{OS}=\varepsilon_{0°}$ $=1.22\times10^{-4}$，$\overline{ST}=\frac{\sqrt{3}}{3}(\varepsilon_{60°}-\varepsilon_{120°})=-1.27\times10^{-4}$，以 C 点为圆心，$\overline{CT}$ 为半径作圆。由 T 点作 ε 轴的平行线交圆周于极点 P。射线 PA 的方向为 ε_1 的方向，PA' 的方向为 ε_2 的方向。$\varepsilon_1=\overline{OA}\approx4.8\times10^{-4}$，$\varepsilon_2=\overline{OA'}\approx0.8\times10^{-4}$。

习　题

9-1　试用单元体表示图示各构件中 A、B 点处的应力状态（即从 A、B 点处取出单元体，并表明单元体各面上的应力）。

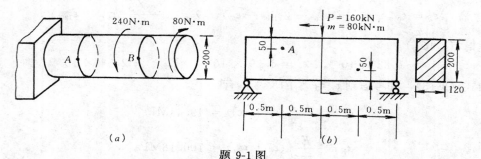

题 9-1 图

9-2　试用解析法求图示各单元体 $a\text{-}a$ 截面上的应力。

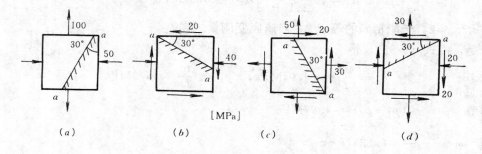

题 9-2 图

9-3　对图示各单元体，试用解析法求解：（1）主应力与主方向，以及面内的剪应力极值；（2）在单元体上示出主平面、主应力和剪应力极值及其作用面。

9-4　试用图解法求解题 9-2。

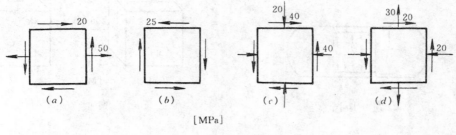

[MPa]

题 9-3 图

9-5　试用图解法求解题 9-3。

9-6　已知一点处两个斜截面上的应力如图所示。试用解析法和图解法求 α 角、主应力与主平面,并画单元体示出主应力及主平面方位。

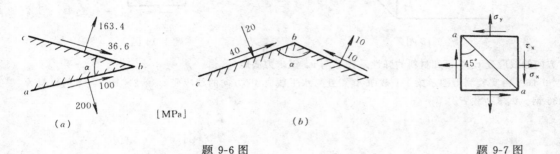

[MPa]

(a)　　　　　　　　　　　　　　　(b)

题 9-6 图　　　　　　　　　　　　题 9-7 图

9-7　图示单元体, $\sigma_x = \sigma_y = 40$MPa,且 a-a 面上无应力,试求该点处的主应力。

9-8　梁如图示,试求:(1) A 点处指定斜截面上的应力;(2) A 点处的主应力及主平面位置。

9-9　试求图示杆件 A 点处的主应力。

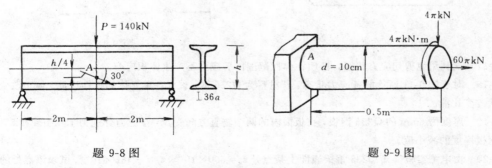

题 9-8 图　　　　　　　　　　　　题 9-9 图

9-10　平均半径为 R,厚度为 t,两端封闭的薄壁圆筒,试证明当圆筒承受内压时,在筒壁平面内的最大剪应力等于该平面内最大正应力的四分之一。

9-11　求图示单元体的主应力。

9-12　作题 9-11 所示单元体的三向应力圆,并求最大剪应力。

9-13　图示钢模有一正立方体孔穴,一正立方体 Q235 钢块恰好置入而不留空隙。该钢块受压力 $P = 9$kN 作用,试求钢块的三个主应力、最大剪应力及钢块的体积改变量。设钢模为刚性模。

9-14　弹性体某点处的应力状态如图所示,τ、E、ν 均为已知,求该点处沿 a-a 方向的线应变。

9-15　图示空心圆轴外径为 D,内外径之比为 α。当圆轴受力偶矩 m 作用时,测得圆轴表面与轴向成

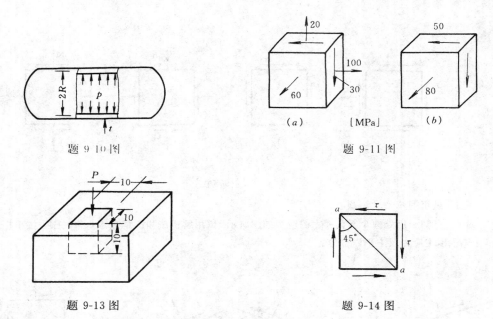

题 9 10 图　　　　　　　　　　题 9-11 图

题 9-13 图　　　　　　　　题 9-14 图

45°方向的线应变 $\varepsilon_{45°}$，已知材料的弹性系数 E 与 ν。试求力偶矩 m。

9-16　由实验测得图示梁 1-1 截面 K 点处与水平线成 45°方向的线应变 $\varepsilon_{45°}=2\times10^{-5}$，梁的材料为 Q235 钢。试求荷载 P。

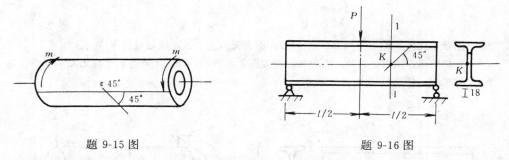

题 9-15 图　　　　　　　　　题 9-16 图

9-17　试利用纯剪切应力状态，证明在弹性范围内剪应力不产生体积应变。

9-18　对于题 9-11 所给的各应力状态，若材料为 Q235 钢，试求各单元体的弹性比能、体积改变比能和形状改变比能。

9-19　厚度为 6mm 的 Q235 钢板，在板面内的两个垂直方向受拉，拉应力分别为 150MPa 和 55MPa。试求钢板厚度的减小值。

9-20　由电测实验得知 Q235 钢梁表面上某点处 $\varepsilon_x=500\times10^{-6}$，$\varepsilon_y=-465\times10^{-6}$。试求该点处的应力 σ_x 和 σ_y 值。

9-21　用直角应变花测得受力构件表面上某点处的应变值为 $\varepsilon_{0°}=-267\times10^{-6}$，$\varepsilon_{45°}=-570\times10^{-6}$，$\varepsilon_{90°}=79\times10^{-6}$；构件材料为 Q235 钢。试用解析法和图解法求该点处的主应变及主应力的数值和方向。

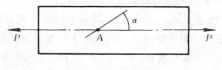

题 9-23 图

9-22 由等角应变花测得某构件 K 点处的应变为 $\varepsilon_{0°}=4\times10^{-4}$，$\varepsilon_{60°}=-3\times10^{-4}$，$\varepsilon_{120°}=2.5\times10^{-4}$，构件材料为 Q235 钢。试用解析法和图解法求 K 点处的主应变、主应变方向和主应力。

9-23 图示拉杆的轴向应变为 ε_x，试证明与轴向成 α 角的任意方向应变为 $\varepsilon_a=\varepsilon_x\ (\cos^2\alpha-\nu\sin^2\alpha)$。

第十章 强 度 理 论

第一节 强 度 理 论 的 概 念

杆件在拉压、扭转和弯曲三种基本变形问题中，为建立强度条件和确定材料的极限应力，实际上只考虑了两种简单的应力状态——单向应力状态和纯剪切应力状态。例如，拉压杆的最大正应力发生在横截面各点处，其强度条件为

$$\sigma_{max} = (\frac{N}{A})_{max} \leqslant [\sigma] = \frac{\sigma_u}{n}$$

式中的极限应力 σ_u 可由材料的拉伸和压缩实验直接测定，使强度条件的建立非常简单。

事实上，工程中大量构件的危险点处于复杂应力状态，如何建立材料在复杂应力状态下的强度条件，成为人们长期以来研究的一个重要课题。

一、材料的两种失效形式

工程结构物由于各种原因而丧失其正常工作能力的现象，称为**失效**(Failure)。一般情况下的失效是十分复杂的。因强度不足而引起的失效称为强度失效。强度失效的形式，可基本归纳为脆性断裂和塑性屈服两大类。

脆性断裂　材料失效时未产生明显的塑性变形而突然断裂。脆性材料，如铸铁，失效现象就是突然断裂。脆性断裂简称为**断裂**(Rupture)。

塑性屈服　材料失效时产生明显的塑性变形，并伴有屈服现象。塑性材料，如低碳钢，以发生屈服现象、出现塑性变形为失效的标志。塑性屈服简称**屈服**(Yield)。

材料开始断裂或屈服的状态称为材料的**极限状态**或**失效状态**。断裂破坏的强度极限 σ_b 和屈服破坏的屈服极限 σ_s 统称为材料的**极限应力**或**失效应力**，记为 σ_u。一般情况下，脆性材料的失效形式多为断裂，而塑性材料的失效形式多为屈服。但是，材料的失效形式除了与材料的脆性或塑性性质有关外，还与材料所处的应力状态有关。在不同的应力状态下，同一种材料可表现出不同的失效形式。在特定的应力状态下塑性材料会发生脆性断裂，脆性材料会产生塑性屈服。例如，在三向拉伸应力状态下塑性材料可呈现脆性断裂；而在三向压缩应力状态下脆性材料可呈现塑性屈服。

二、失效准则的建立

材料进入极限状态的判别条件称为**失效准则**(Failure Criterion)。通常失效准则又称为**强度理论**(Strength Theory)，它研究并确立材料在复杂应力状态下发生断裂或屈服的条件。

材料若处于单向应力状态(图 10-1a)，可通过材料实验直接测得极限应力σ_u(图 10-1b)。显然，其失效准则是应力 σ 值达到极限应力 σ_u，即

$$\sigma = \sigma_u$$

材料若处于复杂应力状态（图 10-2a），当其进入极限状态时，应视为各应力分量共同

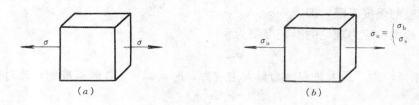

图 10-1

作用的结果。由于复杂应力状态的各应力分量之间的比例不同，其对应的极限状态也将不同，因此，要想通过实验直接测得每一种比例情况下的极限应力是不可能实现的。一方面各应力分量之间的比例可有无穷多种；另一方面由于实验技术的限制，很多实验还难以实现。一种有效的研究方法是，将复杂应力状态根据同等安全的原则，按照一定的条件，代之以单向应力状态，称为**相当应力状态**（图 10-2b），其作用应力 σ_r 称为**相当应力**（Equivalent Stress）。由于相当应力状态是单向应力状态，当其达到图 10-2c 所示的极限状态时，材料失效，其失效准则为

$$\sigma_r = \sigma_u$$

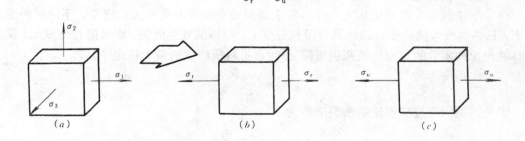

图 10-2

这里所提到的"同等安全原则"，是指复杂应力状态和对应的相当应力状态应具有相同的安全度，同步进入极限状态。因此，相当应力状态的失效准则也就是复杂应力状态的失效准则。

这种建立复杂应力状态下材料失效准则的方法就是图 10-2 表示的失效准则的研究模式。

导致材料进入极限状态的因素是很多的，以不同的因素作为材料进入极限状态的主要因素，就会得到不同的相当应力状态，从而建立不同的失效准则。这些失效准则的正确性及适用范围，都要经过实践和实验的检验与验证。

经上述分析可知，强度理论的实质就是材料在复杂应力状态下的失效准则。本章只介绍诸多失效准则中常用的几个准则。

第二节 断裂准则 （Criteria for Fracture）
—— 第一、第二强度理论

一、第一强度理论（最大拉应力理论）

（1）理论假定 该理论认为，材料发生断裂的主要因素是最大拉应力。不论何种应力

状态，只要其最大拉应力 $\sigma_{t\,max}$ 达到极限应力 σ_u，材料就发生断裂。而极限应力 σ_u 就是材料轴向拉伸实验的强度极限，即 $\sigma_u = \sigma_b$。

于是，最大拉应力理论的断裂准则为

$$\sigma_{t\,max} = \sigma_b$$

（2）相当应力　最大拉应力为最大主应力，即 $\sigma_{t\,max} = \sigma_1$，断裂准则可改写为

$$\sigma_1 = \sigma_b$$

根据图 10-2 表示的失效准则的研究模式可知，复杂应力状态与只受 σ_1 作用的相当应力状态是同等安全的。于是，该理论的相当应力为

$$\sigma_{r1} = \sigma_1 \tag{10-1}$$

由相当应力表示的断裂准则为

$$\sigma_{r1} = \sigma_1 = \sigma_b \tag{10-2}$$

（3）强度条件　将强度极限 σ_b 除以安全系数 n，得到许用应力 $[\sigma]$，于是，最大拉应力理论的强度条件为

$$\sigma_{r1} = \sigma_1 \leqslant [\sigma] \tag{10-3}$$

二、第二强度理论（最大拉应变理论）

（1）理论假定　该理论认为，材料发生断裂的主要因素是最大拉应变。不论何种应力状态，只要其最大拉应变 $\varepsilon_{t\,max}$ 达到极限拉应变 ε_u，材料就发生断裂。而极限拉应变 ε_u，就是材料轴向拉伸实验的应力达到强度极限 σ_b 时，材料所产生的最大拉应变，即

$$\varepsilon_u = \frac{\sigma_b}{E}$$

于是，最大拉应变理论的断裂准则为

$$\varepsilon_{t\,max} = \varepsilon_u = \frac{\sigma_b}{E}$$

（2）相当应力　由广义胡克定律，有

$$\varepsilon_{t\,max} = \varepsilon_1 = \frac{1}{E}[\sigma_1 - \nu(\sigma_2 + \sigma_3)] = \frac{\sigma_b}{E}$$

断裂准则改写为

$$\sigma_1 - \nu(\sigma_2 + \sigma_3) = \sigma_b$$

根据图 10-2 表示的失效准则的研究模式可知，复杂应力状态与应力等于 $\sigma_1 - \nu(\sigma_2 + \sigma_3)$ 的相当应力状态是同等安全的。于是，该理论的相当应力为

$$\sigma_{r2} = \sigma_1 - \nu(\sigma_2 + \sigma_3) \tag{10-4}$$

由相当应力表示的断裂准则为

$$\sigma_{r2} = \sigma_1 - \nu(\sigma_2 + \sigma_3) = \sigma_b \tag{10-5}$$

（3）强度条件　最大拉应变理论的强度条件为

$$\sigma_{r2} = \sigma_1 - \nu(\sigma_2 + \sigma_3) \leqslant [\sigma] \tag{10-6}$$

三、第一、第二强度理论的适用范围

第一、第二强度理论通常用于脆性材料的断裂。

当塑性材料处于三向拉应力状态（均匀受拉或准均匀受拉）时，也由第一强度理论判断其是否断裂。

由于第二强度理论在实际应用中并不比第一强度理论优越，现已弃之不用。

第三节　屈服准则 (Criteria for Yield)
——第三、第四强度理论

一、第三强度理论（最大剪应力理论）

（1）理论假定　该理论认为，材料发生屈服的主要因素是最大剪应力。不论何种应力状态，只要其最大剪应力 τ_{max} 达到极限剪应力 τ_u，材料就屈服。而极限剪应力 τ_u，就是材料轴向拉伸实验的应力达到屈服极限 σ_s 时，材料所产生的最大剪应力，其值为

$$\tau_u = \frac{\sigma_s}{2}$$

于是，最大剪应力理论的屈服准则为

$$\tau_{max} = \tau_u = \frac{\sigma_s}{2}$$

（2）相当应力　因最大剪应力为

$$\tau_{max} = \frac{\sigma_1 - \sigma_3}{2}$$

屈服准则可改写为

$$\sigma_1 - \sigma_3 = \sigma_s$$

根据图 10-2 表示的失效准则的研究模式可知，复杂应力状态与应力等于 $\sigma_1 - \sigma_3$ 的相当应力状态是同等安全的，于是，该理论的相当应力为

$$\sigma_{r3} = \sigma_1 - \sigma_3 \tag{10-7}$$

由相当应力表示的屈服准则为

$$\sigma_{r3} = \sigma_1 - \sigma_3 = \sigma_s \tag{10-8}$$

（3）强度条件　最大剪应力理论的强度条件为

$$\sigma_{r3} = \sigma_1 - \sigma_3 \leqslant [\sigma] \tag{10-9}$$

二、第四强度理论（形状改变比能理论）

（1）理论假定　该理论认为，材料发生屈服的主要因素是形状改变比能。不论何种应力状态，只要其形状改变比能 u_f 达到极限形状改变比能 $(u_f)_u$，材料就屈服。而极限形状改变比能 $(u_f)_u$，就是材料轴向拉伸实验的应力达到屈服极限 σ_s 时，材料所产生的形状改变比能。由式（9-22），且 $\sigma_1 = \sigma_s$，$\sigma_2 = \sigma_3 = 0$，其值为

$$(u_f)_u = \frac{1+\nu}{3E}\sigma_s^2$$

于是，该理论的屈服准则为

$$u_f = (u_f)_u = \frac{1+\nu}{3E}\sigma_s^2$$

（2）相当应力　因形状改变比能 u_f 为

$$u_f = \frac{1+\nu}{6E}[(\sigma_1 - \sigma_2)^2 + (\sigma_2 - \sigma_3)^2 + (\sigma_3 - \sigma_1)^2]$$

故屈服准则可改写为

$$\sqrt{\frac{1}{2}\left[(\sigma_1-\sigma_2)^2+(\sigma_2-\sigma_3)^2+(\sigma_3-\sigma_1)^2\right]}=\sigma_s$$

根据图 10-2 表示的失效准则的研究模式可知，复杂应力状态与应力等于 $\sqrt{\frac{1}{2}\left[(\sigma_1-\sigma_2)^2+(\sigma_2-\sigma_3)^2+(\sigma_3-\sigma_1)^2\right]}$ 的相当应力状态是同等安全的，于是，该理论的相当应力为

$$\sigma_{r4}=\sqrt{\frac{1}{2}\left[(\sigma_1-\sigma_2)^2+(\sigma_2-\sigma_3)^2+(\sigma_3-\sigma_1)^2\right]} \tag{10-10}$$

由相当应力表示的屈服准则为

$$\sigma_{r4}=\sqrt{\frac{1}{2}\left[(\sigma_1-\sigma_2)^2+(\sigma_2-\sigma_3)^2+(\sigma_3-\sigma_1)^2\right]}=\sigma_s \tag{10-11}$$

（3）强度条件　形状改变比能理论的强度条件为

$$\sigma_{r4}=\sqrt{\frac{1}{2}\left[(\sigma_1-\sigma_2)^2+(\sigma_2-\sigma_3)^2+(\sigma_3-\sigma_1)^2\right]}\leqslant[\sigma] \tag{10-12}$$

三、两个屈服准则的实验验证与适用范围

泰勒（Taylor）曾分别用软钢、铜和铝三种材料制成的薄壁管试件，在轴向拉力 P 与力偶矩 m 共同作用下进行试验（图 10-3a）。试件 K 点处为平面应力状态（图 10-3b），σ 为 P 产生的正应力，τ 为 m 产生的剪应力，σ 与 τ 的值分别为

$$\sigma=\frac{P}{2\pi Rt},\tau=\frac{m}{2\pi R^2t} \tag{a}$$

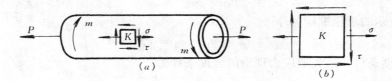

图 10-3

式中 R 与 t 分别为薄壁管的平均半径和壁厚。当 P 与 m 增大至薄壁管屈服破坏时，按式（a）计算出 σ 与 τ 值。用不同的拉力 P 与力偶矩 m 之比作试验，将所得的试验结果示于图 10-4 中。

图中以 σ/σ_s 和 τ/σ_s 为坐标，便于将几种材料的试验结果绘于同一图中。

试件 K 点处的主应力为

$$\sigma_1=\frac{\sigma}{2}+\frac{1}{2}\sqrt{\sigma^2+4\tau^2}$$

$$\sigma_2=0$$

$$\sigma_3=\frac{\sigma}{2}-\frac{1}{2}\sqrt{\sigma^2+4\tau^2}$$

按第三强度理论的屈服准则，由式（10-8）可得

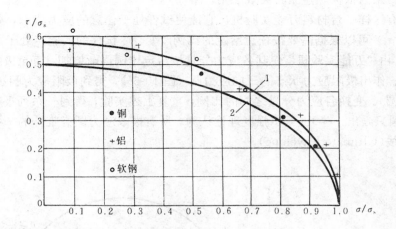

图 10-4
1—第四强度理论；2—第三强度理论

$$\sqrt{\sigma^2 + 4\tau^2} = \sigma_s \qquad (b)$$

即

$$(\frac{\sigma}{\sigma_s})^2 + 4(\frac{\tau}{\sigma_s})^2 = 1 \qquad (c)$$

按第四强度理论的屈服准则，由式（10-11）可得

$$\sqrt{\sigma^2 + 3\tau^2} = \sigma_s \qquad (d)$$

即

$$(\frac{\sigma}{\sigma_s})^2 + 3(\frac{\tau}{\sigma_s})^2 = 1 \qquad (e)$$

式（c）与式（e）均为椭圆方程，它们在第一象限的曲线如图 10-4 所示。两个屈服准则与实验结果都比较吻合，代表实验数据的点多落在第三强度理论的曲线之外，说明这一理论偏于安全，而第四强度理论更为符合实验结果。

第三、第四强度理论通常用于塑性材料的屈服。

另外，图 10-3b 所示的应力状态，即 x 面和 y 面上只有一个面上有正应力 σ，另一个面上 $\sigma=0$，对于这种常见的应力状态，可不必计算主应力，直接由式（b）和式（d）得到第三，第四强度理论的强度条件分别为

$$\sigma_{r3} = \sqrt{\sigma^2 + 4\tau^2} \leqslant [\sigma] \qquad (10\text{-}13)$$

$$\sigma_{r4} = \sqrt{\sigma^2 + 3\tau^2} \leqslant [\sigma] \qquad (10\text{-}14)$$

第四节 莫尔强度理论

前述四个强度理论通常称为古典强度理论，这主要是指其研究方法是古典的。它们都是假定应力状态中的某种因素是导致材料进入极限状态的决定因素，因而不可避免地存在片面性。

莫尔强度理论，又称莫尔准则(Mohr's Criterion)，它不是以"某种因素是导致材料进入极限状态的决定性因素"这种假定为依据去建立失效准则，而是以不同应力状态下材料

的破坏实验结果为依据，建立其失效准则。

设想拥有这样一台材料万能实验机，它能使试件处于任意的应力状态，并且三个主应力（σ_1、σ_2、σ_3）可以根据需要按任意给定的比例改变。令试件的实验点处于某个应力状态（图 10-5a），由"万能实验机"使其各应力分量按给定比例逐渐增加，直至极限状态，试件断裂或屈服。作出极限应力状态的三向应力圆（图 10-5b），得到极限应力圆（图 10-5b 中的最大应力圆）。变换各应力分量之间的比例，重复上述实验，得到一系列极限应力圆（图 10-6，应力圆只画出一半）。莫尔强度理论认为，所有极限应力圆有唯一的一条公切线，称为**极限包络线**（Ultimate Envelope）。

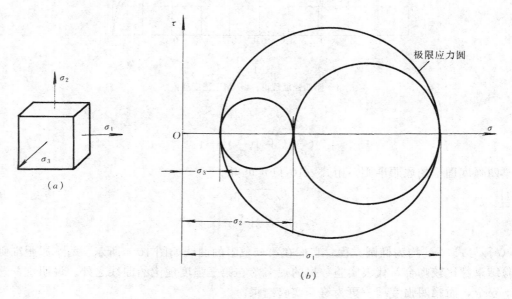

图 10-5

不同材料具有不同的极限包络线，显然，极限包络线也是材料的一个力学性质。

如果有了材料的极限包络线，建立材料失效准则的问题就变得简单了。为此，只需将材料危险点处应力状态的最大应力圆画在极限包络线的坐标图上（图 10-6 中的虚线圆）。该最大应力圆若在极限包络线内，表明材料未进入极限状态；若与极限包络线相切，则表明材料处于极限状态。

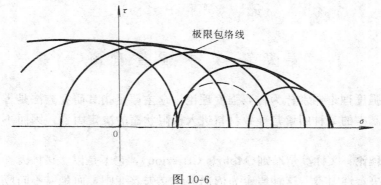

图 10-6

由于目前的实验技术水平还不能得到图 10-6 所示的极限包络线,因此实际应用时可以用轴向拉伸极限应力圆和轴向压缩极限应力圆的公切线近似地代替极限包络线（图 10-7）。

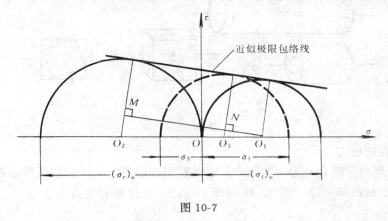

图 10-7

为建立莫尔强度理论的失效准则,设有一极限应力状态（σ_1、σ_3）的极限应力圆（图 10-7 中的虚线圆）与近似极限包络线相切,有

$$\triangle O_1 N O_3 \backsim \triangle O_1 M O_2$$

即

$$\overline{O_3 N} : \overline{O_2 M} = \overline{O_1 O_3} : \overline{O_1 O_2} \qquad (a)$$

其中

$$\overline{O_3 N} = \frac{\sigma_1 - \sigma_3}{2} - \frac{(\sigma_t)_u}{2}; \quad \overline{O_2 M} = \frac{(\sigma_c)_u}{2} - \frac{(\sigma_t)_u}{2};$$

$$\overline{O_1 O_3} = \frac{(\sigma_t)_u}{2} - \frac{\sigma_1 + \sigma_3}{2}; \quad \overline{O_1 O_2} = \frac{(\sigma_t)_u}{2} + \frac{(\sigma_c)_u}{2}。$$

代入式（a）,化简可得

$$\sigma_1 - \frac{(\sigma_t)_u}{(\sigma_c)_u}\sigma_3 = (\sigma_t)_u$$

于是,莫尔强度理论的失效准则为

$$\sigma_{rM} = \sigma_1 - \frac{(\sigma_t)_u}{(\sigma_c)_u}\sigma_3 = (\sigma_t)_u \qquad (10-15)$$

式中 σ_{rM}——莫尔强度理论的相当应力。考虑安全系数后,得出莫尔强度理论的强度条件为

$$\sigma_{rM} = \sigma_1 - \frac{[\sigma_t]}{[\sigma_c]}\sigma_3 \leqslant [\sigma_t] \qquad (10-16)$$

莫尔强度理论一般适用于脆性材料和塑性材料,特别适用于抗拉与抗压强度不等的脆性材料。莫尔强度理论在土力学和岩石力学中得到广泛应用。

第五节 例 题 分 析

【例10-1】 图 10-8a 所示钢制圆轴,同时受拉力 P 和力偶 m 作用。已知 d、P、m 和 $[\sigma]$。试校核强度。

【解】 （1）内力分析

由截面法可知,圆轴各横截面上的内力均相同（图 10-8b）,即轴力 $N = P$ 和扭矩 $T = m$。

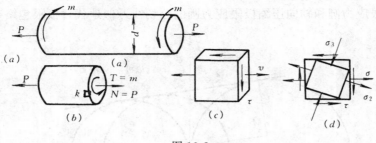

图 10-8

（2）危险点的应力

轴力 N 引起的正应力 σ 为均匀分布，扭矩 T 引起的剪应力 τ 在截面周边处为最大。在截面周边 k 点处截取单元体（图 10-8b 和图 10-8c），并计算其应力为

$$\sigma = \frac{N}{A}, \quad \tau = \tau_{\max} = \frac{T}{W_t}$$

（3）计算主应力（图 10-8d）

$$\sigma_1 = \frac{\sigma}{2} + \frac{1}{2}\sqrt{\sigma^2 + 4\tau^2}, \sigma_2 = 0, \sigma_3 = \frac{\sigma}{2} - \frac{1}{2}\sqrt{\sigma^2 + 4\tau^2}$$

（4）强度校核

因圆轴为钢制的，所以可以按第三或第四强度理论校核强度。

按第三强度理论时，由式（10-9）

$$\sigma_{r3} = \sigma_1 - \sigma_3 \leqslant [\sigma]$$

可得

$$\sigma_{r3} = \sqrt{\sigma^2 + 4\tau^2} \leqslant [\sigma]$$

按第四强度理论时，由式（10-12）

$$\sigma_{r4} = \sqrt{\frac{1}{2}\left[(\sigma_1 - \sigma_2)^2 + (\sigma_2 - \sigma_3)^2 + (\sigma_3 - \sigma_1)^2\right]} \leqslant [\sigma]$$

将本题的主应力代入后，可得

$$\sigma_{r4} = \sqrt{\sigma^2 + 3\tau^2} \leqslant [\sigma]$$

应予指出，对于本题，在求出 σ 和 τ 之后，可直接根据式（10-13）和式（10-14）进行强度校核，而不必计算主应力。

【例10-2】 图 10-9 所示工字形截面简支梁，其腹板与翼缘焊接而成。已知 $P = 120\mathrm{kN}$，$q = 2\mathrm{kN/m}$，$[\sigma] = 160\mathrm{MPa}$，$[\tau] = 100\mathrm{MPa}$。试全面校核强度。

【解】 所谓全面校核强度，就是对梁的危险截面上的可能危险点进行强度校核。可分为基本强度检查与补充强度检查。在基本强度检查中，包括最大弯矩截面上的最大正应力的强度条件和最大剪力截面上的最大剪应力的强度条件。补充强度检查则是对正应力和剪应力都比较大的点作强度校核。

首先作出梁的剪力图与弯矩图。

（1）基本强度检查

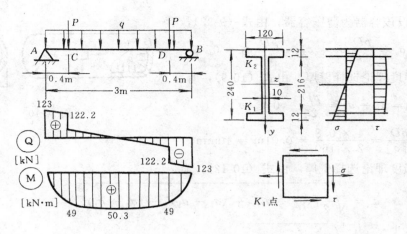

图 10-9

(a) $$\sigma_{\max} = \frac{M_{\max}}{W_z} \leqslant [\sigma]$$

$\sigma_{\max}$ 发生于跨中截面的上、下边缘，是单向应力状态。$M_{\max} = 50.3 \text{kN} \cdot \text{m}$，$W_z = \dfrac{I_z}{y_{\max}} =$

$\dfrac{4586 \times 10^{-8}}{120 \times 10^{-3}} = 382 \times 10^{-6} \text{m}^3$

$$\sigma_{\max} = \frac{50.3}{382 \times 10^{-6}} = 131.7 \times 10^3 \text{kPa} = 131.7 \text{MPa} < [\sigma]$$

(b) $$\tau_{\max} = \frac{V_{\max} S_z}{I_z d} \leqslant [\tau]$$

$\tau_{\max}$ 发生于梁两端截面的中性轴处，是纯剪切应力状态。$V_{\max} = 123 \text{kN}$，$d = 10 \text{mm}$

$$I_z = 4586 \times 10^{-8} \text{m}^4, S_z = (12 \times 120 \times 114 + 10 \times 108 \times 54) \times 10^{-8} \text{m}^3$$

得 $$\tau_{\max} = 59.4 \text{MPa} < [\tau]$$

基本强度检查是安全的。

（2）补充强度检查

在剪力与弯矩都比较大的截面（如 C、D 面）上，在腹板与翼缘的交界处（K_1 与 K_2 点），其正应力与剪应力均较大，是复杂应力状态，需按强度理论进行校核。现对 C 截面上 K_1 点作强度检查。K_1 点单元体如图 10-9 所示，其应力为

$$\sigma = \frac{M_c}{I_z} y_{k1} = \frac{49 \times 10^{-3}}{4586 \times 10^{-8}} \times 108 \times 10^{-3} = 115.4 \text{MPa}$$

$$\tau = \frac{V_c (S_z)_{k1}}{I_z \cdot d} = \frac{122.2 \times (120 \times 12 \times 114 \times 10^{-9})}{4586 \times 10^{-8} \times 10 \times 10^{-3}} \times 10^{-3} = 43.7 \text{MPa}$$

按第三强度理论检查，由式（10-13），得

$$\sigma_{r3} = \sqrt{\sigma^2 + 4\tau^2} = \sqrt{115.4^2 + 4 \times 43.7^2} = 144.8 \text{MPa} < [\sigma]$$

补充强度检查也是安全的。

应予指出，梁若选用型钢，由于腹板与翼缘交界处做成圆弧过渡，使局部截面增大，可免去补充强度检查。

【例10-3】 图 10-10 所示圆筒形钢制内压容器，其平均直径 $D = 800 \text{mm}$，内压 $p = 4 \text{MPa}$，$[\sigma] = 160 \text{MPa}$。试选择圆筒形容器的壁厚 t。

【解】 设该容器为薄壁容器，由式（9-32），有

$$\sigma_1=\sigma_y=\frac{pD}{2t},\sigma_2=\sigma_x=\frac{pD}{4t},\sigma_3=0$$

图 10-10

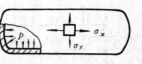

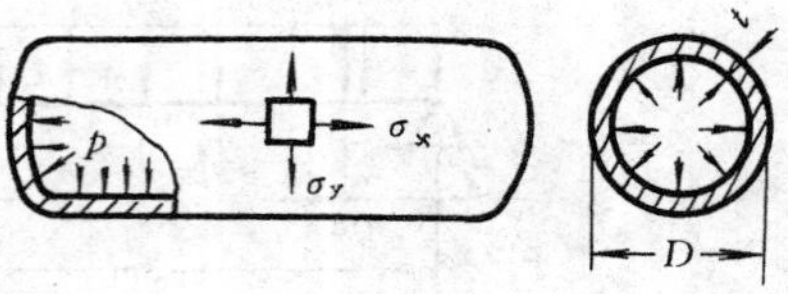

按第三强度理论选择壁厚，由式（10-9），有

$$\sigma_{r3}=\sigma_1-\sigma_3=\frac{pD}{2t}-0\leqslant[\sigma]$$

即 $t\geqslant=\frac{pD}{2[\sigma]}=\frac{4\times0.8}{2\times160}=0.01\text{m}=10\text{mm}$

按第四强度理论选择壁厚，由式（10-12），有

$$\begin{aligned}\sigma_{r4}&=\sqrt{\frac{1}{2}[(\sigma_1-\sigma_2)^2+(\sigma_2-\sigma_3)^2+(\sigma_3-\sigma_1)^2]}\\&=\sqrt{\sigma_1^2+\sigma_2^2-\sigma_1\sigma_2}\\&=\sqrt{(\frac{pD}{2t})^2+(\frac{pD}{4t})^2-(\frac{pD}{2t})(\frac{pD}{4t})}\leqslant[\sigma]\end{aligned}$$

即 $$t\geqslant=\frac{\sqrt{3}\,pD}{4[\sigma]}=\frac{\sqrt{3}\times4\times0.8}{4\times160}=0.0087\text{m}=8.7\text{mm}$$

通常规定 $t\leqslant\frac{1}{20}D$ 即可视为薄壁容器，本题显然可按薄壁容器计算。

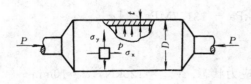

从计算结果可知，第三强度理论比第四强度理论偏于安全。

图 10-11

【例10-4】 图 10-11 所示圆筒形铸铁容器，平均直径 $D=200\text{mm}$，$t=10\text{mm}$，内压 $p=3\text{MPa}$，轴向压力 $P=200\text{kN}$，$[\sigma_t]=40\text{MPa}$，$[\sigma_c]=120\text{MPa}$。试校核强度。

【解】 因 $t=\frac{1}{20}D$，可按薄壁容器计算。

$$\sigma_y=\frac{PD}{2t}=\frac{3\times0.2}{2\times0.01}=30\text{MPa}$$

$$\begin{aligned}\sigma_x&=\frac{PD}{4t}-\frac{P}{\pi Dt}=\frac{3\times0.2}{4\times0.01}-\frac{200\times10^{-3}}{\pi\times0.2\times0.01}\\&=-16.8\text{MPa}\end{aligned}$$

即 $$\sigma_1=\sigma_y=30\text{MPa},\sigma_2=0,\sigma_3=\sigma_x=-16.8\text{MPa}。$$

因为是铸铁制容器，所以应按第一强度理论或莫尔强度理论校核强度。

按第一强度理论校核，由式（10-3），有

$$\sigma_{r1}=\sigma_1=30\text{MPa}<[\sigma_t]$$

满足强度条件。

按莫尔强度理论校核，由式（10-16），有

$$\begin{aligned}\sigma_{rM}&=\sigma_1-\frac{[\sigma_t]}{[\sigma_c]}\sigma_3\\&=30-\frac{40}{120}(-16.8)=35.6\text{MPa}<[\sigma_t]\end{aligned}$$

也满足强度条件。

【例10-5】　已知一铸铁构件中，某点处的最大主应力为 50MPa，试按莫尔强度理论计算最小主应力的极大值，以及最大剪应力为 150MPa 时的主应力值。铸铁的抗拉强度极限和抗压强度极限分别为 140MPa 和 650MPa。

【解】　（1）由题意可知 $(\sigma_t)_u = 140\text{MPa}$，$(\sigma_c)_u = 650\text{MPa}$，根据式（10-15）有

$$\sigma_{rM} = \sigma_1 - \frac{(\sigma_t)_u}{(\sigma_c)_u}\sigma_3 = (\sigma_t)_u$$

即

$$\frac{\sigma_1}{(\sigma_t)_u} - \frac{\sigma_3}{(\sigma_c)_u} = 1$$

代入数值，有

$$\frac{50}{140} - \frac{\sigma_3}{650} = 1$$

解出

$$\sigma_3 = -417\text{MPa}$$

（2）按拉、压强度极限值，画出相应的极限应力圆，如图 10-12 所示。作两圆的公切线，即为极限包络线。以屈服时的最大剪应力值 150MPa 为间距作公切线的平行线，与 σ 轴交于 O_3 点。以 O_3 点为圆心，150MPa 为半径画圆，所作圆与包络线相切，满足莫尔准则。由图可量取所作圆的主应力为

$$\sigma_1 = 105\text{MPa}, \sigma_3 = -195\text{MPa}$$

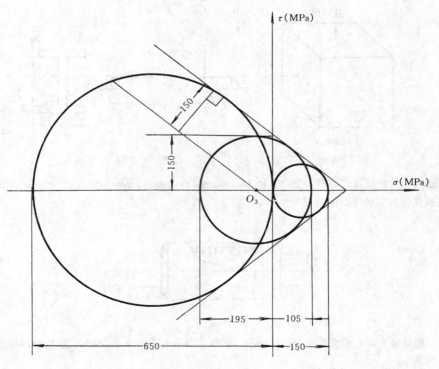

图 10-12

习 题

10-1 冬天在严寒地区自来水管结冰时，常因受内压而胀裂。显然，水管内的冰也受到相等的反作用力，为什么冰不破坏而水管却先破坏了？

10-2 某点的应力状态如图，试写出该应力状态下第一、二、三和四强度理论的相当应力（泊松比为 ν）。

10-3 试按第三、第四强度理论计算下列两种应力状态的相当应力。

   (a) $\sigma_1 = 120MPa, \sigma_2 = 100MPa, \sigma_3 = 80MPa$。

   (b) $\sigma_1 = 120MPa, \sigma_2 = -80MPa, \sigma_3 = -100MPa$

10-4 求图示应力状态的第三、第四强度理论的相当应力。

10-5 求图示两种应力状态的第三强度理论的相当应力。

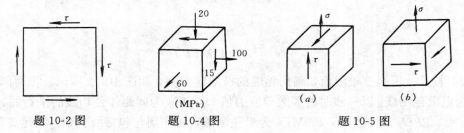

  题 10-2 图   题 10-4 图   题 10-5 图

10-6 钢轨上与车轮接触点的应力状态如图，若 $[\sigma] = 300MPa$，校核该点的强度。

10-7 图示梁为焊接工字钢梁，试分别按第三和第四强度理论校核钢梁的强度。

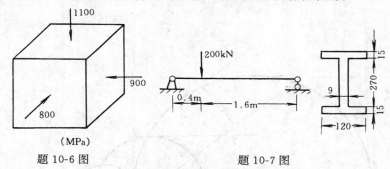

   题 10-6 图   题 10-7 图

10-8 已知一铸铁圆筒形容器，平均直径 $D = 20mm$，$t = 20mm$，$p = 4MPa$，$P = 240kN$，试用莫尔强度理论校核强度（近似按薄壁筒处理）。

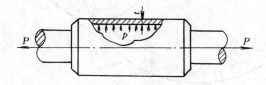

      题 10-8 图

10-9 一圆筒形容器，平均直径 $D = 800mm$，壁厚 $t = 4mm$，$[\sigma] = 130MPa$，试按第四强度理论确定容许的最大内压 p。

10-10 有一受纯扭的圆杆，在 $30kN \cdot m$ 扭转力偶矩作用下屈服。若同样的圆杆受到 $18kN \cdot m$ 扭转力偶矩作用的同时受到弯曲力偶矩 M 的作用，试按第三和第四强度理论确定圆杆屈服时的 M 值。

第十一章 组 合 变 形

第一节 组合变形的概念

前面各章分别研究了构件在基本变形时的强度和刚度问题。在工程实际问题中，有许多构件在外力作用下将产生两种或两种以上基本变形的组合情况。例如，烟囱（图 11-1a）的变形除自重引起的轴向压缩外，还有因水平方向的风力而引起的弯曲变形；厂房边柱（图 11-1b）由于所受的竖向荷载不与柱的轴线重合，立柱将同时发生轴向压缩和弯曲变形。

构件在外力作用下同时产生两种或两种以上基本变形的情况，称为**组合变形**。

对于组合变形的构件，在小变形条件下，并且材料服从胡克定律时，就可以应用叠加原理进行计算。其求解的基本过程是，当构件处于组合变形时，只要将荷载进行简化或分解，使构件在简化或分解后的每一荷载作用下只产生一种基本变形，分别计算出各基本变形时所产生的应力，最后将所得结果进行叠加，进一步分析危险点的应力状态，从而进行强度计算。在计算变形时，也是先分别求

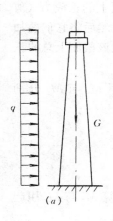

图 11-1

出对应于每种基本变形的位移。

下面介绍几种工程中常见的组合变形。

第二节 斜 弯 曲

在第六章中，研究了梁在平面弯曲情况下的应力计算问题。但在实际工程中，作用在梁上的横向力有时并不位于梁的形心主惯性平面内。例如，屋架上的檩条（图 11-2）外力 P 与形心主轴 y 成一角度 ϕ。在这种情况下，变形后梁的轴线将不再位于外力所在的平面内，这种变形称为**斜弯曲**。

现以矩形截面悬臂梁为例，说明斜弯曲时应力和变形的分析方法。

矩形截面悬臂梁受力及坐标系如图 11-3a 所示。y、z

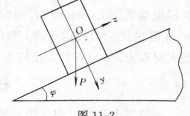

图 11-2

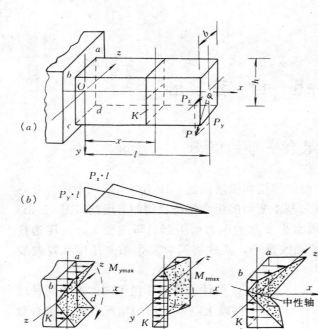

图 11-3

轴为形心主轴，外力 P 在 yoz 平面内，与 y 轴夹角为 φ。欲求某横截面上任意点 K 的应力。

将力 P 沿形心主轴 z、y 方向分解为两个分力，即

$$P_z = P\sin\varphi$$

$$P_y = P\cos\varphi$$

于是，力 P 的作用可用两个分力 P_z 和 P_y 来代替，而每一个分力单独作用时，都将产生平面弯曲。这样，斜弯曲就可看作是两个互相垂直平面内的平面弯曲的组合。

应用叠加原理，分别计算出这两个平面弯曲在 x 截面上的正应力（剪应力较小、均略去），然后将它们叠加即可得出斜弯曲时在该截面上总的正应力。

x 截面上的弯矩 M_z 与 M_y 分别为

$$M_z = P_y(l-x) = P\cos\varphi(l-x) = M\cos\varphi$$

$$M_y = P_z(l-x) = P\sin\varphi(l-x) = M\sin\varphi$$

式中 $M = P(l-x)$，为 x 截面总弯矩。弯矩图如图 11-3b 所示。分别计算 M_z 与 M_y 引起的 K 点应力后，叠加可得 K 点的应力。

$$\sigma_K = \frac{M_z \cdot y}{I_z} + \frac{M_y \cdot z}{I_y}$$

$$= M\left(\frac{\cos\varphi \cdot y}{I_z} + \frac{\sin\varphi \cdot z}{I_y}\right) \tag{11-1}$$

式中的 y、z 为 K 点坐标，具体计算时，M、y、z 均用绝对值代入。各项应力的正负号，可按 K 点所在位置由观察法确定。叠加前后应力分布情况如图 11-3c、d、e 所示。I_z、I_y 分别为矩形截面对 z、y 轴的惯性矩。

进行强度计算时，首先应确定危险截面和危险截面上危险点的位置。由图 11-3b 可知，在固定端截面上，M_z 和 M_y 同时达到最大值，这显然就是危险截面。而危险点，应是 M_z 及 M_y 引起的正应力都达到最大值的点。图 11-3a 中的 a 和 c 就是这样的危险点。其中 a 点有最大拉应力，c 点有最大压应力。由公式（11-1）得强度条件为

$$\sigma_{\max} = M\left(\frac{\cos\varphi}{W_z} + \frac{\sin\varphi}{W_y}\right) \leqslant [\sigma] \tag{11-2}$$

通过以上分析可知，梁的截面具有棱角时，危险点的位置在棱角上。对没有棱角的截

面，要先确定截面中性轴的位置，然后才能定出危险点的位置。

下面讨论斜弯曲时中性轴的确定。因为中性轴上各点的应力为零，所以把中性轴上任一点的坐标 $(z_0、y_0)$ 代入公式（11-1）后，应有

$$\sigma = M\left(\frac{\cos\varphi \cdot y_0}{I_z} + \frac{\sin\varphi \cdot z_0}{I_y}\right) = 0$$

故中性轴的方程式为

$$\frac{\cos\varphi y_0}{I_z} + \frac{\sin\varphi z_0}{I_y} = 0 \tag{11-3}$$

可见中性轴是通过截面形心的一条斜直线（图 11-4a），其与 z 轴的夹角是

$$\tan\alpha = \left|\frac{y_0}{z_0}\right| = \frac{I_z}{I_y}\tan\varphi$$

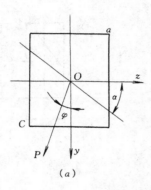 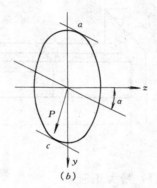

(a) $\qquad\qquad\qquad$ (b)

图 11-4

中性轴将截面分成两个区域：一部分为受拉区；一部分为受压区。当截面形状没有明显的棱角时（图 11-4b），距中性轴最远的点，应力绝对值最大，必为危险点。因此，可作两条与中性轴平行的直线与截面周边相切，其切点 a、c 就是危险点。

欲求图 11-3a 所示梁自由端挠度 f，可分别求出 P_y 和 P_z 引起的垂直挠度 f_y 和水平挠度 f_z，再求其向量和，即

$$f = \sqrt{f_z^2 + f_y^2}$$

【例 11-1】 试校核图 11-5 所示梁的强度。已知 $[\sigma] = 160\text{MPa}$。

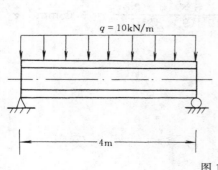 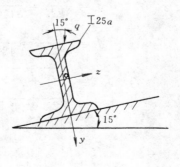

图 11-5

【解】 根据梁的受力情况可知，该梁为斜弯曲变形，危险截面在跨中，$M_{max}=\dfrac{ql^2}{8}$。查表得 $W_z=401.9\text{cm}^3$，$W_y=48.3\text{cm}^3$，由式（11-2）有

$$\sigma_{max}=M_{max}\left(\frac{\cos\phi}{W_z}+\frac{\sin\phi}{W_y}\right)$$

$$=\frac{10\times10^3\times4^2\times10^{-6}}{8}\left(\frac{\cos15°}{401.9\times10^{-6}}+\frac{\sin15°}{48.3\times10^{-6}}\right)$$

$$=155\text{MPa}<[\sigma]$$

满足强度条件。

【例11-2】 矩形截面悬臂梁受力如图所示。已知 $E=10\text{GPa}$。试求：（1）梁内最大正应力及其作用点位置；（2）梁的最大挠度。

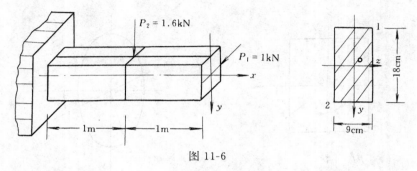

图 11-6

【解】 （1）最大正应力

危险截面在固定端处，其内力为 $M_z=1\times P_2=1.6\text{kN}\cdot\text{m}$。$M_y=2\times P_1=2\text{kN}\cdot\text{m}$。危险点在固定端截面上的点 1 和点 2 处，其正应力为

$$\sigma_{max}=\frac{M_z}{W_z}+\frac{M_y}{W_y}=\frac{6M_z}{bh^2}+\frac{6M_y}{hb^2}$$

$$=\frac{6(2\times10^3)}{(18\times9^2)10^{-6}}+\frac{6(1.6\times10^3)}{(9\times18^2)10^{-6}}=11.52\text{MPa}$$

其中点 1 为拉应力，点 2 为压应力。

（2）最大挠度

$$f_z=\frac{P_1l^3}{3EI_y}=\frac{12(1\times10^3)(2^3)}{3(10\times10^9)(18\times9^3)10^{-8}}=24.4\text{mm}$$

$$f_y=\frac{5P_2l^3}{48EI_z}=\frac{5\times12(1.6\times10^3)(2^3)}{48(10\times10^9)(9\times18^3)10^{-8}}=3.05\text{mm}$$

$$\therefore\quad f_{max}=\sqrt{f_z^2+f_y^2}$$

$$=\sqrt{24.4^2+3.05^2}$$

$$=24.59\text{mm}$$

第三节　拉伸（压缩）与弯曲的组合变形

杆件在横向外力和轴向外力的作用下，将发生拉伸（压缩）和弯曲的组合变形。以图

11-7 所示矩形截面简支梁为例，说明其强度计算问题。

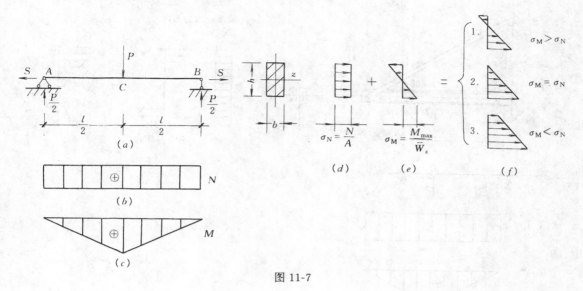

图 11-7

1. 外力分析

在轴向拉力 S 作用下，杆 AB 产生轴向拉伸变形，在横向力 P 作用下将产生平面弯曲，杆件 AB 为拉弯组合变形。

2. 内力分析

画内力图（图 11-7b、c）、c 截面为危险截面，$N_c=S$，$M_c=\dfrac{Pl}{4}$。

3. 应力分析

轴力引起的应力 σ_N，弯矩引起的应力 σ_M，以及叠加后的应力 σ 沿截面高度的分布规律如图 11-7 (d)、(e)、(f) 所示，最大拉应力发生在跨中截面的下边缘。

4. 强度条件

$$\sigma_{max}=\frac{S}{A}+\frac{Pl}{4W_z}\leqslant [\sigma]。$$

应该注意，当材料的许用拉应力和许用压应力不相等时，杆内的最大拉应力和最大压应力必须分别满足杆件的拉、压强度条件。

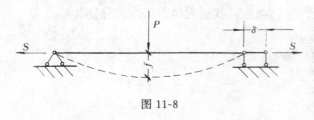

图 11-8

以上利用叠加原理计算应力只适用于小变形，此时略去了轴向拉（压）力由于弯曲挠度而引起的附加弯矩。当变形较大时，变形后轴力作用线与杆件轴线不再重合（图 11-8），产生附加弯矩 $M=Sf$。附加弯矩使杆又产生附加应力。

这时，应力、变形与外力之间已不是线性关系，叠加原理已不成立，这类问题称为**纵横弯曲**（见第十二章第七节）。

【例11-3】 图 11-9a 所示起重架的最大起重量 $P=40\text{kN}$，横梁 AB 由两根 No.18 槽钢组成，材料为 Q235 钢，许用应力 $[\sigma]=120\text{MPa}$，试校核横梁的强度。

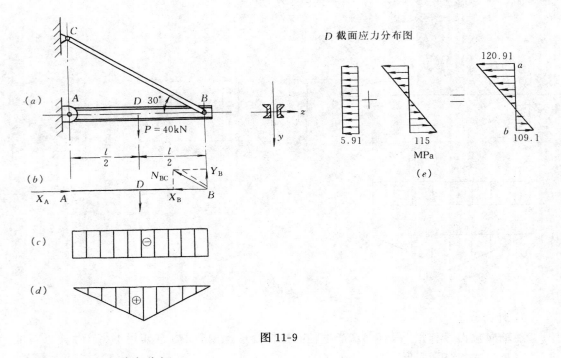

D 截面应力分布图

图 11-9

【解】 （1）受力分析

取横梁 AB 为研究对象，画受力分析图如图 11-9b 所示，横梁 AB 为压缩与弯曲组合变形。

画横梁 AB 的轴力图和弯矩图如图 11-9c、d 所示，D 截面为危险截面。

$$N_{AB} = X_B = Y_B/\tan 30°$$

$$= \frac{P}{2\tan 30°} = \frac{40}{2 \times 0.5774}$$

$$= 34.64\text{kN}$$

$$M_D = M_{max} = \frac{Pl}{4} = \frac{40 \times 3.5}{4} = 35\text{kN} \cdot \text{m}$$

（2）应力分析

横梁 AB 的危险点位于 D 截面的上、下边缘处，其最大拉、压应力分别为

$$\sigma_{\substack{t\,max \\ c\,max}} = -\frac{N_{AB}}{A} \pm \frac{M_{max}}{W_z}$$

$$= -\frac{34.64 \times 10^{-3}}{2 \times 29.29 \times 10^{-4}} \pm \frac{35 \times 10^{-3}}{2 \times 152.2 \times 10^{-6}}$$

$$= \begin{matrix} +109.1\text{MPa} \\ -120.9\text{MPa} \end{matrix}$$

危险截面上的正应力分布图如图 11-9e 所示。

（3）强度计算

由于横梁 AB 是由塑性材料制成，抗拉、抗压强度相同，因此，只验算 D 截面上 a 点处的强度即可，即

$$\sigma_{max} = |-120.9|MPa = 120.9MPa > [\sigma]$$

$\frac{120.9-120}{120} \times 100\% = 0.75\% < 5\%$，故此梁满足强度要求。

第四节 偏 心 压 缩

图 11-10 所示受压杆件，虽然压力 P 的作用线与杆轴线平行，但不通过截面形心，这类问题称为**偏心压缩**。

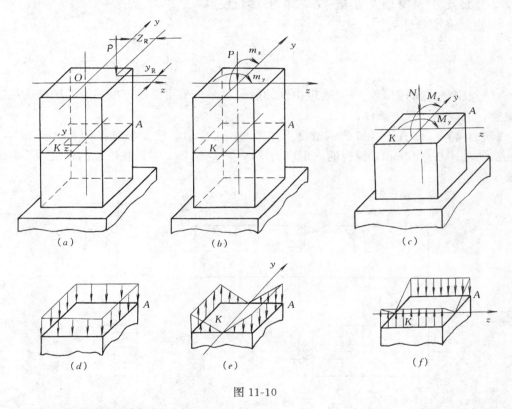

图 11-10

一、偏心压缩时的强度计算

1. 外力分析

将力 P 向截面形心简化，得轴向压力 P、力偶矩 $m_y = P \cdot z_p$ 和 $m_z = P \cdot y_p$（z_p、y_p 为力 P 作用点座标）它们分别产生轴向压缩和绕 y、z 轴的两个平面弯曲。可见，偏心压缩实际上是压弯组合变形问题。

2. 内力分析

从图 11-10b 可知，各截面上的内力都相同，$N=P$、$M_y = m_y = P \cdot z_p$、$M_z = m_z = P \cdot y_p$（图 11-10c）

3. 应力分析

求某截面上任一点 K 处的应力。由图 11-10c 可知

$$\sigma_K = \frac{N}{A} + \frac{M_y}{I_y}z + \frac{M_z}{I_z}y$$

$$= \frac{P}{A} + \frac{PZ_p}{I_y}z + \frac{PY_p}{I_z}y \qquad (a)$$

式中 y、z 为所求应力点的坐标，计算时，各量均以绝对值代入，各项的正负号由观察法确定。于是，对于偏心压缩问题，式 (a) 中除第一项为压应力外，第二、第三项可以是压应力，也可以是拉应力，应视所求应力点 K 在截面上的位置而定。

由轴力 N、弯矩 M_y 和 M_z 分别引起的应力如图 11-10d、e、f 所示。显然，在截面的 A 点处（图 11-10）具有最大的压应力，即为危险点。

4. 建立强度条件

$$\sigma_{max} = \frac{N}{A} + \frac{M_y}{W_y} + \frac{M_z}{W_z} \leqslant [\sigma] \qquad (b)$$

对于没有棱角的截面，应先确定中性轴的位置，再采用第二节所述的方法确定危险点的位置，进而建立强度条件。

【例11-4】 带有一缺口的钢板受力如图 11-11 所示，已知板宽 $b=80$mm，板厚 $\delta=10$mm，缺口深 $t=10$mm，钢板的许用应力 $[\sigma]=170$MPa，试校核钢板的强度（不考虑应力集中的影响）。

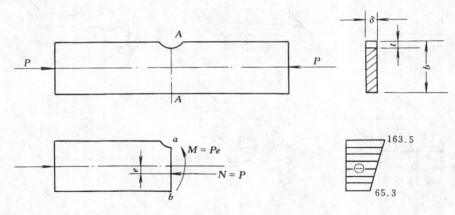

图 11-11

【解】 1. 受力分析

由于截面 A-A 处有一缺口，因而外力 P 对该截面形成偏心压缩作用，设偏心距为 e（图 11-11b），其值为

$$e = \frac{b}{2} - \frac{(b-t)}{2}$$

$$= \frac{80}{2} - \frac{80-10}{2} = 5\text{mm}$$

将力 P 向 O 点简化得一力 P、一力偶 $m=Pe$，显然是压缩与弯曲组合变形。

由图 11-11c 可知，轴力 $N=P$，弯矩 $M=Pe$，缺口截面即为危险截面。

2. 应力分析

由轴力 N 和弯矩 M 的作用，在 A-A 截面上的 a、b 两点处，将产生最大压应力和最小压应力，即

$$\sigma_{c\,max} = \frac{N}{A} + \frac{M}{W_z} = \frac{P}{\delta(b-t)} + \frac{Pe}{\delta(b-t)^2/6}$$

$$= \frac{80 \times 10^3 \times 10^{-6}}{0.01(0.08 - 0.01)} - \frac{80 \times 10^3 \times 0.5 \times 10^{-2} \times 10^{-6}}{0.01(0.08 - 0.01)^2/6}$$

$$= 114.3 + 49$$

$$= 163.3 \text{MPa}$$

$$\sigma_{c\,min} = 114.3 - 49 = 65.3 \text{MPa}$$

3. 强度计算

由于钢板在 a 点处应力最大，故应验算该点处的强度。

$$\sigma_{c\,max} = 163.3 \text{MPa} < [\sigma] = 170 \text{MPa}$$

结果表明钢板满足强度条件。

二、偏心压缩时截面中性轴的位置

按图 11-10a、b 所示坐标，设 z_0、y_0 为中性轴上点的坐标，z_p、y_p 为力作用点的坐标，则截面上中性轴各点的应力为

$$\sigma = -\frac{P}{A} - \frac{P \cdot Z_p}{I_y} z_0 - \frac{P \cdot y_p}{I_z} y_0 = 0$$

即
$$1 + \frac{z_p}{i_y^2} z_0 + \frac{y_p}{i_z^2} y_0 = 0 \qquad (c)$$

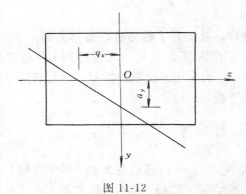

图 11-12

式中 $i_z = \sqrt{I_z/A}$，$i_y = \sqrt{I_y/A}$，分别称为截面对 z、y 轴的**惯性半径**，也是截面的几何量。

由式 (c) 可知，中性轴方程是一直线方程，截距为

$$\left.\begin{aligned}
&\text{当 } z_0 = 0 \text{ 时}, a_y = (y_0)_{z_0=0} = -\frac{i_z^2}{y_p} \\
&\text{当 } y_0 = 0 \text{ 时}, a_z = (z_0)_{y_0=0} = -\frac{i_y^2}{z_p}
\end{aligned}\right\} \qquad (d)$$

由式 (d) 可确定中性轴的位置（图 11-12）。该式表明，力作用点坐标 z_p、y_p 越大，截距 a_z、a_y 越小；反之亦然。说明外力作用点越靠近截面形心，则中性轴越远离形心。式中负号表示中性轴与外力作用点分别位于截面形心相对两侧。中性轴将截面分为两部分。一部分为压应力区，另一部分为拉应力区。

第五节 截 面 核 心

对于一些脆性材料，例如砖石、混凝土等制成的构件，因其抗拉强度较低，在承受偏心压力作用时，应设法避免出现拉应力。由上节式 (d) 可见，对于给定的截面，z_p、y_p 值越小，a_z、a_y 值就越大，即外力作用点离形心越近，中性轴距形心就越远。因此，当外力作用点位于截面形心附近的一个区域内时，就可以保证中性轴不穿过横截面，这个区域称为

截面核心(Kern of Cross-section)。当外力作用在截面核心的边界上时,与其对应的中性轴正如与截面的周边相切。利用这一性质,可以确定截面核心的周界。

以图 11-13 所示矩形截面为例,确定其截面核心。令中性轴与截面的 AB 边相切,则在 z、y 两轴上的截距分别为

$$a_z = \frac{h}{2}, a_y = \infty$$

矩形截面的 $i_z^2 = \frac{b^2}{12}$,$i_y^2 = \frac{h^2}{12}$。将以上各值代入上节 (d) 式,可得截面核心边界上 a 点的坐标为

$$z_a = z_p = -\frac{i_y^2}{a_z} = -\frac{\frac{h^2}{12}}{\frac{h}{2}} = -\frac{h}{6}$$

$$y_a = y_p = -\frac{i_z^2}{a_y} = 0$$

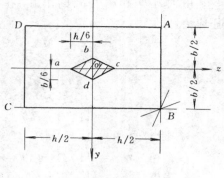

图 11-13

再令中性轴分别与截面 BC、CD、DA 边相切,同理可求得对应的截面核心边界上点 b、c、d 的坐标依次为

$$z_b = 0, y_b = -\frac{b}{6}; z_c = \frac{h}{6}, y_c = 0;$$

$$z_d = 0, y_d = \frac{b}{6}$$

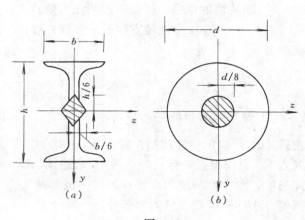

图 11-14

这样,就得到了截面核心边界上的 4 个点。当中性轴绕 B 点从 AB 边转到 BC 边的过程中,力作用点的轨迹方程,由上节的中性轴方程式 (c),可得

$$1 + \frac{z_B}{i_y^2}z_p + \frac{y_B}{i_z^2}y_p = 0 \qquad (a)$$

式中 z_B、y_B 是 B 点的坐标,即中性轴上 B 点的坐标。式 (a) 是一直线方程,表明力作用点由 a 点到 b 点的轨迹是一条直线,同理可知 bc、cd、da 同样是直线。于是,得矩形截面的截面核心为图 11-13 所示的菱形。

工字形和圆形截面的截面核心如图 11-14 所示。

第六节　弯扭组合变形

一般的传动轴除受扭转外,还经常伴随着弯曲,下面以圆截面直角曲拐 ABC(图 11-15a)为例,说明弯曲与扭转组合变形时的强度计算。

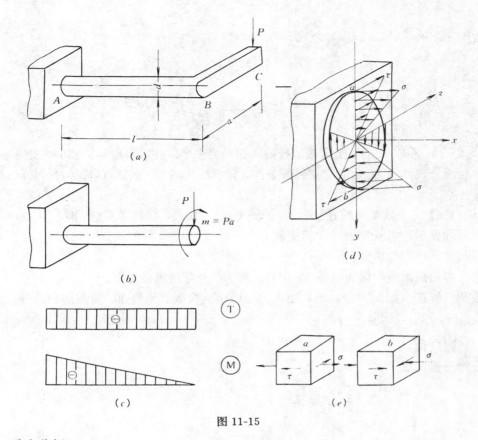

图 11-15

1. 受力分析

将外力 P 向 B 截面形心简化,得一集中力 P 和一力偶矩 $m = Pa$(图 11-15b)。可见,杆 AB 将发生弯曲与扭转组合变形。

分别作杆 AB 的扭矩图和弯矩图(图 11-15c、d),由内力图可见,固定端截面为危险截面,最大弯矩 $M_{max} = Pl$,最大扭矩 $T_{max} = Pa$。

2. 应力分析

危险截面上弯曲正应力和扭转剪应力分布规律如图 11-15d 所示。a 点和 b 点的正应力与剪应力都是最大值,因此,均为危险点。对于许用拉、压应力相等的塑性材料制成的杆,这两点的危险程度是相同的。为此,可取其中的任一点来研究。a 点和 b 点的应力状态如图 11-15e 所示。可见 a 点为复杂应力状态,其三个主应力为

$$\begin{matrix} \sigma_1 \\ \sigma_3 \end{matrix} = \frac{\sigma}{2} \pm \frac{1}{2} \sqrt{\sigma^2 + 4\tau^2}, \quad \sigma_2 = 0$$

式中 $\sigma = \dfrac{M}{W_z}$, $\tau = \dfrac{T}{W_t}$

对于受弯扭组合变形的杆件,一般都用塑性材料制成,通常采用第三和第四强度理论作强度计算。将 σ_1、σ_2、σ_3 代入第三、四强度理论,得强度条件分别为

$$\sigma_{r3} = \sqrt{\sigma^2 + 4\tau^2} \leqslant [\sigma] \tag{a}$$

255

$$\sigma_{r4} = \sqrt{\sigma^2 + 3\tau^2} \leqslant [\sigma] \tag{b}$$

因为 $W_t = 2W_z$，所以式（a）与式（b）又可以写成

$$\sigma_{r3} = \frac{1}{W_z} \sqrt{M^2 + T^2} \leqslant [\sigma] \tag{c}$$

$$\sigma_{r4} = \frac{1}{W_z} \sqrt{M^2 + 0.75T^2} \leqslant [\sigma] \tag{d}$$

公式（c）、（d）只适用于圆截面杆的弯扭组合变形，在求得危险截面的弯矩 M 和扭矩 T 后，利用公式（c）或（d）建立强度条件，计算较为简便。公式（c）、（d）同样适用于空心圆杆。

【例11-5】 手摇绞车的直径 $d=30\text{mm}$（图 11-16a），材料为 Q235 钢，$[\sigma]=80\text{MPa}$。试按第三强度理论求绞车的最大起重量 P。

【解】 （1）受力分析

将外力向截面形心简化（图 11-16b）。轴 AC 为弯扭组合变形。

画 T、M 图（图 11-16c、d），由内力图确定危险截面为截面 c 的左侧，其内力分量为

$$T = 0.18P, \quad M = \frac{Pl}{4} = 0.2P$$

（2）强度计算

由第三强度理论

$$\frac{1}{W_z} \sqrt{M^2 + T^2} \leqslant [\sigma]$$

$$\therefore \quad P \leqslant \frac{(80 \times 10^6)(\frac{\pi}{32} \times 0.03^3)}{\sqrt{0.2^2 + 0.18^2}} = 788\text{ N}$$

【例11-6】 折杆 OABC 如图 11-17a 所示，已知圆轴 OA 的直径 $d=125\text{mm}$，$P=20\text{kN}$，$[\sigma]=80\text{MPa}$，试校核圆轴 OA 的强度。

【解】 （1）受力分析

将外力 P 向 A 截面形心简化（图 11-17b），得到沿 Z 轴方向的力 $P=20\text{kN}$，力偶矩 $m_x = 6\text{kN} \cdot \text{m}$ 和 $m_y = 3\text{kN} \cdot \text{m}$，轴 OA 为弯曲与扭转组合变形。

画轴 OA 的内力图（图 11-17c、d），危险截面在固定端处。$T = 6\text{kN} \cdot \text{m}$，$M_{\max} = 7.6\text{kN} \cdot \text{m}$。

（2）强度计算

$$\sigma_{r3} = \frac{1}{W_z} \sqrt{M^2 + T^2}$$

$$= \frac{\sqrt{7.6^2 + 6^2}}{\frac{\pi}{32} \times 12.5^3 \times 10^{-6}} \times 10^3$$

$$= 50.5\text{MPa} < [\sigma] = 80\text{MPa}$$

轴 OA 满足强度要求。

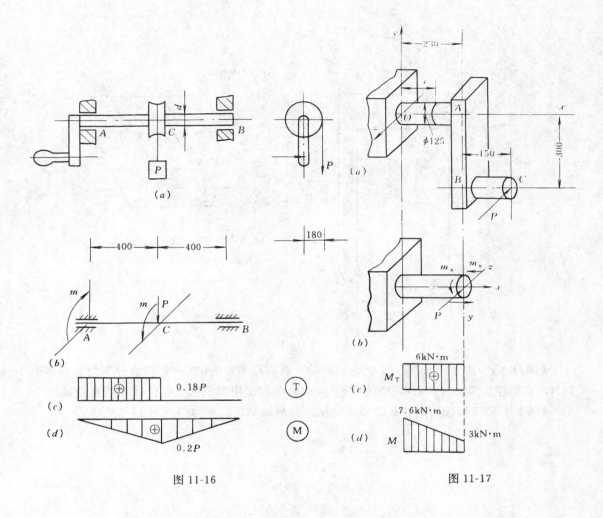

图 11-16

图 11-17

第七节 例 题 分 析

【例11-7】 矩形截面短柱受力如图 11-18a 所示，试求最大压应力值及其所在位置。

【解】 将 P_1 向 O 点简化得一力 $P_1=25\text{kN}$，一力偶矩 $m_y=25\times10^3\times0.025=625\text{N}\cdot\text{m}$，与 P_2 共同作用下，为轴向压缩与斜弯曲组合变形。

固定端截面为危险截面，内力分量为

$$N=P_1=25\text{kN}$$

$$M_y=m_y=625\text{N}\cdot\text{m}$$

$$M_z=P_2\times0.6=5\times10^3\times0.6=3000\text{N}\cdot\text{m}$$

由图 11-18b 可知，最大压应力 $\sigma_{c\,max}$ 发生在固定端截面的 c 点处，其值为

$$\sigma_c=-\left(\frac{N}{A}+\frac{M_y}{W_y}+\frac{M_z}{W_z}\right)$$

$$=-\left(\frac{25\times10^3}{0.1\times0.15}+\frac{6\times625}{0.15\times0.1^2}+\frac{6\times3000}{0.1\times0.15^2}\right)\times10^{-6}$$

$$=-12.17\text{MPa}$$

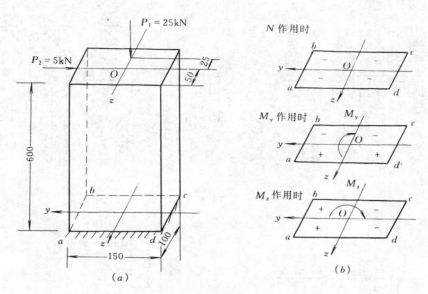

图 11-18

【例11-8】 图 11-19a 所示，电动机带动一装有皮带轮的轴，皮带拉力分别为 2.5kN 和 5kN，皮带轮自重 $G=10$kN，轴的 $[\sigma]=80$MPa，试用第三强度理论计算轴直径 d。

【解】 将皮带拉力向 c 截面形心简化，并画轴 AB 的受力图（图 11-19b）

$$m = (5 - 2.5) \times \frac{2}{2}$$

$$= 2.5\text{kN} \cdot \text{m}$$

$$Y_A = Y_B = 5\text{kN}$$

$$z_A = z_B = 3.75\text{kN}$$

可见轴 AB 为扭转与在互相垂直两个平面内的平面弯曲组合变形。

作内力图（图 11-19c），危险截面为 c 截面，$M_z=2.5$kN·m，$M_y=1.875$kN·m，扭矩 $T=2.5$kN·m

由第三强度理论计算轴径 d

$$\sigma_{r3} = \frac{\sqrt{M^2 + T^2}}{W_z} \leqslant [\sigma]$$

$$W_z \geqslant \frac{\sqrt{M^2 + T^2}}{[\sigma]}$$

因 $M^2 = M_z^2 + M_y^2$，所以

$$W_z = \frac{\sqrt{2.5^2 + 1.875^2 + 2.5^2} \times 10^3}{80 \times 10^6}$$

$$= 50 \times 10^{-6}\text{m}^3 = 50\text{cm}^3$$

$$\frac{\pi d^3}{32} \geqslant 50 \qquad d \geqslant 7.99\text{cm}$$

取轴径 $d=80$mm。

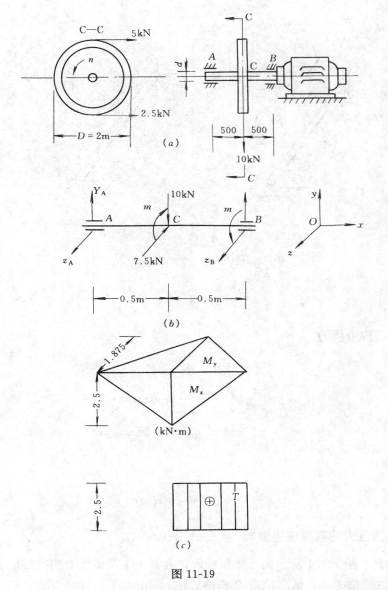

图 11-19

【例11-9】 图 11-20 所示一直径为 d 的均质实心圆杆 AB，A 端靠在光滑的铅垂墙上。试确定由杆件自重产生最大压应力的横截面位置。

【解】 设杆件单位长度的重量为 q，则墙面的水平反力为

$$Rl\sin\alpha = ql\frac{l}{2}\cos\alpha$$

$$R = \frac{ql}{2}\cot\alpha$$

设 x 截面为最大压应力的截面位置，x 截面上的内力分量为

$$N = R\cos\alpha + (q\sin\alpha)x = \frac{ql}{2}\cdot\frac{\cos^2\alpha}{\sin\alpha} + qx\sin\alpha$$

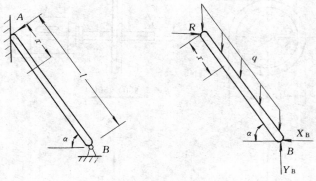

图 11-20

$$M = R\sin\alpha \cdot x - (q\cos\alpha)\frac{x^2}{2}$$

$$= \frac{ql}{2}x\cos\alpha - \frac{qx^2}{2}\cos\alpha$$

x 截面的最大压应力值为

$$\sigma = \frac{N}{A} + \frac{M}{W}$$

$$= \frac{4}{\pi d^2}(\frac{ql}{2} \cdot \frac{\cos^2\alpha}{\sin\alpha} + qx\sin\alpha)$$

$$+ \frac{32}{\pi d^3}(\frac{ql}{2}x\cos\alpha - \frac{qx^2}{2}\cos\alpha)$$

由 $\dfrac{\mathrm{d}\sigma}{\mathrm{d}x} = 0$，有

$$\sin\alpha + \frac{8}{d}(\frac{l}{2}\cos\alpha - x\cos\alpha) = 0$$

解得产生最大压应力的截面位置为 $\quad x = \dfrac{l}{2} + \dfrac{d}{8}\tan\alpha$

【例11-10】 图 11-21 所示偏心受拉杆件，在其上下两侧面上测得线应变分别为 ε_1 和 ε_2，材料的弹性横量为 E。试求拉力 P 和偏心距 e。

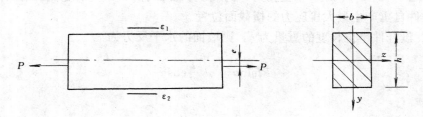

图 11-21

【解】 根据胡克定律，可由应变求得应力，再由应力求出截面内力，进而求出外力，即

$$\sigma_1 = E\varepsilon_1, \quad \sigma_2 = E\varepsilon_2 \tag{a}$$

又因杆件为偏心拉伸,故有

$$
\begin{cases}
\sigma_1 = \dfrac{P}{A} - \dfrac{Pe}{W_z} \\[3mm]
\sigma_2 = \dfrac{P}{A} + \dfrac{Pe}{W_z}
\end{cases}
\qquad (b)
$$

联立 (a)、(b) 两式,得

$$
P = \frac{Ebh}{2}(\varepsilon_2 - \varepsilon_1)
$$

$$
e = \frac{h^2(\varepsilon_2 + \varepsilon_1)}{6(\varepsilon_1 + \varepsilon_2)}
$$

习　题

11-1　图示各截面悬臂梁将发生什么变形?图中 c 为形心,K 为弯曲中心,$m\text{-}m$ 为力的作用线方向。

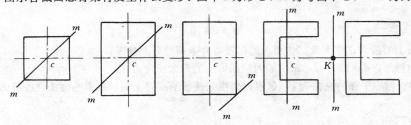

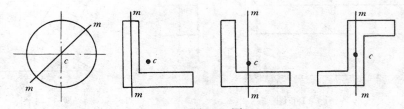

题 11-1 图

11-2　简支梁受力如图所示,求梁上最大正应力,并求危险截面上 A、B、C 三点的正应力。

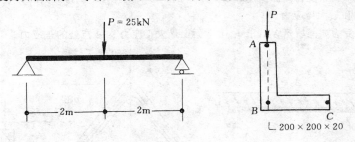

题 11-2 图

11-3　试求图示简支梁由于自重作用所产生的最大正应力及同一截面上 A、B 两点的正应力。

11-4　试求图示简支梁最大正应力及跨中点的总挠度。已知 $E = 100\text{GPa}$。

11-5　由木材制成的矩形截面悬臂梁受力如图所示,已知 $b = 90\text{mm}$,$h = 180\text{mm}$,$E = 1.0 \times 10^4\text{MPa}$。

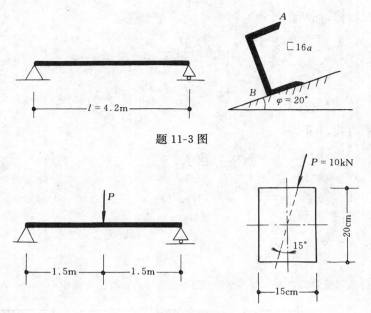

题 11-3 图

题 11-4 图

试求梁的横截面上的最大正应力及其作用点的位置，并求梁的最大挠度。

如果截面为圆形，$d=130\text{mm}$，试求梁的横截面上的最大正应力。

11-6 设屋面与水平面的夹角为 φ，试根据强度条件证明屋架上矩形截面的檩条最经济的高宽比 h/b $=\cot\varphi$。

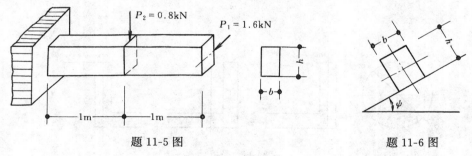

题 11-5 图   题 11-6 图

11-7 一楼梯木斜梁受力如图所示，截面为 $0.2\times0.1\text{m}$ 的矩形，试作此梁的 N、V、M 图，并求横截面上的最大拉应力和最大压应力。

11-8 人字架受力如图所示，试求 I - I 截面上最大正应力及 A 点处的正应力。

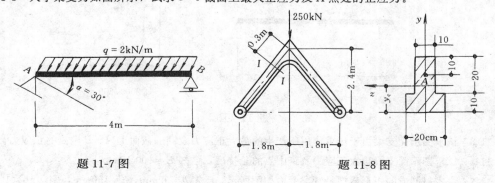

题 11-7 图   题 11-8 图

11-9 简支折线梁受力如图所示，横截面为 25cm×25cm 的正方形截面，试求此梁的最大压应力。

11-10 水塔盛满水时连基础总重为 G，在离地面 H 处，受一水平风力合力为 P 作用，圆形基础直径为 d，基础埋深为 h，若地基土壤的许用应力 $[\sigma] = 300kN/m^2$，试校核地基的承载力是否足够。

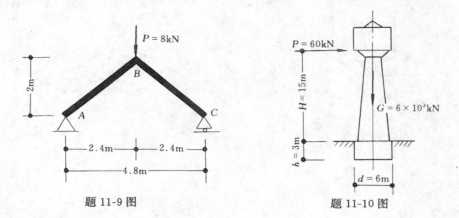

题 11-9 图　　　　　　　　　　　题 11-10 图

11-11 试求图示具有切槽杆的最大正应力。

11-12 矩形截面悬臂梁受力如图所示。确定固定端截面上中性轴的位置，应力分布图及 1、2、3、4 四点应力值。

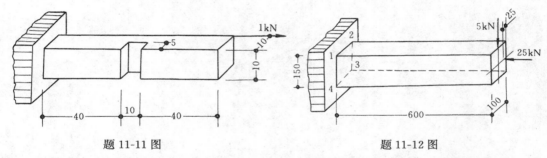

题 11-11 图　　　　　　　　　　　题 11-12 图

11-13 构件受力如图所示，在其上下侧表面上测得应变值为 ε_1、ε_2，$E = 210GPa$，求拉力 P 和偏心距 e。

11-14 图示铁路圆信号板，装在外径 $D = 60mm$ 的空心柱上。若信号板上所受的最大风载 $p = 2000N/m^2$ 许用应力 $[\sigma] = 60MPa$，试按第三强度理论选择空心柱的壁厚。

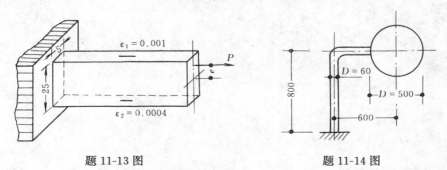

题 11-13 图　　　　　　　　　　　题 11-14 图

11-15 图示圆杆受偏心荷载 P 作用，试求当横截面上不产生拉应力时力 P 的作用区域。

11-16 直径 $d = 40mm$ 的实心钢圆轴，在某一横截面上的内力分量如图所示。已知此轴的许用应力 $[\sigma] = 150MPa$，试按第四强度理论校核该轴的强度。

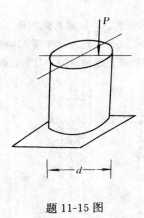

题 11-15 图

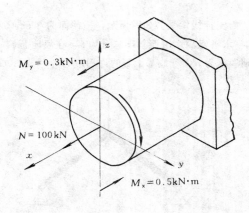

题 11-16 图

第十二章　压　杆　稳　定

第一节　压杆稳定性的概念

受轴向压力作用的杆件，简称**压杆**。在工程结构或机械中，压杆是常见的构件。对于较细长的压杆，实践与理论均证明，只考虑强度问题是不够的，还必须考虑压杆的稳定性问题。

一、压杆的两类力学模型

实际压杆的两类力学模型中，一类是小偏心压杆和初弯曲压杆；另一类是轴心受压直杆。

1. 小偏心压杆与初弯曲压杆

实际的压杆并非绝对直杆，其轴线不可避免的存在初弯曲，即压杆未受力时，呈微弯状态；所受轴向压力的作用线，实际上也不可能与杆件轴线绝对重合。由于上述因素的存在，将使压杆在轴向压力作用下除产生压缩变形外，还要产生弯曲变形。为便于对这类压杆进行力学分析，可将使压杆产生弯曲变形的诸因素分别用压力的偏心作用或压杆具有微小初弯曲表示。于是，实际压杆分别被简化为具有小偏心距的受压杆件和具有微小初弯曲的压杆。前者称为**小偏心压杆**，如图 12-1a 所示；后者称为**初弯曲压杆**，如图 12-1b 所示。

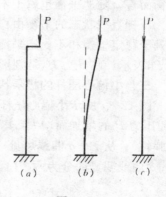

图 12-1

2. 轴心受压直杆

实际压杆的理想模型是小偏心压杆的偏心距等于零时的轴心受压直杆，有时称其为**理想压杆**，如图 12-1c 所示。

二、轴心受压直杆直线平衡状态的稳定性及其临界状态

以图 12-2a 所示轴心受压直杆为例，在大小不等的压力 P 作用下，观察压杆直线平衡状态所表现的不同特性。为便于观察，对压杆施加不大的横向干扰力，将其推至微弯状态（图 12-2a 中的虚线状态）。

1. 当压力 P 值较小时（P 小于某一临界值 P_{cr}），将横向干扰力去掉后，压杆将在直线平衡位置作左右摆动，最终仍恢复到原来的直线平衡状态（图 12-2b）。这表明，压杆原来的直线平衡状态是稳定的，该压杆原有直线状态的平衡是**稳定平衡**(Stable Equilibrium)。

2. 当压力 P 值超过某一临界值 P_{cr} 时，将横向干扰力去掉后，压杆不仅不能恢复到原来的直线平衡状态，而且还将在微弯的基础上继续弯曲，从而使压杆失去承载能力（图 12-2c）。这表明，压杆原来的直线平衡状态是不稳定的，该压杆原有直线状态的平衡是**不稳定平衡**(Unstable Equilibrium)。

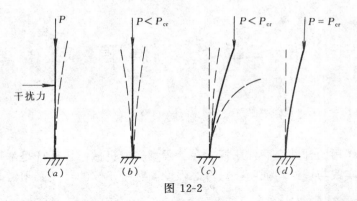

图 12-2

3. 当压力 P 值恰好等于某一临界值 P_{cr} 时, 将横向干扰力去掉后, 压杆就在被干扰成的微弯状态下处于新的平衡, 既不恢复原状, 也不增加其弯曲的程度 (图 12-2d)。这表明, 压杆可以在偏离直线平衡位置的附近保持微弯状态的平衡, 称压杆这种状态的平衡为**随遇平衡**, 它是介于稳定平衡和不稳定平衡之间的一种临界状态。当然, 就压杆原有直线状态的平衡而言, 随遇平衡也属于不稳定平衡。

压杆直线状态的平衡由稳定平衡过渡到不稳定平衡, 叫压杆**失去稳定**, 简称**失稳**。压杆处于稳定平衡和不稳定平衡之间的临界状态时, 其轴向压力称为**临界力** (Critical Load), 用 P_{cr} 表示。临界力 P_{cr} 是判别压杆是否会失稳的重要指标。

三、小偏心压杆的极限状态

图 12-3a 所示小偏心压杆, 偏心距为 e, 在压力 P 作用下, 产生压缩与弯曲变形, 挠度 δ 随压力 P 的增加而增大, 其 $P-\delta$ 曲线如图 12-3b 所示 (假设压杆在受力与变形过程中保持弹性)。从 $P-\delta$ 曲线可见, 当偏心距 e 一定时, 如 $e=e_1$, 在压力 P 由小到大的过程中, $P-\delta$ 曲线明显的分为两个阶段, 先是挠度 δ 虽然随力 P 的增加而增大, 但增大的并不多;

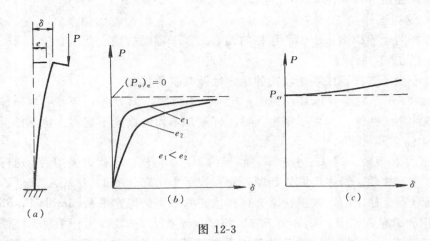

图 12-3

而当力 P 增到某一数值后, δ 的增大变得极为迅速, 这时杆件由于弯曲变形过大而被"压溃"。$P-\delta$ 曲线这两个阶段的转折点所对应的压力称为**极限承载力**或**极限压力**, 记作

$(P_u)_e$，即偏心距为 e 时的极限压力。从 $P-\delta$ 曲线还可看出，极限压力 $(P_u)_e$ 随偏心距 e 的减小而增大。$e=0$ 的小偏心压杆就是轴心受压直杆。显然，$e=0$ 时的极限压力 $(P_u)_{e=0}$ 值应该和轴心受压直杆的临界力 P_{cr} 值相等（见图 12-3b 和 c）。临界力 P_{cr} 是小偏心压杆极限压力的上限值。

轴心受压直杆在失稳之前是直线状态，失稳时突然变弯，这种杆件状态有突变的失稳称为**分支型失稳**(Bifurcation buckling)。而小偏心压杆受力时始终伴有弯曲变形，最后由于杆件的急剧弯曲而压溃，这种杆件状态没有由直到弯突变的失稳称为**极值型失稳**(Limited Point Buckling) 或**压溃型失稳**。

人类对于压杆稳定问题的认识经历了很长时间。历史上，早期工程结构中的柱体多是由砖石材料砌筑成的，比较粗大，基本上是强度问题。后来，随着钢材的大量应用，压杆变得相对细长了，压杆的强度问题逐渐被稳定问题所取代。在人们还没有充分认识和解决这一问题以前，发生了不少工程事故。例如，1891 年瑞士的一座 42m 长的桥，当列车通过时，因结构失稳而坍塌，12 节车箱中的 7 节落入河中，死亡 200 余人。1907 年北美奎比克大桥，在施工中由于悬臂结构的下弦杆失稳而坍塌，70 多名施工人员遇难，1 万 5 千多吨的金属结构倾刻间成了废铁。

不言而喻，确定压杆的临界力 P_{cr} 或极限压力 P_u 对保证杆件的正常工作是极为重要的。

第二节　轴心受压直杆临界力的欧拉公式

压杆失稳后，其变形仍保持在弹性范围内的称为压杆的**弹性稳定问题**，它是压杆稳定问题中最简单和最基本的问题。

一、两端铰支压杆的临界力

图 12-4a 所示两端铰支压杆（常可以由图 12-4b 表示），在临界力 P_{cr} 作用下可在微弯状态维持平衡，其弹性曲线近似微分方程为

$$\frac{\mathrm{d}^2v}{\mathrm{d}x^2} = -\frac{M(x)}{EI} \qquad (a)$$

其中任一截面上的弯矩（图 12-4c）为

$$M(x) = P_{cr}v \qquad (b)$$

将式 (b) 代入式 (a)，令

$$\frac{P_{cr}}{EI} = k^2 \qquad (c)$$

得二阶常系数线性微分方程

$$\frac{\mathrm{d}^2v}{\mathrm{d}x^2} + k^2v = 0 \qquad (d)$$

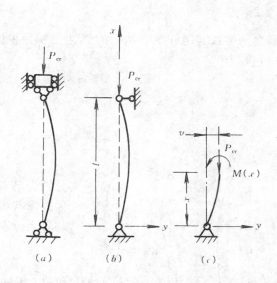

图 12-4

其通解为

$$v = A\sin kx + B\cos kx \qquad (e)$$

式 (e) 中的 A、B 为积分常数，可由压杆的边界条件确定。两端铰支压杆的边界条件为

在 $x=0$ 和 $x=l$ 处，$v=0$

代入式 (e)，得

$$\left.\begin{array}{l} \sin O \cdot A + \cos O \cdot B = 0 \\ \sin kl \cdot A + \cos kl \cdot B = 0 \end{array}\right\} \qquad (f)$$

由式 (f) 的第一式可知 $B=0$。由于压杆处于微弯状态，因此位移 v 不应为零，为得到 v 的非零解，常数 A、B 不应全为零，为此，式 (f) 的系数行列式必为零，即

$$\begin{vmatrix} 0 & 1 \\ \sin kl & \cos kl \end{vmatrix} = 0 \qquad (g)$$

于是 $\quad \sin kl = 0 \quad$ 得

$$kl = n\pi \qquad (n=0,1,2,\cdots) \qquad (h)$$

代入式 (c)，有

$$P_{cr} = \frac{n^2\pi^2 EI}{l^2} \qquad (i)$$

由式 (i) 可知，压杆的临界力在理论上是多值的，但具有实际意义的应是其最小值。若取 $n=0$，得 $P_{cr}=0$，显然无意义。取 $n=1$，得

$$P_{cr} = \frac{\pi^2 EI}{l^2} \qquad (12\text{-}1)$$

式 $(12\text{-}1)$ 是两端铰支轴心受压直杆临界力的计算公式，称为**欧拉公式**(Euler's Formula)。由于压杆总是在抗弯能力最弱的纵向平面内首先弯曲而失稳，因此，当杆端各个方向的约束相同时（如球形铰支座），欧拉公式中的 I 值应取截面的最小惯性矩 I_{min}。

将式 (h) 中的 k 值代入式 (e)，并考虑到 $B=0$，有

$$v = A\sin\frac{n\pi}{l}x \qquad (j)$$

表明两端铰支压杆微弯状态的弹性曲线为正弦曲线。分别取 $n=1$，$n=2$ 和 $n=3$ 时，式 (j) 成为

$$v = \begin{cases} A\sin\dfrac{\pi}{l}x & (n=1) \\[2mm] A\sin\dfrac{2\pi}{l}x & (n=2) \\[2mm] A\sin\dfrac{3\pi}{l}x & (n=3) \end{cases}$$

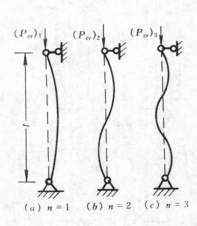

$(a)\ n=1 \quad (b)\ n=2 \quad (c)\ n=3$

图 12-5

分别为具有一个、二个和三个正弦半波的弹性曲线，其曲线形状如图 12-5a、b、c 所示。对应于上述三种情况的临界力分别为

$$(P_{cr})_1 = \frac{\pi^2 EI}{l^2},\ (P_{cr})_2 = \frac{4\pi^2 EI}{l^2},\ (P_{cr})_3 = \frac{9\pi^2 EI}{l^2}$$

可见，压杆弹性曲线的正弦半波数越多，其临界力越大。要想实际上产生 $n=2$ 和 $n=3$ 那样的弹性曲线，除非在曲线的拐点处施加限制横向位移的约束；否则，只能在临界力 $(P_{cr})_1$ 作用下产生只有一个正弦半波的微弯状态。

二、杆端约束不同的压杆的临界力

式（12-1）是两端铰支压杆的临界力公式。而对于杆端约束不同的压杆，均可仿照两端铰支压杆临界力公式的推导方法，得到其相应的计算公式（见例 12-1）。这里采用另外的方法，即杆端约束不同的压杆微弯时的弹性曲线与两端铰支压杆微弯时的弹性曲线相对比的方法，推算出它们的临界力公式。

1. 一端固定、一端自由压杆的临界力

图 12-6a 所示为一端固定、一端自由的压杆。在临界力 P_{cr} 作用下，压杆可在图 12-6b 所示的微弯状态下保持平衡，其弹性曲线为 1/2 个正弦半波。如果相对于固定端对称的画出这条曲线（图 12-6b 中用虚线画出的曲线），便成为长度为 $2l$ 的一个正弦半波曲线，与长度为 $2l$ 的两端铰支压杆微弯成的一个正弦半波曲线相同（图 12-6c）。于是，可以认为长度为 l 的一端固定、一端自由压杆的临界力，相当于长度为 $2l$ 的两端铰支压杆的临界力。由式（12-1），有

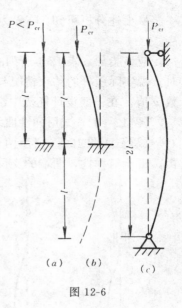

$$P_{cr} = \frac{\pi^2 EI}{(2l)^2} \tag{12-2}$$

式（12-2）为一端固定、一端自由压杆的临界力公式。

2. 两端固定压杆的临界力

两端为固定支座的压杆，在临界力作用下，可在图 12-7a 所示的微弯状态下保持平衡。距两端各为 $l/4$ 的 C、D 两点为曲线的拐点，其弯矩等于零，因而可将这两点视为铰链，将长为 $l/2$ 的中间段 CD 看作是两端铰支的压杆。于是，它的临界力仍可用式（12-1）计算，只需将式中的 l 改为 $0.5l$，即

图 12-6

$$P_{cr} = \frac{\pi^2 EI}{(0.5l)^2} \tag{12-3}$$

该式求得的 P_{cr} 虽然是 CD 段的临界力，但因 CD 段是压杆的一部分，所以它的临界力也就是整个压杆 AB 的临界力。

3. 一端固定，另一端铰支压杆的临界力

图 12-7b 所示为一端固定、另一端铰支的压杆，在临界力作用下，可在图示微弯状态下平衡。对这种情况，可近似地将长约 $0.7l$ 的 BC 段视为两端铰支压杆。于是，计算临界力的公式为

$$P_{cr} = \frac{\pi^2 EI}{(0.7l)^2} \tag{12-4}$$

式（12-1）、（12-2）、（12-3）和（12-4）可统一写成

$$P_{cr} = \frac{\pi^2 EI}{(\mu l)^2} \tag{12-5}$$

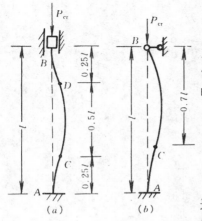

图 12-7

这是欧拉公式的普遍形式。式中 μl 表示将压杆折算成两端铰支压杆的长度，称为相当长度，μ 称为长度系数。上述四种情况的长度系数 μ 归纳于表 12-1。

压杆的约束条件	长度系数	压杆的约束条件	长度系数
两端铰支	$\mu=1$	两端固定	$\mu=0.5$
一端固定，另一端自由	$\mu=2$	一端固定，另一端铰支	$\mu=0.7$

从上述分析可知，临界力 P_{cr} 与杆端约束有关。约束越强，长度系数 μ 越小，临界力越高。

应该指出，表 12-1 所列的长度系数 μ，都是按杆端理想约束情况确定的。在实际计算时，视实际压杆的约束情况与哪种理想约束接近，或介于哪两种约束之间，定出其长度系数 μ 值。在一般设计规范中都对其长度系数作了具体规定。

【例12-1】 试用弹性曲线近似微分方程导出两端固定压杆临界力的欧拉公式。

【解】 图 12-8a 所示两端固定的轴心受压直杆，在临界力 P_{cr} 作用下保持微弯状态平衡。由于对称性，两端的支反力矩均为 M_0（图 12-8b），弹性曲线近似微分方程为

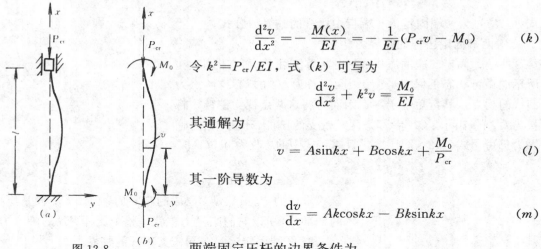

$$\frac{\mathrm{d}^2v}{\mathrm{d}x^2}=-\frac{M(x)}{EI}=-\frac{1}{EI}(P_{cr}v-M_0) \qquad (k)$$

令 $k^2=P_{cr}/EI$，式 (k) 可写为

$$\frac{\mathrm{d}^2v}{\mathrm{d}x^2}+k^2v=\frac{M_0}{EI}$$

其通解为

$$v=A\sin kx+B\cos kx+\frac{M_0}{P_{cr}} \qquad (l)$$

其一阶导数为

$$\frac{\mathrm{d}v}{\mathrm{d}x}=Ak\cos kx-Bk\sin kx \qquad (m)$$

图 12-8　　两端固定压杆的边界条件为

在 $x=0$ 处　　$v=0$　　$\dfrac{\mathrm{d}v}{\mathrm{d}x}=0$

在 $x=l$ 处　　$v=0$　　$\dfrac{\mathrm{d}v}{\mathrm{d}x}=0$

将以上边界条件代入式 (e) 和 (m)，得

$$\left.\begin{array}{l} B+\dfrac{M_0}{P_{cr}}=0 \\[2mm] Ak=0 \\[2mm] A\sin kl+B\cos kl+\dfrac{M_0}{P_{cr}}=0 \\[2mm] Ak\cos kl-Bk\sin kl=0 \end{array}\right\} \qquad (n)$$

由以上四个方程解出

$$\cos kl = 1 \quad \text{和} \quad \sin kl = 0$$

满足以上二式的根，除 $kl=0$ 外，最小根是

$$kl = 2\pi$$

则

$$P_{\text{cr}} = k^2 EI = \frac{4\pi^2 EI}{l^2} = \frac{\pi^2 EI}{(0.5l)^2}$$

该式与式（12-3）相同。

第三节　欧拉公式的适用范围　切线模量
公式与直线经验公式

一、临界应力与柔度

将临界力除以压杆的横截面面积，所得的应力称为**临界应力**，用 σ_{cr} 表示，即

$$\sigma_{\text{cr}} = \frac{P_{\text{cr}}}{A} = \frac{\pi^2 EI}{(\mu l)^2 A} \tag{a}$$

在式中，令 $i=\sqrt{\dfrac{I}{A}}$，i 称为截面的**惯性半径**。

于是，式（a）可写成

$$\sigma_{\text{cr}} = \frac{\pi^2 E}{\left(\dfrac{\mu l}{i}\right)^2} \tag{b}$$

引用记号

$$\lambda = \frac{\mu l}{i} = \frac{\mu l}{\sqrt{\dfrac{I}{A}}} \tag{12-6}$$

则有

$$\sigma_{\text{cr}} = \frac{\pi^2 E}{\lambda^2} \tag{12-7}$$

式（12-7）是欧拉公式（12-5）的另一种表达形式。实质上，临界应力应理解为是以应力表示的临界力。

　　式中的 λ 是一个无量纲的量，称为**柔度**或**长细比**(Slenderness Ratio)。柔度越大，临界应力越低，压杆越容易失稳。压杆的柔度集中反映了杆长、约束情况、截面形状和尺寸等因素对临界应力的综合影响。由此可见，柔度 λ 在压杆的稳定计算中，是非常重要的参数。

二、欧拉公式的适用范围

　　式（12-7）表明，临界应力 σ_{cr} 是柔度 λ 的函数，其函数关系曲线为欧拉曲线(图 12-9)。

　　为了考察欧拉公式是否符合实际情况，并研究非弹性稳定问题，可作如下稳定实验：用 Q235 钢制成不同柔度的压杆试件，在尽可能保持轴心受压的条件下作受压实验，测

得每个试件的临界应力（压溃应力），将实验结果在图 12-9 中标出❶。当 $\lambda > \lambda_P$ 时，实验值与欧拉曲线比较吻合。而当 $\lambda < \lambda_P$ 时，实验值与欧拉曲线则完全不符合。这说明，欧拉公式并不是对任何柔度的压杆都适用。

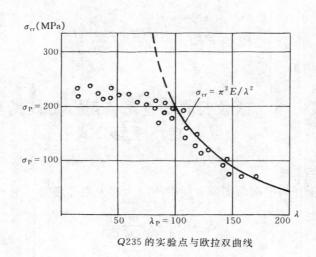

Q235 的实验点与欧拉双曲线

图 12-9

进一步分析图 12-9 所示的实验点和欧拉理论曲线发现，对应于柔度 λ_P 的临界应力 σ_{cr} = 200MPa 左右，该值恰为 Q235 钢的比例极限值（σ_P = 200MPa）。表明 $\sigma_{cr} \leqslant \sigma_P$ 时，欧拉公式是正确的；而在 $\sigma_{cr} > \sigma_P$ 时，则欧拉公式不成立。这是由于欧拉公式是利用压杆的弹性曲线近似微分方程推导出来的，而该方程仅在材料服从胡克定律时才成立，故欧拉公式只在临界应力 σ_{cr} 不超过材料的比例极限 σ_P 时才能应用。欧拉公式的适用范围是

$$\sigma_{cr} = \frac{\pi^2 E}{\lambda^2} \leqslant \sigma_P$$

或写作

$$\lambda \geqslant \pi \sqrt{\frac{E}{\sigma_P}}$$

若用 λ_P 表示对应于 $\sigma_{cr} = \sigma_P$ 时的柔度值（图 12-9），则有

$$\lambda_P = \pi \sqrt{\frac{E}{\sigma_P}} \tag{12-8}$$

显然，λ_P 是判断欧拉公式能否应用的柔度，称为**判别柔度**。当 $\lambda \geqslant \lambda_P$ 时，才能满足 $\sigma_{cr} \leqslant \sigma_P$，欧拉公式才适用，这种压杆称为大柔度杆或细长杆。

对于用 Q235 钢制成的压杆，E = 200GPa，σ_P = 200MPa，其判别柔度 λ_P 为

$$\lambda_P = \pi \sqrt{\frac{200 \times 10^3}{200}} \approx 100$$

若压杆的柔度 λ 小于 λ_P，称为小柔度杆或非细长杆。小柔度杆的临界应力大于材料的比

---

❶ 泰特马耶实验和德国钢结构协会实验等诸多稳定实验结果均与图 12-9 所示实验结果类似。

272

例极限，这时的压杆将产生塑性变形，称为**弹塑性稳定问题**。对于轴心受压直杆的弹塑性稳定问题，本书介绍基于理论分析的切线模量公式和以实验为基础的直线经验公式。

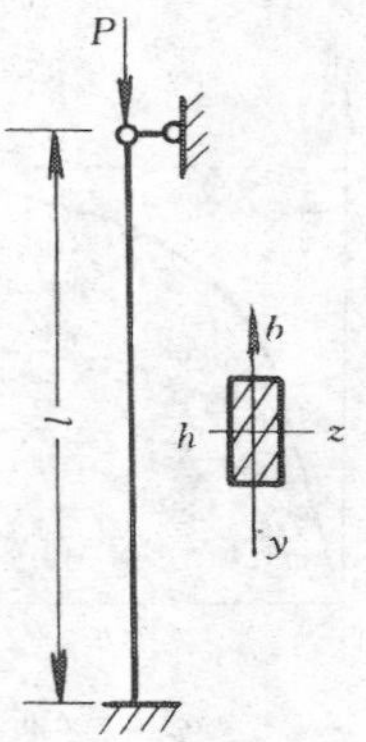

【例12-2】 图 12-10 所示一端固定一端铰支的轴心受压直杆，$l=1.5$m，$h=100$mm，$b=40$mm，材料为铝合金，比例极限 $\sigma_P=175$MPa，弹性模量 $E=70$GPa。试问该压杆能否应用欧拉公式？若能应用，其临界力是多少？

【解】 若该杆的最大柔度满足 $\lambda_{max} \geqslant \lambda_P$ 时，可用欧拉公式计算其临界力。其中判别柔度 λ_P 由式（12-8），得

$$\lambda_P = \pi \sqrt{\frac{E}{\sigma_P}} = \pi \sqrt{\frac{70 \times 10^3}{175}} \approx 63$$

该压杆的最大最小柔度，由式（12-6），分别为

$$\lambda_{max} = \lambda_y = \frac{\mu l}{i_y} = \frac{\mu l}{\sqrt{\dfrac{I_y}{A}}} = \frac{\mu l}{\dfrac{b}{2\sqrt{3}}}$$

$$= \frac{0.7 \times 1.5 \times 2\sqrt{3}}{0.04} = 90.9$$

$$\lambda_{min} = \lambda_z = \frac{\mu l}{i_z} = \frac{\mu l}{\dfrac{h}{2\sqrt{3}}}$$

$$= \frac{0.7 \times 1.5 \times 2\sqrt{3}}{0.1} = 36.4$$

由于

$$\lambda_{max} = \lambda_y = 90.9 > \lambda_P = 63$$

因此，压杆是大柔度杆，欧拉公式可用。由式（12-7），该压杆的临界力为

$$P_{cr} = A\sigma_{cr} = \frac{\pi^2 EA}{\lambda_{max}^2} = \frac{\pi^2 \times 70 \times 10^6 \times 0.1 \times 0.04}{90.9^2}$$

$$= 334.4\text{kN}$$

另外，由于 $\lambda_{min} = \lambda_z = 36.4 < \lambda_P = 63$，因此，压杆若绕 z 轴失稳时，应属于小柔度杆，虽然不能用欧拉公式计算其临界力，但该临界力值必然大于 334.4kN。可见，该压杆应绕 y 轴在 xz 平面内失稳。

三、切线模量公式

某塑性金属材料的 $\sigma - \varepsilon$ 曲线如图 12-11a 所示。当 $\sigma \leqslant \sigma_P$ 时，弹性模量 $E = \Delta\sigma/\Delta\varepsilon$ 为常量；当 $\sigma > \sigma_P$ 时，$\sigma - \varepsilon$ 曲线上某点的斜率为该点的弹塑性模量 E_T，即 $E_T = d\sigma/d\varepsilon \approx \Delta\sigma/\Delta\varepsilon$，称 E_T 为**切线模量**。由 $\sigma - \varepsilon$ 曲线可知，σ 越大，E_T 越小。应力 σ 与切线模量 E_T 的关系曲线，即 $\sigma - E_T$ 曲线如图 12-11b 所示。

对于 $\sigma_{cr} > \sigma_P$ 的轴心受压直杆，德国学者 F·恩格塞尔（F·Engesser）于 1889 年提出了切线模量公式。恩格塞尔认为：在 $\lambda < \lambda_P$ 的情况下，欧拉公式中的弹性模量 E 应该用切线模量 E_T 代替，即

图 12-10

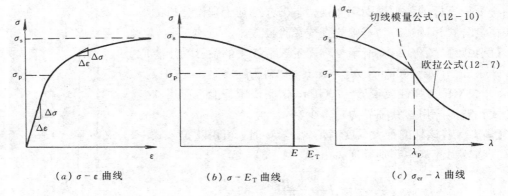

| (a) $\sigma - \varepsilon$ 曲线 | (b) $\sigma - E_T$ 曲线 | (c) $\sigma_{cr} - \lambda$ 曲线 |

图 12-11

$$P_{cr} = \frac{\pi^2 E_T I}{(\mu l)^2} \qquad (12\text{-}9)$$

或

$$\sigma_{cr} = \frac{\pi^2 E_T}{\lambda^2} \qquad (12\text{-}10)$$

以上二式称为轴心受压直杆弹塑性稳定问题的**切线模量公式**或**恩格塞尔公式**。

式（12-10）与欧拉公式（12-7）的形式虽然相同，但其区别是明显的。对于弹性稳定问题，只要柔度 λ 已知，即可由欧拉公式（12-7）直接求得 σ_{cr}。而对于弹塑性稳定问题，当 λ 已知时，式（12-10）中有两个未知量 σ_{cr} 和 E_T，还需要根据材料的 $\sigma - \varepsilon$ 曲线或 $\sigma - E_T$ 曲线，经试算法求解。

应予指出，当压杆的柔度很小时，按切线模量公式求得的临界应力值，有可能超过材料的屈服极限 σ_s，这时应以屈服极限 σ_s 作为压杆的临界应力 σ_{cr}。

图 12-11c 所示 $\sigma_{cr} - \lambda$ 曲线，称为**临界应力总图**，又称柱子曲线。该曲线以比例极限 σ_P 分界，当 $\lambda \geqslant \lambda_P$ 时，即大柔度杆，由欧拉公式计算临界力；当 $\lambda < \lambda_P$ 时，即小柔度杆，用切线模量公式计算临界力。

对于弹塑性稳定问题，还有根据双模量理论提出的**双模量公式**，由于按双模量公式计算的临界力通常高于实验值，因此工程界已不采用。

【例12-3】 图 12-12a 所示压杆，$l = 250\text{mm}$，$a = 25\text{mm}$，材料的压缩 $\sigma - \varepsilon$ 曲线及 $\sigma - E_T$ 曲线如图 12-12b 所示。试计算临界力。

【解】 由图 12-12b 所示 $\sigma - \varepsilon$ 曲线和 $\sigma - E_T$ 曲线可知，$\sigma_P = 200\text{MPa}$，$E = 200\text{GPa}$，则判别柔度

$$\lambda_P = \pi \sqrt{\frac{E}{\sigma_P}} = \pi \sqrt{\frac{200 \times 10^3}{200}} \approx 100$$

压杆柔度

$$\lambda = \frac{\mu l}{\sqrt{\dfrac{I}{A}}} = \frac{\sqrt{12} \mu l}{a} = \frac{\sqrt{12} \times 1 \times 250}{25} = 34.6$$

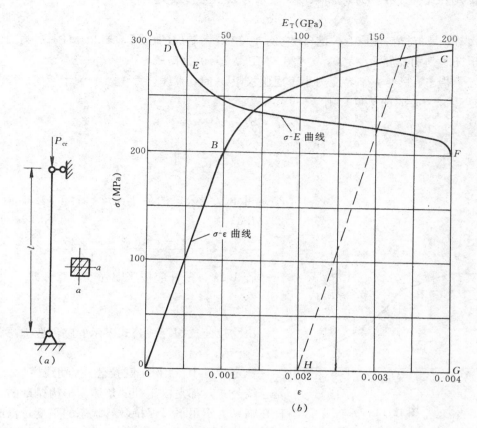

图 12-12

因为 $\lambda < \lambda_P$，属小柔度杆，所以应按切线模量公式计算临界力。

利用试算法，先取 $E_T = 31.0$GPa，从 $\sigma - E_T$ 曲线（曲线 $DEFG$）上查得 $\sigma_T = 262$MPa。由式（12-10），得

$$\sigma_{cr} = \frac{\pi^2 E_T}{\lambda^2} = \frac{\pi^2 \times 31 \times 10^3}{34.6^2} = 255\text{MPa}$$

σ_{cr} 与 σ_T 值相差较大，应作第二次试算。取 $E_T = 31.6$GPa，由 $\sigma - E_T$ 曲线查得 $\sigma_T = 261$MPa。由式（12-10），得

$$\sigma_{cr} = \frac{\pi^2 E_T}{\lambda^2} = \frac{\pi^2 \times 31.6 \times 10^3}{34.6^2} = 260.5\text{MPa}$$

由于 σ_{cr} 与 σ_T 非常接近，试算结束。于是，临界力

$$P_{cr} = \sigma_{cr}A = 260.5 \times 10^3 \times 25^2 \times 10^{-6} = 162.8\text{kN}$$

图 12-12b 中的虚线 HI 与 $\sigma - \varepsilon$ 曲线的 OB 段平行，由虚线 HI 与 $\sigma - \varepsilon$ 曲线的交点可知，该材料的名义屈服极限 $\sigma_{0.2} = 288$MPa。本题求得的 $\sigma_{cr} = 260.5$MPa，小于 $\sigma_{0.2}$。若 σ_{cr} 值大于 $\sigma_{0.2}$ 时，则应以 $\sigma_{0.2}$ 值作为临界应力。

四、直线经验公式

以实验为基础的计算临界应力的经验公式有多种形式，这里只介绍**直线经验公式**。

直线公式将临界应力 σ_{cr} 和柔度 λ 表示为以下的直线关系：

$$\sigma_{cr} = a - b\lambda \tag{12-11}$$

式中 a 与 b 是与材料性质有关的常数。例如 Q235 钢制成的压杆，$a = 304\text{MPa}$，$b = 1.12\text{MPa}$；松木压杆的判别柔度 $\lambda_P = 110$，$a = 28.7\text{MPa}$，$b = 0.19\text{MPa}$。

应予指出，只有在临界应力小于屈服极限 σ_s 时，直线公式 (12-11) 才适用。若以 λ_s 表示对应于 $\sigma_{cr} = \sigma_s$ 时的柔度，则

$$\sigma_{cr} = \sigma_s = a - b\lambda_s$$

或

$$\lambda_s = \frac{a - \sigma_s}{b} \tag{12-12}$$

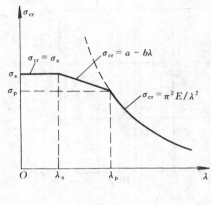

图 12-13

λ_s 是可用直线公式的最小柔度。对于 Q235 钢，$\sigma_s = 235\text{MPa}$，则

$$\lambda_s = \frac{a - \sigma_s}{b} = \frac{304 - 235}{1.12} \approx 60$$

若 $\lambda < \lambda_s$，压杆应按压缩强度计算，即

$$\sigma_{cr} = \frac{P}{A} \leqslant \sigma_s$$

由欧拉公式和直线公式表示的临界应力总图如图 12-13 所示。

稳定计算中，无论是欧拉公式、切线模量公式，还是直线公式，都是以压杆的整体变形为基础的，即压杆在临界力作用下可保持微弯状态的平衡，以此作为压杆失稳时的整体变形状态。局部削弱（如螺钉孔等）对压杆的整体变形影响很小，所以计算临界应力时，应采用未经削弱的横截面积 A（毛面积）和惯性矩 I。

第四节 初弯曲压杆临界应力的柏利公式

一、初弯曲压杆的弹性曲线近似微分方程

设具有正弦半波初弯曲曲线的两端铰支压杆，如图 12-14a 所示。初弯曲曲线 $v_0 = w_0 \sin\frac{\pi x}{L}$，其中 v_0 为 x 截面的初挠度，w_0 为跨中初挠度。在轴向压力 P 作用下，压杆将产生挠度 v（图 12-14b），任一截面上的弯矩 $M = P(v + v_0)$，其弹性曲线近似微分方程为

$$\frac{\mathrm{d}^2 v}{\mathrm{d}x^2} = -\frac{M}{EI}$$

即

$$EI\frac{\mathrm{d}^2 v}{\mathrm{d}x^2} + P(v + v_0) = 0 \tag{a}$$

令 $P/EI = k^2$，得

276

$$\frac{\mathrm{d}^2 v}{\mathrm{d}x^2} + k^2 v = -k^2 w_0 \sin \frac{\pi x}{l} \qquad (b)$$

其齐次方程的通解为

$$v_1 = A\sin kx + B\cos kx \qquad (c)$$

设式（b）的特解具有如下形式

$$v_2 = C\sin \frac{\pi x}{l} + D\cos \frac{\pi x}{l} \qquad (d)$$

将式（d）代入式（b），并引入记号 $\alpha = P/P_{\mathrm{E}}$，其中 $P_{\mathrm{E}} = \pi^2 EI/l^2$，是按欧拉公式计算的临界力，称为**欧拉临界力**。解出式（b）的特解为

$$v_2 = \frac{\alpha}{1-\alpha} w_0 \sin \frac{\pi x}{l} \qquad (e)$$

于是，方程（b）的解为

$$v = A\sin kx + B\cos kx + \frac{\alpha}{1-\alpha} w_0 \sin \frac{\pi x}{l} \qquad (f)$$

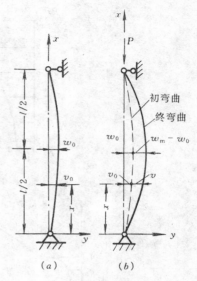

图 12-14

根据边界条件确定式（f）中的常数。在 $x=0$ 处，$v=0$，得 $B=0$；在 $x=l$ 处，$v=0$，得 $A\sin kl = 0$，若取 $\sin kl = 0$，得 $P=P_{\mathrm{E}}$，显然这不是我们需要的解，因此，应取 $A=0$。将 $A=0$，$B=0$ 代入式（f），得弯矩产生的挠度为

$$v = \frac{\alpha}{1-\alpha} w_0 \sin \frac{\pi x}{l} \qquad (g)$$

将 v 与 v_0 相加得总挠度 v_{t}，即

$$v_{\mathrm{t}} = v_0 + v = w_0 \sin \frac{\pi x}{l} + \frac{\alpha}{1-\alpha} w_0 \sin \frac{\pi x}{l}$$

$$= \frac{w_0}{1-\alpha} \sin \frac{\pi x}{l} \qquad (h)$$

于是，在 $x=l/2$ 处，压杆的最大挠度为

$$w_{\mathrm{m}} = \frac{w_0}{1-\alpha} = \frac{1}{1 - P/P_{\mathrm{E}}} w_0 \qquad (i)$$

式中 $1/(1-P/P_{\mathrm{E}})$ 称为**挠度放大系数**。将式（i）改写成

$$\frac{w_{\mathrm{m}}}{w_0} = \frac{1}{1 - P/P_{\mathrm{E}}} \qquad (j)$$

由式（j）给出的 w_{m}/w_0 与 P/P_{E} 的关系曲线如图 12-15 所示。可见，初弯曲压杆随着压力 P 的增大，其挠度 w_{m} 增加的很快。

二、按边缘屈服准则计算临界应力的柏利公式

由于挠度 w_{m} 的迅速增大，压杆凹边的最大压应力将很快达到并超过比例极限 σ_{P}，从而使推导出式（i）的弹性曲线近似微分方程式（a）不再成立。为了进一步确定初弯曲压杆的极限状态，并使分析得以简化，将图 12-16a 所示材料的 $\sigma-\varepsilon$ 曲线简化为图 12-16b 所示的理想弹塑性 $\sigma-\varepsilon$ 曲线（见第十五章第二节）。**理想弹塑性 $\sigma-\varepsilon$ 曲线**认为 $\sigma_{\mathrm{P}} = \sigma_{\mathrm{s}}$，当 $\sigma < \sigma_{\mathrm{s}}$ 时，弹性曲线近似微分方程式（a）及其推导的结果均认为是成立的。当 $\sigma = \sigma_{\mathrm{s}}$ 时，$E=0$，并且塑性变形可以充分发展。

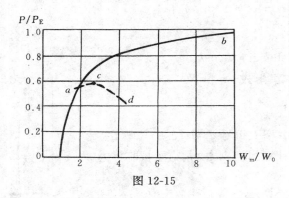

图 12-15

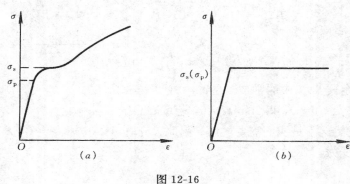

图 12-16

初弯曲压杆的变形是压缩与弯曲的组合变形，压杆跨中截面的弯矩为

$$M = Pw_{\mathrm{m}} = \frac{Pw_0}{1 - P/P_{\mathrm{E}}} \qquad (k)$$

式中 Pw_0 为跨中截面的初弯矩，可见，$1/(1-P/P_{\mathrm{E}})$ 不仅是挠度的放大系数，也是弯矩的放大系数。压杆跨中截面边缘的最大压应力为

$$\sigma_{\mathrm{c\,max}} = \frac{P}{A} + \frac{Pw_{\mathrm{m}}}{W} = \frac{P}{A} + \frac{Pw_0}{W(1 - P/P_{\mathrm{E}})} \qquad (l)$$

式 (k) 表明，随着压力 P 的增大，弯矩增加的很快，由式 (l) 给出的最大压应力将首先达到屈服极限（图 12-17a、b）。若以边缘屈服作为压杆的极限状态，将此时压杆的平均应力作为临界应力，即按边缘屈服准则计算时，其计算公式为

$$\sigma_{\mathrm{c\,max}} = \frac{P}{A} + \frac{Pw_0}{W(1 - P/P_{\mathrm{E}})} = \sigma_{\mathrm{s}} \qquad (m)$$

令 $\varepsilon_0 = \dfrac{w_0}{W/A}$ 为相对初弯曲，则式 (m) 成为

$$\frac{P}{A}\left(1 + \frac{\varepsilon_0}{1 - P/P_{\mathrm{E}}}\right) = \sigma_{\mathrm{s}} \qquad (n)$$

式 (n) 为 P/A 的二次方程，于是可解得临界应力为

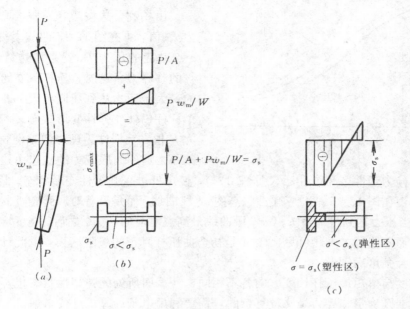

图 12-17

$$\sigma_{cr} = \frac{P}{A} = \frac{\sigma_s + (1 + \varepsilon_0)\sigma_E}{2} - \sqrt{\left[\frac{\sigma_s + (1 + \varepsilon_0)\sigma_E}{2}\right]^2 - \sigma_s\sigma_E} \qquad (12\text{-}13)$$

式 (12-13) 为初弯曲压杆按边缘屈服准则计算临界应力的公式，称为**柏利(Perry)公式**。式中 σ_E 为欧拉临界应力。

若取施工规范中规定的初弯曲最大允许值 $w_0 = l/1000$，由于 $\lambda = \dfrac{\mu l}{i}$，且 $\mu = 1$，$l = i\lambda$，因此 $w_0 = 1 \times 10^{-3} i\lambda$。相对初弯曲为

$$\varepsilon_0 = 1 \times 10^{-3} i \frac{A}{W}\lambda \qquad (o)$$

将式 (o) 代入式 (12-13)，得

$$\sigma_{cr} = \frac{1}{2}\left[\sigma_s + \left(1 + \frac{1 \times 10^{-3}iA}{W}\lambda\right)\sigma_E\right]$$
$$\qquad (12\text{-}14)$$
$$- \sqrt{\frac{1}{4}\left[\left(1 + 1 \times 10^{-3}\frac{iA}{W}\lambda\right)\sigma_E + \sigma_s\right]^2 - \sigma_s\sigma_E}$$

式 (12-14) 是初弯曲 $w_0 = l/1000$ 时的柏利公式。

由于不同截面形式以及截面对于不同主形心轴的 iA/W 值各不相同，既使对于同一种材料 (σ_s 相同) 的初弯曲压杆，式 (12-14) 也将给出不同的 σ_{cr}—λ 曲线 (柱子曲线)。图 12-18 为工字钢截面初弯曲压杆的柱子曲线。工字钢截面对 y 轴和 z 轴的 iA/W 近似值分别为 2.50 和 1.28，iA/W 值越大，曲线越低。图中虚线为理想弹塑性材料的轴心受压直杆的柱

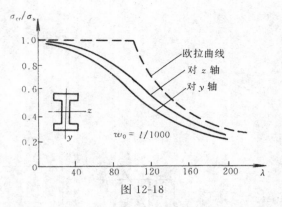

图 12-18

子曲线。

三、按最大强度准则计算临界应力的概念

由柏利公式按边缘屈服准则确定的临界力 P_{cr} 值，可在图 12-15 曲线上得到 a 点，即 a 点对应的压力 P_a 就是按边缘屈服准则计算的临界力。这时，压杆只在跨中截面边缘的最大压应力达到屈服极限（图 12-17b），整个杆件仍处在弹性变形状态。若继续增加压力 P 值，且杆件为理想弹塑性材料，则跨中截面上达到屈服应力的点也由边缘向截面内

扩展，截面分为塑性区和弹性区（图 12-17c），使压杆进入弹塑性变形状态，因而 P 与 w_m 的关系不再遵循图 12-15 中对应弹性状态的 ab 段曲线，而是沿着对应弹塑性状态的 acd 段曲线变化。当压力达到最大值 P_c（acd 段曲线最高点对应的压力）之后，挠度增加而截面上的总压力反而下降了。由此可见，P_c 才是初弯曲压杆真正的极限压力，以此计算临界力的准则称为**最大强度准则**。

因为挠度与弯矩沿压杆长度方向各不相同，各截面所处的弹塑性状态也不相同，所以按最大强度准则确定临界力是比较复杂的，需要利用电子计算机迭代求解。

第五节 压杆的稳定计算

一、压杆的稳定条件

工程中，为使受压杆件不失去稳定，并具有必要的安全储备，需建立压杆的稳定条件，对压杆作稳定计算。

轴心受压杆件的稳定条件为

$$\sigma = \frac{P}{A} \leqslant \varphi f \tag{12-15a}$$

或

$$\frac{P}{\varphi A} \leqslant f \tag{12-15b}$$

式中 P 为轴心压力；A 为压杆截面的毛截面面积；f 为材料**抗压强度的设计值**，如 Q235 钢的 $f = 215\text{MPa}$（f 值如何确定，将在《钢结构》中介绍）；φ 称为**稳定系数**。

因为压杆的临界应力总是随柔度而改变，柔度越大，临界应力越低，所以在压杆的稳定计算中，需要将材料的强度设计值 f 乘以一个随柔度而变的稳定系数 $\varphi = \varphi(\lambda)$。

二、设计中应用的柱子曲线

在钢压杆中，稳定系数被定义为临界应力与材料屈服极限的比值，即 $\varphi = \sigma_{cr}/\sigma_s$。显然，$\varphi - \lambda$ 曲线与 $\sigma_{cr} - \lambda$ 曲线的意义是相同的，均被称为**柱子曲线**。轴心受压直杆的柱子曲线如图 12-11c 所示；对于理想弹塑性材料，其轴心受压直杆的柱子曲线如图 12-18 的虚线所示；而

初弯曲压杆的柱子曲线如图 12-18 所示（图 12-18 所示压杆为工字钢截面压杆）。

作为工程设计中应用的柱子曲线，理应是实际压杆的柱子曲线。为此，对实际压杆的 φ 与 λ 的关系作了大量的研究。在诸多影响压杆稳定的不利因素中，以杆件的初弯曲、压力偏心和残余应力尤为严重。但这三者同时对压杆构成最不利情况的概率很低，可只考虑初弯曲与残余应力两个不利因素，取存在残余应力的初弯曲压杆作为实际压杆的模型。

所谓**残余应力**(Residual Stress)，是指杆件由于轧制或焊接后的不均匀冷却，而在截面内产生的自相平衡（截面合内力为零）的一种应力。残余应力的大小和分布，与截面形状尺寸、制造工艺和加工过程有关。压杆在增大压力的过程中，截面上最大残余压应力区域将率先达到屈服极限，从而使截面出现塑性区，使压杆的临界应力降低。可见，残余应力对压杆的承载能力具有不利影响。

我国的《钢结构设计规范》(GBJ17—88) 中的柱子曲线，采用的计算假定为

（1）初弯曲为 $w_0 = l/1000$。

（2）残余应力共选用了 13 种不同模式。

（3）材料为理想弹塑性体。

基于上述假定，按最大强度准则用计算机计算出 96 条柱子曲线，这些曲线分布在相当宽的范围内。再将这些曲线分为三组，每组用一条曲线作为代表曲

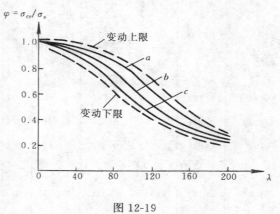

图 12-19

线，即 a、b、c 三条柱子曲线供设计时应用（图 12-19），它们分别对应着 a、b、c 三种截面分类，其中 a 类的残余应力影响较小，稳定性较好；c 类的残余应力影响较大，其稳定性较差；多数情况可归为 b 类。表 12-2 中只给出了圆管和工字形截面的分类，其它截面分类见《钢结构设计规范》。对于不同材料，根据 φ 与 λ 的关系，分别给出 a、b、c 三类截面的稳定系数 φ 值。表 12-3、表 12-4 和表 12-5 分别给出 Q235 钢 a、b、c 三类截面的 φ 值。

轴 压 杆 件 的 截 面 分 类　　　　　　　　　　表 12-2

类　别	截面形状和对应轴	
	⭕	I 形截面
a 类	轧制，对任意轴	轧制，$b/h \leqslant 0.8$，对 z 轴
b 类	焊接，对任意轴	轧制，$b/h \leqslant 0.8$，对 y 轴 $b/h > 0.8$，对 y、z 轴
		焊接，翼缘为轧制边，对 z 轴
c 类		焊接，翼缘为轧制边，对 y 轴

Q235 钢　a 类截面轴心受压构件的稳定系数 φ　　　　　　表 12-3

λ	0	1.0	2.0	3.0	4.0	5.0	6.0	7.0	8.0	9.0
0	1.000	1.000	1.000	1.000	0.999	0.999	0.998	0.998	0.997	0.996
10	0.995	0.994	0.993	0.992	0.991	0.989	0.988	0.986	0.985	0.983
20	0.981	0.979	0.977	0.976	0.974	0.972	0.970	0.968	0.966	0.964
30	0.963	0.961	0.959	0.957	0.955	0.952	0.950	0.948	0.946	0.944
40	0.941	0.939	0.937	0.934	0.932	0.929	0.927	0.924	0.921	0.919
50	0.916	0.913	0.910	0.907	0.904	0.900	0.897	0.894	0.890	0.886
60	0.883	0.879	0.875	0.871	0.867	0.863	0.858	0.851	0.849	0.844
70	0.839	0.834	0.829	0.824	0.818	0.813	0.807	0.801	0.795	0.789
80	0.783	0.776	0.770	0.763	0.757	0.750	0.743	0.736	0.728	0.721
90	0.714	0.706	0.699	0.691	0.684	0.676	0.668	0.661	0.653	0.645
100	0.638	0.630	0.622	0.615	0.607	0.600	0.592	0.585	0.577	0.570
110	0.563	0.555	0.548	0.541	0.534	0.527	0.520	0.514	0.507	0.500
120	0.494	0.488	0.481	0.475	0.469	0.463	0.457	0.451	0.445	0.440
130	0.434	0.429	0.423	0.418	0.412	0.407	0.402	0.397	0.392	0.387
140	0.383	0.378	0.373	0.369	0.364	0.360	0.356	0.351	0.347	0.343
150	0.339	0.335	0.331	0.327	0.323	0.320	0.316	0.312	0.309	0.305
160	0.302	0.298	0.295	0.292	0.289	0.285	0.282	0.279	0.276	0.273
170	0.270	0.267	0.264	0.262	0.259	0.256	0.253	0.251	0.248	0.246
180	0.243	0.241	0.238	0.236	0.233	0.231	0.229	0.226	0.224	0.222
190	0.220	0.218	0.215	0.213	0.211	0.209	0.207	0.205	0.203	0.201
200	0.199	0.198	0.196	0.194	0.192	0.190	0.189	0.187	0.185	0.183
210	0.182	0.180	0.179	0.177	0.175	0.174	0.172	0.171	0.169	0.168
220	0.166	0.165	0.164	0.162	0.161	0.159	0.158	0.157	0.155	0.154
230	0.153	0.152	0.150	0.149	0.148	0.147	0.146	0.144	0.143	0.142
240	0.141	0.140	0.139	0.138	0.136	0.135	0.134	0.133	0.132	0.131
250	0.130									

Q235 钢 b 类截面轴心受压构件的稳定系数 φ 表 12-4

λ	0	1.0	2.0	3.0	4.0	5.0	6.0	7.0	8.0	9.0
0	1.000	1.000	1.000	0.999	0.999	0.998	0.997	0.996	0.995	0.994
10	0.992	0.991	0.989	0.987	0.985	0.983	0.981	0.978	0.976	0.973
20	0.970	0.967	0.963	0.960	0.957	0.953	0.950	0.946	0.943	0.939
30	0.936	0.932	0.929	0.925	0.922	0.918	0.914	0.910	0.906	0.903
40	0.899	0.895	0.891	0.887	0.882	0.878	0.874	0.870	0.865	0.861
50	0.856	0.852	0.847	0.842	0.838	0.833	0.828	0.823	0.818	0.813
60	0.807	0.802	0.797	0.791	0.786	0.780	0.774	0.769	0.763	0.757
70	0.751	0.745	0.739	0.732	0.726	0.720	0.714	0.707	0.701	0.694
80	0.688	0.681	0.675	0.668	0.661	0.655	0.648	0.641	0.635	0.628
90	0.621	0.614	0.608	0.601	0.594	0.588	0.581	0.575	0.568	0.561
100	0.555	0.549	0.542	0.536	0.529	0.523	0.517	0.511	0.505	0.499
110	0.493	0.487	0.481	0.475	0.470	0.464	0.458	0.453	0.447	0.442
120	0.437	0.432	0.426	0.421	0.416	0.411	0.406	0.402	0.397	0.392
130	0.387	0.383	0.378	0.374	0.370	0.365	0.361	0.357	0.353	0.349
140	0.345	0.341	0.337	0.333	0.329	0.326	0.322	0.318	0.315	0.311
150	0.308	0.304	0.301	0.298	0.295	0.291	0.288	0.285	0.282	0.279
160	0.276	0.273	0.270	0.267	0.265	0.262	0.259	0.256	0.254	0.251
170	0.249	0.246	0.244	0.241	0.239	0.236	0.234	0.232	0.229	0.227
180	0.225	0.223	0.220	0.218	0.216	0.214	0.212	0.210	0.208	0.206
190	0.204	0.202	0.200	0.198	0.197	0.195	0.193	0.191	0.190	0.188
200	0.186	0.184	0.183	0.181	0.180	0.178	0.176	0.175	0.173	0.172
210	0.170	0.169	0.167	0.166	0.165	0.163	0.162	0.160	0.159	0.158
220	0.156	0.155	0.154	0.153	0.151	0.150	0.149	0.148	0.146	0.145
230	0.144	0.143	0.142	0.141	0.140	0.138	0.137	0.136	0.135	0.134
240	0.133	0.132	0.131	0.130	0.129	0.128	0.127	0.126	0.125	0.124
250	0.123									

λ	0	1.0	2.0	3.0	4.0	5.0	6.0	7.0	8.0	9.0
0	1.000	1.000	1.000	0.999	0.999	0.998	0.997	0.996	0.995	0.993
10	0.992	0.990	0.988	0.986	0.983	0.981	0.978	0.976	0.973	0.970
20	0.966	0.959	0.953	0.947	0.940	0.934	0.928	0.921	0.915	0.909
30	0.902	0.896	0.890	0.884	0.877	0.871	0.865	0.858	0.852	0.846
40	0.839	0.833	0.826	0.820	0.814	0.807	0.801	0.794	0.788	0.781
50	0.775	0.768	0.762	0.755	0.748	0.742	0.735	0.729	0.722	0.715
60	0.709	0.702	0.695	0.689	0.682	0.676	0.669	0.662	0.656	0.649
70	0.643	0.636	0.629	0.623	0.616	0.610	0.604	0.597	0.591	0.584
80	0.578	0.572	0.566	0.559	0.553	0.547	0.541	0.535	0.529	0.523
90	0.517	0.511	0.505	0.500	0.494	0.488	0.483	0.477	0.472	0.467
100	0.463	0.458	0.454	0.449	0.445	0.441	0.436	0.432	0.428	0.423
110	0.419	0.415	0.411	0.407	0.403	0.399	0.395	0.391	0.387	0.383
120	0.379	0.375	0.371	0.367	0.364	0.360	0.356	0.353	0.349	0.346
130	0.342	0.339	0.335	0.332	0.328	0.325	0.322	0.319	0.315	0.312
140	0.309	0.306	0.303	0.300	0.297	0.294	0.291	0.288	0.285	0.282
150	0.280	0.277	0.274	0.271	0.269	0.266	0.264	0.261	0.258	0.256
160	0.254	0.251	0.249	0.246	0.244	0.242	0.239	0.237	0.235	0.233
170	0.230	0.228	0.226	0.224	0.222	0.220	0.218	0.216	0.214	0.212
180	0.210	0.208	0.206	0.205	0.203	0.201	0.199	0.197	0.196	0.194
190	0.192	0.190	0.189	0.187	0.186	0.184	0.182	0.181	0.179	0.178
200	0.176	0.175	0.173	0.172	0.170	0.169	0.168	0.166	0.165	0.163
210	0.162	0.161	0.159	0.158	0.157	0.156	0.154	0.153	0.152	0.151
220	0.150	0.148	0.147	0.146	0.145	0.144	0.143	0.142	0.140	0.139
230	0.138	0.137	0.136	0.135	0.134	0.133	0.132	0.131	0.130	0.129
240	0.128	0.127	0.126	0.125	0.124	0.124	0.123	0.122	0.121	0.120
250	0.119									

对于木制压杆的稳定系数 φ 值，我国的《木结构设计规范》(GBJ5—88) 按着树种的强度等级分别给出两组计算公式为

树种强度等级为 TC17、TC15 及 TB20 时，

$$\lambda \leqslant 75 \qquad \varphi = \frac{1}{1+\left(\dfrac{\lambda}{80}\right)^2} \tag{12-16a}$$

$$\lambda > 75 \qquad \varphi = \frac{3000}{\lambda^2} \tag{12-16b}$$

树种强度等级为 TC13、TC11、TB17 及 TB15 时，

$$\lambda \leqslant 91 \qquad \varphi = \frac{1}{1+\left(\dfrac{\lambda}{65}\right)^2} \tag{12-17a}$$

$$\lambda > 91 \qquad \varphi = \frac{2800}{\lambda^2} \tag{12-17b}$$

关于树种强度等级，如 TC17 有柏木、东北落叶松等，TC15 有红杉、云杉等，TC13 有红松、马尾松等。代号后的数字为树种的抗弯强度（MPa）。详细的树种强度等级及相应的力学性质，可查阅《木结构设计规范》(GBJ5—88)。

三、例题

【例12-4】 图 12-20 所示压杆，在高 4.5m 处沿 z 轴平面内有横向支撑。压杆截面为焊接工字形，翼缘为轧制边，材料为 Q235 钢，$P=800$kN，压杆柔度不得超过 150。试校核其稳定性。

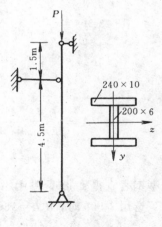

图 12-20

【解】 （1）压杆的相当长度 μl

由题可知 $\mu l_z = 1 \times 6 = 6$m，$\mu l_y = 1 \times 4.5 = 4.5$m，$l_z$ 与 l_y 分别为压杆绕 z 轴和 y 轴失稳时的长度。

（2）截面几何量

$$A = 2 \times 240 \times 10 + 200 \times 6$$
$$= 6000 \text{mm}^2$$

$$I_z = 2 \times \left(\frac{240 \times 10^3}{12} + 240 \times 10 \times 105^2 \right) + \frac{6 \times 200^3}{12}$$
$$= 56.96 \times 10^6 \text{mm}^4$$

括号中首项可略去。

$$I_y = 2 \times 10 \times 240^3 / 12 = 23.04 \times 10^6 \text{mm}^4$$

$$i_z = \sqrt{I_z/A} = \sqrt{56.96 \times 10^6/6000} = 97.43 \text{mm}$$

$$i_y = \sqrt{I_y/A} = \sqrt{23.04 \times 10^6/6000} = 61.97 \text{mm}$$

（3）λ 和 φ 值

$$\lambda_z = \mu l_z/i_z = 6000/97.43 = 61.58 < 150$$

$$\lambda_y = \mu l_y/i_y = 4500/61.97 = 72.62 < 150$$

压杆截面的加工条件为焊接和翼缘轧制边，从表 12-2 可知，对 z 轴属 b 类，对 y 轴属

c 类。从表12-4中，由 $\lambda_z=61.58$ 查得 $\varphi_z=0.802-(0.802-0.797)\times0.6=0.799$；从表 12-5中，由 $\lambda_y=72.62$ 查得 $\varphi_y=0.629-(0.629-0.623)\times0.6=0.625$。

（4）由式（12-15b）作稳定校核

$$\frac{P}{\varphi A}=\frac{800}{0.625\times6\times10^{-3}}=213.3\text{MPa}<f=215\text{MPa}$$

压杆满足稳定性要求。

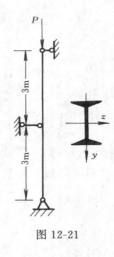

图 12-21

【**例12-5**】 图12-21所示工字形截面型钢压杆，在压杆的中间沿截面的 z 轴方向有铰支座，即相当长度 $\mu l_z=6\text{m}$，$\mu l_y=3\text{m}$。$P=1500\text{kN}$，材料为Q235钢。试选择型钢号。

【**解**】 压杆截面选择的步骤通常是，先假定柔度 λ 值（一般取 $\lambda=60\sim100$），并查出稳定系数 φ 值，再按式（12-15）求出截面面积。若采用型钢截面，可直接从型钢表中选用合适的型号。若采用工字形组合截面时，应先从假定的 λ 值求得截面的惯性半径 i，再借助惯性半径与截面轮廓尺寸（h，b）的近似关系，确定截面高度 h 和宽度 b（关于工字形组合截面压杆的截面选择问题，本书不予介绍）。

经此选定截面后，即可计算出所选截面的有关几何量，并按式（12-15）验算压杆的稳定性。

本题选择工字型钢，设 $\lambda=100$，从表12-2可知，应分别按 a 类（对 z 轴）及 b 类（对 y 轴）截面，查出稳定系数（表12-3与表12-4）

$$\varphi_z=0.638,\qquad \varphi_y=0.555$$

由式（12-15），得

$$A=\frac{P}{\varphi f}=\frac{1500}{0.555\times215\times10^3}=12.57\times10^{-3}\text{m}^2=125.7\text{cm}^2$$

$$i_z=\frac{\mu l_z}{\lambda}=\frac{600}{100}=6\text{cm},\qquad i_y=\frac{\mu l_y}{\lambda}=\frac{300}{100}=3\text{cm}$$

由型钢表查得 I 50b，其中 $A=129\text{cm}^2$，$i_z=19.4\text{cm}$，$i_y=3.01\text{cm}$，$b=160\text{mm}$。

选用 I 50b 时，$b/h=160/500=0.32$

$$\lambda_z=\mu l_z/i_z=600/19.4=30.93$$
$$\lambda_y=\mu l_y/i_y=300/3.01=99.67$$

因 $b/h=0.32<0.8$，所以对 z 轴为 a 类截面，对 y 轴为 b 类截面。分别查得 $\varphi_z=0.961$，$\varphi_y=0.557$。

由式（12-15b）验算压杆稳定性，有

$$\frac{P}{\varphi A}=\frac{1500\times10^{-3}}{0.557\times129\times10^{-4}}=208.8\text{MPa}<f=215\text{MPa}$$

第六节　提高压杆稳定性的措施

提高压杆的稳定性就是提高压杆的临界力或临界应力。从压杆的临界应力公式可以看出，压杆的材料（E 和 σ_s）与柔度 λ 是影响临界力大小的两个主要因素。下面分别讨论根据

这些因素达到提高压杆稳定性的措施。

一、合理选用材料

对于大柔度杆，欧拉公式表明，P_{cr} 或 σ_{cr} 与材料的弹性模量 E 有关。选用 E 值较大的材料，可以提高压杆的临界力。但是，就钢材而言，由于各种钢的 E 值相差无几，均约为 200～210GPa，因而，即使选用高强度钢，也无助于改善细长压杆的稳定性。

对于初弯曲压杆和小柔度杆，选用高强度钢（σ_s 较大）对提高压杆的稳定性是有利的。

二、适当降低压杆的柔度

λ 越小，临界应力越高，压杆的稳定性越好。为适当降低柔度，可从以下几方面考虑：

1. 选择合理的截面形状

在截面面积一定的条件下，选择合理的截面形状，使截面的惯性矩 I 增大，惯性半径 $i = \sqrt{I/A}$ 增大，λ 减小。为此，应适当地使截面分布得远离形心主轴。通常采用空心截面和

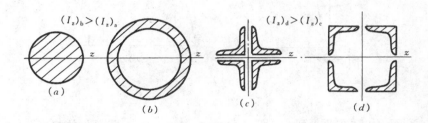

图 12-22

型钢组合截面，如图 12-22 所示截面，其中图 12-22a 与图 12-22b 的截面面积相同，显然，空心圆较实心圆合理。需要注意的是，截面为空心圆的压杆，其壁厚不可太薄，否则在轴向压力作用下管壁会发生折皱而使压杆丧失承载能力。图 12-22c 与图 12-22d 均为用四根等边角钢组合成的压杆截面，显然，图 12-22d 所示方案较图 12-22c 的合理。这类由多根型钢组成的压杆，型钢之间由缀件连接，构成**格构式压杆**，在工程结构中广为应用。

另外，若压杆在两个相互垂直的主轴平面内具有相同的约束条件，则应使截面对这两个主轴的惯性矩相等，使压杆在这两个方向具有相同的稳定性。例如由两根槽钢组成的压杆截面（图 12-23a、b），对于图 12-23a 所示截面，由于 $I_z > I_y$，$I_{\min} = I_y$，压杆将绕 y 轴失稳；若采用图 12-23b 所示截面配置方案，调整距离 s，使 $I_y = I_z$，从而使压杆在 y、z 两个方向具有相同的稳定性。

2. 减小压杆长度

在结构允许的情况下，尽量减小压杆长度，或在压杆上增设中间支撑，都可以降低柔度，从而有效地提高稳定性。

3. 改善杆端支承情况

从表 12-1 可以看出，杆端约束越强，长度系数 μ 值越小。因此，可以用增强杆端约束的办法减小 μ 值，以达到降低柔度提高压杆稳定性的目的。

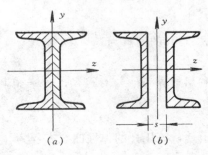

图 12-23

综合考虑上述措施，可以找到提高压杆稳定性的合理而有效的方案。

第七节 大柔度小偏心压杆的极限压力

图 12-24a 所示两端铰支的大柔度小偏心压杆，在压力 P 作用下发生弯曲变形。xy 平面

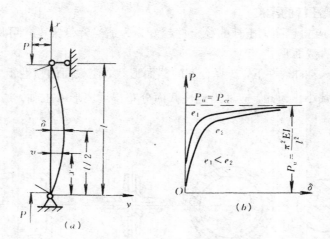

图 12-24

为杆的对称平面，力 P 在此平面内，偏心距为 e。杆在任一 x 截面处的挠度为 v，该截面上的弯矩为

$$M(x) = P(e + v) \tag{a}$$

将式（a）代入式

$$EI \frac{\mathrm{d}^2 v}{\mathrm{d} x^2} = - M(x)$$

得挠曲线近似微分方程

$$EI \frac{\mathrm{d}^2 v}{\mathrm{d} x^2} = - P(e + v) \tag{b}$$

即

$$\frac{\mathrm{d}^2 v}{\mathrm{d} x^2} + k^2 v = - k^2 e \tag{c}$$

式中

$$k^2 = \frac{P}{EI} \tag{d}$$

式（c）的通解为

$$v = A \sin kx + B \cos kx - e \tag{e}$$

利用边界条件 $x=0$，$v=0$ 和 $x=l$，$v=0$，由式（e）得

$$A = \frac{e(1 - \cos kl)}{\sin kl} = e \tan \frac{kl}{2}, B = e \tag{f}$$

于是，该压杆的弹性曲线方程为

$$v = e\left(\tan \frac{kl}{2} \sin kl + \cos kx - 1\right) \tag{g}$$

压杆中点挠度最大，$v_{max}=v_{x=l/2}=\delta$，由式（g），有

$$\delta = v_{x=l/2} = e\left(\sec\frac{kl}{2} - 1\right) \tag{h}$$

由式（h）可见，挠度 δ 与压力 P 不呈线性关系（压力 P 含于 $k=\sqrt{P/EI}$ 中）。δ 与 P 的关系曲线如图 12-24b 所示。$P-\delta$ 曲线转折点所对应的压力 P 为不同偏心距 e 情况下的极限压力。其值随 e 的减小而增大。当 $e \to 0$ 时，极限压力为 P_u，由式（h）可知，为使 δ 不为零，必有 $\sec\dfrac{kl}{2} \to \infty$，于是，最小的 $kl/2$ 值为

$$\frac{kl}{2} = \frac{\pi}{2} \tag{i}$$

从而有

$$k = \sqrt{\frac{P_u}{EI}} = \frac{\pi}{l}$$

即

$$P_u = \frac{\pi^2 EI}{l^2} \tag{j}$$

因为 $e \to 0$ 的小偏压杆就是轴心受压直杆，所以极限压力 P_u 与临界力 P_{cr} 相等，式（j）与式（12-1）相同。

由式（a）可知，最大弯矩发生在 $v_{max}=\delta$ 的横截面上，并由式（h），得

$$M_{max} = P(e + \delta) = Pe\sec\frac{kl}{2} \tag{k}$$

杆内的最大压应力发生在跨中截面的凹侧边缘处，即

$$\sigma_{c\,max} = \frac{P}{A} + \frac{Pe}{W_z}\sec\frac{kl}{2} \tag{l}$$

式中 A 与 W_z 分别为压杆横截面面积及其对 z 轴的抗弯截面模量。

由式（h）、式（k）和式（l）可见，压杆的跨中挠度、最大弯矩及最大压应力均与压力 P 不呈线性关系，这表明不能用叠加原理计算。只有当杆的抗弯刚度 EI 非常大时，由

$$\frac{kl}{2} = \frac{l}{2}\sqrt{\frac{P}{EI}}$$

可知，$\dfrac{kl}{2}$ 将会很小，有理由认为 $\sec\dfrac{kl}{2} \to 1$，式（l）才与按叠加原理计算的结果一致。

第八节 例 题 分 析

【例12-6】 图 12-25 所示结构，$d=80mm$，$a=70mm$，材料为 Q235 钢。试求结构的临界力。

【解】 结构的临界力由 AB 杆与 BC 杆中的柔度大者确定，为此，应先计算柔度。

AB 杆 $i = \sqrt{\dfrac{I}{A}} = \dfrac{d}{4}$

$$\lambda_{AB} = \frac{\mu l}{i} = \frac{0.7 \times 3 \times 4}{0.08} = 105 > \lambda_P = 100$$

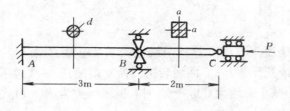

图 12-25

AB 杆是大柔度杆。

$$BC \text{ 杆} \quad i = \sqrt{\frac{I}{A}} = \sqrt{\frac{a^4/12}{a^2}} = \frac{\sqrt{3}}{6}a$$

$$\lambda_{BC} = \frac{\mu l}{i} = \frac{1 \times 2 \times 6}{\sqrt{3} \times 0.07} = 99 < \lambda_P = 100$$

因为 $\lambda_{AB} > \lambda_{BC}$，所以结构承载力受 AB 杆临界力控制，即

$$P_{cr} = (P_{cr})_{AB} = \frac{\pi^2 EI}{(\mu l)^2} = \frac{\pi^2 \times 2 \times 10^8 \times \pi \times 0.08^4}{(0.7 \times 3)^2 \times 64} = 900 \text{kN}$$

【例12-7】　图 12-26a 所示两端铰支立柱，由两根型号为 20 的槽钢组成，该材料的 $\sigma_P = 200$MPa，$E = 200$GPa，应力 σ 与切线模量 E_T 的关系为

σ (MPa)	200	210	215	220	225	230	233	234	235
E_T (GPa)	200	140	125	100	85	60	30	10	0
λ	100	81	76	67	61	51	36	21	0

表中 λ 值是由 σ、E_T 值按切线模量公式计算的。试求：（1）截面如图 12-26b 布置时柱的临界力；（2）截面如图 12-26c 布置时柱的临界力；（3）为求得 $(P_{cr})_{max}$，截面应如何布置？$(P_{cr})_{max} = ?$

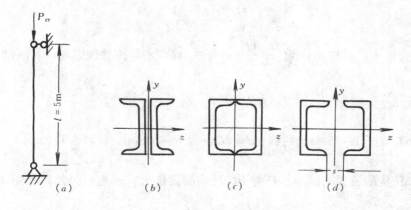

图 12-26

【解】　从型钢表可查得 ⊏ 20 的有关数据。

（1）图 12-26b 所示截面布置时柱的临界力

$$I_z = 2 \times 1910 = 3820 \text{cm}^4 = 3820 \times 10^{-8} \text{m}^4$$

$$I_y = 2 \times 268 = 536 \text{cm}^4 = 536 \times 10^{-8} \text{m}^4$$

因为 $I_y < I_z$，所以柱绕 y 轴失稳。

$$i_y = \sqrt{\frac{I_y}{A}} = \sqrt{\frac{536}{2 \times 32.8}} = 2.86 \text{cm} = 2.86 \times 10^{-2} \text{m}$$

$$\lambda_y = \frac{\mu l}{i_y} = \frac{1 \times 5}{2.86 \times 10^{-2}} = 175 > \lambda_P = \pi\sqrt{\frac{E}{\sigma_P}} = \pi\sqrt{\frac{200 \times 10^3}{200}} \approx 100$$

是大柔度杆。

$$P_{cr} = \frac{\pi^2 E I_y}{(\mu l)^2} = \frac{\pi^2 \times 2 \times 10^8 \times 536 \times 10^{-8}}{(1 \times 5)^2} = 423 \text{kN}$$

（2）图 12-26c 所示截面布置时柱的临界力

$$I_y = 2[144 + 32.8 \times (7.5 - 1.95)^2] = 2310 \text{cm}^4 = 2310 \times 10^{-8} \text{m}^4$$

因为 $I_y < I_z$，所以柱仍绕 y 轴失稳。

$$i_y = \sqrt{\frac{I_y}{A}} = \sqrt{\frac{2310}{2 \times 32.8}} = 5.93 \text{cm} = 5.93 \times 10^{-2} \text{m}$$

$$\lambda_y = \frac{\mu l}{i_y} = \frac{1 \times 5}{5.93 \times 10^{-2}} = 84 < \lambda_P = 100$$

是小柔度杆，需按切线模量公式（12-10），经试算求临界应力。

设 $E_T = 140 \text{GPa}$，由题给 E_T 与 σ 的关系，得 $\sigma_T = 210 \text{MPa}$，由式（12-10），有

$$\sigma_{cr} = \frac{\pi^2 E_T}{\lambda^2} = \frac{\pi^2 \times 140 \times 10^3}{84^2} = 196 \text{MPa}$$

因为 σ_{cr} 与 σ_T 值相差较大，需再次试算。

设 $E_T = 145 \text{GPa}$，经内插得 $\sigma_T = 209 \text{MPa}$，

$$\sigma_{cr} = \frac{\pi^2 E_T}{\lambda^2} = \frac{\pi^2 \times 145 \times 10^3}{84^2} = 203 \text{MPa}$$

再次设 $E_T = 149 \text{GPa}$，得 $\sigma_T = 208.3 \text{MPa}$

$$\sigma_{cr} = \frac{\pi^2 E_T}{\lambda^2} = \frac{\pi^2 \times 149 \times 10^3}{84^2} = 208.4 \text{MPa}$$

σ_{cr} 与 σ_T 值已很接近，试算结束。于是，临界力

$$P_{cr} = \sigma_{cr} \cdot A = 208.4 \times 2 \times 32.8 \times 10^{-4} \times 10^3$$
$$= 1367 \text{kN}$$

柱按图 12-26c 所示截面布置时的临界力是图 12-26b 的三倍多。

（3）因为在其余条件相同的情况下，临界力受 I_{min} 的控制，所以为提高临界力，可将槽钢拉开一定距离，使 $I_y = I_z$，截面布置如图 12-26d 所示。

$$I_z = 3820 \text{cm}^4$$

$$I_y = 2[144 + 32.8(\frac{s}{2} + 7.5 - 1.95)^2]$$

$$= I_z = 3820 \text{cm}^4$$

解得 $\qquad\qquad\qquad s = 3.6\text{cm}$

即 $s \geqslant 3.6\text{cm}$ 时，柱具有最大临界力

$$i_z = \sqrt{\frac{I_z}{A}} = \sqrt{\frac{3820}{2 \times 32.8}} = 7.63\text{cm} = 7.63 \times 10^{-2}\text{m}$$

$$\lambda_z = \frac{\mu l}{i_z} = \frac{1 \times 5}{7.63 \times 10^{-2}} = 65 < \lambda_P = 100$$

是小柔度杆，按切线模量公式（12-10），经试算求临界应力。

设 $E_T = 100\text{GPa}$，得 $\sigma_T = 220\text{MPa}$

$$\sigma_{cr} = \frac{\pi^2 E_T}{\lambda^2} = \frac{\pi^2 \times 100 \times 10^3}{65^2} = 234\text{MPa}$$

设 $E_T = 95\text{GPa}$，经内插得 $\sigma_T = 221\text{MPa}$

$$\sigma_{cr} = \frac{\pi^2 E_T}{\lambda^2} = \frac{\pi^2 \times 95 \times 10^3}{65^2} = 222\text{MPa}$$

σ_{cr} 与 σ_T 值接近，试算结束，于是，最大临界力为

$$(P_{cr})_{max} = \sigma_{cr} \cdot A = 222 \times 2 \times 32.8 \times 10^{-4} \times 10^3 = 1456\text{kN}$$

【例12-8】 图 12-27a 所示结构由 Q235 钢制成，BC 柱为轧制钢管，材料强度设计值 $f = 215\text{MPa}$，试求许用荷载 $[q]$。

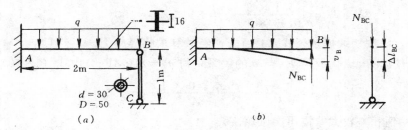

图 12-27

【解】 该结构为一次超静定问题，其变形协调条件（图 12-27b）为

$$v_B = \Delta l_{BC}$$

即

$$\frac{q l_{AB}^4}{8EI} - \frac{N_{BC} l_{AB}^3}{3EI} = \frac{N_{BC} l_{BC}}{EA}$$

解得 $\qquad\qquad\qquad N_{BC} = 0.74q$

根据 BC 柱的稳定条件确定 $[q]$

$$i = \sqrt{I/A} = \frac{1}{4}\sqrt{D^2 + d^2} = 1.25\text{cm}$$

$$\lambda_{BC} = \frac{\mu l_{BC}}{i} = \frac{1 \times 100}{1.25} = 80$$

BC 柱为轧制圆管，由表 12-2 可知属 a 类截面，并从表 12-3 查得 $\varphi = 0.783$。由稳定条件式（12-15b），有

$$[N_{BC}] = \varphi A f = 92.6\text{kN}$$

则 $\qquad\qquad\qquad [q] = [N_{BC}]/0.74 = 125\text{kN/m}$

根据梁的强度条件确定 $[q]$

$$\sigma_{\max} = \frac{M_{\max}}{W_z} \leqslant f$$

其中 $\qquad\qquad W_z = 141\text{cm}^3$

$$M_{\max} = \frac{1}{2}ql_{AB}^2 - N_{BC}l_{AB} = \frac{1}{2}ql_{AB}^2 - 0.74ql_{AB}$$

$$= 0.6q$$

由 $\qquad\qquad M_{\max} \leqslant W_z f,\ 得$

$$[q] \leqslant \frac{1}{0.6}W_z f = 50.5\text{kN/m}$$

比较两个 $[q]$ 值，取 $[q] = 50.5\text{kN/m}$，结构的许用荷载由梁的强度条件控制。

本题对材料的容许强度值，选用了强度设计值 f，而未采用许用应力 $[\sigma]$，这更与工程结构计算相符合。

习　题

12-1　图示各压杆的材料、截面形状与尺寸均相同。试比较其临界力大小，并从小到大排序。

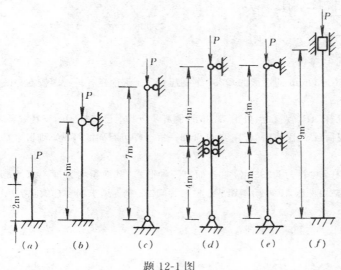

题 12-1 图

12-2　两端铰支压杆，长 $l=5\text{m}$，截面为 22a 工字钢，比例极限 $\sigma_P = 200\text{MPa}$。试求压杆的临界力。

12-3　截面为 $100 \times 150\text{mm}$ 的矩形木柱，长 $l=4\text{m}$，一端固定，另一端为铰支，比例极限 $\sigma_P = 20\text{MPa}$。试求此柱的判别柔度 λ_P 及临界力。

12-4　图示正方形铰接结构，各杆的 E、I、A 均相同，且均为细长杆。试求达到临界状态时相应的力 P 等于多少？若力 P 改为相反方向，其值又应为多少？

12-5　图示两个细长压杆的材料相同，为使两压杆的临界力相等，b_2 与 b_1 之比应为多少？

12-6　图示矩形截面松木柱，其两端约束情况为：在纸平面内失稳时，可视为两端固定；在垂直于纸平面的平面内失稳时，可视为上端自由下端固定。试求该木柱的临界力。

12-7　铰接结构 ABC 由具有相同截面和材料的细长杆组成。若由于杆件在 ABC 平面内失稳而引起破坏，试确定荷载 P 为最大时的 θ 角（$0 < \theta < \pi/2$）。

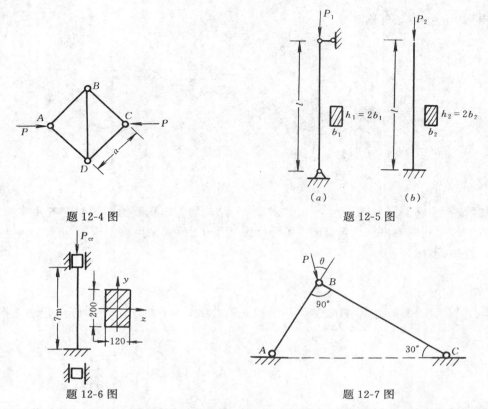

题 12-4 图

题 12-5 图

题 12-6 图

题 12-7 图

12-8　截面为 20×30mm 的矩形的 Q235 钢制压杆，一端固定，另一端铰支。试求该压杆适用欧拉公式的最小长度。

12-9　图示刚性杆 AB，在 C 点处由 Q235 钢制杆①支撑。已知杆①的直径 $d=50$mm，$l=3$m。试求：(1) A 处施加的极限荷载 P_{max}；(2) 若在 D 点再加一根与杆①相同的杆②，则极限荷载 P_{max} 又为多少（只考虑面内失稳）？

12-10　图示压杆，材料为 Q235 钢，横截面有四种形式，其面积均为 3.2×10^3mm²，试计算其临界力。

12-11　图示钢柱由两根 10 号槽钢组成，材料为 Q235 钢。试求组合柱的临界力为最大时的槽钢间距 a 及最大临界力。

12-12　图示由工字钢制成的压杆，$l=6$m，跨中初挠度 $w_0=l/1000$，材料为 Q235 钢，$\sigma_s=235$MPa。

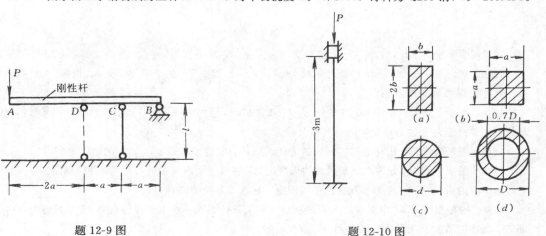

题 12-9 图

题 12-10 图

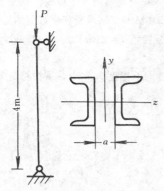

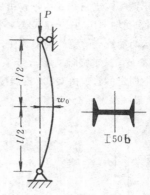

题 12-11 图   题 12-12 图

试按边缘屈服准则计算临界力。

12-13   Q235 钢的 $\sigma-\varepsilon$ 曲线简化为图示的折线，测得各点的 σ 与 ε 值如下：

点	a	b	c	d	e	f	g
ε ($\times 10^{-3}$)	0.95	1.0	1.1	1.2	1.3	1.4	1.5
σ (MPa)	200	210	220	228	234	238	239
E_{T} (GPa)							

各点的切线模量 E_{T} 可近似取为相邻两段切线模量的平均值。试将各点的切线模量 E_{T} 填入上表，并作出 $\sigma-E_{\mathrm{T}}$ 曲线。

12-14   两端固定的由 Q235 钢管制成的压杆，杆长 $l=2\mathrm{m}$，内、外径 $d=50\mathrm{mm}$，$D=60\mathrm{mm}$。材料的 $\sigma-E_{\mathrm{T}}$ 关系与 12-13 题相同。试求临界力。

12-15   一根用 $28b$ 工字钢（Q235）制成的立柱，上端自由，下端固定，柱长 $l=2\mathrm{m}$，轴向压力 $P=250\mathrm{kN}$，材料的强度设计值 $f=215\mathrm{MPa}$。试校核立柱的稳定性。

12-16   图示结构中，横梁 AB 由 I 14 制成，材料许用应力 $[\sigma]=160\mathrm{MPa}$，CD 杆为 Q235 轧制钢管，$d=26\mathrm{mm}$，$D=36\mathrm{mm}$。试对结构作强度与稳定校核。

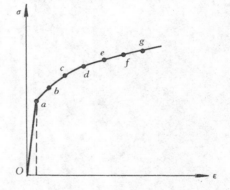

题 12-13 图

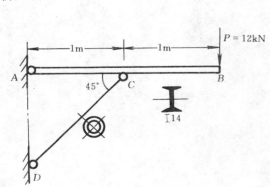

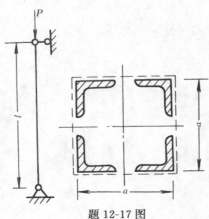

题 12-16 图   题 12-17 图

12-17 图示两端铰支格构式压杆，由四根 Q235 钢的 $70 \times 70 \times 6$ 的角钢组成，按设计规范属 b 类截面。杆长 $l = 5m$，受轴向压力 $P = 400kN$，材料的强度设计值 $f = 215MPa$。试求压杆横截面的边长 a 值。

12-18 图示两端铰支薄壁轧制钢管柱，材料为 Q235 钢，设计强度值 $f = 215MPa$，$P = 160kN$，$l = 3m$，平均半径 $R = 50mm$。试求钢管壁厚 t。

12-19 两端固定的管道由 Q235 钢焊接钢管制成。若安装管道时的温度为 10℃，试按稳定条件确定管道允许达到的最高温度。

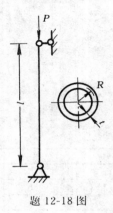

题 12-18 图

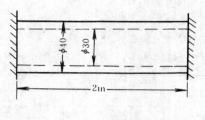

题 12-19 图

第十三章 动 荷 载

第一节 动荷载的概念

杆件所承受的荷载有静荷载与动荷载之分。前面各章所研究的强度、刚度和稳定性问题勾属静荷载问题。所谓**静荷载**(Static load),是指缓慢地施加给杆件的荷载,杆件在这类荷载作用下,杆件内各点的加速度很小,可以忽略不计。若荷载明显地随时间而改变,或者杆件产生明显加速度,均属于**动荷载**(Dynamic. Load)。例如加速上升或下降的吊重作用于吊索,打桩用的汽锤冲击于桩体等都属于动荷载。

杆件在静荷载作用下的应力和变形称为静应力和静变形;而在动荷载作用下的应力和变形,则称为动应力和动变形。

实践和理论分析表明,动荷载问题在杆件的强度与刚度计算中具有重要意义。

第二节 等加速和等角速运动杆件的应力计算

一、杆件作等加速直线运动时的应力

图 13-1a 所示吊索以等加速度 a 起吊重物 P,求吊索的动应力。一般的吊索重量要比被起吊物的重量小得多,故可忽略不计。将吊索假想地截开,取重物为分离体,根据理论力学中的动静法,在分离体上加一与加速度方向相反的惯性力 $\frac{P}{g}a$ (图 13-1b),由平衡条件 $\Sigma x = 0$,可列出方程

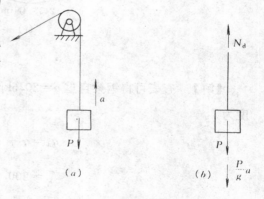

图 13-1

$$N_d - P - \frac{P}{g}a = 0$$

$$N_d = P\left(1 + \frac{a}{g}\right) \qquad (a)$$

式中 $1 + \frac{a}{g}$ 可视为动荷系数,并记作 $K_d = 1 + \frac{a}{g}$。

于是式 (a) 成为

$$N_d = K_d P \qquad (13\text{-}1)$$

设吊索横截面面积为 A,则其动应力 (Dynamic Stress) 为

$$\sigma_d = \frac{N_d}{A} = K_d \frac{P}{A} = K_d \sigma_{st} \qquad (b)$$

式中 $\frac{P}{A} = \sigma_{st}$ 为静应力 (Static Stress)。将动应力表示为静应力乘以动荷系数,这在动荷载问题中常被采用。

吊索的强度条件为

$$\sigma_d = K_d \sigma_{st} \leqslant [\sigma]$$

式中　$[\sigma]$ 为材料在静荷时的许用应力。

总之，根据动静法，将惯性力以与加速度相反的方向加在运动杆件上，使之在原有外力和惯性力共同作用下构成形式上的平衡状态，从而将动荷问题转化为静荷问题而求解。

【例13-1】　图 13-2a 所示以加速度 $a = 10\text{m}/S^2$ 起吊钢梁，已知 $[\sigma] = 160\text{MPa}$，试校核此梁强度。

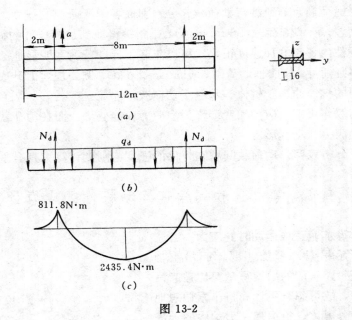

图 13-2

【解】　查表可得钢梁自重 $q = 20.5\text{kg/m} = 200.9\text{N/m}$。惯性力集度为 $\dfrac{q}{g}a$，梁的动荷集度为

$$q_d = q + \frac{q}{g}a = q\left(1 + \frac{a}{g}\right)$$

$$= 200.9\left(1 + \frac{10}{9.8}\right)$$

$$= 405.9 N/m$$

图 13-2b 为受力图，画 M 图（图 13-2c）最大动弯矩为

$$M_{d\,max} = 2435.4 \text{N} \cdot \text{m}$$

则工字钢梁起吊时的最大动应力为

$$\sigma_{d\,max} = \frac{M_{d\,max}}{W_y} = \frac{2435.4 \times 10^{-6}}{21.2 \times 10^{-6}}$$

$$= 114.9 \text{MPa} \leqslant [\sigma] = 160 \text{MPa}$$

此梁满足强度要求

二、杆件作等角速转动时的应力

旋转的杆件，在转速较高的情况下，由于离心惯性力的作用，在杆件内可以引起相当大的应力。例如一薄壁圆环，其平均直径为 D，绕通过其圆心且垂直于环平面的轴作等速旋转，若已知旋转的角速度为 ω，如图 13-3a 所示，环的横截面积为 A，容重为 γ，弹性模量为 E，试分析圆环横截面上的应力。

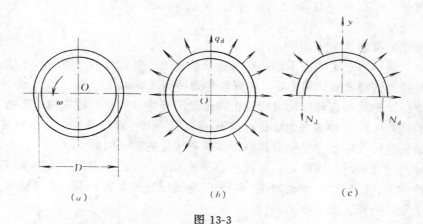

图 13-3

因圆环作等角速转动，所以其向心加速度为 $a_n = \omega^2 \cdot D/2$。从圆环中考虑一段长为 dS 的单元体，其惯性力为

$$P_d = \frac{\gamma A dS}{g} \omega^2 \cdot \frac{D}{2} \tag{c}$$

其方向应是离心的，这就是作用于单元体 dS 上的荷载。由于圆环是等截面的均匀的，因此其惯性力的分布必然是均匀的。由此可得到惯性力集度 q_d（图 13-3b）为

$$q_d = \frac{P_d}{dS} = \frac{A\gamma D w^2}{2g} \tag{d}$$

按动静法，圆环在惯性力 q_d 作用下，构成形式上的平衡状态。由截面法可知其环向内力（图 13-3c）为

$$2N_d = \int_0^\pi q_d \sin\theta \frac{D}{2} d\theta$$

即

$$N_d = \frac{q_d D}{2} = \frac{A\gamma D^2 w^2}{4g} \tag{e}$$

于是，横截面上的环向应力为

$$\sigma_d = \frac{N_d}{A} = \frac{\gamma D^2 w^2}{4g} \tag{f}$$

将线速度 $v = \frac{D}{2} w$ 代入式（f）得

$$\sigma_d = \frac{\gamma v^2}{g} \tag{g}$$

等角速度旋转圆环的强度条件为

$$\sigma_d = \frac{\gamma^2 D^2 w^2}{4g} \leqslant [\sigma] \tag{h}$$

或

$$\sigma_d = \frac{\gamma v^2}{g} \leqslant [\sigma] \tag{i}$$

由式（i）可见，σ_d 仅与圆环容重 γ 及线速度 v 有关，而与横截面面积 A 无关。因此不能采用增加截面面积的方法降低圆环的环向动应力，为使圆环满足强度条件，应限制其转速，以避免产生过大的动应力。

第三节 冲 击 应 力

一、冲击的概念

打桩时，重锤自一定高度下落，在与桩顶接触的非常短暂的时间内，速度发生很大的变化，同时桩受到很大的作用力，这种现象称为**冲击**（Impact）。在冲击过程中，运动中的物体（如重锤）称为**冲击物**，而阻止冲击物运动的杆件（如桩）称为**被冲击物**。被冲击物因冲击引起的应力称为**冲击应力**（Impact Stress）。工程中，杆件受冲击作用的实例很多，例如汽锤锻造、旋转飞轮或传动轴突然制动等都是常见的冲击问题。

由于冲击持续的时间非常短，而且不易精确测定，因此加速度的大小很难确定。这就难以求出惯性力，也难以使用动静法。冲击问题是相当复杂的问题，难以精确分析，工程上采用偏于安全的能量法来研究。

二、冲击应力的计算

在图 13-4a、b 中，一个为受冲击的杆件，另一个为受冲击的梁，或其它受冲击的弹性杆件都可以看作是一个弹簧（图 13-4c）。只是各自的弹簧常数不同而已。设重量为 Q 的重物从距弹簧顶端为 h 的高度自由下落，产生的动变形为 Δ_d。

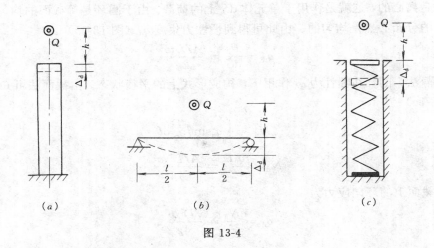

图 13-4

为简化计算，假设：

(1) 冲击物的变形很小，视其为刚体。

(2) 被冲击物为无质量的弹性体。

(3) 冲击为完全非弹性碰撞，即两物体一经接触就附着在一起而不回弹。

(4) 冲击过程中无能量损失。

基于上述假设，在短暂的冲击过程中，使弹簧变形，其最大变形为 Δ_d，即被冲击物的动变形，与之对应的冲击荷载为 P_d。若将冲击物作为静荷载，缓慢置于弹簧的顶面上时，这

时的变形为 Δ_{st}，即被冲击物的静变形，与之对应的静荷载为 Q。

根据能量守恒定律，在冲击过程中，冲击物减少的动能 T 与势能 V，将全部转化为被冲击物的变形能 U_d，即

$$T + V = U_d \qquad\qquad (a)$$

因为冲击物的初速度和最终速度都等于零，所以没有动能的变化，即

$$T = 0 \qquad\qquad (b)$$

在图 13-4 所示情况下，冲击物所减少的势能是

$$V = Q(h + \Delta_d) \qquad\qquad (c)$$

在冲击过程中，冲击荷载 P_d 与动变形 Δ_d 都是从零增至最终数值的，且 P_d 与 Δ_d 之间仍满足线性关系，于是变形能

$$U_d = \frac{1}{2} P_d \Delta_d \qquad\qquad (d)$$

以 (b)、(c)、(d) 各式代入 (a) 式，得

$$Q(h + \Delta_d) = \frac{1}{2} P_d \Delta_d \qquad\qquad (e)$$

在线弹性范围内，变形，应力和荷载成正比，故有

$$\frac{P_d}{Q} = \frac{\Delta_d}{\Delta_{st}} = \frac{\sigma_d}{\sigma_{st}}$$

或者写成.

$$P_d = Q \frac{\Delta_d}{\Delta_{st}} \qquad\qquad (f)$$

$$\sigma_d = \sigma_{st} \frac{\Delta_d}{\Delta_{st}} \qquad\qquad (g)$$

将式 (f) 代入式 (e)，可得

$$\Delta_d^2 - 2\Delta_{st}\Delta_d - 2h\Delta_{st} = 0$$

解得

$$\Delta_d = \Delta_{st}\left(1 \pm \sqrt{1 + \frac{2h}{\Delta_{st}}}\right)$$

因为 $\Delta_d > \Delta_{st}$，所以上式中应取正号，即

$$\Delta_d = \Delta_{st}\left(1 + \sqrt{1 + \frac{2h}{\Delta_{st}}}\right) \qquad\qquad (h)$$

令

$$K_d = \frac{\Delta_d}{\Delta_{st}} = 1 + \sqrt{1 + \frac{2h}{\Delta_{st}}} \qquad\qquad (13\text{-}2)$$

K_d 称为**冲击动荷系数**。于是 (f)、(g)、(h) 式可写为

$$\left.\begin{array}{l} \Delta_d = K_d \Delta_{st} \\ P_d = K_d Q \\ \sigma_d = K_d \sigma_{st} \end{array}\right\} \qquad\qquad (i)$$

总之，只要求出动荷系数 K_d，乘以静变形、静荷载和静应力，即可得到冲击时相对应的动变形、动荷载和动应力。

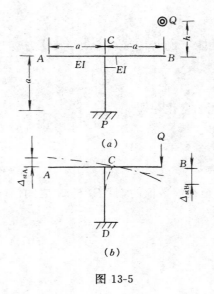

图 13-5

当 $h=0$ 时，由公式（13-2）可以看出 $K_d=2$，此时荷载称为突加荷载。杆件在突加荷载作用下，应力与变形皆为静荷载作用下的两倍。

杆件受冲击作用时的强度条件为

$$\sigma_{d\ max} = K_d\sigma_{st\ max} \leqslant [\sigma] \qquad (13\text{-}3)$$

式中　$[\sigma]$ 为静荷时的许用应力。上述公式只适用于最大冲击应力不超过材料比例极限时的情况。

【例13-2】　求图 13-5a 所示 A 点竖向动变形 Δ_{dA}。

【解】　该问题属于自由落体冲击问题。

$$\Delta_{dA} = K_d\Delta_{stA} \qquad (a)$$

$$K_d = 1 + \sqrt{1 + \frac{2h}{\Delta_{stB}}} \qquad (b)$$

A 点静变形　　$\Delta_{stA} = \dfrac{Qa^3}{EI}\quad(\uparrow) \qquad (c)$

B 点静变形　　$\Delta_{stB} = \dfrac{4Qa^3}{3EI}(\downarrow) \qquad (d)$

将式（d）代入式（b）得

$$K_d = 1 + \sqrt{1 + \frac{3EIh}{2Qa^3}} \qquad (e)$$

将式（c）、（e）代入式（a）得 A 点的动变形

$$\Delta_{dA} = \left(1 + \sqrt{1 + \frac{3EIh}{2Qa^3}}\right)\frac{Qa^3}{EI}$$

三、提高杆件抗冲击能力的措施

由杆件受冲击时的强度条件（13-3）可以看出，要提高杆件承受冲击荷载的能力，必须减小最大动应力 σ_{max}，而关键在于降低动荷系数 K_d，为此可采取如下措施：

1. 降低杆件的刚度。杆件的静变形 Δ_{st} 与杆件的 EA、GI_P、EI 等刚度成反比，降低刚度可使静变形增大，从而使动荷系数降低。例如在汽车大梁与轮轴之间安装叠板弹簧，火车车厢架与轮轴之间安装压缩弹簧，都是为了既提高静变形 Δ_{st}，又不改变杆件的静应力。这样可以明显地降低冲击应力，起到很好的缓冲作用。

2. 增加杆件的长度 l，可使静变形 Δ_{st} 增大，从而使 K_d 降低。

3. 可选用冲击韧度大的材料制造受冲击杆件。

第四节　例 题 分 析

【例13-3】　图 13-6a 所示等直杆，长为 l，重量为 Q，横截面积为 A。试求当 $P_2>P_1$ 时正应力沿杆长的分布规律（略去杆与地面的摩擦）。

【解】　因 $P_2>P_1$，显然，杆件作向右的加速运动，只要求得加速度和惯性力集度，即

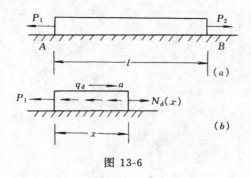

图 13-6

可用动静法求解。

由牛顿定律，得

$$P_2 - P_1 = \frac{Q}{g}a$$

即

$$a = \frac{g(P_2 - P_1)}{Q}$$

惯性力集度

$$q_\mathrm{d} = \frac{Q}{gl} \qquad\qquad (a)$$

由截面法（图 13-6b），得

$$N_\mathrm{d}(x) = P_1 + \frac{Qa}{gl}x$$

$$= P_1 + \frac{P_2 - P_1}{l}x$$

当

$$x = 0 \qquad N_\mathrm{A} = P_1$$
$$x = l \qquad N_\mathrm{B} = P_2$$

于是，动应力为

$$\sigma_\mathrm{d}(x) = \frac{N_\mathrm{d}(x)}{A} = \frac{1}{A}\left(P_1 + \frac{P_2 - P_1}{l}x\right)$$

动应力是 x 的线性函数。

【例13-4】 例题 13-2 中，若钢球以水平方向速度 v 冲击到刚架的 B 点，如图 13-7 所示。求其动荷系数 K_d。

【解】 冲击形式不同，其能量关系不同，动荷系数也不相同，因此不能再应用公式（13-2），应根据能量关系式 $V + T = U_\mathrm{d}$ 重新推导动荷系数 K_d。

由于是水平冲击，冲击物（钢球）在冲击过程中势能没有变化，因此 $V = 0$。冲击物所付出的动能为

$$T = \frac{1}{2}mv^2 = \frac{Q}{2g}v^2 \qquad\qquad (a)$$

刚架的弹性变形能为

303

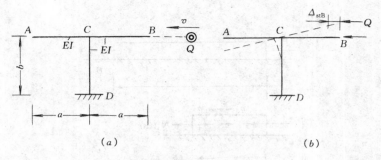

图 13-7

$$U_d = \frac{1}{2}P_d\Delta_d \qquad (b)$$

将式（a）、（b）及 $V=0$ 代入能量关系式得

$$\frac{Q}{2g}v^2 = \frac{1}{2}P_d\Delta_d \qquad (c)$$

将 $P_d = \dfrac{\Delta_d}{\Delta_{st}}Q$ 代入式（c）后解得动变形，并保留正值，得到

$$\Delta_d = \left(\frac{v}{\sqrt{g\Delta_{st}}}\right)\Delta_{st} = K_d \cdot \Delta_{st} \qquad (d)$$

其中 $K_d = \dfrac{v}{\sqrt{g\Delta_{st}}}$ 为动荷系数，Δ_{st} 为图 13-7b 所示 B 点水平方向的静变形。

$$\Delta_{st} = \frac{Qa^3}{3EI}(\leftarrow) \qquad (e)$$

将式（e）代入动荷 系数中得该例动荷系数值为

$$K_d = \frac{v}{\sqrt{\dfrac{gQa^3}{3EI}}}$$

【例13-5】 直径 $d=4$cm。长度 $l=4$m 的钢杆，上端固定，下端有一固定圆盘，重物 $Q=15$kN 从高度 h 自由落下如图 13-8 所示。已知钢杆的 $E=200$GPa，$[\sigma]=120$MPa，弹簧刚度 $c=1.6$MN/m，试求重物的许可高度 h。

【解】

$$\sigma_d = K_d\sigma_{st} \leqslant [\sigma] \qquad (a)$$

式中

$$K_d = 1 + \sqrt{1 + \frac{2h}{\Delta_{st}}} \qquad (b)$$

$$\Delta_{st} = \frac{Ql}{EA} + \frac{Q}{c} \qquad (c)$$

图 13-8

将式（b）代入式（a）

$$h \leqslant \frac{\Delta_{st}}{2}\left[\left(\frac{[\sigma]}{\sigma_{st}} - 1\right)^2 - 1\right] \qquad (d)$$

由式（c）

$$\Delta_{st} = \frac{(15 \times 10^3)4}{(200 \times 10^9)\frac{\pi}{4} \times 0.04^2} + \frac{15 \times 10^3}{1.6 \times 10^6}$$

$$= 9.614 \times 10^{-3} \text{m}$$

由式（d）

$$h \leqslant \frac{9.614 \times 10^{-3}}{2}\left[\left(\frac{120 \times 10^6 \times \frac{\pi}{4} \times 0.04^2}{15 \times 10^3} - 1\right)^2 - 1\right]$$

$$= 38.9 \text{cm}$$

【例13-6】 铝合金梁 AB 受力如图 13-9a 所示，已知 $b \times h = 75 \times 25\text{mm}$，$Q = 250\text{N}$，弹簧刚度 $c = 18\text{kN/m}$，$H = 50\text{mm}$，$E = 70\text{GPa}$，试求冲击时梁内的最大正应力。

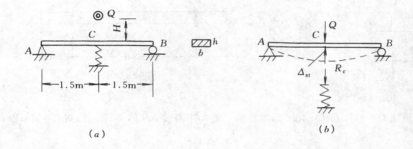

图 13-9

【解】 （1）Q 作为静荷载时，梁的中间支座反力

取基本系统如图 13-9b 所示。由

$$\frac{(Q - R_c)l^3}{48EI} = \frac{R_c}{c}$$

$$R_c = Q/\left(1 + \frac{48EI}{cl^3}\right)$$

$$= 250/\left[1 + \frac{4(70 \times 10^9)(7.5 \times 2.5^3 \times 10^{-8})}{(18 \times 10^3)(3^3)}\right]$$

$$= 149.2 \text{N}$$

（2）动荷系数

梁在中间支座处的静位移

$$\Delta_{st} = \frac{R_c}{c} = \frac{149.2}{18 \times 10^3} = 8.29 \text{mm}$$

$$K_d = 1 + \sqrt{1 + \frac{2h}{\Delta_{st}}}$$

$$= 1 + \sqrt{1 + \frac{2 \times 50}{8.29}} = 4.61$$

（3）梁的最大冲击应力

$$\sigma_d = K_d \cdot \sigma_{st\ max}$$

$$=K_d \frac{(Q-R_C)l}{4W_z}$$

$$=4.61 \frac{(250-149.2) \times 3 \times 6}{4(7.5 \times 2.5^2 \times 10^{-6})}$$

$$=44.6MPa$$

习 题

13-1 图示吊索起吊重物。已知钢索 $[\sigma]=400MPa$，求所需钢索的横截面面积。

13-2 起重机以加速度为 a 提升图示钢梁，已知钢索的截面为 $A=1.08cm^2$。试求吊索及钢梁在危险点处的动应力。

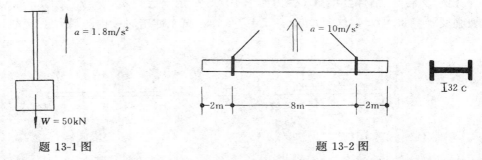

题 13-1 图   题 13-2 图

13-3 一重物 $Q=4kN$ 自 $h=4cm$ 高处自由下落，冲击梁 AB 的 B 端。已知 $E=10GPa$。试求梁内的最大动应力。

13-4 图示工字梁右端置于弹簧上，弹簧常数 $c=0.8kN/mm$，梁的 $E=200GPa$，$[\sigma]=160MPa$，重物 Q 自由落下，求许可下落高度 h。

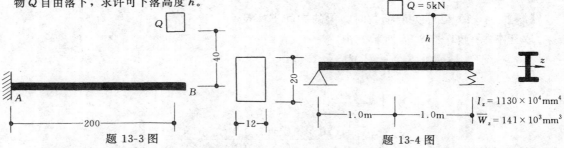

题 13-3 图   题 13-4 图

13-5 图示刚架，当在 B 点受到钢球自下而上的冲击作用时，求动荷系数。设钢球在距 B 点为 h 时具有向上的初速度 v。

13-6 图示钢杆下端所固定的圆盘上，套置一弹簧在 1kN 的静荷载作用下缩短了 0.0625cm。钢杆直

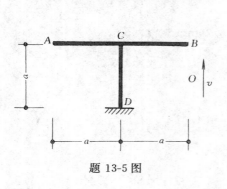

题 13-5 图

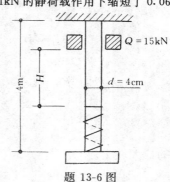

题 13-6 图

径为 d，长为 l，$[\sigma]=120\text{MPa}$，$E=200\text{GPa}$。今有一重物 Q 自由下落，试求其最大的容许高度 H。又若无弹簧的情况，则容许高度 H 将等于多少？

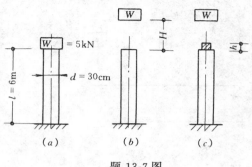

题 13-7 图

13-7 直径为 d，长为 l 的圆木桩，上端受重为 W 的重锤作用。木材的 $E_1=10\text{GPa}$，试求在下列三种情况下，木桩内的最大正应力

（1）重锤以静荷载的方式作用于木桩上（图 13-7a）

（2）重锤从离桩顶 1m 的高度自由落下（图 13-7b）

（3）在桩顶放置直径为 15cm，厚 20mm 的橡皮垫，橡皮的 $E_2=8\text{MPa}$。重锤仍从离桩顶 1m 的高度自由落下（图 13-7c）。

13-8 重物 Q 自 H 高处自由下落到图示曲拐上，试按第三强度理论写出危险点的相当应力。

13-9 等截面直杆两端固定，c 截面有一固定托盘，重量为 Q 的物体从高度 H 自由落下。如图 13-9 所示。试求 c 截面的动位移。

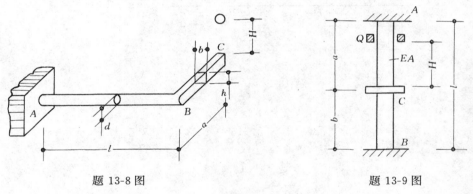

题 13-8 图　　　　　　　　　　　题 13-9 图

13-10 图示两梁材料，截面均相同，欲使两个梁的最大冲击应力相等，问 $l_1=l_2=?$ $\left(\text{取 } k_\text{d}=\sqrt{\dfrac{2H}{\Delta_\text{st}}}\right)$

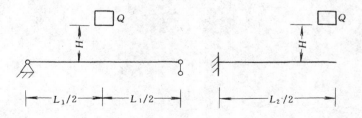

题 13-10 图

13-11 图示两梁和所置弹簧均相同，试证明 $(\sigma_\text{d max})_a>(\sigma_\text{d max})_b$。

13-12 重量为 $P=40\text{N}$ 的重物，自高度 $h=60\text{mm}$ 处自由下落，冲击到钢梁中点 E 处如图所示。该梁一端吊在弹簧 AC 上，另一端支承在弹簧 BD 上，冲击前梁 AB 处于水平位置。已知两弹簧的刚度均为 $C=25.32\text{N/mm}$，钢的弹性模量 $E=210\text{GPa}$，梁的截面为宽 40mm，高 8mm 的矩形，其自重不计。试求梁内最大冲击正应力。

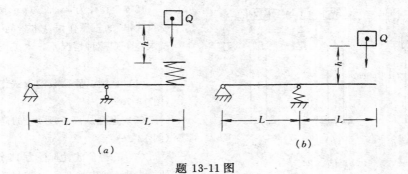

题 13-11 图

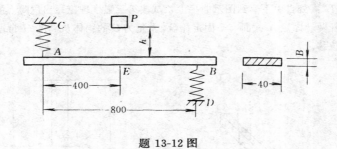

题 13-12 图

第十四章 循 环 应 力

第一节　循环应力与疲劳破坏的概念

在工程实际中，某些构件的工作应力随时间作周期性变化，这种应力称**循环应力**（Cyclic stress），或称**交变应力**（Alternative stress）。例如图 14-1a 所示悬臂梁，在电动机

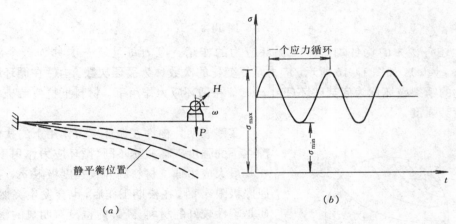

图 14-1

自重 P 作用下处于静平衡位置。当电动机转动时，由于转子的偏心，梁将在静平衡位置附近作强迫振动。这时梁内任一点（除中性层上的点以外）的弯曲正应力将随时间作周期性变化，如图 14-1b 所示。又如图 14-2a 所示火车轮轴，在不变荷载 P 作用下，随着轴的转动，其周边上 A 点处的弯曲正应力也随时间作周期性变化，如图 14-2b 所示。再如图 14-3a 所示

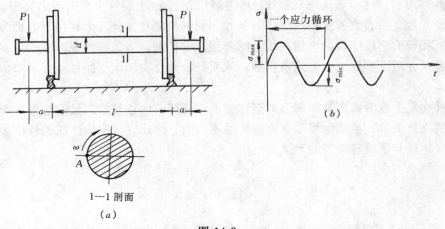

1—1 剖面

(a)

图 14-2

309

单向转动齿轮,任一齿每啮合一次,该齿根部 A 点处的弯曲正应力就由零变化到最大值、再变回到零,应力变化规律如图 14-3b 示。

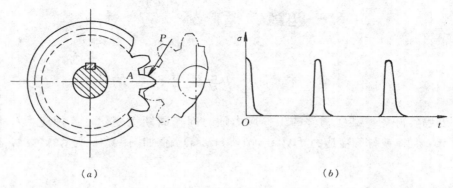

(a)　　　　　　　　　　　(b)

图 14-3

上述各例中的构件均是承受循环应力的作用。应力每重复一次称为一个**应力循环**(Stress cycle),如图 14-1b 所示。应力重复变化的次数称为**循环次数**。构件在循环应力作用下产生的断裂破坏称为**疲劳破坏**(Fatigue)。在循环应力作用下,材料抵抗疲劳破坏的能力称为**疲劳强度**。

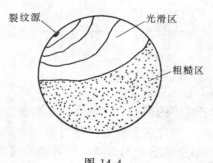

图 14-4

实践表明,构件在循环应力作用下的疲劳破坏与静载下的强度破坏截然不同。循环应力作用下的构件,在其最大应力低于材料的静载强度极限 σ_b,甚至低于屈服极限 σ_s 时,在长期工作后,也会发生突然断裂。即使是塑性较好的材料,断裂前也没有明显的塑性变形。疲劳破坏构件的断口明显地分为两个区域:光滑区域和粗糙区域,如图 14-4 所示。

研究结果表明,疲劳破坏是构件在循环应力作用下产生的损伤逐渐累积的结果。对疲劳破坏过程可作如下解释:在构件的高应力区的某些缺陷处,经循环应力长期作用后,逐步形成细观裂纹(称为**裂纹源**)。由于裂纹尖端的应力集中,导致疲劳裂纹逐渐扩展。在裂纹的扩展过程中,裂纹两侧的材料在循环应力作用下时而分开、时而压紧,互相研磨形成断口的光滑区域。随着裂纹的扩展,有效截面逐渐减小,当裂纹长度达到临界尺寸后,裂纹以极大速度扩展,从而导致构件突然发生脆性断裂,形成断口的粗糙区域。

构件在发生疲劳破坏前无明显的塑性变形,疲劳破坏往往是突然发生的。因疲劳破坏而引起的飞机失事、桥梁倒塌等重大事故是不少的。因此,研究构件在循环应力作用下的疲劳强度计算问题具有重要的意义。

第二节　循环应力的类型

图 14-5 表示一般情况下循环应力的变化曲线。循环应力的最大代数值和最小代数值分

别用 $\sigma_{\max}$ 和 $\sigma_{\min}$ 表示。$\sigma_{\max}$ 与 $\sigma_{\min}$ 的代数平均值称为**平均应力**（Mean stress），用 σ_{m} 表示。

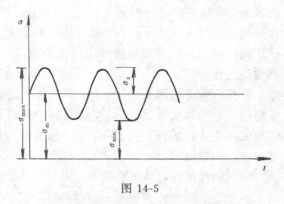

$$\sigma_{\mathrm{m}} = \frac{\sigma_{\max} + \sigma_{\min}}{2} \qquad (14\text{-}1)$$

用 σ_{a} 表示应力的变化幅度，称**应力幅**（Stress amplitude）

$$\sigma_{\mathrm{a}} = \frac{\sigma_{\max} - \sigma_{\min}}{2} \qquad (14\text{-}2)$$

图 14-5

$\sigma_{\min}$ 与 $\sigma_{\max}$ 的比值称为**循环特征**，又称**应力比**（Stress ratio），用 R 表示

$$R = \frac{\sigma_{\min}}{\sigma_{\max}} \qquad (14\text{-}3)$$

循环特征 R 是描述循环应力特征的重要参数。由式（14-1）和（14-2）可以导出

$$\sigma_{\max} = \sigma_{\mathrm{m}} + \sigma_{\mathrm{a}} \qquad (14\text{-}4)$$

$$\sigma_{\min} = \sigma_{\mathrm{m}} - \sigma_{\mathrm{a}} \qquad (14\text{-}5)$$

综上可见，循环应力可用 $\sigma_{\max}$、$\sigma_{\min}$、σ_{m}、σ_{a} 和 R 这五个参数描述，其中独立的参数只有两个。

根据循环特征 R 的值，可将循环应力分为**对称循环**和**非对称循环**两大类。

$R = -1$ 的一类循环应力称为对称循环。其特点为 $\sigma_{\max} = -\sigma_{\min}$，因此 $\sigma_{\mathrm{m}} = 0$，$\sigma_{\mathrm{a}} = \sigma_{\max}$。图 14-2 所示火车轮轴所受的循环应力即为对称循环。

$R \neq -1$ 的循环应力均称为非对称循环。图 14-1 所示强迫振动梁所受的循环应力即为非对称循环。由式（14-4）、（14-5）可知，任一非对称循环都可看作是一个大小为平均应力 σ_{m} 的静应力和一个应力幅为 σ_{a} 的对称循环的叠加。

$R = 0$ 的非对称循环称**脉动循环**。其特点为 $\sigma_{\min} = 0$。图 14-3 所示啮合齿轮齿根处的循环应力即为脉动循环。当 $R = +1$ 时，$\sigma_{\max} = \sigma_{\min} = \sigma_{\mathrm{m}}$ 而 $\sigma_{\mathrm{a}} = 0$，为静应力的情况。故静应力也可看成是循环应力的一个特例。

某些构件的工作应力为**循环剪应力**，例如扭转构件及螺旋弹簧等中产生的循环应力，此时上述概念和公式仍然适用，只需把 σ 改为 τ 即可。

若循环应力的最大应力 $\sigma_{\max}$ 和最小应力 $\sigma_{\min}$ 的值不随时间变化，则称为**恒幅循环应力**。否则称**变幅循环应力**。本章仅介绍恒幅循环应力的强度计算问题。

第三节　材料的疲劳极限　疲劳极限曲线

材料在循环应力作用下的强度指标与静载下的强度指标是不相同的，需要重新确定。实验表明，在给定的循环特征下，σ_{max}越小，试件疲劳破坏前经历的应力循环次数就越多。当循环应力的最大应力 σ_{max} 小于某一极限时，试件可经历无限次应力循环而不发生疲劳破坏，这一极限应力就称为**疲劳极限**或**持久极限**，用 σ_R 表示。脚标 R 表示相应的循环特征，如对称循环的疲劳极限表为 σ_{-1}，而 σ_0 则表示脉动循环的疲劳极限。

材料的疲劳极限 σ_R 可由疲劳试验测定。由于不可能做无限多次应力循环的试验，故一般规定一个循环次数 N_0 来代替无限长的疲劳寿命，称 N_0 为**循环基数**。因此，试验中就取标准试件在规定的循环基数 N_0 下不发生疲劳破坏的最大应力值作为材料的疲劳极限。对于钢材，一般取 $N_0 = 2 \times 10^6 \sim 2 \times 10^7$。

一、对称循环的疲劳极限

同一种材料的疲劳极限 σ_R 是与循环特征 R 有关的。试验表明，在其它条件相同的情况下，对称循环的疲劳极限 σ_{-1} 是最低的，即对称循环是最不利的循环应力。因此，材料在对称循环下疲劳极限的测定具有重要的意义。

现以软钢的弯曲对称循环为例，说明疲劳极限 σ_{-1} 的测定。将材料制成 8～12 根直径为 6～10mm 且表面磨光的标准试件（称为光滑小试件），并依次在疲劳试验机上作疲劳试验，如图 14-6 所示。加在第一根试件上的荷载应使试件中的最大应力 σ_{max} 约为强度极限 σ_b 的

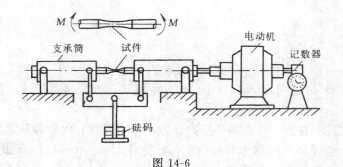

图 14-6

60%，由计数器自动测出试件断裂时的循环次数 N_1。按一定的级差降低第二根试件上的荷载，试件中的最大应力为 σ_{max2}（$< \sigma_{max1}$），测出试件断裂时的循环次数 N_2。如此逐级降低荷载使试件中的最大应力降低到一定水平时，若试件在经历规定的循环基数 N_0 后仍不断裂，可在此基础上增加半级荷载，再取一根试件进行试验。如经 N_0 次循环后试件仍不断裂，则试件中的最大应力即为材料在弯曲对称循环下的疲劳极限 σ_{-1}。将上述试验所得一组数据 (σ_{maxi}, N_i) 描绘在 σ_{max}—$\lg N$ 坐标系上，并连结成一条光滑曲线，称该曲线为**疲劳曲线**或 **S—N 曲线**（即应力—寿命曲线），如图 14-7 所示。图中的 7、8 两点为试件经历循环基数 N_0 后未发生疲劳破坏的数据点。第 8 点的纵坐标值即为上述实验测出的疲劳极限 σ_{-1}。

由图 14-7 可见，随着试件中应力水平的降低，疲劳曲线渐趋水平，其水平渐近线的纵坐标就是材料的疲劳极限。但某些有色金属的疲劳试验表明，它们的疲劳曲线并不明显地趋于水平。对这类材料，只能根据使用要求规定一个循环基数 N_0（一般取 $N_0 = 10^7 \sim 10^8$），并将与它对应的试件不发生疲劳破坏的最大应力作为疲劳极限，称为**名义疲劳极限**。

试验表明，材料的疲劳极限不仅与循环特征 R 有关，还与材料性质及变形形式有关。表 14-1 给出了几种钢材在对称循环下的疲劳极限。

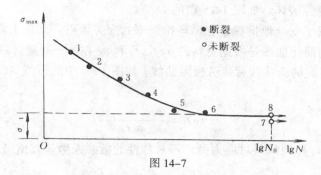

图 14-7

几种钢材在对称循环下的持久极限（MPa）   表 14-1

钢 材 牌 号	σ_{-1}（拉、压）	σ_{-1}（弯曲）	τ_{-1}（扭转）
Q235	120～160	170～220	100～130
45	190～250	250～340	150～200
16Mn	200	320	—

二、材料的疲劳极限曲线及其简化

在近代疲劳试验机上可做各种非对称循环的疲劳试验。因此，同一种材料在不同循环特征 R 下的疲劳极限 σ_R 均可由实验测定。由 $\sigma_R = \sigma_{max}$ 及式（14-1）～（14-3）诸式可导出

$$\sigma_{Rm} = \frac{1+R}{2}\sigma_R \qquad (a)$$

$$\sigma_{Ra} = \frac{1-R}{2}\sigma_R \qquad (b)$$

$$\sigma_R = \sigma_{Rm} + \sigma_{Ra} \qquad (c)$$

即疲劳极限 σ_R 可分解为循环特征为 R 时所对应的平均应力 σ_{Rm} 和应力幅 σ_a。根据 (a)、(b) 两式，可将由实验测定的不同 R 下的一组 σ_R 值换算为一组数据对（σ_{Rm}, σ_{Ra}），并在 $\sigma_m - \sigma_a$ 坐标系中描出相应的点，其拟合曲线为 ACB，如图 14-8 所示。称曲线 ACB 为材料的疲劳极限曲线。显然，曲线上一点的纵、横坐标之和就是材料在某一循环特征 R 下的疲劳极限 σ_R。例如，曲线上的 A 点，$\sigma_m = 0$，代表对称循环（$R = -1$），A 点纵坐标即为对称循环的疲劳极限 σ_{-1}。又如 C 点，$\sigma_a = \sigma_m$，代表脉动循环（$R = 0$），其纵、横坐标之和即为脉动循环的疲劳极限 σ_0。而在 B 点，$\sigma_a = 0$，代表静荷载（$R = +1$），其横坐标即静拉伸时的强度极限 σ_b。

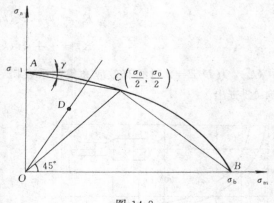

图 14-8

过原点 O 作任一射线，容易证明射线的斜率为 $\frac{1-R}{1+R}$，即具有相同循环特征 R 的所有应力循环都表示在同一射线上。射线上离

313

原点越近的点，其对应循环应力的 σ_{max} 就越小。显然，在疲劳极限曲线以下的点所对应的循环应力将不会引起疲劳破坏，如图 14-8 中的 D 点。

为减少试验并偏于安全地推算其它循环特征下的疲劳极限，工程上常采用简化的疲劳极限曲线。最常用的简化曲线是根据材料的 σ_{-1}、σ_0 和 σ_b 在 σ_m—σ_a 坐标系内确定 A、B、C 三点，并用这三点连成的折线代替疲劳极限曲线，如图 14-8 中的折线 ACB。折线 AC 的倾角为 γ，斜率为

$$\Psi_\sigma = \text{tg}\gamma = \frac{\sigma_{-1} - \sigma_0/2}{\sigma_0/2} \tag{14-6}$$

式中 Ψ_σ 为材料常数，称为材料对应力循环不对称性的**敏感系数**，其值可从有关手册查得。

第四节　构件的疲劳极限

疲劳试验表明，实际构件的疲劳极限除与材料有关外，还受到构件的外形、横截面尺寸及表面加工质量以及周围介质等因素的影响。因此，由光滑小试件测定的材料疲劳极限必须适当修正后才能作为实际构件的疲劳极限。下面就影响构件疲劳极限的三种主要因素作简要介绍。

一、构件外形的影响

构件外形的突然改变，例如轴肩、键槽、开孔等，将引起应力集中。应力集中将促使疲劳裂纹的形成和发展，造成构件的疲劳极限显著降低。在对称循环下，若光滑小试件的疲劳极限为 σ_{-1} 或 τ_{-1}，而 $(\sigma_{-1})_k$ 或 $(\tau_{-1})_k$ 表示同样尺寸但有应力集中的试件的疲劳极限，则比值

$$k_\sigma = \frac{\sigma_{-1}}{(\sigma_{-1})_k} \text{ 或 } k_\tau = \frac{\tau_{-1}}{(\tau_{-1})_k} \tag{14-7}$$

称为**有效应力集中系数**。显然，k_σ 和 k_τ 均是大于 1 的数。工程上为使用方便，已将有效应力集中系数整理为图线和表格，以备查用。图 14-9～图 14-11 分别是钢质阶梯轴在弯曲，扭转和拉、压对称循环下的有效应力集中系数曲线。这些曲线均适用于 $D/d = 2$ 及 $d = 30 \sim 50\text{mm}$ 的情况。对 $D/d \neq 2$ 的情况可作如下修正

$$K_\sigma = 1 + \xi[(k_\sigma)_0 - 1] \tag{14-8}$$

$$K_\tau = 1 + \xi[(k_\tau)_0 - 1] \tag{14-9}$$

式中 $(k_\sigma)_0$ 为 $D/d = 2$ 时的有效应力集中系数，ξ 是和 D/d 的值有关的修正系数，其值可由图 14-12 查出。

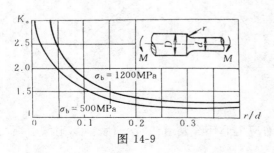

图 14-9

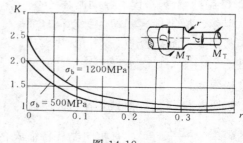

图 14-10

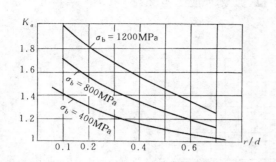

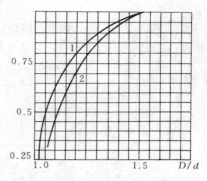

曲线 1 - 弯曲与拉压
曲线 2 - 扭转
图 14-12

图 14-11

螺纹和键槽有效应力集中系数（k_σ —— 弯曲，k_τ —— 扭转） 　　表 14-2

材料强度 σ_b (MPa)	螺纹 ($k_\tau=1$) k_σ	端铣刀切制		盘铣刀切制		直齿花键	
		k_σ	k_τ	k_σ	k_τ	k_σ	k_τ
400	1.45	1.51	1.20	1.30	1.20	1.35	2.10
500	1.78	1.64	1.37	1.38	1.37	1.45	2.25
600	1.96	1.76	1.54	1.46	1.54	1.55	2.35
700	2.20	1.89	1.71	1.54	1.71	1.60	2.45
800	2.32	2.01	1.88	1.62	1.88	1.65	2.55
900	2.47	2.14	2.05	1.69	2.05	1.70	2.65
1000	2.61	2.26	2.22	1.77	2.22	1.72	2.70
1200	2.90	2.50	2.39	1.92	2.39	1.75	2.80

当轴上有螺纹、键槽、花键时，有效应力集中系数可由表 14-2 查出。

二、构件尺寸的影响

构件的疲劳极限与构件的尺寸大小有关。实验表明，其它条件相同时，构件的疲劳极限随尺寸的增大而降低。这是因为当构件周边应力相同时，大尺寸构件内高应力区的面积较大，因而有较多金属的晶体处于高应力区；同时由于尺寸的增大，存在缺陷的概率也增大，从而更易形成疲劳裂纹。尺寸因素的影响用**尺寸系数** ε_σ 或 ε_τ 来表示。对于弯曲构件

$$\varepsilon_\sigma = \frac{(\sigma_{-1})_d}{\sigma_{-1}} \tag{14-10}$$

式中 $(\sigma_{-1})_d$ 表示直径为 d 的大尺寸光滑试件的疲劳极限。对于扭转构件

$$\varepsilon_{\tau} = \frac{(\tau_{-1})_d}{\tau_{-1}} \qquad (14\text{-}11)$$

图 14-13 中给出了部分尺寸系数曲线。对于拉、压循环应力情况，一般不考虑尺寸因素的影响，取 $\varepsilon_{\sigma}=1$。

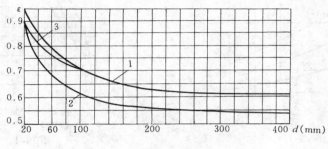

图 14-13

三、构件表面质量的影响

试验表明，构件的表面加工质量对疲劳极限有很大影响。表面粗糙、有划痕等都会引起应力集中，从而降低疲劳极限。表面加工质量对疲劳极限的影响，可用**表面质量系数**β 表示

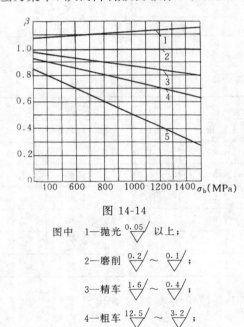

$$\beta = \frac{(\sigma_{-1})_{\beta}}{\sigma_{-1}} \qquad (14\text{-}12)$$

式中 $(\sigma_{-1})_{\beta}$ 为实际表面加工情况下构件的疲劳极限。当构件的表面加工质量低于光滑小试件时，$\beta<1$，其值可从图 14-14 中查得。表面经强化处理后 $\beta>1$，其值可从有关手册中查出。

综上可知，当考虑上述三种因素的影响后，构件在对称循环下的疲劳极限 σ_{-1}^0 应为

$$\sigma_{-1}^0 = \frac{\varepsilon_{\sigma}\beta}{k_{\sigma}}\sigma_{-1} \qquad (14\text{-}13)$$

对于扭转对称循环

$$\tau_{-1}^0 = \frac{\varepsilon_{\tau}\beta}{k_{\tau}}\tau_{-1} \qquad (14\text{-}14)$$

图 14-14

图中　1—抛光 $\overset{0.05}{\bigtriangledown}$ 以上；

　　2—磨削 $\overset{0.2}{\bigtriangledown}$ ~ $\overset{0.1}{\bigtriangledown}$；

　　3—精车 $\overset{1.6}{\bigtriangledown}$ ~ $\overset{0.4}{\bigtriangledown}$；

　　4—粗车 $\overset{12.5}{\bigtriangledown}$ ~ $\overset{3.2}{\bigtriangledown}$；

　　5—未加工

*第五节　构件的疲劳强度计算

一、对称循环下构件的疲劳强度计算

在对称循环下计算构件的疲劳强度时，应以构件的疲劳极限为极限应力。考虑适当的安全储备，引入**安全系数**n 后，可得构件的**容许应力** $[\sigma_{-1}]$ 为

$$[\sigma_{-1}] = \frac{\sigma_{-1}^0}{n} \qquad (a)$$

构件的疲劳强度条件为

$$\sigma_{max} \leqslant [\sigma_{-1}] \qquad (14\text{-}15)$$

实际工程中，常采用由安全系数表示的疲劳强度条件。构件的**工作安全系数**n_σ为

$$n_\sigma = \frac{\sigma_{-1}^0}{\sigma_{max}} \qquad (b)$$

式中σ_{max}为构件的最大工作应力。用安全系数表示的强度条件为

$$n_\sigma \geqslant n \qquad (14\text{-}16)$$

引入式（14-10）和（b）后，疲劳强度条件可写为

$$n_\sigma = \frac{\sigma_{-1}}{\dfrac{K_\sigma}{\varepsilon_\sigma \beta}\sigma_{max}} \geqslant n \qquad (14\text{-}17)$$

扭转对称循环下的强度条件为

$$n_\tau = \frac{\tau_{-1}}{\dfrac{K_\tau}{\varepsilon_\tau \beta}\tau_{max}} \geqslant n \qquad (14\text{-}18)$$

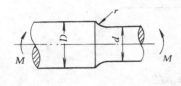

图 14-15

【例14-1】 图 14-15 示一阶梯形旋转轴，承受不变弯矩 M 的作用。已知：$M=0.8\text{kN}\cdot\text{m}$，$D=55\text{mm}$，$d=45\text{mm}$，$r=9\text{mm}$。材料为碳钢，$\sigma_b=500\text{MPa}$，$\sigma_{-1}=220\text{MPa}$，轴表面经精车加工，规定的安全系数为 $n=1.5$。试校核轴的疲劳强度。

【解】　（1）求最大工作应力

$$\sigma_{max} = \frac{M}{W_{min}} = \frac{M}{\pi d^3/32} = \frac{0.8 \times 10^3 \times 32}{\pi \times 45^3 \times 10^{-9}} = 89.42\text{MPa}$$

（2）确定各影响系数

轴的几何特征：$D/d=1.22$，$r/d=0.2$

由图 14-10 查得 $D/d=2$，$r/d=0.2$ 及 $\sigma_b=500\text{MPa}$ 时的有效应力集中系数 $(k_\sigma)_0=1.25$。再按 $D/d=1.22$，由图 14-12 查得修正系数 $\xi=0.82$，代入公式（14-8）就可算出有效应力集中系数为

$$K_\sigma = 1 + \xi[(K_\sigma)_0 - 1] = 1 + 0.82[1.25 - 1] = 1.205$$

由 $\sigma_b=500\text{MPa}$，$d=45\text{mm}$，从图 14-13 查得尺寸系数 $\varepsilon_\sigma=0.83$。

由图 14-14 查得表面质量系数 $\beta=0.95$。

（3）校核疲劳强度

由（14-17）式进行疲劳强度校核

$$n_\sigma = \frac{\sigma_{-1}}{\dfrac{K_\sigma}{\varepsilon_\sigma \beta}\sigma_{max}} = \frac{220 \times 0.83 \times 0.95}{1.205 \times 89.42} = 1.61 > n$$

该轴满足疲劳强度条件。

二、非对称循环下构件的疲劳强度计算

1. 构件的疲劳极限简化折线

图 14-8 中材料的疲劳极限曲线及其简化折线只适用于光滑小试件。对于实际构件，应考虑应力集中、尺寸大小、表面质量等因素的影响。实验表明，这些因素只对应力幅有影响，而对平均应力无影响。因此，只需将图 14-8 中 A、C 两点的纵坐标分别乘以系数 $\dfrac{\varepsilon_\sigma \beta}{k_\sigma}$ 后，得相应的 E、D 两点，连结 E、D、B 三点所得的折线即为构件的疲劳极限简化折线，如图 14-16 所示。

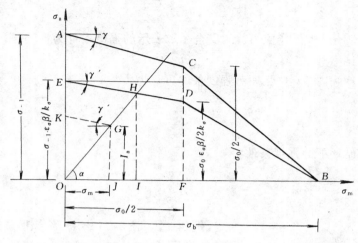

图 14-16

简化折线中，ED 部份与水平线夹角的正切为

$$\tan\gamma' = \frac{\overline{OE} - \overline{FD}}{\overline{OF}} = \frac{\sigma_{-1}\varepsilon_\sigma \beta / K_\sigma - \sigma_0 \varepsilon_\sigma \beta / 2 K_\sigma}{\sigma_0 / 2}$$

$$= \frac{\varepsilon_\sigma \beta}{K_\sigma} \cdot \frac{\sigma_{-1} - \sigma_0 / 2}{\sigma_0 / 2} \tag{c}$$

引入式（14-6）后可得

$$\tan\gamma' = \frac{\varepsilon_\sigma \beta}{K_\sigma} \Psi_\sigma \tag{d}$$

2. 疲劳强度条件

设构件在循环应力作用下其危险点的应力幅为 σ_a、平均应力为 σ_m，如图 14-16 中的 G 点。下面来导出相应于 G 点的工作安全系数 n_σ。

延长 OG 直线与折线 EDB 交于 H 点。设交点 H 在 ED 段内（即设循环特征 R 满足 $-1 \leqslant R \leqslant 0$），则 G 点对应的工作安全系数为

$$n_\sigma = \frac{\sigma_R}{\sigma_{\max}} = \frac{\overline{HI} + \overline{OI}}{\overline{GJ} + \overline{OJ}} = \frac{\overline{OH}(\sin\alpha + \cos\alpha)}{\overline{OG}(\sin\alpha + \cos\alpha)}$$

$$= \frac{\overline{OH}}{\overline{OG}} \tag{e}$$

过点 G 作 EH 的平行线，交纵轴于 K 点，则

$$n_\sigma = \frac{\overline{OH}}{\overline{OG}} = \frac{\overline{OE}}{\overline{OK}} = \frac{\varepsilon_\sigma \beta \sigma_{-1} / K_\sigma}{\sigma_a + \sigma_m \operatorname{tg}\gamma'}$$

将（d）式代入，整理后即得

318

$$n_\sigma = \frac{\sigma_{-1}}{\frac{K_\sigma}{\varepsilon_\sigma \beta}\sigma_a + \Psi_\sigma \sigma_m} \qquad (14\text{-}19)$$

因此，非对称循环下构件的疲劳强度条件为

$$n_\sigma = \frac{\sigma_{-1}}{\frac{K_\sigma}{\varepsilon_\sigma \beta}\sigma_a + \Psi_\sigma \sigma_m} \geqslant n \qquad (14\text{-}20)$$

式中 n 为规定的疲劳安全系数。

同理，受扭圆轴在非对称循环下的疲劳强度条件为

$$n_\tau = \frac{\tau_{-1}}{\frac{K_\tau}{\varepsilon_\tau \beta}\tau_a + \Psi_\tau \tau_m} \geqslant n \qquad (14\text{-}21)$$

试验表明，对于由塑性材料制成的构件，在 $R<0$ 时，构件通常发生疲劳破坏，可由式 (14-20) 或 (14-21) 进行疲劳强度计算；在 $R>0$ 时，危险点往往先发生显著的塑性变形，然后才出现疲劳破坏。这时控制构件强度的因素是屈服极限而不是疲劳极限，应按静强度条件校核

$$n_\sigma = \frac{\sigma_s}{\sigma_a + \sigma_m} \geqslant n_s \qquad (14\text{-}22)$$

式中 n_s 为塑性破坏规定的安全系数。但应注意，在 R 接近零时，构件发生疲劳破坏或因较大塑性变形而破坏的可能性均存在，通常要同时校核构件的疲劳强度和屈服强度。

【例14-2】 图 14-17 示一阶梯轴。已知，$D=50\text{mm}$，$d=40\text{mm}$，$r=6\text{mm}$。轴的材料为合金钢，$\sigma_b=900\text{MPa}$，$\sigma_s=500\text{MPa}$，$\sigma_{-1}=400\text{MPa}$，$\Psi_\sigma=0.1$。轴工作时受非对称循环弯矩作用，$M_{max}=1200\text{N}\cdot\text{m}$，$M_{min}=300\text{N}\cdot\text{m}$。轴表面经磨削加工。规定的安全系数为 $n=2$，$n_s=2$，试校核轴的强度。

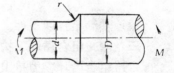

图 14-17

【解】

(1) 计算工作应力

该轴危险截面的最大和最小工作应力为

$$\sigma_{max} = \frac{M_{max}}{\pi d^3/32} = \frac{1200 \times 32}{\pi \times 40^3 \times 10^{-9}} = 191\text{MPa}$$

$$\sigma_{min} = \frac{M_{min}}{\pi d^3/32} = \frac{300 \times 32}{\pi \times 400^3 \times 10^{-9}} = 47.75\text{MPa}$$

危险点的应力幅和平均应力分别为

$$\sigma_a = \frac{1}{2}(\sigma_{max} - \sigma_{min}) = 71.6\text{MPa}$$

$$\sigma_m = \frac{1}{2}(\sigma_{max} + \sigma_{min}) = 119.4\text{MPa}$$

(2) 确定各影响系数

轴的几何特征为

$$D/d = 50/40 = 1.25, \quad r/d = 6/40 = 0.15$$

由图 14-9 查得 $D/d=2$，$r/d=0.15$ 时的有效应力集中系数：

$$\sigma_b = 500\text{MPa 时},(K_\sigma)_0 = 1.33$$

$$\sigma_b = 1200\text{MPa 时},(K_\sigma)_0 = 1.5$$

按线性插值公式计算 $\sigma_b = 900\text{MPa}$ 时的 $(K_\sigma)_0$ 为

$$(K_\sigma)_0 = 1.33 + \frac{900 - 500}{1200 - 500}(1.5 - 1.33) = 1.427$$

由图 14-12 查得 $D/d = 1.25$ 时的修正系数 $\xi = 0.84$。由（14-8）式得有效应力集中系数为

$$K_\sigma = 1 + \xi[(K_\sigma)_0 - 1] = 1 + 0.84(1.427 - 1) = 1.36$$

由图 14-13 并按线性插值公式算得 $\sigma_b = 900\text{MPa}$ 和 $d = 40\text{mm}$ 时的尺寸系数为 $\varepsilon_\sigma = 0.80$。该轴为磨削加工，表面质量系数为 $\beta = 1$。

（3）校核疲劳强度

将已知数据及以上确定的各系数代入（14-20）式，得

$$n_\sigma = \frac{\sigma_{-1}}{\frac{K_\sigma}{\varepsilon_\sigma \beta}\sigma_a + \Psi_\sigma \sigma_m} = \frac{400}{\frac{1.36}{0.8 \times 1} \times 71.6 + 0.1 \times 119.4}$$

$$= 2.99 > n$$

（4）校核屈服强度

由式（14-22）得

$$n_\sigma = \frac{\sigma_s}{\sigma_a + \sigma_m} = \frac{500}{71.6 + 119.4} = 2.6 > n_s$$

故该轴满足强度条件。

三、弯扭组合循环下构件的疲劳强度计算

弯扭组合循环应力是工程中常见的情形。试验表明，可将静载条件下弯扭组合变形的强度条件推广应用于弯扭组合循环应力下的疲劳强度计算。按照第四强度理论，在静荷载下弯扭组合变形构件的强度条件为

$$\sqrt{\sigma^2 + 3\tau^2} \leqslant \frac{\sigma_s}{n} \qquad (f)$$

将上式两边平方后除以 σ_s^2，并注意到 $\tau_s = \dfrac{\sigma_s}{\sqrt{3}}$，则上式可写为

$$\frac{\sigma^2}{\sigma_s^2} + \frac{\tau^2}{\tau_s^2} \leqslant \frac{1}{n^2} \qquad (g)$$

如令 $n_\sigma = \sigma_s/\sigma$，　　$n_\tau = \tau_s/\tau$，分别表示静荷载下弯曲和扭转单独作用时的工作安全系数，则上式可写为

$$\frac{1}{n_\sigma^2} + \frac{1}{n_\tau^2} \leqslant \frac{1}{n^2} \qquad (h)$$

或写为

$$\frac{n_\sigma n_\tau}{\sqrt{n_\sigma^2 + n_\tau^2}} \geqslant n \qquad (i)$$

将式（i）推广应用于弯扭组合循环应力下的构件，则相应的疲劳强度条件为

320

$$n_{\sigma\tau} = \frac{n_\sigma n_\tau}{\sqrt{n_\sigma^2 + n_\tau^2}} \geqslant n \tag{14-23}$$

式中，n 为规定的疲劳安全系数；$n_{\sigma\tau}$ 为构件在弯扭组合循环应力下的工作安全系数；n_σ 和 n_τ 分别表示构件在弯曲或扭转单独作用时的工作安全系数，在对称循环下按（14-17）和（14-18）计算，在非对称循环下按（14-20）和（14-21）计算。

*第六节　提高构件疲劳强度的措施

构件的疲劳破坏是由裂纹扩展引起的。实践表明，循环应力作用下构件的裂纹源通常都发生在应力集中部位和构件表面。因此，降低应力集中和提高构件的表面质量将有效地提高构件的疲劳强度。下面简要介绍一些具体措施。

一、降低应力集中的影响

应力集中是引起疲劳破坏的重要因素。在设计构件时，应尽可能消除或降低应力集中的影响。例如在轴的截面突然改变处，应尽量采用较大的过渡圆角半径。因构造原因不能增大过渡圆角半径时，可在轴承与轴肩之间设置间隔环，或在直径较大一段轴上开减荷槽以降低应力集中的影响。又如轮毂与轮间的过盈配合，在配合面边缘处有较大的应力集中。为了减缓应力集中程度，可将轴的配合部份加粗并用圆弧过渡。也可在轮毂上开减荷槽，以降低其刚度。

二、提高构件的表面质量

构件表层的刀痕和损伤将引起显著的应力集中。由于弯、扭构件的最大应力发生在表层，因而其表层的损伤及刀痕处极易形成裂纹源。所以对疲劳强度要求较高的构件，应降低其表层的粗糙度；对应力集中敏感的材料（如高碳钢），也只有对其表面精加工后才能充分发挥材料的高强度性能。

工程中常采用对构件表层进行热处理和机械强化等方法来提高构件的疲劳强度。在热处理中，可通过表面高频淬火、渗碳、氮化等来提高表层强度，从而提高构件的疲劳强度。在机械强化方法中，通常是对构件表层进行滚压、喷丸等，使构件表面形成一层预压应力层，降低容易引起裂纹的表面拉应力，达到提高构件疲劳强度的目的。

习　题

14-1　已知交变应力随时间的变化规律如图所示，试计算最大应力 σ_{max}、最小应力 σ_{min}、平均应力 σ_m 和应力幅 σ_a 及循环特征 R

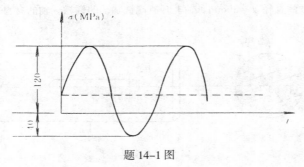

题 14-1 图

14-2 已知某材料的持久极限曲线如图所示。试求该材料脉动循环时的持久极限。并问用该材料制成的光滑小试件,承受 $\sigma_{min}=0$,$\sigma_{max}=240$MPa 的交变应力时,是否会发生疲劳破坏。

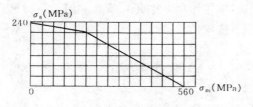

题 14-2 图

14-3 图示阶梯轴。已知 $d=40$mm、$D=50$mm、$r=5$mm。轴的材料为铬镍合金钢,$\sigma_b=920$MPa,$\sigma_{-1}=420$MPa,$\tau_{-1}=250$MPa。试求弯曲和扭转时的有效应力集中系数和尺寸系数。

题 14-3 图 　　　　　　　　　　题 14-4 图

14-4 一根受纯弯曲的旋转圆轴如图所示。已知 $D=60$mm,$d=50$mm,$r=5$mm。轴的材料为碳钢,$\sigma_b=800$MPa,$\sigma_{-1}=280$MPa,轴的表面经过精车加工。试确定该轴的疲劳极限 σ_{-1}^0。

14-5 图示旋转阶梯轴,作用一不变的弯距 $M=1$kN·m,轴表面精车加工。已知轴的材料为碳钢,$\sigma_b=600$MPa,$\sigma_{-1}=250$MPa,试求轴的工作安全系数。

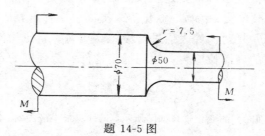

题 14-5 图

14-6 图示电机轴的直径 $d=30$mm,轴上开有端铣加工的键槽。轴的材料是合金钢,$\sigma_b=750$MPa,

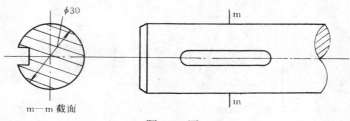

题 14-6 图

$\tau_b = 400\text{MPa}$，$\tau_s = 260\text{MPa}$，$\tau_{-1} = 190\text{MPa}$，轴在 $n = 750\text{r/min}$ 的转速下传递功率 $N = 14.7\text{kW}$。该轴时而工作，时而停止，但无反向旋转。轴表面经磨削加工，若规定的安全系数为 $n = 2$，$n_s = 1.5$，试校核该轴的强度。

14-7 图示一精炼碳钢制成的阶梯轴，其表面经磨削加工。已知 $\sigma_b = 900\text{MPa}$，$\sigma_{-1} = 410\text{MPa}$，$\tau_{-1} = 240\text{MPa}$。作用于轴上的弯矩变化于 -1kN·m 到 $+1\text{kN·m}$ 之间，扭矩变化于 0 到 1.5kN·m 之间。已知材料的敏感系数 $\Psi_\tau = 0.05$。若规定的安全系数为 $n = 2$，试校核轴的疲劳强度。

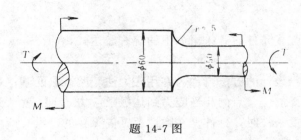

题 14-7 图

*第十五章 考虑材料塑性时杆件的承载能力

第一节 概 述

前面几章在建立强度条件时，采用如下的统一表达式，即

$$\sigma_r \leqslant [\sigma] = \sigma_u/n \tag{15-1}$$

依据这种强度条件进行设计的方法，称为**许用应力法**。此方法的基本观点是：只要所加荷载使结构中的任一杆件的任一点的相当应力到达极限应力 σ_u 时，就认为该结构失去了承载能力。满足这样的强度条件时，杆件是在弹性范围内工作的，没有产生塑性变形。

这种观点对以强度极限 σ_b 作为极限应力 σ_u 的脆性材料，或对由塑性材料制成的、截面上应力均匀分布的静定杆系是符合实际情况的。但是，对于由塑性材料制成的超静定杆系，或截面上应力为非均匀分布的杆，不允许结构出现塑性变形的设计方法显然不能充分发挥材料的作用。例如，对于图 15-1 所示的梁，设材

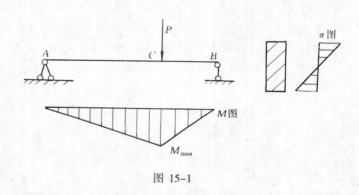

图 15-1

料采用低碳钢。若按许用应力法进行设计，当截面 C 上下边缘处的应力到达极限应力 σ_u（$\sigma_u = \sigma_s$）时，就认为该梁失去了承载能力。但是，这时除截面 C 上下边缘各点外，内部各点在横截面上的正应力都小于屈服极限 σ_s，实际上，该梁仍能继续承载。若梁允许出现较大的塑性变形，该梁还能承担更大的荷载。只有当整个 C 截面上的正应力都达到 σ_s 时，梁才真正失去承载能力而发生破坏。这时的荷载称为**塑性极限荷载**，记为 P_u^p。按这种观点，构件可建立如下的强度条件，即

$$P_{max} \leqslant [P] = P_u^p/n \tag{15-2}$$

式中 P_{max} 为结构实际承受的最大荷载。

依据强度条件（15-2）进行设计的方法，称为**极限荷载法**。显然，与许用应力法比较，按极限荷载法进行设计要合理得多。因此，这种方法在建筑设计中得到广泛应用。

本章仅讨论杆件各种基本变形的塑性阶段及塑性极限荷载的计算。

第二节 金属材料的塑性性质

用极限荷载法对构件进行强度计算时，必须知道材料进入塑性阶段后的工作情况。在第二章中已讨论过材料的力学性质，现将与塑性变形有关的部分作一简单的回顾。图 15-2

是低碳钢在轴向拉伸时的应力—应变图，图中 a、b、c 三点对应的应力分别是比例极限 σ_p，弹性极限 σ_e 和屈服极限 σ_s。应力不超过 σ_p 时，材料是线弹性的，应力和应变服从胡克定律。应力超过 σ_e 时，材料开始出现塑性变形。当应力超过 σ_s 后，材料有明显的塑性变形。由于 a、b、c 三点非常接近，所以可以近似地把屈服极限 σ_s 作为线弹性和塑性的分界点。

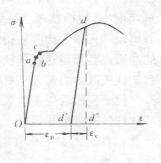

图 15-2

当应力超过屈服极限 σ_s 后，例如到达图中的点 d，应力和应变关系是非线性的，应变中将包括弹性应变 ε_e 和塑性应变 ε_p 两部分，即 $\varepsilon = \varepsilon_e + \varepsilon_p$。这时若卸载，应力和应变将沿直线 dd' 变化，并且直线 dd' 与弹性范围的直线 oa 近似地平行。当荷载完全卸去后，应力等于零，弹性应变恢复，不能消失的应变就是塑性应变。

在弹性阶段，加载与卸载沿着同一曲线变化，全部变形都是可以恢复的，没有塑性变形产生。因此，应力和应变关系是单值对应的。在塑性阶段，加载与卸载遵循不同的规律，因此应力和应变之间不是单值对应关系，这是与弹性阶段的主要区别。

为了使求解弹塑性问题得到简化，或者成为可能，经常将应力—应变关系作必要的简化，得出各种简化模型。通常采用的模型如图 15-3 所示。其中图 a 称为**理想弹塑性材料**；图 b 称为**线性强化弹塑性材料**；图 c 称为**理想刚塑性材料**；图 d 称为**线性强化刚塑性材料**。图中箭头表示卸载时曲线的变化方向。对于某些材料，也可将应力—应变曲线近似地用幂函数表达为：$\sigma = C\varepsilon^n$。式中的 c 和 n 为材料常数（$0 \leqslant n \leqslant 1$）。

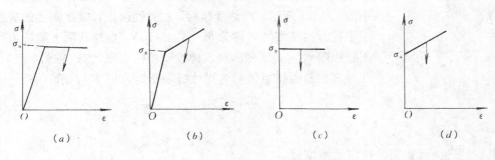

图 15-3

以上是单向应力状态的情况，复杂应力状态下的塑性应力—应变关系要复杂一些，这里不再介绍。本章在讨论杆件的承载能力时，一律采用图 15-3a 所示的理想弹塑性材料的模型，同时认为，材料在拉伸和压缩时具有相同的弹性模量值和屈服极限值。凡是材料有较明显的屈服阶段，并且应变不超出这一阶段，或者材料的强化程度不明显时，都可简化为理想弹塑性材料。

第三节　截面的屈服和极限内力

若杆件的材料是理想弹塑性的，当荷载到达一定值时，内力最大的横截面上的最大应

力就会到达屈服极限（$|\sigma|=\sigma_s$ 或 $\tau=\tau_s$），该截面便进入弹性阶段的极限状态，与此相应的截面内力称为**弹性极限内力**，此时的荷载称为**弹性极限荷载**或**屈服荷载**，记为 P_u^e。当荷载继续增加，使横截面上各处的应力都到达屈服极限时，该截面在内力保持不变的情况下，两侧可以"无限"地相对位移。这时，截面失去了继续抵抗变形的能力。这种状况称为**截面的屈服**或**截面到达极限状态**。截面屈服时的内力称为**塑性极限内力**。显然，弹性极限内力和塑性极限内力都是与材料的屈服极限和截面的几何性质有关的。

截面屈服后便丧失了继续作为内部约束的作用，使结构的自由度增加。当结构中有足够的杆件或截面屈服时，结构就会如同机构一样，可以自由地变形。这时，结构到达极限状态，真正失去了承载能力。结构在极限状态时的荷载称为**塑性极限荷载**（简称**极限荷载**）。

本节讨论基本变形时截面的极限内力。

一、极限轴力

当轴向拉压杆在横截面上的正应力到达屈服极限时，该截面即屈服，相应的轴力值称为**塑性极限轴力**，用 N_u^p 表示，有

$$N_u^p = A\sigma_s \tag{15-3}$$

因为轴向拉压杆在横截面上的应力是均匀分布的，截面弹性阶段的极限状态与截面的屈服是同一状态。因此，**弹性极限轴力** N_u^e 与塑性极限轴力 N_u^p 相等，即

$$N_u^e = A\sigma_s \tag{15-4}$$

二、极限扭矩

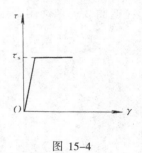

图 15-4

设圆轴材料为理想弹塑性材料，其剪应力 τ 和剪应变 γ 的关系如图 15-4 所示。圆轴受扭时，在弹性阶段，横截面上的剪应力沿半径方向按线性规律分布（图 15-5a）。当外圆周上的应力到达屈服极限 τ_s 时，该截面进入弹性阶段的极限状态（图 15-5b），与此相应的截面扭矩值称为**弹性极限扭矩**，用 T_u^e 表示，有

$$T_u^e = W_t\tau_s = \frac{\pi d^3}{16}\tau_s \tag{15-5}$$

式中 $W_t = \dfrac{\pi d^3}{16}$ 为圆截面的抗扭截面模量。

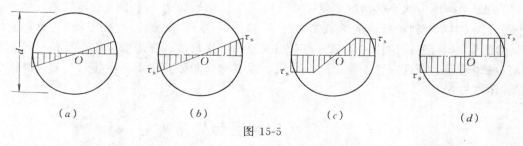

| (a) | (b) | (c) | (d) |

图 15-5

若扭矩继续增大，根据图 15-4 的 $\tau-\gamma$ 图，圆截面外圆周处的剪应力仍保持 τ_s 不变，但剪应变 γ 继续增加，从而使横截面在邻近外圆周部分的剪应力也相继增大到 τ_s，形成塑性

区；截面中间部分的应力仍处于弹性阶段，形成弹性区。这时，整个截面处于弹塑性阶段（图 15-5c）。再进一步增大扭矩，横截面上的塑性区由外向内逐渐扩大，弹性区逐渐缩小，直到整个截面上的应力都到达剪切屈服极限 τ_s 时，截面屈服，进入极限状态（图 15-5d）。与此相应的**塑性极限扭矩**T_u^p 为

$$T_u^p = \int_A \rho\tau_s \mathrm{d}A = \int_0^{d/2} \rho\tau_s \cdot 2\pi\rho\mathrm{d}\rho$$
$$= \frac{\pi d^3}{12}\tau_s = W_t^p\tau_s$$

(15-6)

式中 $W_t^p = \dfrac{\pi d^3}{12}$，称为圆截面的**塑性抗扭截面模量**。

三、极限弯矩

梁弯曲时，设横截面如图 15-6a 所示，z 为中性轴，y 为对称轴。忽略剪应力的影响，仅考虑正应力。当截面的弯矩随着荷载的增大而增大时，根据图 15-3a 的 σ—ε 图，不难分析出横截面上正应力的发展过程将分别经历图 15-6b～15-6d 所示的弹性阶段、弹塑性阶段和塑性阶段。在图 15-6b 中，当截面外边缘的应力 $|\sigma|_{\max} = \sigma_s$ 时，截面进入弹性阶段的极限状态，与此相应的**弹性极限弯矩**M_u^e 为

$$M_u^e = W_z\sigma_s$$

(15-7)

式中 W_z 为抗弯截面模量。

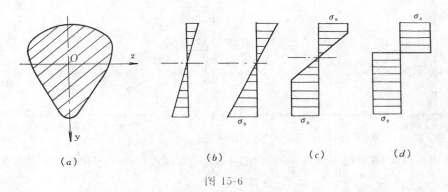

图 15-6

在塑性阶段（图 15-6d），整个截面上的应力都到达 σ_s，截面屈服，与此相应的**塑性极限弯矩**M_u^p 为

$$M_u^p = \int_A y\sigma \mathrm{d}A = \int_{A_t} y\sigma_s \mathrm{d}A + \int_{A_c} y(-\sigma_s)\mathrm{d}A$$
$$= \sigma_s\left[\int_{A_t} y\mathrm{d}A + \int_{A_c}(-y)\mathrm{d}A\right]$$
$$= \sigma_s(S_t + S_c)$$
$$= W_s\sigma_s$$

(15-8)

式中 A_t 和 A_c 分别为中性轴两侧拉应力区和压应力区的面积；$S_t = \int_{A_t} y\mathrm{d}A$ 和 $S_c = -\int_{A_t} y\mathrm{d}A$ 分别为 A_t 和 A_c 对中性轴的静矩（取绝对值）；$W_s = S_t + S_c$ 称为**塑性抗弯截面模量**。

为了求出 W_s 的值，必须根据截面的轴力为零的条件找到极限状态时中性轴的位置，即

$$N = \int_A \sigma dA = \int_{A_t} \sigma_s dA + \int_{A_c} (-\sigma_s) dA$$

$$= \sigma_s A_t - \sigma_s A_c = 0$$

因此

$$A_t = A_c \tag{15-9}$$

式（15-9）表示：截面在极限状态时，中性轴将截面分成面积相等的两部分。

在弯曲一章中曾指出，在弹性阶段，中性轴过截面的形心。因此，对于没有上下对称轴的截面，当荷载增加，使截面上的应力从弹性阶段向塑性阶段发展的过程中，截面的中性轴位置是在不断移动的。

由式（15-7）和（15-8）可知，截面的 M_u^p 与 M_u^e 之比等于 W_s 与 W_z 之比，用 k 表示其比值，称为**形状系数**，即

$$k = W_s / W_z \tag{15-10}$$

k 值仅与截面形状有关，它的值均大于1。因此它反映了考虑材料塑性时，梁的截面承载能力的提高程度。表15-1列出了几种常用截面的形状系数 k 的值。

几种常用截面的形状系数 k　　　　　　　　　　　　　表 15-1

	工字形（辗压）	薄壁圆环	矩 形	圆	菱 形
截面形状	I	◯	▭	◯	◇
$k = \dfrac{W_s}{W}$	$1.15 \sim 1.17$	$\dfrac{4}{\pi} = 1.27$	1.5	$\dfrac{16}{3\pi} = 1.70$	2

【例15-1】　试求图 15-7 所示矩形截面的形状系数 k 的值。

【解】　由于 z 轴为截面的上下对称轴，因此它既是弹性阶段的中性轴，又是极限状态的中性轴。

$$W_z = bh^2/6$$

$$W_s = S_t + S_c = 2S_t$$

$$= 2 \times (b \times h/2 \times h/4)$$

$$= bh^2/4$$

于是形状系数 k 为

$$k = \frac{W_s}{W_z} = \frac{bh^2/4}{bh^2/6} = 1.5$$

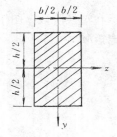

图 15-7

【例15-2】　试求图 15-8a 所示等腰三角形截面的形状系数 k 的值。

【解】　（1）在弹性阶段，中性轴 z 过截面形心（图 b），抗弯截面模量 W_z 为

$$W_z = I_z / y_{\max} = (bh^3/36)/(2h/3) = bh^2/24$$

（2）在极限状态时，中性轴 z 将截面分成面积相等的两部分（图 c）。设中性轴到顶点的距离为 h_1，截面在中性轴处的宽度为 b_1。因为 $A_t = A_c = A/2$，于是

$$\frac{1}{2}b_1 h_1 = \frac{1}{4}bh \qquad (a)$$

又有

$$b_1/h_1 = b/h \qquad (b)$$

将式（b）代入式（a）后，解得

$$h_1 = h/\sqrt{2}$$

在图 c 中令 c 为整个截面的形心；c_1 和 c_2 分别为受拉和受压部分的形心。

$$W_s = S_t + S_c$$

$$S_t = y_{c1} \cdot A_1$$

$$= \left(\frac{1}{3} \times \frac{h}{\sqrt{2}} \right) \times \frac{bh}{4}$$

$$= \frac{bh^2}{12\sqrt{2}}$$

$$S_c = |S - S_t|$$

$$= |y_c \cdot A - S_t|$$

$$= \left| \left(\frac{h}{\sqrt{2}} - \frac{2h}{3} \right) \times \frac{bh}{2} - \frac{bh^2}{12\sqrt{2}} \right|$$

$$= \frac{4\sqrt{2} - 5}{12\sqrt{2}}bh^2$$

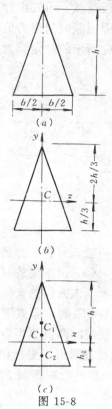

图 15-8

于是

$$W_s = \frac{bh^2}{12\sqrt{2}} + \frac{4\sqrt{2} - 5}{12\sqrt{2}}bh^2 = \frac{2 - \sqrt{2}}{6}bh^2$$

（3）截面的形状系数 k 为

$$k = \frac{W_s}{W_z} = \frac{\dfrac{2 - \sqrt{2}}{6}bh^2}{\dfrac{bh^2}{24}} = 4(2 - \sqrt{2}) = 2.34$$

由例 15-2 可以看出，对于等腰三角形的横截面梁，当截面上的应力从弹性阶段向塑性阶段发展的过程中，中性轴的位置由形心轴向底边方向平移。

第四节　静定结构的极限荷载

前一节已介绍了截面的极限状态和结构的极限状态的概念。必须指出，这两者是既有联系又有区别。个别截面到达极限状态（截面屈服）并不一定意味着结构到达极限状态。一

般地说，对于 n 次超静定结构，要有 $n+1$ 个约束失效（截面屈服相当于解除内部约束），才能使结构变成机构，从而失去承载能力。

静定结构没有多余约束（$n=0$），因此只要其中某一个截面屈服，结构就变成机构。对应于此状态的荷载就是结构的（塑性）极限荷载。为了求塑性极限荷载，可先由静力平衡方程求出内力与荷载的关系。显然，危险截面将首先屈服，该截面屈服时的内力值就是塑性极限内力，与此相应的荷载值就是塑性极限荷载。下面以图 15-9a 所示的静定梁为例来说明塑性极限荷载的求法。

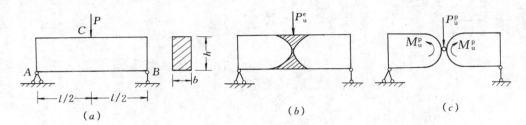

图 15-9

该梁在截面 C 的弯矩最大，当荷载增大到某一值时，截面 C 屈服，与它相邻的截面也会出现部分塑性区（图 15-9b 中阴影部分表示此时梁内形成的塑性区）。由于梁的材料是理想弹塑性的，截面 C 屈服时，其上的拉应力和压应力值皆保持为 σ_s，该截面的弯矩保持塑性极限弯矩值 M_u^p 不变。但这时截面 C 两侧的梁段的相互转动已不受限制，即截面 C 已失去了继续抵抗变形的能力。这相当于在截面 C 处有一个铰链，在铰链的两侧作用着数值为 M_u^p 的力偶（图 15-9c）。通常，将梁的截面屈服的情况称为在该截面处形成了**塑性铰**。对于静定梁，只要出现一个塑性铰，结构就变成机构，此时的荷载即为塑性极限荷载 P_u^p。由图 a 可知，$M_{max} = M_c = Pl/4$。当 $M_{max} = M_u^p$ 时，$P = P_u^p$。于是

$$P_u^p = \frac{4M_u^p}{l}$$

由式（15-8），$M_u^p = W_s \sigma_s$。对于矩形截面，$W_s = bh^2/4$。因此，塑性极限荷载为

$$P_u^p = \frac{bh^2 \sigma_s}{l}$$

在弹性阶段，$P = 4M_{max}/l$，当 $M_{max} = M_u^e$ 时，$P = P_u^e$。于是

$$P_u^e = \frac{4M_u^e}{l}$$

由式（15-7），$M_u^e = W_z \sigma_s$，而 $W_z = bh^2/6$。因此，弹性极限荷载为

$$P_u^e = \frac{2bh^2 \sigma_s}{3l}$$

于是

$$\frac{P_u^p}{P_u^e} = \frac{M_u^p}{M_u^e} = \frac{W_s}{W_z} = 1.5$$

由此可见，对于矩形截面静定梁，塑性极限荷载比弹性极限荷载大 50%。

必须注意，塑性铰与实际铰是有区别的，主要区别在于：（1）塑性铰所在截面能承担一定的弯矩，其值为 M_u^p。实际铰处的弯矩为零。因此，在形成塑性铰的截面用实际铰代替

时，应在铰的两侧作用数值为 M_u^p、转向相反的一对力偶；（2）塑性铰是单向铰，只是对梁截面沿继续屈服的方向转动时才无约束，而对反向加载（卸载）则存在约束。实际铰是双向铰，对两个方向的转动都无约束。

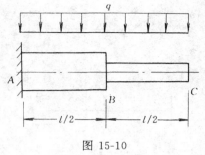

图 15-10

【例 15-3】　试求图 15-10 所示变截面梁的塑性极限荷载 q_u^p。设 AB 段和 BC 段的截面为圆形，直径分别为 d 和 $d/2$。

【解】　由于梁的截面是变化的，所以塑性铰既可能首先在 AB 段内出现，也可能首先在 BC 段内出现。若在 AB 段内出现塑性铰，危险截面为截面 A，$M_A = ql^2/2$。当 $M_A = M_{u,1}^p = W_{s,1}\sigma_s$ 时，$q = q_{u,1}^p$，于是

$$q_{u,1}^p = \frac{2W_{s,1}}{l^2}\sigma_s \qquad\qquad (a)$$

若在 BC 段内出现塑性铰，危险截面为截面 B，$M_B = ql^2/8$。当 $M_B = M_{u,2}^p = W_{s,2}\sigma_s$ 时，$q = q_{u,2}^p$，于是

$$q_{u,2}^p = \frac{8W_{s,2}}{l^2}\sigma_s \qquad\qquad (b)$$

式（a）和（b）中的 $W_{s,1}$ 和 $W_{s,2}$ 分别为截面 A 和截面 B 的塑性抗弯截面模量。由式（15-10），$W_s = kW_z$，查表 15-1，圆截面的 $k = \dfrac{16}{3\pi}$，并且 $W_z = \pi D^3/32$，于是

$$W_s = \frac{16}{3\pi} \times \frac{\pi D^3}{32} = \frac{D^3}{6}$$

将 $W_{s,1} = d^3/6$ 和 $W_{s,2} = (d/2)^3/6$ 分别代入式（a）和（b），得

$$q_{u,1}^p = \frac{d^3}{3l^2}\sigma_s$$

$$q_{u,2}^p = \frac{d^3}{6l^2}\sigma_s$$

因此，该梁的塑性极限荷载为

$$q_u^p = \min(q_{u,1}^p, \quad q_{u,2}^p) = \frac{d^3}{6l^2}\sigma_s$$

塑性铰将出现在截面 B。

第五节　超静定结构的极限荷载

超静定梁由于有多余约束，个别截面屈服时，一般说整个结构并不一定达到极限状态。现以图 15-11a 所示梁为例，说明如何求超静定梁的极限荷载。

首先，根据图 15-11a 求出该超静定梁的弯矩图如图 15-11b 所示。当荷载增加时，在弯矩最大的截面 A 的外边缘的应力首先到达屈服极限。此时截面 A 的弯矩为弹性极限弯矩 M_u^e，与此相应的荷载为弹性极限荷载 P_u^e，其值为

$$P_u^e = \frac{16M_u^e}{3l} \qquad\qquad (a)$$

继续增加荷载，截面 A 屈服（形成塑性铰），以实际铰及附加弯矩 M_u^p 代替塑性铰的作用，原

来的超静定梁（图 a）便相当于图 c 中的静定梁。这时，该梁并未丧失承载能力，荷载仍可继续增加，直到截面 C 也形成塑性铰，使该梁成为机构（图 d 所示），到达极限状态。与此相应的荷载即为塑性极限荷载。

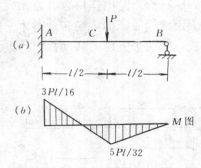

由图 c 可知，截面 A 形成塑性铰后，截面 C 的弯矩为

$$M_C = \frac{Pl}{4} - \frac{M_u^p}{2}$$

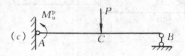

当 $M_C = M_u^p$ 时，$P = P_u^p$，从而求得塑性极限荷载为

$$P_u^p = \frac{6M_u^p}{l} \qquad (b)$$

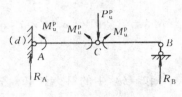

实际上，若仅计算塑性极限荷载，一般不需要像前面一样研究梁从弹性到塑性的全过程以及塑性铰出现的先后次序。可以根据弯矩分布规律，确定梁变成机构的极限状态，在形成塑性铰处以实际铰及值为 M_u^p 的附加力偶来代替。然后，利用静力平衡条件便可求出塑性极限荷载。例如，图 15-11a 所示的梁，根据弯矩分布规律可以确定梁的极限状态如图 15-11d 所示。由全梁的平衡方程 $\Sigma M_A = 0$，得

图 15-11

$$R_B \cdot l - P_u^p \cdot \frac{l}{2} + M_u^p = 0 \qquad (c)$$

再由铰链 C 处的弯矩 $M_C = 0$，得

$$R_B \cdot \frac{l}{2} - M_u^p = 0 \qquad (d)$$

解式 (c) 和 (d)，得

$$P_u^p = \frac{6M_u^p}{l}$$

结果与式 (b) 相同，但求解过程要简单得多。

由式 (a) 和 (b) 可得塑性极限荷载与弹性极限荷载的比值为

$$\frac{P_u^p}{P_u^e} = \frac{9M_u^p}{8M_u^e}$$

其值大于静定梁的比值。这是因为超静定梁在出现塑性铰后，弯矩将重新分配，使结构的承载能力增大。

【例15-4】 试求图 15-12a 所示梁的塑性极限荷载。

【解】 这是一次超静定梁，要出现两个塑性铰才会使其变成机构。根据图 a 的弯矩分布规律，可以判断 A 截面总是会出现塑性铰的，另一个塑性铰将出现在跨中某截面，其位置不能预先确定。设该塑性铰出现在截面 C，它到截面 B 的距离为 x。该梁的极限状态如图 b 所示。由全梁的平衡方程 $\Sigma M_A = 0$，得

$$R_B l - q \cdot \frac{l^2}{2} + M_u^p = 0 \qquad (e)$$

再由铰链 C 处的弯矩 $M_C = 0$，得

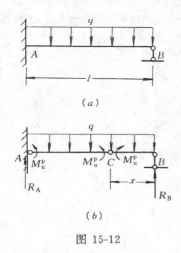

图 15-12

$$R_B x - \frac{qx^2}{2} - M_u^p = 0 \qquad (f)$$

解式 (e) 和 (f)，得

$$q = \frac{2M_u^p(l+x)}{xl(l-x)} \qquad (g)$$

式 (g) 中的荷载 q 的大小随塑性铰在梁中出现的位置改变而改变，它考虑了所有可能的破坏机构。塑性极限荷载应为式 (g) 中的最小荷载。令 $\dfrac{dq}{dx} = 0$，得

$$x = (\sqrt{2} - 1)l \qquad (h)$$

将式 (h) 代入式 (g)，得到塑性极限荷载为

$$q_u^p = \frac{6 + 4\sqrt{2}}{l^2}M_u^p = 11.7\frac{M_u^p}{l^2}$$

式中 M_u^p 为该梁的截面塑性极限弯矩。

【例15-5】 在图 15-13a 所示的超静定杆系中，设三杆的材料相同，屈服极限为 σ_s，横截面积均为 A，试求该结构的塑性极限荷载。

【解】 此结构为一次超静定，至少要两根杆屈服时结构才达到极限状态。在求塑性极限荷载时，不需要了解杆屈服的先后次序，只要考虑各种可能的极限状态。由于该结构的对称性，假如杆 3 先屈服，随后杆 1 和杆 2 将同时屈服；假如杆 1 和杆 2 先屈服（此时结构仍能继续承载），随后杆 3 屈服。因此，只有当三根杆都屈服时，该结构才到达极限状态。这时三根杆的内力都为塑性极限轴力 N_u^p，节点 A 的受力如图 15-13b 所示。由节点 A 的平衡方程 $\Sigma F_y = 0$，得

$$P_u^p = (1 + 2\cos\alpha)N_u^p = (1 + 2\cos\alpha)A\sigma_s$$

这就是该结构的塑性极限荷载。

从本章的介绍可以看出，对圆轴扭转、梁弯曲及超静定拉压杆进行强度设计时，从理论上说，采用考虑材料塑性的极限荷载法比采用不考虑材料塑性的许用应力法要合理，前者能够较充分发挥材料的作用。并且，对超静定结构，计算塑性极限荷载时，只需确定其极限状态，然后仅仅利用平衡条件便可求解。这比采用许用应力法计算弹性极限荷载要简单得多。虽然极限荷载法有这些优点，但利用它时需满足下列条件：结构的材料具有明显的塑性，荷载不发生交替变化，并且结构正常工作时要允许有较大的塑性变形。

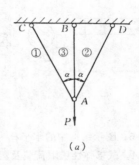

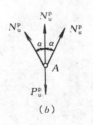

图 15-13

习 题

15-1 许用应力法和极限荷载法的基本观点有何不同？是否按后者设计杆件的截面一定比按前者设

计的要小？

15-2 什么是截面的弹性极限内力和塑性极限内力？什么是结构的弹性极限荷载和塑性极限荷载？

15-3 图示一些梁的横截面形状，当截面上的弯矩值从弹性极限弯矩向塑性极限弯矩增大时，其中性轴将向哪个方向移动？（假设中性轴为水平方向）

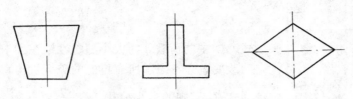

题 15-3 图

15-4 试求下列截面的塑性抗弯截面模量及形状系数的值。

(a) 直径为 d 的圆截面；

(b) 边长为 a，中性轴为对角线的正方形；

(c) 外半径为 R，内半径为 aR 的环形截面。

15-5 试求下列梁的塑性极限荷载。已知材料的屈服极限为 σ_s。

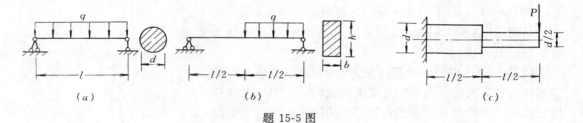

题 15-5 图

15-6 图示结构中的水平杆为刚杆，杆 1 和杆 2 由同一种理想弹塑性材料制成，屈服极限为 σ_s，截面积均为 A。试求弹性极限荷载及塑性极限荷载。

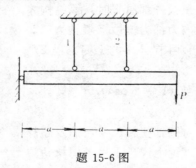

题 15-6 图

15-7 图示受扭圆轴由理想弹塑性材料制成，已知剪切屈服极限为 τ_s。试求弹性极限荷载和塑性极限荷载。

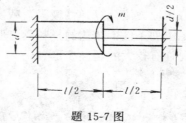

题 15-7 图

15-8 试求图示超静定梁的塑性极限荷载。假设截面的塑性极限弯矩 M_u^p 已知。

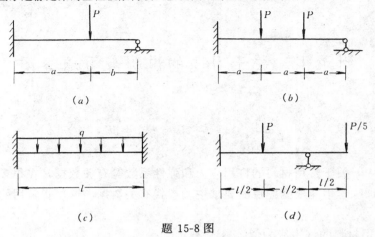

(a)

(b)

(c)

(d)

题 15-8 图

15-9 由理想弹塑性材料制成的圆轴，受扭时横截面上沿半径的剪应力分布如图所示。试证明相应的扭矩表达式为 $T = \dfrac{2}{3}\pi r^3 \tau_s \left(1 - \dfrac{r_0^3}{4r^3}\right)$。

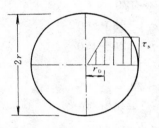

题 15-9 图

15-10 图示矩形截面梁的跨长 $l = 2\text{m}$，已知材料的屈服极限 $\sigma_s = 280\text{MPa}$。试求（1）弹性极限荷载；（2）塑性极限荷载；（3）当 C 截面的顶部和底部的屈服深度都达到 12mm 时，与此相应的荷载值。

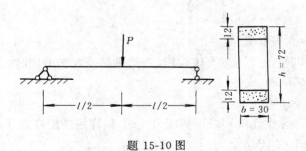

题 15-10 图

附录 I 关于习题的说明与习题答案

一、关于习题的说明

本书习题中，关于常用材料的许用应力和弹性系数等有关数据，在很多习题中并未给出，目的在于训练学生能根据题目的要求主动查找有关数据。这里将常用的有关数据一并给出，供查用。

1. 几种常用材料的许用应力值

①许用正应力 $[\sigma]$

材料名称	$[\sigma]$（MPa）	习题中建议 $[\sigma]$ 的取值（MPa）
碳 钢（Q235）	$150\sim170$	160
铸 铁	$[\sigma_t]=30\sim60$	$[\sigma_t]=40$
	$[\sigma_c]\ 120\sim150$	$[\sigma_c]=120$
铜	$29\sim118$	50
铝	$29\sim78$	40
混凝土	$[\sigma_t]=0.1\sim0.7$	$[\sigma_t]=0.5$
	$[\sigma_c]=1\sim9$	$[\sigma_c]=5$
松 木（顺纹）	$[\sigma_t]=6\sim8$	$[\sigma]=8$
	$[\sigma_c]=8\sim12$	

②许用剪应力 $[\tau]$

塑性材料	$[\tau]=(0.5\sim0.6)[\sigma_t]$
脆性材料	$[\tau]=(0.8\sim1.0)[\sigma_t]$

习题中建议 $[\tau]$ 的取值：

钢　　$[\tau]=100\text{MPa}$　　对于传动轴，考虑到轴受扭转的同时，还常受弯曲作用，取
　　　　$[\tau]=60\text{MPa}$

木材　　$[\tau]=2\text{MPa}$

③连接件（铆接、螺栓连接）许用剪应力 $[\tau]$ 和许用挤压应力 $[\sigma_{bs}]$

钢　　$[\tau]=100\text{MPa}$　$[\sigma_{bs}]=240\text{MPa}$

2. 几种常用材料的弹性系数值

材料名称	弹性模量 E（10^5MPa）	泊松比 ν	剪变模量 G（10^4MPa）
钢	$2.0\sim2.1$（建议取值2）	$0.25\sim0.28$（建议取值0.25）	8
铸 铁	1.0	0.25	

铜	1.0		4
混凝土	0.2	0.15	
木材（顺纹）	0.1		

3. 线膨胀系数 α（1/℃）

钢	13×10^{-6}
铜	17×10^{-6}

上述数据中的"建议取值"，目的是使答案统一。本书的习题答案，是选用"建议取值"计算的结果。

二、习 题 答 案

第二章 轴向拉伸与压缩

2-1 （1）$N_1 = 20\text{kN}$，$N_2 = -5\text{kN}$，$N_3 = 45\text{kN}$，$N_4 = -5\text{kN}$。

（2）$N_1 = 10\text{kN}$，$N_2 = 0$，$N_3 = 6\text{kN}$。

2-3 $\sigma_{\max} = \dfrac{P}{A} + \gamma l$；$\Delta l = \dfrac{Pl}{EA} + \dfrac{\gamma l^2}{2E}$。

2-4 $\sigma_{AB} = 25\text{MPa}$，$\sigma_{BC} = -41.7\text{MPa}$，$\sigma_{AC} = 33.3\text{MPa}$，$\sigma_{CD} = -25\text{MPa}$。

2-5 左柱：$\sigma_{上} = -0.6\text{MPa}$，$\sigma_{中} = -1.0\text{MPa}$，$\sigma_{下} = -0.85\text{MPa}$；

右柱：$\sigma_{上} = -0.3\text{MPa}$，$\sigma_{中} = -0.2\text{MPa}$，$\sigma_{下} = -0.65\text{MPa}$。

2-6 $\sigma_{30°} = 37.5\text{MPa}$，$\tau_{30°} = 21.6\text{MPa}$；$\sigma_{45°} = 25\text{MPa}$，$\tau_{45°} = 25\text{MPa}$。

2-7 $\alpha_1 = 19°53'$，$\sigma_{\alpha_1} = 44.2\text{MPa}$；$\alpha_2 = 70°7'$，$\sigma_{\alpha_2} = 5.8\text{MPa}$。

2-8 （1）$\varepsilon_g / \varepsilon_h = 0.1$；（2）$\sigma_g / \sigma_h = 10$；（3）$\varepsilon'_g = -3.75 \times 10^{-4}$，$\varepsilon'_h = -2.25 \times 10^{-4}$。

2-9 （2）$P = 15.7\text{kN}$。

2-10 $\delta_C = 0.04\text{mm}$；$\delta_F = 0.06\text{mm}$。

2-11 $x = \dfrac{E_2 A_2}{E_1 A_1 + E_2 A_2} \cdot l$。

2-12 $\delta_{AB} = (2 + \sqrt{2}) \dfrac{Pl}{EA}$。

2-13 $\sigma_{AB} = 74\text{MPa} < [\sigma]$。

2-14 AC 杆：取 $L40 \times 40 \times 5$；CD 杆取 $L63 \times 63 \times 6$。

2-15 $[P] = 90\text{kN}$。

2-16 $P = 1130\text{kN}$，$\sigma_g = 60\text{MPa}$。

2-17 $N_1 = -\left(\dfrac{1}{4} - \dfrac{e}{\sqrt{2}\,a}\right)P$，$N_2 = -\dfrac{1}{4}P$，$N_3 = -\left(\dfrac{1}{4} + \dfrac{e}{\sqrt{2}\,a}\right)P$，$N_4 = -\dfrac{1}{4}P$。

2-18 $[P] \leqslant \dfrac{[\sigma]A}{\dfrac{1}{4} + \dfrac{e}{\sqrt{2}\,a}}$。

2-19 $R_{上} = \dfrac{7}{4}P$（↑），$R_{下} = \dfrac{5}{4}P$（↑）。

2-20 $x = \dfrac{3}{4}l$，$P_{\max} = 4A\,[\sigma_t]$。

2-21 $\sigma = 156\text{MPa}$（—），$\sigma_{30°} = 117\text{MPa}$（—），$\tau_{30°} = 67.6\text{MPa}$（—）。

2-22 $\sigma_① = -47.3\text{MPa}$，$\sigma_② = 41\text{MPa}$。

2-23 （1）$P = 32\text{kN}$，（2）$\sigma_{铜} = 86\text{MPa}$，$\sigma_{钢} = -78\text{MPa}$，（3）$\sigma_{铜} = 57.3\text{MPa}$，$\sigma_{钢} = -135.4\text{MPa}$。

2-24 $\varepsilon_p = 2 \times 10^{-3}$。

2-25 $P=16\text{kN}$，$\Delta l=1.2\text{mm}$。

2-26 (1) $\varepsilon_1=100\times10^{-6}$，(2) $N_1=N_2=1.57\text{kN}$，(3) $P=1.57\text{kN}$。

2-27 $\sigma=196\text{kN}$。

2-28 $\sigma_钢=111.43\text{MPa}$，$\sigma_铜=74.28\text{MPa}$。

2-29 $d=23\text{mm}$。

2-30 铜丝：$\tau=50.9\text{MPa}$，销子：$\tau=61.1\text{MPa}$。

2-31 $\dfrac{d}{h}=2.4$。

2-32 $n=3$，$b=53\text{mm}$。

2-33 $\delta=20\text{mm}$，$l=200\text{mm}$，$h=80\text{mm}$。

2-34 $t=95.5\text{mm}$。

2-35 $V=N/2=1.85\text{kN}$，$\tau_剪=23.5\text{MPa}$。

2-36 $V=N/2=10.4\text{kN}$，$\tau_剪=59\text{MPa}$。

第三章 扭   转

3-2 $\tau_A=\tau_B=76.43\text{MPa}$，$\tau_{\max}=76.43\text{MPa}$，$\varphi=1.31°$

3-3 $m_A=19.63\text{kN}\cdot\text{m}$

3-4 $\tau=106\text{MPa}$；$G=80.0\text{GPa}$

3-5 $D=77\text{mm}$，$d=62\text{mm}$

3-6 轴直径 $D=162\text{mm}$，螺栓直径 $d=19\text{mm}$

3-7 $l=1.1\text{m}$

3-8 $\tau_{\max}=47.77\text{MPa}$，$Q_{\max}=1.71°/\text{m}$

3-9 重量比 0.507；刚度比 1.18

3-10 最大剪应力之比 $\tau_开=30\tau_闭$，单位扭转角之比 $\varphi_开=300\varphi_闭$

3-11 (1) $\tau_{\max}=40.14\text{MPa}$，$\tau_圆=26.79\text{MPa}$

3-12 $M_A=32m/33$，$M_B=m/33$

3-13 $d\geqslant82.7\text{mm}$

3-14 $m=585.20\text{kN}\cdot\text{m}$

3-15 合力 $V=\dfrac{4\sqrt{2}T}{3\pi d}$，作用点在对称轴上，至圆心距离 $\rho_C=\dfrac{3\pi d}{16\sqrt{2}}$

3-17 (1) $D=98.7\text{mm}$

   (2) 钢轴：$\tau_{\max}=96.6\text{MPa}$
      黄铜套筒：$\tau_{\max}=63.5\text{MPa}$

3-18 (1) $\tau_{a\,\max}/\tau_{b\,\max}=3a/2t$

   (2) $\varphi_a/\varphi_b=\dfrac{3a^2}{4l^2}$

第四章 弯 曲 内 力

4-6 $x=0.207l$

4-7 $x=\dfrac{l}{2}-\dfrac{c}{4}$；$M_{\max}=\dfrac{P}{4l}(l-c)^2$

第五章 平面图形的几何性质

5-1 (a) $(2h/5, 3b/8)$；(b) $(4r/3\pi, 4r/3\pi)$

5-2 (a) $(271, 204)$；(b) $(305, 400)$

5-3　(a) $I_y=b^3h/12$，$I_z=bh^3/12$，$I_{yz}=b^2h^2/24$

　　　(b) $I_y=I_z=\pi r^4/16$，$I_{yz}=r^4/8$

5-4　$I_{z\cdot1}:I_{z\cdot2}:I_{z\cdot3}=1:5.48:10.43$

5-5　$I_{z_C}=bh^3/36$，$I_{y_C}=bh\ (b^2-bd+d^2)\ /36$

　　　$I_{y_Cz_C}=bh^2\ (b-2d)\ /72$

5-6　$I_{z_C\cdot1}=0.0793r^4$，$I_{z_C\cdot2}=0.0447r^4$

5-8　(1) $I_x=6.667\times10^7$mm^4　$I_{y_c}=6.667\times10^7$mm^4

　　　(2) $\alpha_0=112.5°$　$I_{x_0}=3.081\times10^8$mm^4　$I_{y_0}=2.525\times10^7$mm^4

5-9　$\alpha_0=73.15°$　$I_{x_0}=\ (5+\sqrt{13})\ b^4/36$　$I_{y_0}=\ (5-\sqrt{13})\ b^4/36$

5-10　$I_{x_C}=14.571\times10^7$mm^4，　$I_{y_C}=1.070\times10^7$mm^4

5-11　$a=214.9$mm

5-12　$y_1=179.6$mm，$I_x=6.067\times10^9$mm^4，$i_x=126.3$mm

　　　$I_y=3.562\times10^{10}$mm^4，$i_y=305.9$mm

5-13　$\alpha_0=22.146°$　$I_{x_0}=7.235\times10^8$mm^4，　$I_{y_0}=0.637\times10^8$mm^4

第六章　弯　曲　应　力

6-1　$\sigma_{max}=210$MPa

6-3　$\sigma_a=-\sigma_b=11.11$MPa，$\sigma_c=0$，$\sigma_d=-7.41$MPa

6-4　$\sigma_{t\ max}=40.9$MPa（拉），$\sigma_{c\ max}=40.9$MPa（压）

6-5　$(\sigma_{max})_C=20$MPa

6-6　$\tau_a=0.281$MPa，$\tau_b=0$，$\tau_c=0.375$MPa

6-7　$\tau_{max}=76.5$MPa，或 $\tau_{max}\approx74.5$MPa

6-8　$V'=\dfrac{3q}{4h}\ (lx-x^2)$

6-9　$\sigma_{t\ max}=23.78$MPa（拉），$\sigma_{c\ max}=17.84$MPa（压）

　　　$\tau_{max}=1.40$MPa

6-10　$V'=\dfrac{3}{4}\cdot\dfrac{ql^2}{h}$

6-11　$\sigma_{max}=9.05$MPa

6-12　$\sigma_{t\ max}=26.2$MPa，$\sigma_{c\ max}=52.4$MPa

6-13　$[q]=3.44$kN/m

6-14　$\llbracket$ 28b

6-15　铆钉 $\tau=16.20$MPa，$[l]=18$m

6-16　（1）木梁先断　（2）$d=7.74$mm

6-17　25b 工字钢

6-18　$a=160.5$mm　$d=37.1$mm

6-19　$(\tau_{max})_a:(\tau_{max})_b=1:\sqrt{2}$　$(W_z)_b=9.43\times10^5$mm^3　　$(W_z)_c=9.87\times10^5$mm^3

6-20　$a=1.385$m

6-21　（1）$l_2=1757$mm，（2）$l_2=1739$mm

6-23　$e=b\ (2h+3b)\ /\ [2\ (h+3b)]$

6-24　$\sigma_{max}=138.5$MPa，$\tau_{max}=30.2$MPa

6-25　木材 $\sigma_{max}=1.87$MPa，钢板 $\sigma_{max}=39.18$MPa

6-26　$P=59.7$kN

6-27　$b=122$mm，$h=183$mm

第七章 弯 曲 变 形

7-1 (a) $\theta_A = -\theta_B = \dfrac{ql^3}{24EI}$, $v\left(\dfrac{l}{2}\right) = v_{max} = \dfrac{5ql^4}{384EI}$

(b) $\theta_A = \dfrac{7q_0l^3}{360EI}$, $\theta_B = -\dfrac{q_0l^3}{45EI}$, $v\left(\dfrac{l}{2}\right) = \dfrac{5q_0l^4}{768EI}$, $v_{max} = \dfrac{5.01q_0l^4}{768EI}$

7-2 (a) $v_C = \dfrac{pl^3}{48EI}$, $\theta_A = \dfrac{pl^2}{48EI}$ (b) $v_B = \dfrac{58qa^4}{EI}$, $\theta_B = \dfrac{49qa^3}{3EI}$

(c) $v_C = \dfrac{pa^3}{EI}$, $v_D = -\dfrac{pa^3}{4EI}$ (d) $v_A = \dfrac{3pl^3}{16EI}$, $\theta_A = -\dfrac{5pl^2}{16EI}$

7-5 (a) $v_{max} = v_C = \dfrac{3pa^3}{4EI}$ (b) $v_{max} = v_B = \dfrac{22pa^3}{Ebh^3}$

7-7 (a) $v_C = \dfrac{ql^4}{768EI}$ (b) $v_C = \dfrac{q_0l^4}{768EI}$

7-8 (a) $v_C = \dfrac{q_0l^4}{120EI}$ (b) $\theta_B = -\dfrac{5pa^2}{6EI}$

(c) $v_C = \dfrac{5ql^4}{384EI} + \dfrac{ql}{4k}$ (d) $v_A = \dfrac{p(e+a)a^2}{3EI} + \dfrac{p(l+a)^2}{kl^2}$

7-9 $\Delta_{CV} = \dfrac{7Pa^3}{3EI} + \dfrac{Pa}{EA}$ ($\downarrow$), $\Delta_{CH} = \dfrac{Pa^3}{EI}$ ($\rightarrow$)

7-10 $v_E = \dfrac{17Pa^3}{48EI}$ ($\downarrow$)

7-11 $q = 16.1\text{kN/m}$

7-12 $v_B = 8.63\text{mm}$

7-13 (1) $M\left(\dfrac{l}{2}\right) = \dfrac{q_0l^2}{16}$, $M_{max} = \dfrac{q_0l^2}{9\sqrt{3}}$ (2) $q(x) = -\dfrac{q_0x}{l}$

(3) $x=0$ 处: $v(0) = 0$, $v'(0) = \dfrac{7q_0l^3}{360EI}$, $M(0) = 0$, $v(0) = \dfrac{q_0l}{6}$

$x=l$ 处: $v(l) = 0$, $v'(l) = -\dfrac{q_0l^3}{45EI}$, $M(l) = 0$, $V(l) = -\dfrac{q_0l}{3}$

7-14 $a = \dfrac{2}{5}l$, $H = \dfrac{2pl^3}{1875EI}$

7-15 $v_{max} = 12.6\text{mm}$

7-16 $q = 15.9\text{kN/m}$

7-18 (a) $R_B = \dfrac{3M}{4a}$ ($\downarrow$) (b) $R_B = \dfrac{11}{16}P$ ($\uparrow$)

(c) $R_B = \dfrac{14}{27}P$ ($\uparrow$) (d) $M_A = \dfrac{ql^2}{12}$ (逆时针转向)

7-19 (a) $N_{BC} = \dfrac{3Al^4}{8(Al^3+3aI)}q$ (b) $N_{BD} = \dfrac{5Al^4}{24(Al^3+16aI)}q$

7-20 $v_{max} = \dfrac{pl_1^3l_2^3}{48E(I_1l_2^3+I_2l_1^3)}$

7-21 $M_A = M_C = \dfrac{8Pa}{17}$ (逆时针转向) $M_B = \dfrac{2Pa}{17}$ (顺时针转向)

7-22 $M_{max} = |M_B| = \dfrac{6EI}{l^2}\delta$

7-23 $M_A = \dfrac{4EI}{l}\theta$, $R_A = -R_B = \dfrac{6EI}{l^2}\theta$, $M_B = \dfrac{2EI}{l}\theta$

7-24 $M_A = M_B = \dfrac{aEI(T_2-T_1)}{h}$, $R_A = R_B = 0$

$H_A = H_B = \dfrac{aEA(T_1+T_2-2T_0)}{2}$

第八章 能 量 方 法

8-1 $U = \dfrac{3p^2l}{2EA}$

8-2 $\delta = \dfrac{Pl}{Et\,(b_1-b_2)}\ln\dfrac{b_1}{b_2}$

8-3 $U = m^2l^3/\,(6GI_P)$

8-4   (a) $U = \dfrac{7P^2l^3}{6EI}$ (b) $U = \dfrac{7}{24}\dfrac{p^2l^3}{EI}$

8-5 $\delta = \left(\dfrac{1}{2}+\sqrt{2}\right)\dfrac{Pl}{EA}$

8-6 $\theta_A = \dfrac{ml}{2EI}$, $v_c = \dfrac{ml^2}{8EI}$

8-7 $\theta_A = \dfrac{3ql^3}{8EI}$, $\theta_B = -\dfrac{5ql^3}{24EI}$

8-8 $\delta_{AB} = \dfrac{Pl^3}{6EI}$

8-9 $v_C = \dfrac{Pl^3}{64EI}$

8-10 $v_C = 0$

8-11   (a) $v_B = \dfrac{Pl^3}{6EI}$, $\theta_C = \dfrac{9Pl^2}{8EI}$

      (b) $v_B = \dfrac{29ql^4}{384EI}$, $\theta_C = -\dfrac{5ql^3}{24EI}$

8-13   (a) $x_A = \dfrac{2PR^3}{EI}$ (←), $y_A = \dfrac{3\pi PR^3}{2EI}$ (↓)

      (b) $x_A = qR^4\,(3\pi-8)\,/4EI$ (←), $y_A = qR^4/2EI$ (↓)

8-14 $v_C = 4Pl^3/243EI + P/9k$

8-15 $\Delta\theta_B = 7ql^3/(24EI)$

8-16 $\Delta A = \dfrac{ml^3}{24EI}$

8-17 $\delta_A = \dfrac{\pi PR^3}{2EI} + \dfrac{3\pi PR^3}{2GI_P}$

8-18 $N_{BC} = \dfrac{5P}{16}\times\dfrac{Al^3}{Al^3+3I_a}$

8-19 $R_A = \dfrac{q_0l}{10}$

8-20 $N_{AD} = N_{CD} = 0.35P$, $N_{BD} = \dfrac{P}{2}$

第九章 应力状态与应变状态分析

9-1   (a) $(\tau_x)_A = 102\text{kPa}$, $(\tau_x)_B = -51\text{kPa}$。

     (b) $(\sigma_x)_A = -37.5\text{MPa}$, $(\tau_x)_A = 5.6\text{MPa}$;

        $(\sigma_x)_B = 12.5\text{MPa}$, $(\tau_x)_B = -1.87\text{MPa}$;

9-2   (a) $\sigma_{150°} = -12.5\text{MPa}$, $\tau_{150°} = 65\text{MPa}$。

     (b) $\sigma_{60°} = -27.3\text{MPa}$, $\tau_{60°} = -27.3\text{MPa}$。

     (c) $\sigma_{30°} = 52.3\text{MPa}$, $\tau_{30°} = -18.7\text{MPa}$。

     (d) $\sigma_{-60°} = 34.8\text{MPa}$, $\tau_{-60°} = 11.65\text{MPa}$。

9-3   (a) $\sigma_1 = 57\text{MPa}$, $\sigma_2 = 0$, $\sigma_3 = -7\text{MPa}$, $\alpha_0 = 19.33°$, $\tau_{max} = 32\text{MPa}$。

     (b) $\sigma_1 = 25\text{MPa}$, $\sigma_2 = 0$, $\sigma_3 = -25\text{MPa}$, $\alpha_0 = -45°$, $\tau_{max} = 25\text{MPa}$。

     (c) $\sigma_1 = 11.2\text{MPa}$, $\sigma_2 = 0$, $\sigma_3 = -71.2\text{MPa}$, $\alpha_0 = -38°$, $\tau_{max} = 41.2\text{MPa}$。

        (d) $\sigma_1=37\text{MPa}$，$\sigma_2=0$，$\sigma_3=-27\text{MPa}$，$\alpha_0=-19.33°$，$\tau_{max}=32\text{MPa}$。

9-6   (a) $\alpha=30°$，$\sigma_1=441.4\text{MPa}$，$\sigma_2=158.6\text{MPa}$，$\sigma_3=0$，ab 面外法线逆时针转 67.5°为 σ_1 方向；

        (b) $\alpha=135°$，$\sigma_1=11.2\text{MPa}$，$\sigma_2=0$，$\sigma_3=-71.2\text{MPa}$，ab 面外法线逆时针转 7°为 σ_1 方向。

9-7 $\sigma_1=80\text{MPa}$，$\sigma_2=\sigma_3=0$。

9-8   (1) $\sigma_{60°}=2.13\text{MPa}$，$\tau_{60°}=24.3\text{MPa}$；

        (2) $\sigma_1=85\text{MPa}$，$\sigma_2=0$，$\sigma_3=-5\text{MPa}$，$\alpha_0=-13.6°$。

9-9 $\sigma_1=121.7\text{MPa}$，$\sigma_2=0$，$\sigma_3=-33.7\text{MPa}$。

9-11 (a) $\sigma_1=110\text{MPa}$，$\sigma_2=60\text{MPa}$，$\sigma_3=10\text{MPa}$；

        (b) $\sigma_1=80\text{MPa}$，$\sigma_2=50\text{MPa}$，$\sigma_3=-50\text{MPa}$。

9-12 (a) $\tau_{max}=50\text{MPa}$；

        (b) $\tau_{max}=65\text{MPa}$。

9-13 $\sigma_1=-30\text{MPa}$，$\sigma_2=-30\text{MPa}$，$\sigma_3=-90\text{MPa}$，$\tau_{max}=30\text{MPa}$，$\Delta V=-0.375\text{mm}^3$。

9-14 $\varepsilon_{a-a}=\dfrac{1+\nu}{E}\tau$。

9-15 $m=\dfrac{\pi D^3 E\varepsilon_{45°}\ (1-\alpha^4)}{16\ (1+\nu)}$。

9-16 $p=6.41\text{kN}$。

9-18 (a) $u=29.12\times10^3\text{N}\cdot\text{m/m}^3$，

           $u_v=13.5.\times10^3\text{N}\cdot\text{m/m}^3$，

           $u_f=15.62\times10^3\text{N}\cdot\text{m/m}^3$，

        (b) $u=31.63\times10^3\text{N}\cdot\text{m/m}^3$，

           $u_v=2.67.\times10^3\text{N}\cdot\text{m/m}^3$，

           $u_f=28.96\times10^3\text{N}\cdot\text{m/m}^3$。

9-19 $\Delta t=1.54\times10^{-3}\text{mm}$。

9-20 $\sigma_x=81.87\text{MPa}$，$\sigma_y=-72.53\text{MPa}$。

9-21 $\varepsilon_1=412\times10^{-6}$，$\varepsilon_3=-600\times10^{-6}$，$\alpha_0=35°$（$\varepsilon_3$ 与 σ_3 的方向），

        $\sigma_1=55.9\text{MPa}$，$\sigma_2=0$，$\sigma_3=-106\text{MPa}$。

9-22 $\varepsilon_1=5.423\times10^{-4}$，$\varepsilon_3=-3.089\times10^{-4}$，$\alpha_0=-24.13°$（$\varepsilon_1$ 与 σ_1 的方向），

        $\sigma_1=99.2\text{MPa}$，$\sigma_3=-37\text{MPa}$。

第十章　强　度　理　论

10-2 $\sigma_{r1}=\tau$；

      $\sigma_{r2}=(1+\nu)\ \tau$；

      $\sigma_{r3}=2\tau$；

      $\sigma_{r4}=\sqrt{3}\ \tau$。

10-3 (a) $\sigma_{r3}=40\text{MPa}$，$\sigma_{r4}=34.6\text{MPa}$；

        (b) $\sigma_{r3}=220\text{MPa}$，$\sigma_{r4}=210.7\text{MPa}$。

10-4 $\sigma_{r3}=123.7\text{MPa}$，$\sigma_{r4}=109\text{MPa}$。

10-5 (a) $\sigma_{r3}=\sqrt{\sigma^2+4\tau^2}$；($b$) $\sigma_{r3}=\sigma+\tau\ (\sigma\geqslant\tau)$；

$$\sigma_{r3}=2\tau\ (\sigma<\tau)。$$

10-6 $\sigma_{r3}=300\text{MPa}=[\sigma]$；$\sigma_{r4}=264.6\text{MPa}<[\sigma]$。

10-7 $\sigma_{r3}=142.9\text{MPa}<[\sigma]$；$\sigma_{r4}=133.2\text{MPa}$。

10-8 $\sigma_1=29.1\text{MPa}$，$\sigma_2=20\text{MPa}$，$\sigma_3=-4\text{MPa}$。$\sigma_{rM}=30.4\text{MPa}<[\sigma_t]$。

10-9 $p\leqslant1.5\text{MPa}$。

10-10 第三强度理论：$M=24\text{kN}\cdot\text{m}$；

第四强度理论：$M=20.8$kN·m。

第十一章 组 合 变 形

11-2 　$\sigma_A=-146.3$MPa，$\sigma_B=121.3$MPa，$\sigma_C=-36.7$MPa

11-3 　$\sigma_A=-11.29$MPa，$\sigma_B=6.50$MPa

11-4 　$\sigma_{max}=9.83$MPa，$f_{max}=6$mm

11-5 　矩形截面　$\sigma_{max}=14.81$MPa

　　　　　　　　$f_{max}=3.9\times10^{-2}$m

　　　　圆截面　　$\sigma_{max}=15.3$MPa

11-7 　$\sigma_{c\,max}=5.29$MPa

　　　$\sigma_{t\,max}=5.09$MPa

11-8 　$\sigma_{c\,max}=117.4$MPa

　　　$\sigma_{t\,max}=79.6$MPa

　　　A 点处的正应力

　　　　　　$\sigma_A=51.76$MPa（压应力）

11-9 　$\sigma_{min}=3.72$MPa（压应力）　　　　在 B 截面

11-10 　$\sigma_{max}=212$kN/m²$<$ $[\sigma]=300$kN/m²

11-11 　$\sigma_{max}=140$MPa

11-12 　$a_y=15.6$mm

　　　　$a_z=33.4$mm

　　　　$\sigma_①=8.83$MPa

　　　　$\sigma_②=3.83$MPa

　　　　$\sigma_③=-12.17$MPa

　　　　$\sigma_④=-7.17$MPa

11-13 　$P=18.38$kN

　　　　$e=1.785$mm

11-14 　$t=0.265$cm

11-15 　核心圆的半径为$\dfrac{d}{8}$

11-16 　$\sigma_{r4}=144.8$MPa

第十二章 压 杆 稳 定

12-1 　$P_{crd}>P_{crb}>P_{cra}=P_{cre}>P_{crf}>P_{crc}$

12-2 　$P_{cr}=177.4$kN

12-3 　$\lambda_P=70$；$P_{cr}=157.3$kN

12-4 　$P=\sqrt{2}\,\pi^2EI/a^2$；$P=\pi^2EI/2a^2$（向外）

12-5 　$\sqrt{2}:1$

12-6 　$P_{cr}=40.4$kN

12-7 　$\theta=\arctan\dfrac{1}{3}=18.44°$

12-8 　$l_{min}=0.825$m

12-9 　（1）$P_{max}=16.8$kN；（2）$P_{max}=50.4$kN

12-10 　（a）$P_{cr}=375$kN；（b）$P_{cr}=644$kN

　　　　（c）$P_{cr}=635$kN；（d）$P_{cr}=752$kN

12-11 　$a=43.2$mm，$P_{cr}=489$kN

12-12 $P_{cr} = 2908kN$

12-13 $E_{Ta} = 210GPa$，$E_{Tb} = 150GPa$，$E_{Tc} = 90GPa$，$E_{Td} = 70GPa$，
　　　$E_{Te} = 50GPa$，$E_{Tf} = 30GPa$，$E_{Tg} = 15GPa$

12-14 $P_{cr} = 199kN$

12-15 $\lambda_y = 160.6$，$\varphi = 0.274$，$P/4A = 149.6MPa < f$

12-16 AB 梁 $\sigma_{max} = 129MPa <$ [σ]（按拉弯计算）
　　　CD 杆 $N/\varphi A = 154MPa < f$

12-17 $a = 13.17cm$

12-18 $t = 3.2mm$

12-19 $t^\circ_{max} = 66.9℃$

第十三章　动　荷　载

13-1 $A = 148mm^2$

13-2 吊索 $\sigma_d = 69MPa$
　　　钢梁 $\sigma_d = 92MPa$

13-3 $\sigma_{max} = 15MPa$

13-4 $H \leqslant 60mm$

13-5 $K_d = -1 + \sqrt{1 + \dfrac{\dfrac{v^2}{g} - 2h}{\Delta_j}}$

13-6 有弹簧时 $H = 39.3cm$
　　　无弹簧时 $H = 0.974cm$

13-7 （1）$\sigma_z = 0.0707MPa$
　　　（2）$\sigma_d = 15.4MPa$
　　　（3）$\sigma_a = 3.69MPa$

13-8

$$\sigma_{r3} = \frac{32Q}{\pi d^3}\sqrt{a^2 + l^2}\left[1 + \sqrt{1 + \frac{2H}{\frac{64Ql^3}{3E\pi d^4} + \frac{4Qa^3}{Ebh^3} + \frac{32Qa^2l}{G\pi d^4}}}\right]$$

13-9

$$\Delta_{dc} = \frac{Qba}{lEA}\left(1 + \sqrt{1 + \frac{2HlEA}{Qb \cdot a}}\right)$$

13-10 $L_1 : L_2 = 1$

13-11 证明题

13-12 $\sigma_{d\,max} = 166MPa$

第十四章　循　环　应　力

14-1 $\sigma_{max} = 120MPa$，$\sigma_{min} = -40MPa$，$\sigma_a = 80MPa$
　　　$\sigma_m = 40MPa$，$R = -0.333$

14-2 （1）$\sigma_o = 400MPa$，（2）$\sigma_a = 120MPa$，$\sigma_m = 120MPa$，此点在持久曲线之内，故不会破坏。

14-3 $K_\sigma = 1.55$，$K_\tau = 1.26$，$\varepsilon_\sigma = 0.77$

14-4 $\sigma^0_{-1} = 125MPa$

14-5 $n_\sigma = 1.58$

14-6 （1）按疲劳强度计算：$n_\tau = 5.2 > n$
　　　（2）按屈服强度计算：$n_\tau = 7.37 > n$

14-7　$n_\sigma = 2.16 > n$

第十五章　考虑材料塑性时杆件的承载能力

15-4　(a) $W_s = \dfrac{d^3}{6}$, $K = \dfrac{16}{3\pi}$　(b) $W_s = \dfrac{\sqrt{2}}{6}a^3$, $K = 2$

(c) $W_s = \dfrac{4}{3}(1 - \alpha^3)R^3$, $K = \dfrac{16}{3\pi}\dfrac{1 - \alpha^3}{1 - \alpha^4}$

15-5　(a) $q_u^p = \dfrac{4d^3}{3l^2}\sigma_s$　(b) $q_u^p = \dfrac{32bh^2}{9l^2}\sigma_s$　(c) $P_u^p = \dfrac{d^3}{24l}\sigma_s$

15-6　$p_u^e = \dfrac{5}{6}A\sigma_s$, $p_u^p = A\sigma_s$

15-7　$m_u^e = \dfrac{17}{256}\pi d^3\tau_s$, $m_u^p = \dfrac{3}{32}\pi d^3\tau_s$

15-8　(a) $p_u^p = \dfrac{a + 2b}{ab}M_u^p$　(b) $p_u^p = \dfrac{4}{3}\dfrac{M_u^p}{a}$

(c) $q_u^p = 16\dfrac{M_u^p}{l^2}$　(d) $p_u^p = \dfrac{15}{2}\dfrac{M_u^p}{l}$

15-10　(a) $p_u^e = 14.5\text{kN}$, (b) $p_u^p = 21.8\text{kN}$

(c) $p = 18.5\text{kN}$

附录 Ⅱ　关于结构设计方法的简要说明

在材料力学中,根据强度条件对杆件所作的强度计算是结构设计中的主要内容之一。为了使读者在学习材料力学课程时能够对结构设计方法有粗浅认识,本附录对结构设计方法作如下简要说明。

1. 结构设计的目的是使所设计的结构满足预定的功能要求。这些功能包括结构的安全性、适用性和耐久性。它们可概括为结构的可靠性。

结构的可靠性是指结构在规定的时间内,在规定的条件下,完成预定功能的能力。对于建筑结构,一般规定时间为 50 年,规定的条件一般是指正常设计、正常施工、正常使用和正常维护条件。

2. 度量结构可靠性的指标是可靠度。概率理论是计算可靠度的科学方法,运用概率理论,将可靠度表示为结构在规定的时间内,在规定的条件下,完成预定功能的概率。于是,可靠度成为结构可靠性的概率度量。

3. 在实际结构中,荷载可能超过预定值,材料强度和构件截面尺寸等可能低于预定值,设计计算图形和计算方法可能与实际情况不尽符合,施工和安装质量可能比预计情况差,还可能发生超过预期的偶然荷载和其它不利情况,因而不存在绝对可靠的结构,而只能要求结构的可靠概率达到一定的合理要求,例如 99.9%~99.99%。

4. 在长期的设计实践中,建筑结构设计原理和方法日益发展和完善。从结构可靠度观点看,结构设计方法基本上可分为以经验为基础的安全系数设计法和以概率理论为基础的极限状态设计法。

5. 许用应力设计法是安全系数设计法中应用最早和最广泛的一种。我国的钢结构设计在 1957 年以前一直采用这个方法。其设计准则是:结构构件按标准荷载计算的应力 σ 应不超过设计规范规定的许用应力 $[\sigma]$。对于钢结构,$[\sigma]$ 值取钢材的屈服极限 σ_s 除以大于 1 的安全系数 n。设计表达式为

$$\sigma \leqslant [\sigma] = \sigma_s/n \qquad\qquad (a)$$

安全系数 n 综合和笼统地考虑了各种可能发生的不利因素,通常由经验确定。例如我国 1954 年钢结构设计规范对 Q235 结构钢 ($\sigma_s=235\mathrm{MPa}$) 采用 $[\sigma]=157\mathrm{MPa}$,即 $n=1.5$。此法形式简单,应用方便;但其 n 值主要由经验确定,并且 n 值单一,对于不同类型、荷载和情况的结构均采用同一个 n 值,从可靠度观点看是不够合理准确的,不能保证所设计的各种结构具有比较一致的可靠度。

材料力学中的强度计算采用的是许用应力设计法。

6. 在结构设计方法不断完善的过程中,许用应力设计法中的单一安全系数 n,曾被多系数代替,并对荷载和材料强度分别引入统计概率分析,形成了半经验半概率设计法。这种设计方法经过十多年应用后,演进为多系数分析,单一安全系数表达的设计法,可称为改进型的许用应力设计法。它们都还属于非概率设计法和半经验半概率设计法的范畴。

7. 在概率极限状态设计法中主要有近似概率极限状态设计法和完全概率极限状态设计法。我国《建筑结构设计统一标准》(GBJ68—84) 规定,目前建筑结构设计采用以一次二阶矩概率理论为基础并用分项系数表达的近似概率极限状态设计法。随着建筑结构设计与施工等统计资料的积累及结构设计理论科研工作的不断深入,结构设计方法必将发展到

更先进的完全概率极限状态设计法。

关于概率极限状态设计法的详细内容，读者在修完概率与数理统计课程之后，将在有关的工程结构课程中介绍。

8. 以钢结构为例。根据近似概率极限状态设计法，其正应力强度条件的表达式为

$$\sigma \leqslant \frac{f}{\gamma_0 \gamma_G} \qquad (b)$$

式中 f 是钢材的设计强度，它由钢材的标准强度 f_K 除以材料的抗力分项系数 γ_R 得到，即 $f = f_K / \gamma_R$。材料的标准强度 f_K 是用数理统计方法确定的材料屈服极限，即 $f_K = \sigma_S$；抗力分项系数 γ_R 则根据结构的可靠度由概率分析推算出来。

γ_0 为结构重要性系数，γ_G 为荷载分项系数，它们可在《钢结构设计规范》中查出。

9. 从式 (a) 和式 (b) 两个强度条件表达式看，许用应力设计法与近似概率极限状态设计法两者在形式上是相似的，但两者有着质的区别。式 (b) 已不复存在安全系数和许用应力的概念。

近似概率极限状态设计法较之安全系数设计法在设计理论上取得了突破性的发展。

10. 在材料力学中，强度计算若采用概率极限状态设计法，需要掌握概率与数理统计以及工程结构等知识内容，而这些知识多为后继课程的学习内容。

采用许用应力设计法进行强度计算，由于概念易懂，方法简单，便于掌握，并能使读者对构件的强度计算有比较全面的认识。

读者在掌握了杆件各基本变形和组合变形情况下的应力计算的基础上，在工程结构设计时，由许用应力设计法过渡到概率极限状态设计法是不存在任何困难的。

1. 热轧等边角

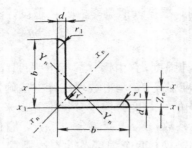

型 号	尺寸（mm）			截面面积 （cm²）	理论重量 （kg/m）	外表面积 （m²/m）	参		
							X-X		
	b	d	r				I_x （cm⁴）	i_x （cm）	W_x （cm³）
2	20	3	3.5	1.132	0.889	0.078	0.40	0.59	0.29
		4		1.459	1.145	0.077	0.50	0.58	0.36
2.5	25	3		1.432	1.124	0.098	0.82	0.76	0.46
		4		1.859	1.459	0.097	1.03	0.74	0.59
3.0	30	3		1.749	1.373	0.117	1.46	0.91	0.68
		4		2.276	1.786	0.117	1.84	0.90	0.87
3.6	36	3	4.5	2.109	1.656	0.141	2.58	1.11	0.99
		4		2.756	2.163	0.141	3.29	1.09	1.28
		5		3.382	2.654	0.141	3.95	1.08	1.56
4	40	3		2.359	1.852	0.157	3.59	1.23	1.23
		4		3.086	2.422	0.157	4.60	1.22	1.60
		5		3.791	2.976	0.156	5.53	1.21	1.96
4.5	45	3	5	2.659	2.088	0.177	5.17	1.40	1.58
		4		3.486	2.736	0.177	6.65	1.38	2.05
		5		4.292	3.369	0.176	8.04	1.37	2.51
		6		5.076	3.985	0.176	9.33	1.36	2.95
5	50	3	5.5	2.971	2.332	0.197	7.18	1.55	1.96
		4		3.897	3.059	0.197	9.26	1.54	2.56
		5		4.803	3.770	0.196	11.21	1.53	3.13
		6		5.688	4.465	0.196	13.05	1.52	3.68
5.6	56	3	6	3.343	2.624	0.221	10.19	1.75	2.48
		4		4.390	3.446	0.220	13.18	1.73	3.24
		5		5.415	4.251	0.220	16.02	1.72	3.97
		8		8.367	6.568	0.219	23.63	1.68	6.03

钢 规 格 表

钢(GB 9787—88)

b—边宽度； r—内圆弧半径；

I—惯性矩； i—回转半径；

d—边厚度； r_1—边端内圆弧半径；

W—截面抵抗矩； Z_0—重心距离

附表3-1

考 数 值							
X_0-X_0			Y_0-Y_0			X_1-X_1	Z_0
I_{X0} (cm⁴)	i_{X0} (cm)	W_{X0} (cm³)	I_{Y0} (cm⁴)	i_{Y0} (cm)	W_{Y0} (cm³)	I_{X1} (cm⁴)	(cm)
0.63	0.75	0.45	0.17	0.39	0.20	0.81	0.60
0.78	0.73	0.55	0.22	0.38	0.24	1.09	0.64
1.29	0.95	0.73	0.34	0.49	0.33	1.57	0.73
1.62	0.93	0.92	0.43	0.48	0.40	2.11	0.76
2.31	1.15	1.09	0.61	0.59	0.51	2.71	0.85
2.92	1.13	1.37	0.77	0.58	0.62	3.63	0.89
4.09	1.39	1.61	1.07	0.71	0.76	4.68	1.00
5.22	1.38	2.05	1.37	0.70	0.93	6.25	1.04
6.24	1.36	2.45	1.65	0.70	1.09	7.84	1.07
5.69	1.55	2.01	1.49	0.79	0.96	6.41	1.09
7.29	1.54	2.58	1.91	0.79	1.19	8.56	1.13
8.76	1.52	3.10	2.30	0.78	1.39	10.74	1.17
8.20	1.76	2.58	2.14	0.89	1.24	9.12	1.22
10.56	1.74	3.32	2.75	0.89	1.54	12.18	1.26
12.74	1.72	4.00	3.33	0.88	1.81	15.2	1.30
14.76	1.70	4.64	3.89	0.88	2.06	18.36	1.33
11.37	1.96	3.22	2.98	1.00	1.57	12.50	1.34
14.70	1.94	4.16	3.82	0.99	1.96	16.69	1.38
17.79	1.92	5.03	4.64	0.98	2.31	20.90	1.42
20.68	1.91	5.85	5.42	0.98	2.63	25.14	1.46
16.14	2.20	4.08	4.24	1.13	2.02	17.56	1.48
20.92	2.18	5.28	5.46	1.11	2.52	23.43	1.53
25.42	2.17	6.42	6.61	1.10	2.98	29.33	1.57
37.37	2.11	9.44	9.89	1.09	4.16	47.24	1.68

349

型 号	尺寸（mm）			截面面积	理论重量	外表面积	参		
	b	d	r	(cm²)	(kg/m)	(m²/m)	X-X		
							I_x (cm⁴)	i_x (cm)	W_x (cm³)
6.3	63	4	7	4.978	3.907	0.248	19.03	1.96	4.13
		5		6.143	4.822	0.248	23.17	1.94	5.08
		6		7.288	5.721	0.247	27.12	1.93	6.00
		8		9.515	7.469	0.247	34.46	1.90	7.75
		10		11.657	9.151	0.246	41.09	1.88	9.39
7	70	4	8	5.570	4.372	0.275	26.39	2.18	5.14
		5		6.875	5.397	0.275	32.21	2.16	6.32
		6		8.160	6.406	0.275	37.77	2.15	7.48
		7		9.424	7.398	0.275	43.09	2.14	8.59
		8		10.667	8.373	0.274	48.17	2.12	9.68
7.5	75	5	9	7.412	5.818	0.295	39.97	2.33	7.32
		6		8.797	6.905	0.294	46.95	2.31	8.64
		7		10.160	7.976	0.294	53.57	2.30	9.93
		8		11.503	9.030	0.294	59.96	2.28	11.20
		10		14.126	11.089	0.293	71.98	2.26	13.64
8	80	5		7.912	6.211	0.315	48.79	2.48	8.34
		6		9.397	7.376	0.314	57.35	2.47	9.87
		7		10.860	8.525	0.314	65.58	2.46	11.37
		8		12.303	9.658	0.314	73.49	2.44	12.83
		10		15.126	11.874	0.313	88.43	2.42	15.64
9	90	6	10	10.637	8.350	0.354	82.77	2.79	12.61
		7		12.301	9.656	0.354	94.83	2.78	14.54
		8		13.944	10.946	0.353	106.47	2.76	16.42
		10		17.167	13.476	0.353	128.58	2.74	20.07
		12		20.306	15.940	0.352	149.22	2.71	23.57
10	100	6	12	11.932	9.366	0.393	114.95	3.10	15.68
		7		13.796	10.830	0.393	131.86	3.09	18.10
		8		15.638	12.276	0.393	148.24	3.08	20.47
		10		19.261	15.120	0.392	179.51	3.05	25.06
		12		22.800	17.898	0.391	208.90	3.03	29.48
		14		26.256	20.611	0.391	236.53	3.00	33.73
		16		29.627	23.257	0.390	262.53	2.98	37.82
11	110	7		15.196	11.928	0.433	177.16	3.41	22.05
		8		17.238	13.532	0.433	199.46	3.40	24.95
		10		21.261	16.690	0.432	242.19	3.38	30.60
		12		25.200	19.782	0.431	282.55	3.35	36.05
		14		29.056	22.809	0.431	320.71	3.32	41.31

考 数 值							
$X_0\text{-}X_0$			$Y_0\text{-}Y_0$			$X_1\text{-}X_1$	Z_0
I_{X0} (cm⁴)	i_{X0} (cm)	W_{X0} (cm³)	I_{Y0} (cm⁴)	i_{Y0} (cm)	W_{Y0} (cm³)	I_{X1} (cm⁴)	(cm)
30.17	2.46	6.78	7.89	1.26	3.29	33.35	1.70
36.77	2.45	8.25	9.57	1.25	3.90	41.73	1.74
43.03	2.43	9.66	11.20	1.24	4.46	50.14	1.78
54.56	2.40	12.25	14.33	1.23	5.47	67.11	1.85
64.85	2.36	14.56	17.33	1.22	6.36	84.31	1.93
41.80	2.74	8.44	10.99	1.40	4.17	45.74	1.86
51.08	2.73	10.32	13.34	1.39	4.95	57.21	1.91
59.93	2.71	12.11	15.61	1.38	5.67	68.73	1.95
68.35	2.69	13.81	17.82	1.38	6.34	80.29	1.99
76.37	2.68	15.43	19.98	1.37	6.98	91.92	2.03
63.30	2.92	11.94	16.63	1.50	5.77	70.56	2.04
74.38	2.90	14.02	19.51	1.49	6.67	84.55	2.07
84.96	2.89	16.02	22.18	1.48	7.44	98.71	2.11
95.07	2.88	17.93	24.86	1.47	8.19	112.97	2.15
113.92	2.84	21.48	30.05	1.46	9.56	141.71	2.22
77.33	3.13	13.67	20.25	1.60	6.66	85.36	2.15
90.98	3.11	16.08	23.72	1.59	7.65	102.50	2.19
104.07	3.10	18.40	27.09	1.58	8.58	119.70	2.23
116.60	3.08	20.61	30.39	1.57	9.46	136.97	2.27
140.09	3.04	24.76	36.77	1.56	11.08	171.74	2.35
131.26	3.51	20.63	34.28	1.80	9.95	145.87	2.44
150.47	3.50	23.64	39.18	1.78	11.19	170.30	2.48
168.97	3.48	26.55	43.97	1.78	12.35	194.80	2.52
203.90	3.45	32.04	53.26	1.76	14.52	244.07	2.59
236.21	3.41	37.12	62.22	1.75	16.49	293.76	2.67
181.98	3.90	25.74	47.92	2.00	12.69	200.07	2.67
208.97	3.89	29.55	54.74	1.99	14.26	233.54	2.71
235.07	3.88	33.24	61.41	1.98	15.75	267.09	2.76
284.68	3.84	40.26	74.35	1.96	18.54	334.48	2.84
330.95	2.81	46.80	86.84	1.95	21.08	402.34	2.91
374.06	3.77	52.90	99.00	1.94	23.44	470.75	2.99
414.16	3.74	58.57	110.89	1.94	25.63	539.80	3.06
280.94	4.30	36.12	73.38	2.20	17.51	310.64	2.96
316.49	4.28	40.69	82.42	2.19	19.39	355.20	3.01
384.39	4.25	49.42	99.98	2.17	22.91	444.65	3.09
448.17	4.22	57.62	116.93	2.15	26.15	534.60	3.16
508.01	4.18	65.31	133.40	2.14	29.14	625.16	3.24

型号	尺寸 (mm)			截面面积 (cm²)	理论重量 (kg/m)	外表面积 (m²/m)	参		
							X-X		
	b	d	r				I_X (cm⁴)	i_X (cm)	W_X (cm³)
12.5	125	8		19.750	15.504	0.492	297.03	3.88	32.52
		10		24.373	19.133	0.491	361.67	3.85	39.97
		12		28.912	22.696	0.491	423.16	3.83	41.17
		14		38.367	26.193	0.490	481.65	3.80	54.16
			4						
14	140	10		27.373	21.488	0.551	514.65	4.34	50.58
		12		32.512	25.522	0.551	603.68	4.31	59.80
		14		37.567	29.490	0.550	688.81	4.28	68.75
		16		42.539	33.393	0.549	770.24	4.26	77.46
16	160	10		31.502	24.729	0.630	779.53	4.98	66.70
		12		37.441	29.391	0.630	916.58	4.95	78.98
		14		43.296	33.987	0.629	1048.36	4.92	90.95
		16		49.067	38.518	0.629	1175.08	4.89	102.63
			6						
18	180	12		42.241	33.159	0.710	1321.35	5.59	100.82
		14		48.896	38.383	0.709	1514.48	5.56	116.25
		16		55.467	43.542	0.709	1700.99	5.54	131.13
		18		61.955	48.634	0.708	1875.12	5.50	145.64
20	200	14		54.642	42.894	0.788	2103.55	6.20	144.70
		16		62.013	48.680	0.788	2366.15	6.18	163.65
		18	18	69.301	54.401	0.787	2620.64	6.15	182.22
		20		76.505	60.056	0.787	2867.30	6.12	200.42
		24		90.661	71.168	0.785	3338.25	6.07	236.17

注：1. $r_1 = d/3$

2. 角钢长度　型号　2~9号　10~14号　16~20号

长度　4~12m　4~19m　6~19m

考 数 值							
X_0-X_0			Y_0-Y_0			X_1-X_1	Z_0
I_{X0} (cm⁴)	i_{X0} (cm)	W_{X0} (cm³)	I_{Y0} (cm⁴)	i_{Y0} (cm)	W_{Y0} (cm³)	I_{X1} (cm⁴)	(cm)
470.89	4.88	53.28	123.16	2.50	25.86	521.01	3.37
573.89	4.85	64.93	149.46	2.48	30.62	651.93	3.45
671.44	4.82	75.96	174.88	2.46	35.03	783.42	3.53
763.73	4.78	86.41	199.57	2.45	39.13	915.61	3.61
817.27	5.46	82.56	212.04	2.78	39.20	915.11	3.82
958.79	5.43	96.85	248.57	2.76	45.02	1099.28	3.90
1093.56	5.40	110.47	284.06	2.75	50.45	1284.22	3.98
1221.81	5.36	123.42	318.67	2.74	55.55	1470.07	4.06
1237.30	6.27	109.36	321.76	3.20	52.76	1365.33	4.31
1455.68	6.24	128.67	377.49	3.18	60.74	1639.57	4.39
1665.02	6.20	147.17	431.70	3.16	68.24	1914.68	4.47
1865.57	6.17	164.89	484.59	3.14	75.31	2190.82	4.55
2100.10	7.05	165.00	542.61	3.58	78.41	2332.80	4.89
2407.42	7.02	189.14	621.53	3.56	88.38	2723.48	4.97
2703.37	6.98	212.40	698.60	3.55	97.83	3115.29	5.05
2988.24	6.94	234.78	762.01	3.51	105.14	3502.43	5.13
3343.26	7.82	236.40	863.83	3.98	111.82	3734.10	5.46
3760.89	7.79	265.93	971.41	3.96	123.96	4270.39	5.54
4164.54	7.75	294.48	1076.74	3.94	135.52	4808.13	5.62
4554.55	7.72	322.06	1180.04	3.93	146.55	5347.51	5.69
5294.97	7.64	374.41	1381.53	3.90	166.65	6457.16	5.87

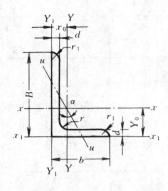

| 型 号 | 尺寸（mm） | | | | 截面面积 (cm²) | 理论重量 (kg/m) | 外表面积 (m²/m) | 参 | | |
| | B | b | d | r | | | | X-X | | |
								I_x (cm⁴)	i_x (cm)	W_x (cm³)
2.5/1.6	25	16	3	3.5	1.162	0.912	0.080	0.70	0.78	0.43
			4		1.499	1.176	0.079	0.88	0.77	0.55
3.2/2	32	20	3		1.492	1.171	0.102	1.53	1.01	0.72
			4		1.939	1.522	0.101	1.93	1.00	0.93
4/2.5	40	25	3	4	1.890	1.484	0.127	3.08	1.28	1.15
			4		2.467	1.936	0.127	3.93	1.36	1.49
4.5/2.8	45	28	3	5	2.149	1.687	0.143	4.45	1.44	1.47
			4		2.806	2.203	0.143	5.69	1.42	1.91
5/3.2	50	32	3	5.5	2.431	1.908	0.161	6.24	1.60	1.84
			4		3.177	2.494	0.160	8.02	1.59	2.39
5.6/3.6	56	36	3	6	2.734	2.153	0.181	8.88	1.80	2.32
			4		3.590	2.818	0.180	11.45	1.79	3.03
			5		4.415	3.466	0.180	13.86	1.77	3.71
6.3/4	63	40	4	7	4.058	3.185	0.202	16.49	2.02	3.87
			5		4.993	3.920	0.202	20.02	2.00	4.74
			6		5.908	4.638	0.201	23.36	1.96	5.59
			7		6.802	5.339	0.201	26.53	1.98	6.40
7/4.5	70	45	4	7.5	4.547	3.570	0.226	23.17	2.26	4.86
			5		5.609	4.403	0.225	27.95	2.23	5.92
			6		6.647	5.218	0.225	32.54	2.21	6.95
			7		7.657	6.011	0.225	37.22	2.20	8.03
(7.5/5)	75	50	5	8	6.125	4.808	0.245	34.86	2.39	6.83
			6		7.260	5.699	0.245	41.12	2.38	8.12
			8		9.467	7.431	0.244	52.39	2.35	10.52
			10		11.590	9.098	0.244	62.71	2.33	12.79
8/5	80	50	5	8	6.375	5.005	0.255	41.96	2.56	7.78
			6		7.560	5.935	0.255	49.49	2.56	9.25
			7		8.724	6.848	0.255	56.16	2.54	10.58
			8		9.867	7.745	0.254	62.83	2.52	11.92

边角钢（GB 9788—88）

B—长边宽度；　　　i—回转半径；
I—惯性矩；　　　　r—内圆弧半径；
b—短边宽度；　　　X₀—重心距离；
W—截面抵抗矩；　　r₀—边端内圆弧半径；
d—边厚度；　　　　Y₀—重心距离

考　　数　　值

Y-Y			X₁-X₁		Y₁-Y₁		u-u			
I_Y (cm⁴)	i_Y (cm)	W_Y (cm³)	I_{x1} (cm⁴)	Y_0 (cm)	I_{Y1} (cm⁴)	X_0 (cm)	I_u (cm⁴)	i_u (cm)	W_u (cm³)	tgα
0.22	0.44	0.19	1.56	0.86	0.43	0.42	0.14	0.34	0.16	0.392
0.27	0.43	0.24	2.09	0.90	0.59	0.46	0.17	0.34	0.20	0.381
0.46	0.55	0.30	3.27	1.08	0.82	0.49	0.28	0.43	0.25	0.382
0.57	0.54	0.39	4.37	1.12	1.12	0.53	0.35	0.42	0.32	0.374
0.93	0.70	0.49	5.39	1.32	1.59	0.59	0.56	0.54	0.40	0.385
1.18	0.69	0.63	8.53	1.37	2.14	0.63	0.71	0.54	0.52	0..381
1.34	0.79	0.62	9.10	1.47	2.23	0.64	0.80	0.61	0.51	0.383
1.70	0.78	0.80	12.13	1.51	3.00	0.68	1.02	0.60	0.66	0.380
2.02	0.91	0.82	12.49	1.60	3.31	0.73	1.20	0.70	0.68	0.404
2.58	0.90	1.06	16.65	1.65	4.45	0.77	1.53	0.69	0.87	0.402
2.92	1.03	1.05	17.54	1.78	4.70	0.80	1.73	0.79	0.87	0.408
3.76	1.02	1.37	23.39	1.82	6.33	0.85	2.23	0.79	1.13	0.408
4.49	1.01	1.65	29.25	1.87	7.94	0.88	2.67	0.78	1.36	0.404
5.23	1.14	1.70	33.30	2.04	8.63	0.92	3.12	0.88	1.40	0.398
6.31	1.12	2.71	41.63	2.08	10.86	0.95	3.76	0.87	1.71	0.396
7.29	1.11	2.43	49.98	2.12	13.12	0.99	4.34	0.86	1.99	0.393
8.24	1.10	2.78	58.07	2.15	15.47	1.03	4.97	0.86	2.29	0.389
7.55	1.29	2.17	45.92	2.24	12.26	1.02	4.40	0.98	1.77	0.410
9.13	1.28	2.65	57.10	2.28	15.39	1.06	5.40	0.98	2.19	0.407
10.62	1.26	3.12	68.35	2.32	18.58	1.09	6.35	0.98	2.59	0.404
12.01	1.25	3.57	79.99	2.36	21.84	1.13	7.16	0.97	2.94	0.402
12.61	1.44	3.30	70.00	2.40	21.04	1.17	7.41	1.10	2.74	0.435
14.70	1.42	3.88	84.30	2.44	25.37	1.21	8.54	1.08	3.19	0.435
18.53	1.40	4.99	112.50	2.52	34.33	1.29	10.87	1.07	4.10	0.429
21.96	1.38	6.04	140.80	2.60	43.43	1.36	13.10	1.06	4.99	0.423
12.82	1.42	3.32	85.21	2.60	21.06	1.14	7.66	1.10	2.74	0.388
14.95	1.41	3.91	102.53	2.65	25.41	1.18	8.85	1.08	3.20	0.387
16.96	1.39	4.48	119.33	2.69	29.82	1.21	10.18	1.08	3.70	0.384
18.85	1.38	5.03	136.41	2.73	34.32	1.25	11.38	1.07	4.16	0.381

| 型 号 | 尺寸（mm） | | | | 截面面积 (cm²) | 理论重量 (kg/m) | 外表面积 (m²/m) | 参 | | |
| | B | b | d | r | | | | X-X | | |
								I_x (cm⁴)	i_x (cm)	W_x (cm³)
9/5.6	90	56	5	9	7.212	5.661	0.287	60.45	2.90	9.92
			6		8.557	6.717	0.286	71.03	2.88	11.74
			7		9.880	7.756	0.286	81.01	2.86	13.49
			8		11.183	8.779	0.286	91.03	2.85	15.27
10/6.3	100	63	6		9.167	7.550	0.320	99.06	3.21	14.64
			7		11.111	8.722	0.320	113.45	3.20	16.88
			8		12.584	9.878	0.319	127.37	3.18	19.08
			10		15.467	12.142	0.319	153.81	3.15	23.32
10/8	100	80	6	0	10.637	8.350	0.354	107.04	3.17	15.19
			7		12.301	9.656	0.354	122.73	3.16	17.52
			8		13.944	10.946	0.353	137.92	3.14	19.81
			10		17.167	13.476	0.353	166.87	3.12	24.24
11/7	110	70	6	10	10.637	8.350	0.354	133.37	3.54	17.85
			7		12.301	9.656	0.354	153.00	3.53	20.60
			8		13.944	10.946	0.353	172.04	3.51	23.30
			10		17.167	13.476	0.353	208.39	3.48	28.54
12.5	125	80	7	11	14.096	11.066	0.403	227.98	4.02	26.86
			8		15.989	12.551	0.403	256.77	4.01	30.41
			10		19.712	15.474	0.402	312.04	3.98	37.33
			12		23.351	18.330	0.402	364.41	3.95	44.01
14/9	140	90	8	12	18.038	14.160	0.453	365.64	4.50	38.48
			10		22.261	17.475	0.452	445.50	4.47	47.31
			12		26.400	20.724	0.451	521.59	4.44	55.87
			14		30.456	23.908	0.451	594.10	4.42	64.18
16/10	160	100	10	13	25.315	19.872	0.512	668.69	5.14	62.13
			12		30.054	23.592	0.511	784.91	5.11	73.49
			14		34.709	27.247	0.510	896.30	5.08	84.56
			16		39.281	30.835	0.510	1003.04	5.05	95.33
18/11	180	110	10		28.373	22.273	0.571	956.25	5.80	78.96
			12		33.712	26.464	0.571	1124.72	5.78	93.53
			14		38.967	30.589	0.570	1286.91	5.75	107.76
			16	14	44.139	34.649	0.569	1443.06	5.72	121.64
20/12.5	200	125	12		37.912	29.761	0.641	1570.90	6.44	116.73
			14		43.867	34.436	0.640	1800.97	6.41	134.65
			16		49.739	39.045	0.639	2023.35	6.38	152.18
			18		55.526	43.588	0.639	2238.30	6.35	169.33

注：1. 括号内型号不推荐使用。

2. 截面图中的 $r_1=1/3d$ 及表中 r 值的数据用于孔型设计，不做交货条件。

3. 角钢长度：2.5/1.6～9/5.6　长 4～12m　10/6.3～14/9　长 4～19m，16/10～20/12.5　长 6～19m。

考　　数　　值

	Y-Y			X₁-X₁		Y₁-Y₁		u-u			
I_Y (cm⁴)	i_Y (cm)	W_Y (cm³)	I_{x1} (cm⁴)	Y_0 (cm)	I_{Y1} (cm⁴)	X_0 (cm)	I_u (cm⁴)	i_u (cm)	W_u (cm³)	$tg\alpha$
18.32	1.59	4.21	121.32	2.91	29.53	1.25	10.98	1.23	3.49	0.385
21.42	1.58	4.96	145.59	2.95	35.58	1.29	12.90	1.23	4.13	0.384
24.36	1.57	5.70	169.60	3.00	41.71	1.33	14.67	1.22	4.72	0.382
27.15	1.56	6.41	194.17	3.04	47.93	1.36	16.34	1.21	5.29	0.380
30.94	1.79	6.35	199.71	3.24	50.50	1.43	18.42	1.38	5.25	0.394
35.26	1.78	7.29	233.00	3.28	59.14	1.47	21.00	1.38	6.02	0.394
39.39	1.77	8.21	266.32	3.32	67.88	1.50	23.50	1.37	6.78	0.391
47.12	1.74	9.98	333.06	3.40	85.73	1.58	28.33	1.35	8.24	0.387
61.24	2.40	10.16	199.83	2.95	102.68	1.97	31.65	1.72	8.37	0.627
70.08	2.39	11.71	233.20	3.00	119.98	2.01	36.17	1.72	9.60	0.626
78.58	2.37	13.21	266.61	3.04	137.37	2.05	40.58	1.71	10.80	0.625
94.65	2.35	16.12	333.63	3.12	172.48	2.13	49.10	1.69	13.12	0.622
42.92	2.01	7.90	265.78	3.53	69.08	1.57	25.36	1.54	6.53	0.403
49.01	2.00	9.09	310.07	3.57	80.82	1.61	28.95	1.53	7.50	0.402
54.87	1.98	10.25	354.39	3.62	92.70	1.65	32.45	1.53	8.45	0.401
65.88	1.96	12.48	443.13	3.70	116.83	1.72	39.20	1.51	10.29	0.397
74.42	2.30	12.01	454.99	4.01	120.32	1.80	43.81	1.76	9.92	0.408
83.49	2.28	13.56	519.99	4.06	137.85	1.84	49.15	1.75	11.18	0.407
100.67	2.26	16.56	650.09	4.14	173.40	1.92	59.45	1.74	13.64	0.404
116.67	2.24	19.43	780.39	4.22	209.67	2.00	69.35	1.72	16.01	0.400
120.69	2.59	17.34	730.53	4.50	195.79	2.04	70.83	1.98	14.31	0.411
140.03	2.56	21.22	913.20	4.58	245.92	2.12	85.82	1.96	17.48	0.409
169.79	2.54	24.95	1096.09	4.66	296.89	2.19	100.21	1.95	20.54	0.406
192.10	2.51	28.54	1279.26	4.74	348.82	2.27	114.13	1.94	23.52	0.403
205.03	2.85	26.56	1362.89	5.24	336.59	2.28	121.74	2.19	21.92	0.390
239.06	2.82	31.28	1635.56	5.32	405.94	2.36	142.33	2.17	25.79	0.388
271.20	2.80	35.83	1908.50	5.40	476.42	2.43	162.23	2.16	29.56	0.385
301.60	2.77	40.24	2181.79	5.48	548.22	2.51	182.57	2.16	33.44	0.382
278.11	3.13	32.49	1940.40	5.89	447.22	2.44	166.50	2.42	26.88	0.376
325.03	3.10	38.22	2328.38	5.98	538.94	2.52	194.87	2.40	31.66	0.374
369.55	3.08	43.97	2716.60	6.06	631.95	2.59	222.30	2.39	36.32	0.372
411.85	3.06	49.44	3105.15	6.14	726.46	2.67	248.94	2.38	40.87	0.369
483.16	3.57	49.99	3193.85	6.54	787.74	2.83	285.79	2.74	41.23	0.392
550.83	3.54	57.44	3726.17	6.62	922.47	2.91	326.58	2.73	47.34	0.390
615.44	3.52	64.69	4258.86	6.70	1058.86	2.99	366.21	2.71	53.32	0.388
677.19	3.49	71.74	4792.00	6.78	1197.13	3.06	404.83	2.70	59.18	0.385

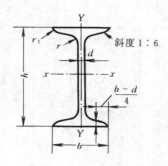
斜度 1：6

型 号	尺　寸（mm）						截面面积	理论重量
	h	b	d	t	r	r_1	（cm²）	（kg/m）
10	100	68	4.5	7.6	6.5	3.3	14.345	11.261
12.6	126	74	5.0	8.4	7.0	3.5	18.118	14.223
14	140	80	5.5	9.1	7.5	3.8	21.516	16.890
16	160	88	6.0	9.9	8.0	4.0	26.131	20.513
18	180	94	6.5	10.7	8.5	4.3	30.756	24.143
20a	200	100	7.0	11.4	9.0	4.5	35.578	27.929
20b	200	102	9.0	11.4	9.0	4.5	39.578	31.069
22a	220	110	7.5	12.3	9.5	4.8	42.128	33.070
22b	220	112	9.5	12.3	9.5	4.8	46.528	36.524
25a	250	116	8.0	13.0	10.0	5.0	48.541	38.105
25b	250	118	10.0	13.0	10.0	5.0	53.541	42.030
28a	280	122	8.5	13.7	10.5	5.3	55.404	43.492
28b	280	124	10.5	13.7	10.5	5.3	61.004	47.888
32a	320	130	9.5	15.0	11.5	5.8	67.156	52.747
32b	320	132	11.5	15.0	11.5	5.8	73.556	57.741
32c	320	134	13.5	15.0	11.5	5.8	79.956	62.765
36a	360	136	10.0	15.8	12.0	6.0	76.480	60.037
36b	360	138	12.0	15.8	12.0	6.0	83.680	65.689
36c	360	140	14.0	15.8	12.0	6.0	90.880	71.341
40a	400	142	10.5	16.5	12.5	6.3	86.112	67.598
40b	400	144	12.5	16.5	12.5	6.3	94.112	73.878
40c	400	146	14.5	16.5	12.5	6.3	102.112	80.158
45a	450	150	11.5	18.0	13.5	6.8	102.446	80.420
45b	450	152	13.5	18.0	13.5	6.8	111.446	87.485
45c	450	154	15.5	18.0	13.5	6.8	120.446	94.550
50a	500	158	12.0	20.0	14.0	7.0	119.304	93.654
50b	500	160	14.0	20.0	14.0	7.0	129.304	104.504
50c	500	162	16.0	20.0	14.0	7.0	139.304	109.354
56a	560	166	12.5	21.0	14.5	7.3	135.435	106.316
56b	560	168	14.5	21.0	14.5	7.3	146.635	115.108
56c	560	170	16.5	21.0	14.5	7.3	157.835	123.900
63a	630	176	13.0	22.0	15.0	7.5	154.658	121.407
63b	630	178	15.0	22.0	15.0	7.5	167.258	131.298
63c	630	180	17.0	22.0	15.0	7.5	179.858	141.189

注：1. 工字钢长度：I10～I18 为 5～19m；I20～I63 为 6～19m
　　2. 经供需双方协议，可供应附表 3-3.2 中所规定的工字钢。

工字钢（GB 706—88）

h—高度；　　　　　r_1—腿端圆弧半径；

b—腿宽度；　　　　I—惯性矩；

d—腰厚度；　　　　W—截面抵抗矩；

t—平均腿厚度；　　i—回转半径；

r—内圆弧半径；　　s—半截面的静力矩（面积矩）

参　考　数　值						
X-X				Y-Y		
I_X (cm⁴)	W_X (cm³)	i_X (cm)	$I_X : S_X$ (cm)	I_Y (cm⁴)	W_Y (cm³)	i_Y (cm)
245	49.0	4.14	8.59	33.0	9.72	1.52
188	77.5	5.20	10.8	46.9	12.7	1.61
712	102	5.76	12.0	64.4	16.1	1.73
1130	141	6.58	13.8	93.1	21.2	1.89
1660	185	7.36	15.4	122	26.0	2.00
2370	237	8.15	17.2	158	31.5	2.11
2500	250	7.96	16.9	169	33.1	2.06
3400	309	8.99	18.9	225	40.9	2.31
3570	325	8.78	18.7	239	42.7	2.27
5020	402	10.2	21.6	280	48.3	2.40
5280	423	9.94	21.3	309	52.4	2.40
7110	508	11.3	24.6	345	56.6	2.50
7480	534	11.1	24.2	379	61.2	2.49
11100	692	12.8	27.5	460	70.8	2.62
11600	726	12.6	27.1	502	76.0	2.61
12200	760	12.3	26.8	544	81.2	2.61
15800	875	14.4	30.7	552	81.2	2.69
16500	919	14.1	30.3	582	84.3	2.64
17300	962	13.8	29.9	612	87.4	2.60
21700	1090	15.9	34.1	660	93.2	2.77
22800	1140	15.6	33.6	692	96.2	2.71
23900	1190	15.2	33.2	727	99.6	2.65
32200	1430	17.7	38.6	855	114	2.89
33800	1500	17.4	38.0	894	118	2.84
35300	1570	17.1	37.6	938	122	2.79
46500	1860	19.7	42.8	1120	142	3.07
48600	1940	19.4	42.4	1170	146	3.01
50600	2080	19.0	41.8	1220	151	2.96
65600	2340	22.0	47.7	1370	165	3.18
68500	2450	21.6	47.2	1490	174	3.16
71400	2550	21.3	46.7	1560	183	3.16
93900	2980	24.5	54.2	1700	193	3.31
98100	3000	24.2	53.5	1810	204	3.29
102000	3300	23.3	52.9	1920	214	3.27

型 号	尺 寸（mm）						截面面积（cm²）	理论重量（kg/m）
	h	b	d	t	r	r_1		
12	120	74	5.0	8.4	7.0	3.5	17.818	13.987
24a	240	116	8.0	13.0	10.0	5.0	47.741	37.477
24b	240	118	10.0	13.0	10.0	5.0	52.541	41.245
27a	270	122	8.5	13.7	10.5	5.3	54.554	42.825
27b	270	124	10.5	13.7	10.5	5.3	59.954	47.064
30a	300	126	9.0	14.4	11.0	5.5	61.254	48.084
30b	300	128	11.0	14.4	11.0	5.5	67.254	52.794
30c	300	130	13.0	14.4	11.0	5.5	73.254	57.504
55a	550	166	12.5	21.0	14.5	7.3	134.185	105.335
55b	550	168	14.5	21.0	14.5	7.3	145.185	113.970
55c	550	170	16.5	21.0	14.5	7.3	156.185	122.605

4. 热轧槽

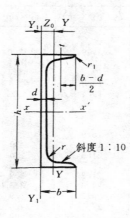

型 号	尺 寸（mm）						截面面积（cm²）	理论重量（kg/m）	W'_X (cm³)
	h	b	d	t	r	r_1			
5	50	37	4.5	7.0	7.0	3.5	6.928	5.438	10.4
6.3	63	40	4.8	7.5	7.5	3.8	8.451	6.634	16.1
8	80	43	5.0	8.0	8.0	4.0	10.248	8.045	25.3
10	100	48	5.3	8.5	8.5	4.2	12.748	10.007	39.7
12.6	126	53	5.5	9.0	9.0	4.5	15.692	12.318	62.1
14a	140	58	6.0	9.5	9.5	4.8	18.516	14.535	80.5
14b	140	60	8.0	9.5	9.5	4.8	21.316	16.733	87.1
16a	160	63	6.5	10.0	10.0	5.0	21.962	17.240	108
16	160	65	8.5	10.0	10.0	5.0	25.162	19.752	117
18a	180	68	7.0	10.5	10.5	5.2	25.699	20.174	141
18	180	70	9.0	10.5	10.5	5.2	29.299	23.000	152
20a	200	73	7.0	11.0	11.0	5.5	28.837	22.637	178
20	200	75	9.0	11.0	11.0	5.5	32.837	25.777	191
22a	220	77	7.0	11.5	11.5	5.8	31.846	24.999	218
22	220	79	9.0	11.5	11.5	5.8	36.246	28.453	234
25a	250	78	7.0	12.0	12.0	6.0	34.917	27.410	270

参 考 数 值

	X-X			Y-Y		
I_X (cm⁴)	W'_X (cm³)	i_X (cm)	$I_X : S_X$ (cm)	I_Y (cm⁴)	W'_Y (cm³)	i_Y (cm)
436	72.7	4.95	10.3	46.9	12.7	1.62
4570	381	9.77	20.7	280	48.4	2.42
4800	400	9.57	20.4	297	50.4	2.38
6550	485	10.9	23.8	345	56.6	2.51
6870	509	10.7	22.9	366	58.9	2.47
8950	597	12.1	25.7	400	63.5	2.55
9400	627	11.8	25.4	422	65.9	2.50
9850	657	11.6	26.0	445	68.5	2.46
62900	2290	21.6	46.9	1370	164	3.19
65600	2390	21.2	46.4	1420	170	3.14
68400	2490	20.9	45.8	1480	175	3.08

钢(GB707—88)

注：①图中各尺寸是

  h—高度；b—腿宽度；d—腰厚度；t—平均腿厚度；

  r—内圆弧半径；r_1—腿端圆弧半径；I—惯性矩；W—截面抵抗矩；

  i—回转半径；z_0—yy 轴与 y_1y_1 轴间距

②槽钢长度：[5～ [8 为 5～12m；[10～ [18 为 5～19m；[20～ [40 为 6～19m

③经供需双方协议，可供应附表 3-4.2 中所规定的槽钢

参 考 数 值

	X-X		Y-Y			Y₁-Y₁	
I_X (cm⁴)	i_X (cm)	W'_Y (cm³)	I_Y (cm⁴)	i_Y (cm)	I_{Y_1} (cm⁴)	Z_0 (cm)
26.0	1.94	3.55	8.30	1.10	20.9	1.35
50.8	2.45	4.50	11.9	1.19	28.4	1.36
101	3.15	5.79	16.6	1.27	37.4	1.43
198	3.95	7.80	25.6	1.41	54.9	1.52
391	4.95	10.2	38.0	1.57	77.1	1.59
564	5.52	13.0	53.2	1.70	107	1.71
609	5.35	14.1	61.1	1.69	121	1.67
866	6.28	16.3	73.3	1.83	144	1.80
935	6.10	17.6	83.4	1.82	161	1.75
1270	7.04	20.0	98.6	1.96	190	1.88
1370	6.84	21.5	111	1.95	210	1.84
1780	7.86	24.2	128	2.11	244	2.01
1910	7.64	25.9	144	2.09	268	1.95
2390	8.67	28.2	158	2.23	298	2.10
2570	8.42	30.1	176	2.21	326	2.03
3370	9.82	30.6	176	2.24	322	2.07

型 号	尺　寸（mm）						截面面积	理论重量	
	h	b	d	t	r	r_1	（cm²）	（kg/m）	W_X（cm³）
25b	250	80	9.0	12.0	12.0	6.0	39.917	31.335	282
25c	250	82	11.0	12.0	12.0	6.0	44.917	35.260	295
28a	280	82	7.5	12.5	12.5	6.2	40.034	31.427	340
28b	280	84	9.5	12.5	12.5	6.2	45.634	35.823	366
28c	280	86	11.5	12.5	12.5	6.2	51.234	40.219	393
32a	320	88	8.0	14.0	14.0	7.0	48.513	38.083	475
32b	320	90	10.0	14.0	14.0	7.0	54.913	43.107	509
32c	320	92	12.0	14.0	14.0	7.0	61.313	48.131	543
36a	360	96	9.0	16.0	16.0	8.0	60.910	47.814	660
36b	360	98	11.0	16.0	16.0	8.0	68.110	53.466	703
36c	360	100	13.0	16.0	16.0	8.0	75.310	59.118	746
40a	400	100	10.5	18.0	18.0	9.0	75.068	58.928	879
40b	400	102	12.5	18.0	18.0	9.0	83.068	65.208	932
40c	400	104	14.5	18.0	18.0	9.0	81.068	71.488	986

型 号	尺　寸（mm）						截面面积	理论重量	
	h	b	d	t	r	r_1	（cm²）	（kg/m）	W_X（cm³）
6.5	65	40	4.3	7.5	7.5	3.8	8.547	6.709	17.0
12	120	53	5.5	9.0	9.0	4.5	15.362	12.059	57.7
24a	240	78	7.0	12.0	12.0	6.0	34.217	26.860	254
24b	240	80	9.0	12.0	12.0	6.0	39.017	30.628	274
24c	240	82	11.0	12.0	12.0	6.0	43.817	34.396	293
27a	270	82	7.5	12.5	12.5	6.2	39.284	30.838	323
27b	270	84	9.5	12.5	12.5	6.2	44.684	35.077	347
27c	270	86	11.5	12.5	12.5	6.2	50.084	39.316	372
30a	300	85	7.5	13.5	13.5	6.8	43.902	34.463	403
30b	300	87	9.5	13.5	13.5	6.8	49.902	39.173	433
30c	300	89	11.5	13.5	13.5	6.8	55.902	43.883	463

参 考 数 值						
X-X		Y-Y			Y₁-Y₁	Z_0 (cm)
I_X (cm⁴)	i_X (cm)	W'_Y (cm³)	I_Y (cm⁴)	i_Y (cm)	I_Y (cm⁴)	
3530	9.41	32.7	196	2.22	353	1.98
3690	9.07	35.9	218	2.21	384	1.92
4760	10.9	35.7	218	2.33	388	2.10
5130	10.6	37.9	242	2.30	428	2.02
5500	10.4	40.3	568	2.29	463	1.95
7600	12.5	46.5	305	2.50	552	2.24
8140	12.2	49.2	336	2.47	593	2.16
8690	11.9	52.6	374	2.47	643	2.09
11900	14.0	63.5	455	2.73	818	2.44
12700	13.6	66.9	497	2.70	880	2.37
13400	13.4	70.0	536	2.67	948	2.34
17600	15.3	78.8	592	2.81	1070	2.49
18600	15.0	82.5	640	2.78	1140	2.44
19700	14.7	86.2	688	2.75	1220	2.42

附表3-4.2

参 考 数 值						
X-X		Y-Y			Y₁-Y₁	Z_0 (cm)
I_X (cm⁴)	i_X (cm)	W'_Y (cm³)	I_Y (cm⁴)	i_Y (cm)	I_{Y_1} (cm⁴)	
55.2	2.54	4.59	12.0	1.19	28.3	1.38
346	4.75	10.2	37.4	1.56	77.7	1.62
3050	9.45	30.5	174	2.25	325	2.10
3280	9.17	32.5	194	2.23	355	2.03
3510	8.96	34.4	213	2.21	388	2.00
4360	10.5	35.5	216	2.34	393	2.13
4690	10.3	37.7	239	2.31	428	2.06
5020	10.1	39.8	261	2.28	467	2.03
6050	11.7	41.1	260	2.43	467	2.17
6500	11.4	44.0	289	2.41	515	2.13
6950	11.2	46.4	316	2.38	560	2.09

附录 IV 主要符号表

符号	符号意义	符号或其脚标取下列英文字头
P	集中荷载	
q	分布荷载集度	
m	外力偶矩	moment
P_{cr}	临界力	critical
N	轴力	
V	剪力	
T	扭矩	torsion
M	弯矩	moment
σ	正应力	
τ	剪应力	
σ_t	拉应力	tension
σ_c	压应力	compression
σ_{max}	最大正应力	maximum
σ_{min}	最小正应力	minimum
$\sigma_{t\,max}$	最大拉应力	
$\sigma_{c\,max}$	最大压应力	
τ_{max}	最大剪应力	
σ_p	比例极限	proportional
σ_e	弹性极限	elastic
σ_S	屈服极限	streckgrenze（德语）
		yield（英）但不宜用 σ_y
σ_b	强度极限	break
σ_u	极限应力	ultimate
σ_{bs}	挤压应力	bearing stress
σ_{cr}	临界应力	critical
σ_{st}	静应力	static
σ_d	动应力	dynamic
σ_r	相当应力	
σ_{rM}	莫尔强度理论的相当应力	Mohr
$\sigma_{0.2}$	名义屈服极限	
τ_S	剪切屈服极限	
τ_b	剪切强度极限	

〔σ〕	许用应力	
〔τ〕	许用剪应力	
σ_{ps}	主应力	principal stress
ε	线应变	
γ	剪应变	
ε_e	弹性应变	elastic
ε_p	塑性应变	plastic
ε_{ps}	主应变	principal strain
E	弹性模量	
G	剪变模量	
ν	泊松比	
n	安全系数，转速（r/min）	
n_{st}	稳定安全系数	stability
Φ	扭转角	
φ	单位长度扭转角	
〔φ〕	单位长度许用扭转角	
I	惯性矩	inertia
I_p	极惯性矩	polar
S	面积矩	
i	惯性半径	
W_z	抗弯截面模量	
W_t	抗扭截面模量	
U	变形能	
u	比能	
u_v	体积改变比能	volume
u_f	形状改变比能	figure
λ	压杆的柔度	
d、D	直径	
h	截面高度	
b	截面宽度	
l	长度	

附录 V 材料力学课程教学基本要求

（多学时）

一、课程的性质和任务

材料力学是一门技术基础课。通过材料力学的学习，要求学生对杆件的强度、刚度和稳定性问题具有明确的基本概念、必要的基础理论知识、比较熟练的计算能力、一定的分析能力和实验能力。

二、课程的基本内容

截面法，内力、应力、位移、变形和应变的概念。

拉（压）杆的内力、应力、位移、变形和应变。胡克定律，材料的拉、压力学性能。强度条件。应力集中的概念。

剪切、挤压的概念和实用计算。

截面几何性质：静矩、惯性矩、惯性积。平行移轴和转轴公式。

纯剪概念，剪切胡克定律，切应力互等定理。轴的内力，圆轴扭转应力和变形，强度和刚度条件。非圆截面杆扭转简介。

平面弯曲内力，对称与非对称截面梁的弯曲正应力，弯曲切应力。弯曲中心的概念。用积分法与叠加法计算梁的位移。

平面应力状态下的应力分析。三向应力状态下的主应力和最大切应力。广义胡克定律。各向同性材料 E、G、ν 的关系。常用强度理论及其应用。

组合变形下杆件的强度计算。

外力功与弹性应变能，用能量方法（卡氏定理或单位力法）计算位移。简单一次超静定问题。

动荷载的惯性力问题和冲击应力。

稳定性概念，轴向受压杆的临界力与临界应力。压杆的柔度。压杆稳定性校核。

交变应力与疲劳破坏，持久极限及其影响因素。

拉伸与压缩实验，材料常数 E、ν 的测定，扭转实验，弯曲正应力测定，主应力测定。

三、课程应达到的要求

1. 对材料力学的基本概念和基本分析方法有明确的认识。

2. 具有将一般杆类构件简化为力学简图的初步能力。

3. 能熟练地作出杆件在基本变形下的内力图，计算其应力和位移，并进行强度和刚度计算。

4. 对应力状态理论与强度理论有明确的认识，并能将其应用于组合变形下杆件的强度计算。

5. 熟练掌握简单一次超静定问题的求解方法。

6. 对能量法的有关基本原理有明确的认识，并能熟练地掌握一种计算位移的能量方法。

7. 对压杆的稳定性概念有明确的认识，会计算轴向受压杆的临界力与临界应力，并进行稳定性校核。

8. 对低碳钢和灰口铸铁的基本力学性能及其测试方法有初步认识。

9. 对于电测实验应力分析的基本原理和方法有初步认识。

四、几点说明

1. 本基本要求适用于多学时类的机械、土建、水利和航空等专业。

2. 在材料力学教学中，实验是一个重要环节。用于基本实验的教学时数，建议为 11～13 学时。实验分组人数，建议每组不超过 4 人。实验必须严格按国家标准进行。

3. 为了帮助学生掌握课程的基本内容，培养分析、运算能力，建议习题总量为 180 个左右。在教学中安排适当数量的分析讨论课是必要的。

4. 在达到基本要求的基础上，为适应科技发展，各院校可根据实际情况，适当增加一些更新内容，这对开拓学生知识、提高教学质量是有益的。

在国家教委高等教育司（1995 年 5 月 3 日）在《关于印发高等学校工科本科部分基础课程教学基本要求的通知》中指出：

新修订和制订的基础课程教学基本要求去掉了各门课程的参考学时。这样做的主要目的是，按照《中国教育改革和发展纲要》及全国高教会议的精神，把属于学校的权力下放给学校，把教学计划的制订权真正交给学校，使学校在制订教学计划时不受各门课学时的限制，而着眼于教学计划的整体优化。

新修订和制订的基础课程教学基本要求，是工科本科学生学习有关课程应达到的最低要求，各校可以结合本校的实际情况，在此基础上有特殊的要求。当前，国家教委正在组织开展面向 21 世纪高等工程教育教学内容和课程体系改革的工作，重点大学是开展这项工作的主要力量，在研究和实践过程中，在保证绝大多数学生教学质量的前提下，这些学校的教学可不受新修订和制订的基础课程教学基本要求的限制。